Modellbasierte, adaptive Prozessregelung für das Laserstrahlstrukturieren

Model Based, Adaptive Process Control for Laser Beam Structuring

Von der Fakultät für Maschinenwesen
der Rheinisch-Westfälischen Technischen Hochschule Aachen
zur Erlangung des akademischen Grades eines
Doktors der Ingenieurwissenschaften
genehmigte Dissertation

vorgelegt von

Mario Pothen

Berichter:

Univ.-Prof. Dr.-Ing. Dr.-Ing. E.h. Dr. h. c. Dr. h. c. Fritz Klocke
Univ.-Prof. Dr.-Ing. Thomas Bergs

Tag der mündlichen Prüfung: 07. November 2019

ERGEBNISSE AUS DER PRODUKTIONSTECHNIK

Mario Pothen

Modellbasierte, adaptive Prozessregelung für das Laserstrahlstrukturieren

Herausgeber:
Prof. Dr.-Ing. T. Bergs
Prof. Dr.-Ing. Dipl.-Wirt. Ing. G. Schuh
Prof. Dr.-Ing. C. Brecher
Prof. Dr.-Ing. R. H. Schmitt

Band 53/2019

WZL | RWTH AACHEN UNIVERSITY

Fraunhofer IPT

Bibliografische Information der Deutschen Nationalbibliothek
Die Deutsche Nationalbibliothek verzeichnet diese Publikation in der Deutschen Nationalbibliografie; detaillierte bibliografische Daten sind im Internet über https://portal.dnb.de abrufbar.

Mario Pothen:

Modellbasierte, adaptive Prozessregelung für das Laserstrahlstrukturieren

1. Auflage, 2019

Gedruckt auf holz- und säurefreiem Papier, 100% chlorfrei gebleicht.

Apprimus Verlag, Aachen, 2019
Wissenschaftsverlag des Instituts für Industriekommunikation und Fachmedien an der RWTH Aachen
Steinbachstr. 25, 52074 Aachen
Internet: www.apprimus-verlag.de, E-Mail: info@apprimus-verlag.de

Druck: KN Digital Printforce GmbH, Stuttgart

ISBN 978-3-86359-808-2

D 82 (Diss. RWTH Aachen University, 2019)

Vorwort und Danksagung

Preamble and Acknowledgment

Die vorliegende Arbeit entstand neben meiner Tätigkeit als wissenschaftlicher Mitarbeiter am Fraunhofer-Institut für Produktionstechnologie IPT in Aachen.

Mein erster Dank gilt Herrn Professor Fritz Klocke, dem langjährigen Leiter des Fraunhofer IPT und Emeritus des Lehrstuhls für Technologie der Fertigungsverfahren am Werkzeugmaschinenlabor der Rheinisch-Westfälischen Technischen Hochschule Aachen für die wohlwollende Förderung und fachliche Unterstützung der vorliegenden Arbeit. Ebenso danke ich seinem Nachfolger am Lehrstuhl und Mitglied des Direktoriums am Fraunhofer IPT, Herrn Professor Thomas Bergs, für die Übernahme des Koreferats. Für die Übernahme von Vorsitz und Beisitz der Prüfungskommission danke ich Herrn Professor Uwe Reisgen und Herrn Professor Bernd Markert.

Eine Dissertation wird belebt von vielen Diskussionen: Für die kritische Durchsicht meiner Arbeit und die konstruktiven Anregungen und Gespräche danke ich Dr. Kristian Arntz, Kai Winands, Oliver Henrichs, Dr. Andreas Janssen, Rouwen Kunze, Arno Schmetz, Tobias Huwer, Lisa Pothen und Elisabeth Uhlich.

Des Weiteren möchte ich mich bei allen ehemaligen und aktiven Kolleginnen und Kollegen für die zahlreichen Diskussionen und Ratschläge sowie für die Hilfsbereitschaft und Unterstützung in einem freundschaftlichen Arbeitsklima bedanken.

Ohne studentische Unterstützung wäre eine solche Arbeit nicht denkbar. Vielen Dank an: Mehdi Gdoura, Patrick Brzoska, Moritz Lichter, Görkem Göker, Justin Mattam, Eiko Schuddebeurs-Kerinnis, Marvin Kohrt, Henning Gamerschlag, Max Böcker, Tim Siewert und Tobias Hauffe-Waschbüsch.

Wesentlicher Dank gebührt meinen Eltern: Ingrid und Wilhelm Pothen haben mir meinen akademischen Werdegang ermöglicht und mich immer vorbehaltlos unterstützt. Auch meine Schwester Lisa Pothen stand mir in jeder Situation bei. Zuletzt bedanke ich mich bei all meinen Freunden, meinen Vereinen, dem Bundesfanfarenkorps Neuss-Furth, der Fantastic Company und dem Grenadierzug Mer Maake Möt, die oftmals Verständnis für meine eingeschränkte Zeit aufbringen mussten. Insbesondere sei hier Bettina Nowag erwähnt, auf deren Beistand ich immer zählen konnte.

Aachen, im November 2019
Mario Pothen

Inhaltsverzeichnis

Table of Contents

Abbildungsverzeichnis

List of Figures

Tabellenverzeichnis

List of Tables

Formelzeichen und Abkürzungen

Symbols and Abbreviations

Formelzeichen

R_z	$[\mu m]$	Oberflächenrauheit
t_h	$[ns]$	Pulsdauer
X_L, X_L, Z_L	[-]	Achsbezeichnungen des Laserkoordinatensystems
X_M, X_M, Z_M, B_M, C_M	[-]	Achsbezeichnungen des Maschinenkoordinatensystems
z_R	$[\mu m]$	Rayleighlänge
M^2	[-]	Beugungsmaßzahl
S	$[\%]$	Pulsüberlappungsgrad
v	$[m/s]$	Vorschubgeschwindigkeit bzw. Markiergeschwindigkeit
d_f	$[\mu m]$	Laserpulsdurchmesser
f	$[kHz]$	Pulsfolgefrequenz
L_a	$[mm]$	Beschleunigungsweg
ΔL	$[mm]$	Schleppfehler
$\Delta x, \Delta y, \Delta z$	$[mm]$	Achskomponenten eines Markiervektors
L_{mod}	$[mm]$	Länge des modifizierten Markiervektors
h	$[\mu m]$	Abtragtiefe

Abkürzungen

API	Application Programming Interface
CAD	Computer-Aided Design
CAM	Computer-Aided Manufacturing
CAx	Computer-Aided x

CCD	Charge Coupled Device
CMOS	Complementary Metal-Oxide-Semiconductor
cw	continuous wave
DIN	Deutsches Institut für Normung
DoE	Design of Experiments
FD-LCI	Frequency Domain – Low Coherence Interferometry
FFT	Fast Fourier Transform
GUI	Graphical User Interface
IPT	Institut für Produktionstechnologie
ISO	International Organization for Standardization
LCI	Low Coherence Interferometry
LED	Light Emitting Diode
LIPS	Laserinduzierte Plasmaspektroskopie
NC	Numerical Control
NURBS	Non-Uniform Rational B-Spline
OCT	Optical Coherence Tomography
OFAT	One Factor at A Time
REM	Rasterelektronenmikroskop
RSM	Response Surface Methodology
RTC	Real Time Control
SD-LCI	Spectral Domain – Low Coherence Interferometry
SLD	Superlumineszenzdiode
SS-LCI	Swept Source – Low Coherence Interferometry
SSaM	Synchronized Scanner and Motion
STL	Standard Triangulation/Tesselation Language
TD-LCI	Time Domain – Low Coherence Interferometry
TTL	Transistor-Transistor-Logik

Kurzdarstellung

Das Laserstrahlstrukturieren ist ein innovatives Verfahren, um Strukturen in Oberflächen einzubringen und diese so zu funktionalisieren. Dies können z. B. technische Strukturen auf bewegten Komponenten zur Reibungsreduzierung oder Designstrukturen auf Werkzeugen zur replikativen Fertigung sein. Dabei wird ein hochenergetischer, gepulster Laserstrahl durch zwei bewegliche Scannerspiegel auf das Bauteil gelenkt, wo der Laserstrahl in mehreren Schichten Material verdampft und so die gewünschte Geometrie erzeugt. Viele einstellbare Parameter und äußere Einflüsse bewirken dabei eine Änderung des Prozessergebnisses. Das Einstellen der Prozessparameter stellt den Bediener vor besondere Herausforderungen, da es durch die Vielzahl von Parameterkombinationen und Einflussfaktoren nicht möglich ist, die Abtragtiefe der Geometrie ohne umfangreiche Parameterstudien vorherzusagen.

Die Scannerspiegel müssen sich mit einer möglichst konstanten Geschwindigkeit bewegen, um eine Konzentration von Laserpulsen in der Beschleunigungs- oder Abbremsregion zu vermeiden. Um einen gleichmäßigen Abtrag gewährleisten zu können, wurde in dieser Dissertation ein Beschleunigungskompensationsalgorithmus entwickelt, welcher ein Regressionsmodell sowohl für den geschwindigkeitsabhängigen Schleppverzug als auch für den Bereich der Beschleunigung nutzt. Dieser Algorithmus legt durch eine intelligente Bahnführung die Beschleunigungs- und Abbremsregionen in Bereiche, in denen der Laser deaktiviert ist. Die dafür benötigten Parameter werden erstmalig in einem automatisierten Verfahren ermittelt und im System eingestellt. Im Ergebnis sorgt die Kalibrierung für eine gleichförmige Bewegung des Laserstrahls auf dem Bauteil und verhindert so ungewünschte Einbrandeffekte.

Trotz des nun gleichmäßigen Abtrags ist durch die Vielzahl an Einflussfaktoren eine verbindliche Vorhersage der Abtragtiefe nicht möglich. In der Vergangenheit wurden vor jeder Bearbeitung aufwendige und kostenintensive Parameterstudien durchgeführt. In dieser Arbeit wurde erstmalig eine adaptive Online-Regelung für den Abtragprozess implementiert, die regelmäßig die aktuelle Abtragrate überwacht und Prozessparameter entsprechend automatisch einstellt. Dazu wurde ein LCI-basiertes Messgerät (Low Coherence Interferometry) in die Prozesskette integriert, welches die aktuelle Abtragsituation direkt durch den Strahlengang des Prozesslasers misst, ohne das Bauteil bewegen zu müssen. Nach einem Teilabtrag wird eine Messung durchgeführt und mit diesem Messwert wird der Abtrag pro Schicht für die bereits bearbeiteten Schichten berechnet. Mit dieser Information werden die folgenden Schichten im CAM-System (Computer-Aided Manufacturing) berechnet. Am Ende des Prozesses wird so die gewünschte und programmierte Abtragtiefe mit einer abschließenden Qualitätskontrolle automatisch erreicht.

Abstract

Laser beam structuring is an innovative process for manufacturing structures into surfaces and thus functionalizing them. These can be, for example, technical structures on moving components for friction reduction or design structures on tools for replicative manufacturing. A high-energy, pulsed laser beam is guided through two movable scanner mirrors onto the component, where the laser beam vaporizes material in several layers to produce the desired geometry. Many adjustable parameters and external influences cause a change in the process result. Identifying the correct process parameters presents the operator with special challenges, since the large number of parameter combinations and influencing factors makes it impossible to predict the ablation depth of the geometry without extensive parameter studies.

The scanner mirrors have to move at a constant speed in order to avoid a concentration of laser pulses in the acceleration or deceleration region. To guarantee a uniform removal, an acceleration compensation algorithm was developed in this dissertation, which uses a regression model both for the speed-dependent tracking error and for the acceleration range. This algorithm uses intelligent path guidance to place the acceleration and deceleration regions in areas where the laser is deactivated. The required parameters are determined for the first time in an automated procedure and are adjusted in the system. As a result, the calibration ensures a uniform movement of the laser beam on the component and thus prevents undesired burn-in effects.

Despite the now uniform ablation, a binding prediction of the ablation depth is not possible due to the large number of influencing factors. In the past, extensive and cost-intensive parameter studies were carried out before each machining operation. In this work, an adaptive online control for the ablation process was implemented for the first time, which regularly monitors the current ablation rate and automatically adjusts process parameters accordingly. For this purpose, an LCI-based measuring device (Low Coherence Interferometry) was integrated into the process chain, which measures the current ablation situation directly through the beam path of the process laser without having to move the component. After a partial ablation a measurement is carried out and with this measured value the ablation per layer for the already processed layers is calculated. With this information, the following layers are calculated in the CAM system (Computer-Aided Manufacturing). At the end of the process, the desired and programmed ablation depth is automatically reached with a final quality control.

1 Einleitung

Introduction

„The best is yet to come", war sich Physik-Nobelpreisträger Gérard Mourou sicher, was er bei der Verleihung der Ehrendoktorwürde an der Heinrich-Heinrich-Universität in Düsseldorf am 13. Juni 2019 für die Lasertechnik erläuterte [KURL19]. Den Nobelpreis erhielt er Ende 2018 im Bereich der ultrakurzgepulsten Laser. Trotz der seit 1960 andauernden Forschung im Bereich der Lasertechnik lässt diese Aussage für die Zukunft noch einige spannende Innovationen erwarten.

Besondere Struktureindrücke und Designfeatures an Kunststoffteilen haben eine zunehmende Bedeutung für verschiedenste Produkte, um deren Oberflächen für den Betrachter möglichst ansprechend zu gestalten. Daher werden Oberflächenverfahren eingesetzt, mit denen dem Kunststoffteil ein ansprechendes Design und häufig auch eine angenehme Haptik verliehen wird. Dabei werden neben Strukturen auch Firmenlogos oder diverse andere Informationen in das Muster eingebracht, um den Wiedererkennungswert zu steigern.

Gerade im Automobil eingesetzte Oberflächen befinden sich im Spannungsfeld zwischen Kundenwunsch und Preissegment. Die Optik und Haptik der Verkleidungen sollen edel anmuten, dürfen im Rahmen der Herstellung bestimmte Preisvorgaben aber nicht überschreiten. Statt eines kostspieligen Echtleders werden als Alternative daher häufig synthetische Formhäute verwendet. Zur Fertigung solcher Formhäute werden Werkzeuge zum Abformen strukturiert, sodass das abgeformte Bauteil die gewünschte Designoberfläche aufweist [LAKE09, S. 377]. Dies kann eine Lederoptik sein, welche vom Kunden subjektiv ebenfalls als hochwertig empfunden wird. Bei der Strukturauslegung kann neben der Optik auch die Haptik berücksichtigt werden, um diese möglichst angenehm zu gestalten. [EICH04, S. 26] [FRAU08, S. 9] [KORD07, S. 5]

Oberflächenstrukturen werden allerdings nicht nur in Werkzeuge zur replikativen Fertigung eingebracht; funktionalisierte Oberflächen können ebenso entscheidend für den Nutzen und die Effizienz eines Werkstücks sein [BONS14, S. 103] [DENK08, S. 21]. Kleinste Mikrostrukturen mit höchster Genauigkeit zur Lichtemission [TANG11, S. 431], präzise positionierte komplexe 3D-Strukturen für die Entlüftung von Spritzgießformen [BOBZ11, S. 415], technische Strukturen auf bewegten Komponenten zur Änderung von tribologischen Eigenschaften [JANS12, S. 36] [BONS14, S. 103], geometrisch komplexe Kapillarsysteme für mikrofluide Anwendungen [COMA14, S. 206] oder Nanostrukturen für optische oder technische Effekte [LI11, S. 735] benötigen ein Herstellungsverfahren, das eine detaillierte und präzise Fertigung von Mikrostrukturen auf Oberflächen ermöglicht. Auch metallische Implantate in der Medizin können mit einer tribologischen Struktur versehen werden. Wenn ein festes Verwachsen des Implantats mit dem Körpergewebe erwünscht ist, werden hohe Rauheiten angestrebt ($R_Z > 100\,\mu m$). All diese Strukturen können direkt mit dem Laser in das Bauteil eingebracht werden. [STÖV09, S. 769]

Der Einsatz von Lasern u. a. zur Bearbeitung von Werkstücken steigt kontinuierlich an, wie der weltweite Umsatz mit Lasern zeigt (Abbildung 1.1). Der Laser als Werkzeug vereint dabei verschiedene Vorteile in sich, die bei konventionellen Oberflächenverfahren in der Gesamtheit nicht zu finden sind. Dazu gehören die Präzision, die zeitlich und lokal definierbare Beeinflussung der Oberfläche, die kraft- und berührungslose Bearbeitung und die Automatisierbarkeit bei weitgehender Werkstoffunabhängigkeit. Laseroberflächenstrukturierung hat das Potenzial, die prozesstechnologischen Anforderungen an Mikrostrukturen zu erfüllen und erlaubt es außerdem, neben freigeformten Teilflächen auch große Areale mit hoher Reproduzierbarkeit zu fertigen. [KLOC10, S. 1] [GROE14, S. 30]

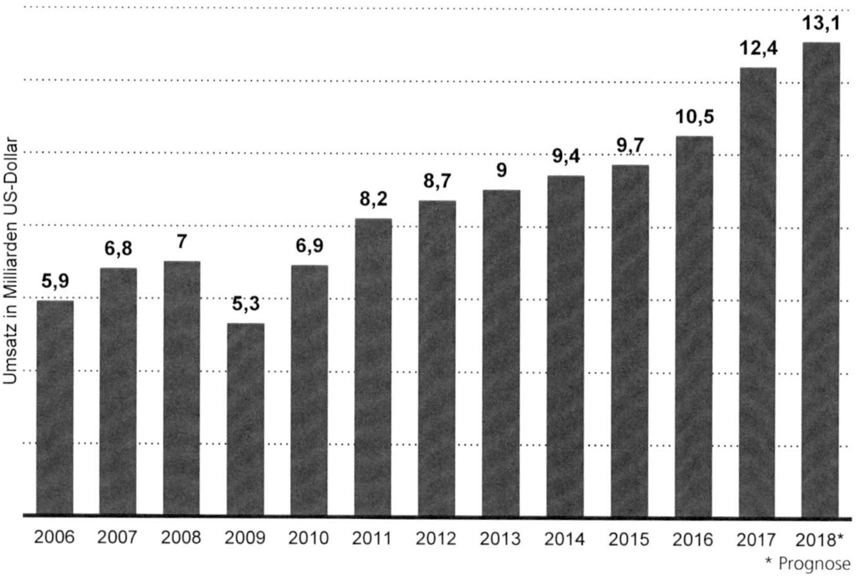

Abbildung 1.1: Umsatz mit Lasern weltweit in den Jahren 2006 bis 2018 [LASE18]
Turnover With Lasers Worldwide in the Years 2006 to 2018

Die Laseroberflächenstrukturierung ist ein hochkomplexes Verfahren mit einer Vielzahl an einstellbaren Parametern. Diese Parameter beeinflussen sowohl die erzeugte Geometrie, die erreichbare Genauigkeit als auch die Abtragrate. Die Parameter müssen derart gewählt werden, dass nach dem Prozess das Bauteil die gewünschte Struktur mit der vorgesehenen Tiefe aufweist. Das Abtragergebnis ist darüber hinaus abhängig vom zu bearbeitenden Werkstoff, da der Laserstrahl je nach Werkstoff unterschiedlich absorbiert wird. Es kann daher keine allgemeingültige Vorhersage bzgl. des Abtragergebnisses getroffen werden. Vor dem Prozess werden daher kosten- und zeitintensive Parameterstudien durchgeführt, um möglichst die geeignetste Parameterkombination für die Bearbeitung auswählen zu können.

Am Markt existieren einige Maschinenlösungen zur Laserstrahlstrukturierung, die in bestimmten Branchen schon verbreitet angewendet werden. Allerdings ist der Strukturierprozess in diesen Maschinen meist ein nicht kontrollierter oder nicht geregelter Prozess, sodass eine Qualitätskontrolle erst nach dem teilweise mehrere Stunden oder sogar Tage dauernden Laserprozess möglich ist. Bei fehlerhaften Parametern bzw. Einstellungen können so hohe Kosten entstehen, da eine Nachbearbeitung des Werkstücks oftmals nicht möglich ist.

Ziel dieser Arbeit ist die Substitution der Parameterstudien bei gleichzeitiger Erhöhung der Fertigungsqualität durch eine CAM-basierte Lösung zur Prozessregelung. Dazu wird eine Regelung den Prozess derart beeinflussen, dass ohne eine langwierige Parameterstudie am Ende des Prozesses die programmierte Struktur unabhängig vom zu bearbeitenden Werkstoff in das Bauteil eingebracht werden kann. Ein maschinenintegriertes Messgerät zur Tiefenkontrolle wird in den Laserkopf und in die CAx-Prozesskette integriert, welches eine regelmäßige Kontrolle des Abtrags ermöglicht. Dies erlaubt eine automatisierte und geregelte Laserstrahlstrukturierung zur Sicherung der gewünschten Abtragtiefe. Mit einem solchen selbstoptimierenden Prozess leistet diese Arbeit damit einen Beitrag zum Themengebiet der vernetzten, adaptiven Produktion.

Die Arbeit beginnt mit einem Überblick über den Stand der Technik in Kapitel 2. Die Zielsetzung, Aufgabenstellung und Vorgehensweise werden in Kapitel 3 beschrieben. In den nun folgenden drei Hauptkapiteln werden zuerst in Kapitel 4 die Prozesseinflussgrößen analysiert und diejenigen Parameter identifiziert, die den Abtrag beeinflussen und für eine effiziente Regelung genutzt werden können. Anschließend werden in Kapitel 5 Systemparameter des Strahlführungssystems optimiert, um einen stabilen Prozess für die nachfolgende Prozessregelung realisieren zu können. Die Implementierung der Prozessregelung und die Integration dieser in die CAx-Prozesskette wird in Kapitel 6 durchgeführt. Vor der Zusammenfassung und dem Ausblick findet eine Validierung des Gesamtsystems in Kapitel 7 statt.

2 Stand der Technik in Forschung und Industrie

State of the Art in Research and Industry

In diesem Kapitel wird der aktuelle Stand der Technik sowohl in der Forschung als auch in der Industrie dargestellt. Dabei werden Themen von der Oberflächenstruktrierung über das Laserstrahlabtragen bis zum Laserstrahlstrukturieren betrachtet. Anschließend werden die Systemtechnik sowie diverse Techniken zur Prozesskontrolle beleuchtet. In einem abschließenden Zwischenfazit werden die Defizite des aktuellen Stands der Technik zusammengefasst und die Entwicklungsbedarfe erläutert.

2.1 Verfahren zur Oberflächenstrukturierung

Procedures for Surface Structuring

Bei der Oberflächen- oder Mikrostrukturierung wird eine Struktur in die Oberfläche eines Bauteils eingebracht; dabei wird Material umgeformt, von der Oberfläche abgetragen oder aufgetragen. Die Vorgehensweise beim Strukturieren ist abhängig von der physikalischen Grundlage des Verfahrens. Um diese miteinander vergleichen und bewerten zu können, sind verfahrensunabhängige Größen nötig. Wichtige Größen sind hierbei die minimal herstellbare Strukturgröße, die Qualität der hergestellten Oberfläche, Produktionszeiten und die Reproduzierbarkeit der Ergebnisse. [KORD07, S. 18]

Nachfolgend werden typische Verfahren zur Oberflächenstrukturierung kurz beschrieben:

- Strukturätzen
  Das Strukturätzen ist ein Verfahren, welches mithilfe von Säure einen partiellen Abtrag von formgebenden Werkzeugflächen verursacht. Bei der Herstellung von Formen für die Kunststoffverarbeitung ist dieses Verfahren besonders verbreitet. Im ersten Schritt wird die gewünschte Struktur phototechnisch erstellt. Die so erstellte Ätzmaske wird auf das Bauteil aufgebracht und belichtet. Diese Maske verbleibt auf dem Bauteil und schützt den Teil der Oberfläche, der nicht abgetragen werden soll. Anschließend wird das Bauteil in ein Säurebad gegeben, wo die nicht geschützten Bereiche durch die Säure korrosiv abgetragen werden. Dabei bestimmt die Einwirkzeit die Abtragtiefe. [LAKE09, S. 383] [KRÜT05, S. 40]

- Mikrofunkenerosion
  Bei dem Fertigungsverfahren der Funkenerosion wird Material als Folge elektrischer Entladung abgetragen. Das Werkstück und die Elektrode werden durch ein nichtleitendes Dielektrikum getrennt. Zwischen beiden wird eine Spannung angelegt und

nach Überschreiten der Durchschlagfestigkeit des Dielektrikums entsteht ein Plasmakanal. Durch eine Vielzahl dieser Entladungen wird die Struktur der Elektrode in das Werkzeug übertragen. Durch die Hitze entsteht eine thermisch beeinflusste Randzone, die in Schlichtoperationen mit verringerten Entladeenergien reduziert werden kann. Die Elektrode muss vor dem Prozess technologisch aufwendig hergestellt werden, was gerade bei der Einzelteilfertigung sehr kostenintensiv ist. Bei der Mikrofunkenerosion ist die Herstellung dieser Elektrode häufig der technologisch limitierende Faktor. [KLOC07, S. 3] [LAKE09, S. 379]

- Galvanoformen
  Das Galvanoformen dient hauptsächlich zur Erzeugung von metallischen Beschichtungen, wird aber auch zur Herstellung strukturierter Werkzeuge verwendet. Es basiert auf dem Prinzip der Metallabscheidung aus einem wässrigen Elektrolyt. Es zählt damit zur Gruppe der urformenden Verfahren. Bei der elektrolytischen Abscheidung lassen sich metallische Schichten von nahezu beliebiger Schichtdicke auf einer Negativform erzeugen. Das Verfahren ist sehr zeit- und kostenintensiv und es enthält einen hohen Anteil an manuellen Tätigkeiten. [MENG07, S. 831]

- Mikrozerspanung mit geometrisch bestimmter Schneide
  Das Mikrofräsen gehört zu der Gruppe der spanenden Fertigungsverfahren mit geometrisch bestimmter Schneide. Beim Mikrofräsen von Stahl werden meist Hartmetallwerkzeuge eingesetzt; die minimalen Durchmesser der Werkzeuge können je nach Anwendung bis zu ca. 20 µm betragen. Dabei können sehr hohe Oberflächengüten erzeugt werden; die Anforderungen an die Maschinentechnik sind allerdings hoch. Das Verfahren ist anfällig für Störungen, welche beispielsweise zu Werkzeugbruch und damit zu Ausschuss führen können. [QUIT13, S. 13] [FISC00, S. 16] [HESS03, S. 121]

- Laserstrahlabtragen
  Auf das Laserstrahlabtragen wird im folgenden Unterkapitel im Detail eingegangen.

2.2 Laserstrahlabtragen

Laser Beam Ablation

Das Laserstrahlabtragen ist ein stark an Bedeutung gewinnender Bereich der Fertigungstechnologien zur Erzeugung von Oberflächenstrukturen. Nach einer fertigungstechnischen Einordnung werden die unterschiedlichen Verfahrensvarianten und Anwendungsgebiete vorgestellt.

2.2.1 Einordnung des Laserstrahlabtragens in die Fertigungsverfahren

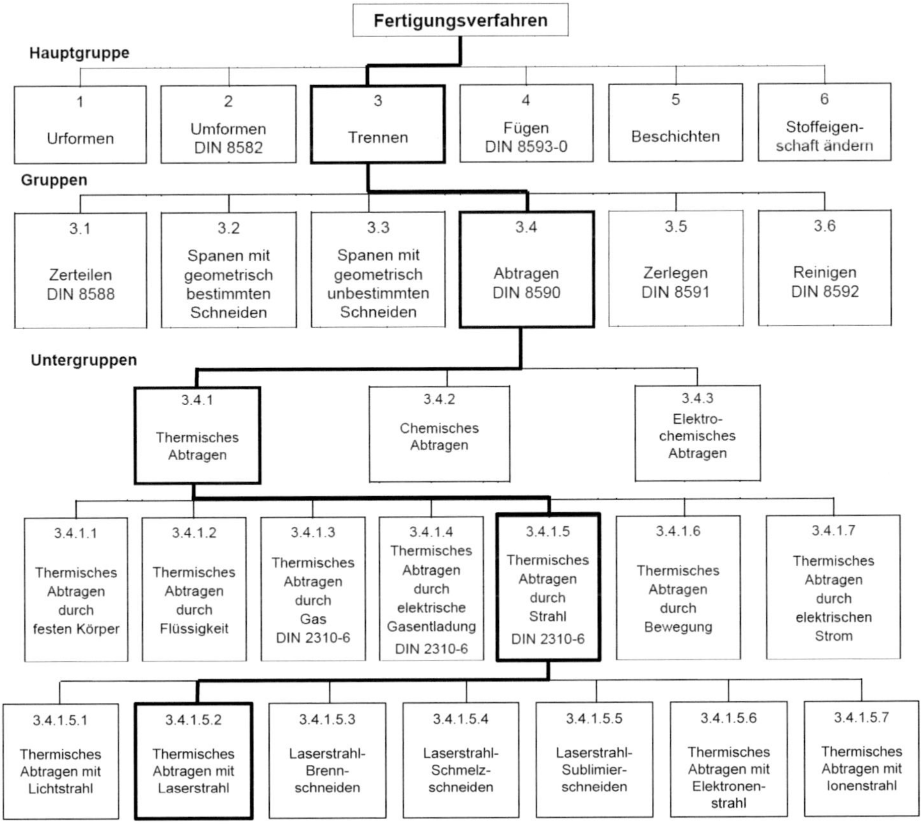

Abbildung 2.1: Einordung in die Technologie der Fertigungsverfahren nach DIN 8580 und DIN 8590 [DIN03a] [DIN03b]
Classification of the Production Technologies According to DIN 8580 and DIN 8590

Die DIN (Deutsches Institut für Normung) 8580 teilt die Fertigungsverfahren in sechs Hauptgruppen ein [DIN03a]. Verfahren zum Abtragen sind der Gruppe „Trennen" zugeordnet, d. h. nach dem Abtrag von Material geben sie dem Bauteil die gewünschte Form. Die Verfahren zum Abtragen sind vielfältig und für verschiedene Anwendungszwecke unterschiedlich geeignet. Das Laserstrahlstrukturieren ist der Gruppe 3.4.1, dem „thermischen Abtragen", zugeordnet; weiterführend nach DIN 8590 der Untergruppe 3.4.1.5.2, dem „thermischen Abtragen mit Laserstrahl" (Abbildung 2.1) [DIN03b]. Die Begriffe, Einflussgrößen und die Durchführung des „thermischen Abtragens mit Laserstrahl" werden in DIN 32540 beschrieben und dort in verschiedene Verfahrensvarianten aufgeteilt [DIN12]:

- Laserstrahlflächenabtragen
  Bei diesem Verfahren, auch Laserstrahlschichtabtragen genannt, wird eine gesamte Schicht bzw. ein Volumen des Werkstücks, wie z. B. eine Lack- oder Verunreinigungsschicht, durch den Laserstrahl abgetragen. Dabei werden überwiegend kontinuierlich emittierende Laserquellen (engl.: continuous wave laser) verwendet.

- Laserstrahlformabtragen
  Beim Laserstrahlformabtragen werden durch die Anordnung mehrerer Abtragschichten beliebige, geometrische Strukturen auf dem Werkstück erzeugt. Dieses Verfahren wird auch Laserstrahlstrukturieren genannt. Bei diesem Verfahren werden hauptsächlich gepulste Laserquellen verwendet, die ihre Strahlung impulsartig ausgeben. Dabei sind Pulslängen < 100 ns üblich.

Nach einer grundsätzlichen Betrachtung des Laserstrahlabtragens wird in der vorliegenden Arbeit ausschließlich das Laserstrahlformabtragen bzw. das Laserstrahlstrukturieren betrachtet.

2.2.2 Prinzip des Laserstrahlabtragens

Beim Laserstrahlabtragen wird mittels eines fokussierten Laserstrahls Material des Werkstücks abgetragen. Je nach eingetragener Energiedichte in das Bauteil kann ein Aufheizen, Schmelzen oder Sublimieren des Werkstoffs erreicht werden [DIN12, S. 4]. Erst bei Energiedichten oberhalb der Ablationsschwelle wird Material abgetragen und das Verfahren wird Laserstrahlabtragen genannt. Der Laserstrahl wird entweder mit einer statischen Maske auf die Oberfläche des zu bearbeitenden Bauteils projiziert (auch Maskenverfahren genannt, Abbildung 2.2 links) oder aber in Form eines fokussierten Laserstrahls über die Bauteiloberfläche geführt (auch schreibendes Verfahren genannt, Abbildung 2.2 rechts). Durch Absorption in der randzonennahen Oberfläche wird die eingebrachte optische Energie in thermische Energie umgewandelt. Dies bewirkt eine Änderung des Aggregatzustands des Materials, wodurch der Abtrag erfolgt. Der Wirkungsgrad des Abtrags wird grundlegend vom Absorptionsgrad des Werkstücks bestimmt. Dieser hängt von der genutzten Laserstrahlwellenlänge, der Oberflächenrauheit, dem Einstrahlwinkel des Lasers, dem Aggregatzustand und der Temperatur des Werkstücks ab. [LAWR18, S. 37] [KLOC07, S. 264] [POPR05, S. 309]

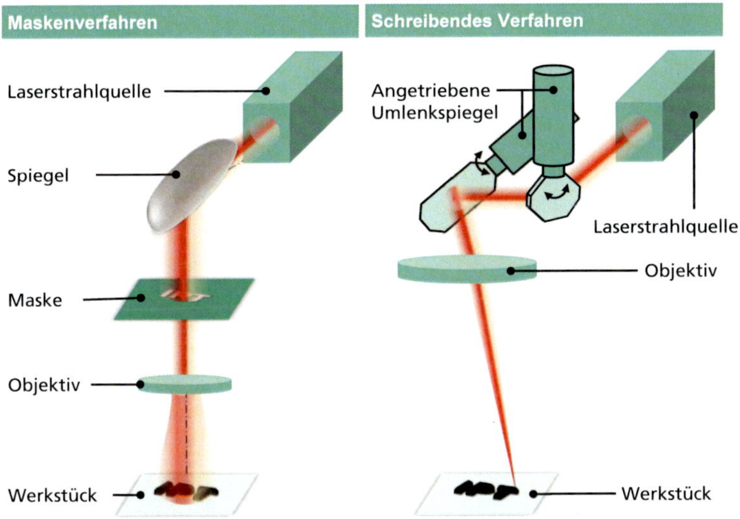

Abbildung 2.2: Prinzip des Maskenverfahrens und des schreibenden Verfahrens [POPR11, S. 358]
Principle of the Mask Process and the Scanning Process

Beim Abtragen durch einen Laserstrahl treten unterschiedliche Abtragmechanismen auf (Tabelle 2.1). Im Folgenden werden die Abtragmechanismen bei Stahlwerkstoffen betrachtet. Beim Schmelzabtrag wird der Werkstoff durch hohen Energieeintrag aufgeschmolzen und die auftretende Schmelze wird durch einen gerichteten Gasstrahl aus der Prozesszone getrieben. Dies bewirkt eine hohe Abtragrate von über 1000 mm^3/min, allerdings sind die erreichbaren Strukturgenauigkeiten geringer als bei den übrigen Abtragmechanismen. Außerdem können aufgrund von unvollständig ausgetriebenem Material Schmelzrückstände auf der Bauteiloberfläche verbleiben, die durch einen zusätzlichen Nachbearbeitungsschritt entfernt werden müssen. [BLIE13, S. 174]

Beim Laserstrahloxidabtragen wird ebenfalls das Material aufgeschmolzen. Durch Zugabe von Sauerstoff wird der Werkstoff in der Schmelzphase fast vollständig oxidiert. Bei geeigneter Prozessführung hebt sich die Oxidschicht selbstständig von der Abtragspur ab. Es werden typische Abtragraten von 10 mm^3/min erreicht. [KLOC07, S. 265]

Das Maskenverfahren nutzt hauptsächlich den photolytischen Effekt zum Werkstoffabtrag, wobei gepulste Excimer-Laser eingesetzt werden, deren laseraktives Medium aus einem Gasgemisch besteht. Von diesem Gasgemisch sind die Wellenlänge der Laserstrah-

Abtrag-mechanismus	Abtragrate in mm³/min	Oberflächen-rauheit R_z in µm	Laserstrahl-quelle	Anwendungen
Schmelzabtrag	> 1000	50 – 100	CO_2-Laser	Oberflächen- und Formabtragen
Oxidabtrag	> 10	20	CO_2-Laser	Oberflächen- und Formabtragen
Photolytischer Abtrag	< 0,1	< 1	Excimerlaser	Mikrostrukturieren, Entschichten
Thermischer Abtrag	< 20	< 0,5	Gepulster Festkörperlaser	Mikrostrukturieren, Bohren, Beschriften

Tabelle 2.1: Laserstrahlabtragmechanismen und deren Anwendungen [BLIE13, S. 391] [POPR11, S. 98, 350] [KLOC07, S. 264] [KORD07, S. 20]
Laser Beam Ablation Mechanisms and their Applications

lung und die mögliche Pulsenergie abhängig. Beim Abtrag werden einzelne Atome aus dem Gitterverbund durch das Aufbrechen von atomaren Bindungen herausgelöst, ohne den Werkstoff außerhalb der abgetragenen Zone zu erhitzen. Zum Abtrag muss im Vorfeld eine Maske vorbereitet werden, daher ist je nach verwendeter Maske die minimal erreichbare Strukturgröße sehr klein (Mikro- bis Nanometerbereich). Der Strahlquerschnitt ist bis zu 25 mm x 11 mm groß, sodass entsprechende Masken mit einer kurzen, hohen Impulsleistung belichtet werden können. Die benötigten Masken müssen für jede Struktur speziell hergestellt werden, was das Verfahren sehr unflexibel macht. Durch die ebene Bestrahlung können darüber hinaus nur planare Flächen bearbeitet werden; Freiformflächen scheiden zur Bearbeitung aus. [JACO15, S. 166] [BLIE13, S. 187]

Thermischer Laserstrahlabtrag durch Verdampfen und Sublimieren

Im Folgenden wird das thermische Laserstrahlabtragen mittels Sublimationsabtrag im Detail beschrieben, welches auch in der Industrie weit verbreitet ist. Es wird in der vorliegenden Arbeit zum Abtragen genutzt.

Beim thermischen Laserstrahlabtragen wird die optische Energie der Laserstrahlung an der Oberfläche des Werkstücks teilweise absorbiert und teilweise reflektiert. Durch den Einsatz von gepulsten Lasern mit Pulsdauern von Millisekunden bis hin zu Femtosekunden wird ein hoher Energieeintrag in das System ermöglicht. Der Laserstrahl wird durch Optiken stark fokussiert (Strahltaillendurchmesser > 5 µm), wodurch der Abtrag durch Verdampfen bzw. Sublimieren möglich wird.

Die optische Energie des Laserpulses wird zunächst vom Elektronensystem absorbiert und anschließend diffundiert diese als thermische Energie durch Wärmeleitung in den Werkstoff (Abbildung 2.3 oben), wo Elektron-Phonon-Stöße zu einer Erwärmung des Ionengitters führen [JAND97, S. 6]. Bei einem ausreichenden Energieeintrag wird ein Teil des Werkstoffs geschmolzen und verdampft. Der Materialdampf expandiert in die umgebende Atmosphäre und sollte durch eine Absaugeinrichtung entfernt werden, um Abschottungseffekte zum nächsten Laserpuls zu verhindern bzw. zu verringern. Ein Teil des verflüssigten Materials wird durch den entstehenden Dampfdruck aus der Wechselwirkungszone getrieben. Dies kann durch einen zusätzlichen Gasstrahl verstärkt werden. [HEYL04, S. 17] [WEIK05, S. 25] [LÄSS94, S. 25]

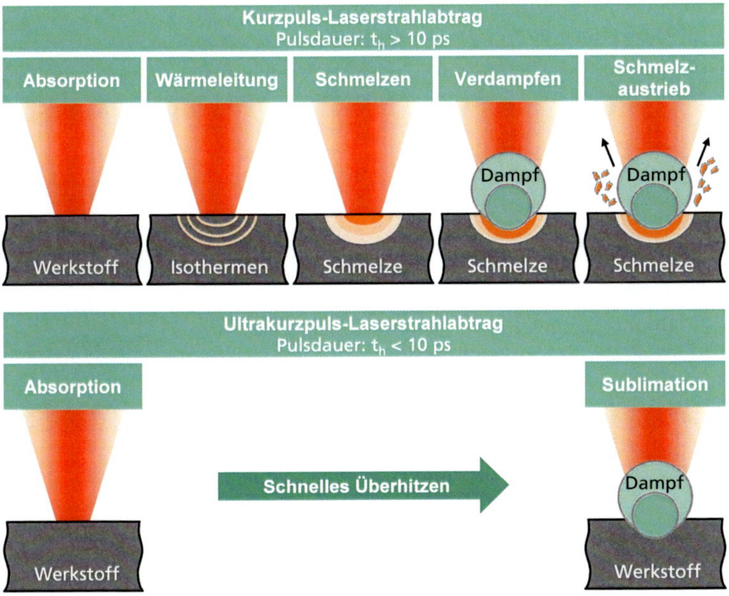

Abbildung 2.3: Vergleich zwischen Laserabtrag durch Verdampfen und Sublimieren
Comparison between Laserablation by Evaporating and Sublimation

Abhängig von der Intensität des Laserpulses an der Oberfläche wird das Material entweder verdampft, sublimiert oder durch einen kombinierten Prozess abgetragen (Abbildung 2.3). Bei einer ausreichend hohen Pulsenergie wird das Material direkt sublimiert. Das Sublimieren bewirkt einen Phasenübergang vom festen Werkstoff direkt in den gasförmigen Zustand. Bei einem kombinierten Prozess wird insbesondere in den Randzonen des auftreffenden Laserpulses das Material eher verdampft und in der zentralen Abtragstelle, wo die Intensität maximal ist, eher sublimiert. Dieses Verhalten resultiert aus der Energieverteilung eines Einzelpulses, die typischerweise gaußförmig beschrieben werden kann [LIND00, S. 2] [BENG13, S. 15].

Die Pulsdauer und die Pulsenergie sind die wesentlichen Einflussgrößen, die den Anteil des verdampften und des sublimierten Materials bestimmen. Bei Laserpulsen mit ausreichender Pulsenergie und mit Längen von 10 ps oder weniger ist eine weitgehende Sublimierung des Materials ohne Schmelzbad möglich (Abbildung 2.4). Dabei muss die Energiedichte knapp oberhalb der Abtragschwelle gewählt werden, da auch ein höherer Energieeintrag bei sehr kurzen Pulsen zur Bildung von Schmelze führt. Die Abtragrate bei diesem Ultrakurzpuls-Laserstrahlabtrag ist deutlich geringer als beim Kurzpuls-Laserstrahlabtrag, die Oberflächenqualität kann allerdings deutlich gesteigert werden [FING15, S. 221]. Im Gegensatz zu diesem schmelzfreien Abtrag können in Abbildung 2.4 rechts bei der Bearbeitung mit Pulsen im Nanosekundenbereich Schmelzaufwürfe erkannt werden. [WEIK05, S. 103] [CHEN13, S. 89]

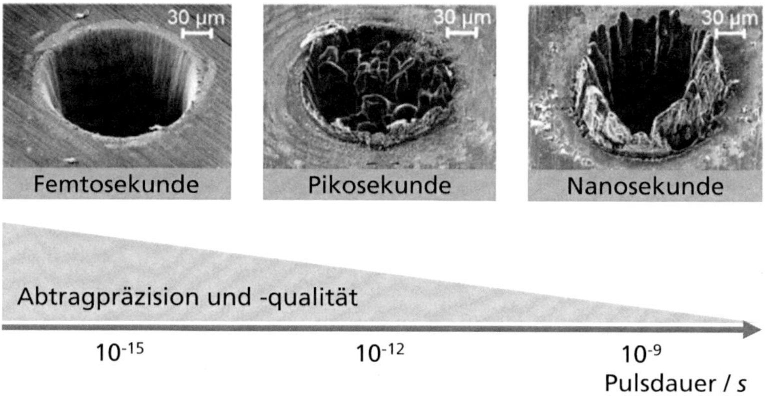

Abbildung 2.4: Durch Laserpulse erzeugte Mikrobohrungen: REM-Aufnahme eines durch vollständige Sublimation mittels Femtosekundenlaser erzeugten Bohrlochs (links), Hybridabtrag mittels Pikosekundenlaser (Mitte), Hybridabtrag mittels Nanosekundenlaser (rechts) [CHIC96, S. 112]
Microholes Generated by Hybridablation

Beim Sublimationsabtrag wird das Material mit so kurzen energiereichen Pulsen erhitzt, dass keine Wärmeleitung vor der Sublimation in das Innere des Materials stattfinden kann. Daher wird bei diesem Abtragverfahren – physikalisch falsch – auch von einem kalten Abtrag gesprochen [JANS19, S. 34] [PHOT13, S. 16]. Die Abtragrate ist durch die niedrigere Energie relativ gering, was allerdings durch eine höhere Pulsfolgefrequenz kompensiert werden kann. Allgemein kann festgehalten werden, dass eine höhere Qualität durch kürzere Pulsdauern erreicht werden kann, da weniger bis gar keine Schmelze erzeugt wird. [YILB13, S. 81] [HOLT11, S. 775]

Bei ungünstigen Prozessparametern (z. B. langen Pulsdauern) beeinträchtigt ein hoher Schmelzanteil die resultierende Struktur- und Oberflächenqualität. Diese Schmelze muss je nach Anwendungsanforderung durch einen anschließenden Prozessschritt, wie z. B. das Sandstrahlen, entfernt werden. Dies führt zu einer erhöhten Prozesszeit bzw. erhöhten Kosten und kann bei einer ungünstigen Bestrahlung die erreichte Struktur verändern bzw. schädigen.

Um die Vorteile des hohen Materialabtrags bei der Kurzpulsbearbeitung mit der hohen Qualität der Ultrakurzpulsbearbeitung zu kombinieren, stellt [BREN18] ein Verfahren zur kombinierten Bearbeitung vor. In einem ersten Laser-Schruppprozess wird Material mit einem Kurzpulslaser abgetragen. Um die Endkontur zu fertigen, wird mit einem Ultrakurzpulslaser geschlichtet. Um den Schlichtprozess effizienter zu gestalten, kann dieser optional mit einem sogenannten Burst-Modus durchgeführt werden, in dem innerhalb eines kurzen Abstandes viele Pulse im Laser erzeugt werden [BREN19, S. 100].

Das Volumen, das durch jeden auftreffenden Laserpuls im Material abgetragen wird, kann im idealen Fall als paraboloidförmige Näpfchengeometrie beschrieben werden. Um einen linienförmigen Abtrag zum Beispiel in Form einer Nut zu erreichen, muss der Laserstrahl über das Material geführt werden. Wenn der Laserstrahl nun mit einer definierten Vorschubgeschwindigkeit über die Oberfläche geführt wird, überlagern sich die Näpfchen mit einem gewissen Pulsüberdeckungsgrad und ergeben eine Nut. Um einen flächigen Abtrag zu erzielen, müssen die entstehenden Laserbahnen aneinandergelegt werden. [WINA09, S. 104]

Für das thermische Laserstrahlabtragen werden vor allem Festkörperlaser verwendet, deren laseraktives Medium eine Diode oder eine Faser ist. Je nach Leistung verfügen sie über sehr gute Strahlqualitäten und besitzen eine Grundwellenlänge von typischerweise 1064 nm, welche durch Frequenzmodulation noch geändert werden kann. Dadurch ergibt sich ein großes bearbeitbares Werkstoffspektrum von Metallen, Glas, Keramik oder auch Kunststoff. [KLOC07, S. 268]

2.2.3 Oberflächenstrukturierung durch Laserabtrag

Das thermische Laserstrahlabtragen mittels bewegtem Laserstrahl, auch Laserstrahlstrukturieren genannt, ist ein Verfahren zur Mikrostrukturierung, welches in verschiedenen Anwendungen stark an Bedeutung gewonnen hat. Vorteile des Laserstrahlstrukturierens z. B. gegenüber dem chemischen Ätzen sind die Herstellbarkeit von komplexen Strukturen, die mittels konventioneller Verfahren nicht möglich sind, sowie die Wiederholgenauigkeit durch eine vollständig digitale Prozesskette. Das Laserstrahlstrukturieren wird für Mikrobohrungen, Beschriftungen, Gravuren, aber auch komplexe Oberflächenstrukturen genutzt. [BLIE13, S. 173]

Für das Laserstrahlstrukturieren sind klassische Werkstoffparameter wie z. B. die Härte für eine Bearbeitbarkeit der Bauteile nicht entscheidend. Daher eignet sich das Laserstrahlstrukturieren auch für die Bearbeitung von schwer zerspanbaren Werkstoffen, wie vergüteten Stählen, Titanaluminid-Legierungen oder Nickelbasislegierungen.

Das Verfahren wird auch bei der Erzeugung von funktionalen Oberflächenmikrostrukturen zur Reibungsreduzierung eingesetzt. Die infrage kommenden Bauteile führen eine rotatorische oder translatorische Bewegung aus oder werden gegen eine sich bewegende Oberfläche fixiert, wie z. B. Gleitringdichtungen, Wellen oder Kolben. Die Gestaltung der tribologisch beanspruchten Kontaktfläche wirkt sich wesentlich auf das Reibungs- und Schmierverhalten aus. Durch die Einbringung von Mikrostrukturen kann eine deutliche Verbesserung der tribologischen Eigenschaften bewirkt werden. Die eingebrachten Näpfchen oder Nuten wirken als Schmierstoffreservoire und stabilisieren die Schmierfilme auf der Oberfläche. Im Motorenbau und in der Herstellung von Antriebskomponenten findet dieses Verfahren unter dem Begriff Laserhohnen bereits breite Anwendung. [ABEL04, S. 46] [ANDE07, S. 369]

2.3 Strahlführungssystem

Beam Guidance System

Das Laserstrahlstrukturieren wird mittels gepulstem Laserstrahl durch thermischen Abtrag durchgeführt. Um einen flächigen Abtrag zu erreichen, muss der Laserstrahl über das Bauteil geführt werden. Da konventionelle Maschinenachsen für die hohen dynamischen Anforderungen des Strukturierens nicht geeignet sind, werden typischerweise Galvanometerscanner zur Strahlführung eingesetzt. Diese Laserscanner werden von vielen Herstellern in unterschiedlichen Ausführungsvarianten angeboten. Abhängig von Material und Energieeintrag wird mit nebeneinander angeordneten Laserpulsen eine mehrere Mikrometer dicke Materialschicht abgetragen. Um die gewünschte Endkontur zu erreichen, wird der Laser in mehreren Schichten über die abzutragenden Bereiche des Bauteils geführt. [POPR11, S. 350] [HÜGE09, S. 370]

Eine Alternative zum Laserscanner für Spezialanwendungen stellt der Polygonscanner dar. Dieser ermöglicht eine sehr schnelle Ablenkung des Laserstrahls von mehreren hundert Metern pro Sekunde, welche allerdings nur eine zweidimensionale Bearbeitung erlaubt. Der Polygonscanner arbeitet mit einer kontinuierlichen Rotationsbewegung eines Polygonrades, welches den Laserstrahl entlang einer Achse ablenkt. Am Ende des Scanfeldes springt der Laserstrahl durch die Verwendung der nächsten Facette des Polygonrades wieder zurück an den Anfang. Für eine flächige Bearbeitung muss mittels einer zusätzlichen Linearachse oder eines Galvanometerscanners das Werkstück senkrecht zur Scanrichtung verfahren werden. Das Prinzip des Polygonscanners wird in dieser Arbeit nicht weiter betrachtet. [STRA18, S. 491] [NOTT17, S. 18] [JAEG14]

Funktionsprinzip

Für einen flächigen Abtrag muss der fokussierte Laserstrahl in Richtung eines definierten Pfads über die Oberfläche des Werkstücks geführt werden. Da der Pulsüberdeckungsgrad von entscheidender Bedeutung für die Qualität des Abtrags ist, muss dieser möglichst konstant bleiben. Ein typischer gepulster Laser für die Strukturierung hat eine Pulswiederholfrequenz zwischen einigen Kilohertz und mehreren Megahertz. Daher muss sich der Fokuspunkt des Laserstrahls mit einer hohen Vorschubgeschwindigkeit von bis zu mehreren Metern pro Sekunde auf dem Bauteil bewegen. Nur so lassen sich die einzelnen Laserpulse gezielt mit einem definierten Pulsüberdeckungsgrad auf der Oberfläche anordnen.

Um die einzelnen Laserpulse ausreichend dynamisch auf der Oberfläche anzuordnen, ist ein hochdynamisches Strahlablenkungssystem nötig, welches den Laserstrahl gezielt auf die gewünschte Position des Werkstücks leitet (Abbildung 2.5). Herkömmliche translatorische Achsen können für diese hohen Geschwindigkeiten nicht die erforderliche Dynamik aufbringen. Daher erfolgt die Ablenkung des Laserstrahls in der X-Y-Ebene mithilfe eines Laserscanners. Der Rohstrahl des Lasers wird dabei in den Scanner geführt, wo er durch zwei drehbare Spiegel, die orthogonal zueinander angeordnet sind, abgelenkt wird. Die Spiegel werden durch Galvanometer-Motoren angetrieben, welche aufgrund ihrer geringen Masse trotz einer hohen Vorschubgeschwindigkeit sehr genau und mit einem kleinen Schleppfehler positionieren können. Die gewünschte Bahn auf dem Bauteil entsteht durch die Überlagerung der Bewegungskomponenten der beiden Spiegel. Ein entscheidender Nachteil der Scanner-Technologie ist die begrenzte Größe des Bearbeitungsfeldes, die von der eingesetzten Fokussieroptik abhängt. [HÜGE09, S. 96] [BLIE13, S. 167]

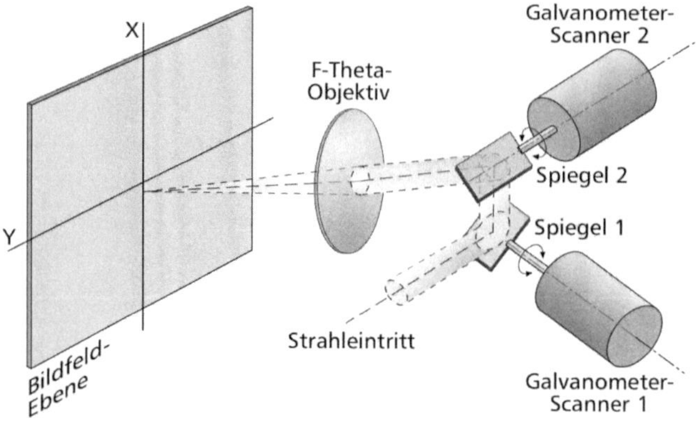

Abbildung 2.5: Funktionsprinzip der Strahlablenkung durch zwei Galvanometer-Scanner [SCAN09, S. 6]
Prinziple of Beam Distraction with two Galvanometer-Scanners

Für die Bearbeitung gewölbter Oberflächen muss zusätzlich zur Ablenkung in der X-Y-Ebene die Fokuslage in Z-Richtung nachgeführt werden. Zu diesem Zweck kann zusätzlich eine motorische, hochdynamische Strahlaufweitung in den Strahlengang eingesetzt werden. In diesem Gerät wird der eintreffende kollimierte Laserstrahl an integrierten Linsen gebrochen, sodass sich durch die Strahlformung der Durchmesser vergrößert. An einer weiteren beweglichen Linse wird der Strahl erneut kollimiert, sodass der parallele Laserstrahl austritt. Der Abstand der beiden Linsen definiert die Fokuslage. [KLOC09, S. 848] [SCAN03, S. 19]

Galvanometer

Das Prinzip eines Galvanometers ist dem eines Elektromotors ähnlich (Abbildung 2.6). Permanentmagneten an beiden Längsseiten erzeugen ein statisches Magnetfeld, welches an beiden Querseiten durch ein variables Magnetfeld verstärkt oder vermindert wird. Dieses variable Feld wird mittels Stromfluss durch die Statorspule erzeugt. In der Mitte des Galvanometers befindet sich der Rotor, welcher aus Eisen oder einem Magneten besteht. An der Längsachse des Rotors ist der Spiegel befestigt, mit dem die eigentliche Laserstrahlablenkung realisiert wird. Durch gegensätzlichen Stromfluss durch beide Statorspulen wird eine Änderung des Magnetfelds induziert, die eine rotatorische Bewegung im Rotor um den Winkel α auslöst. Aufgrund der geringen Masse des Rotors lassen sich sehr schnelle Positionsänderungen durchführen. [BEIS03, S. 102]

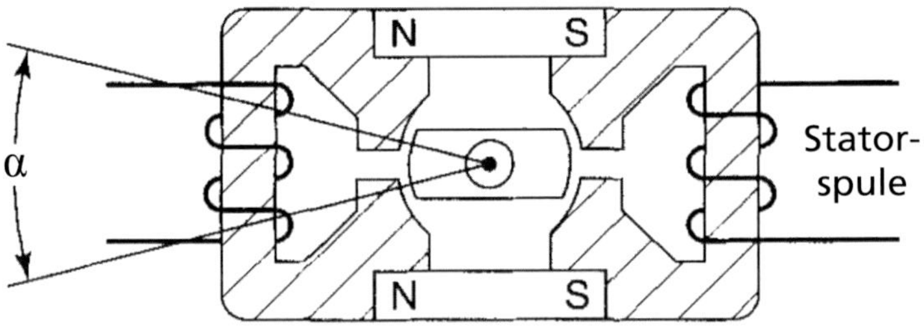

Abbildung 2.6: Prinzip eines Galvanometers [BEIS03, S. 102]
Principle of a Galvanometer

Die Genauigkeit des Galvanometers wird durch einen integrierten Positionssensor erhöht. Dieser kann sowohl in einer analogen als auch in einer digitalen Ausführung integriert werden. Ein analoger Positionssensor basiert auf einer kostengünstigen optischen Detektiermethode: Eine LED (Light Emitting Diode) emittiert Licht auf eine Photodiode, wobei durch ein am bewegten Rotor angebrachtes Element ein Schatten auf der Diode erzeugt wird. Die Position wird anschließend durch die Intensität des Lichts bestimmt. Ein auftretender Langzeitdrift und thermische Einflüsse begrenzen die Genauigkeit. Bei seit Kurzem verfügbaren digitalen Positionssensoren für Galvanometer erfolgt die Positionsbestimmung durch digitale Encoder. Ein Laserstrahl wird mittels Spiegel auf eine Strichscheibe geleitet, wobei dieser Spiegel ebenfalls auf dem Rotor befestigt ist. Die Reflexion wird auf ein Photoelement geleitet und der Hell-Dunkel-Übergang der Strichscheibe kann detektiert und in elektrische Signale umgewandelt werden. Dieses Verfahren ermöglicht eine wesentlich genauere Positionserfassung ohne relevante Gewichtserhöhung. Besonders bei Hochpräzisionsanwendungen bringt dieses Verfahren erhebliche Vorteile. [BREI15, S. 4-5]

2.4 Integration der optischen Komponenten in Werkzeugmaschinen

Integration of Optical Components in Machine Tools

Das Scannersystem zur Strahlablenkung kann in Kombination mit der dynamischen Strahlaufweitung den Laserstrahl in einem Bearbeitungsvolumen hochdynamisch positionieren. Dies ist allerdings nur in einem begrenzten Volumen, dem Scanvolumen, möglich (Abbildung 2.7b, dargestellt durch die rot gekennzeichneten Achsen X_L, Y_L und Z_L). Die Größe des zu bearbeitenden Scanvolumens ist abhängig von der Brennweite der eingesetzten Fokussieroptik und dem daraus resultierenden Arbeitsabstand. Um darüber hinaus größere Bauteile bearbeiten zu können, wird das beschriebene Lasersystem in eine Handhabungsanlage integriert. Diese positioniert das Werkstück so, dass der Laser mit mehreren

Positionierungen der Maschinenachsen das komplette Bauteil bearbeiten kann (Abbildung 2.7b, die blau gekennzeichneten Achsen X_M, Y_M und Z_M).

Um das Scanvolumen bei Freiformflächen auf jeden Bereich des Werkstücks positionieren zu können, werden in industriell verfügbaren Anlagen häufig zwei Rotationsachsen integriert (Abbildung 2.7b, die blau gekennzeichneten Achsen B_M und C_M). Damit wird das Lasersystem befähigt, theoretisch jeden beliebigen Punkt im vorgegebenen Bearbeitungsraum anfahren und so eine dreidimensionale Bearbeitung von komplex geformten Bauteilen durchführen zu können. Als Beispiel einer solchen Anlage kann die Maschine „Kern Evo" genannt werden, die vom Fraunhofer-Institut für Produktionstechnologie IPT als Prototypenmaschine mit einem Laser und Strahlführungskomponenten ausgerüstet wurde (Abbildung 2.7a). [HÜGE09, S. 110] [MART16, S. 46] [BLIE13, S. 167] [WIRT02, S. 69] [LAKE09, S. 387]

(a) Anlage zum Laserstrahlstrukturieren mit 5 Achsen

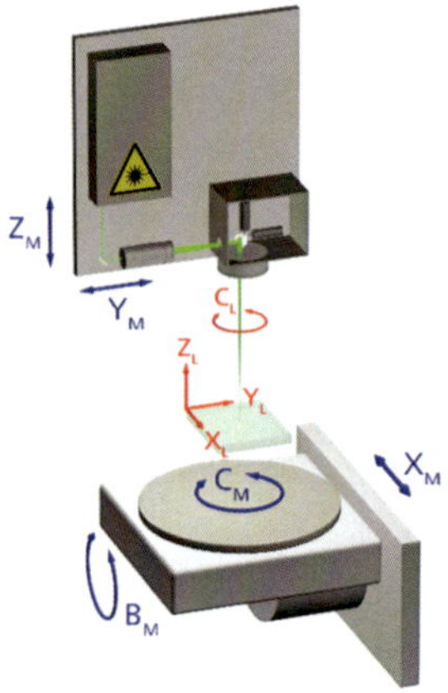

(b) Beispiel eines Achsaufbaus [KLOC09, S. 848]

Abbildung 2.7: Anlagentechnik zum Laserstrahlstrukturieren
Mechanical Engineering for Laser Beam Structuring

Die Bearbeitung großformatiger oder komplex geformter Bauteile erfolgt dabei sequenziell. Die Maschinenachsen positionieren das Bauteil so, dass der Laser möglichst orthogonal auf das Bauteil trifft. Bei einem Auftreffen des Lasers auf dem Bauteil unter einem zu großen Winkel würde sich der Fokuspunkt auf dem Werkstück von einem Kreis zu einer Ellipse verformen. Dies würde aufgrund der geänderten Form und der geringeren Absorption zu einer Änderung des Werkstoffabtrags führen. Ebenso darf sich der Strahldurchmesser nicht zu sehr verändern, da sonst die Intensität variieren würde. Aus diesem

Grund wird häufig ein F-Theta-Objektiv eingesetzt, welches eine planare Fokusebene garantiert. Nach der Bauteilpositionierung wird der Laser aktiviert und das Laserprogramm ausgeführt, während sich die Maschinenachsen nicht bewegen. Anschließend findet eine erneute Positionierung des Bauteils statt, sodass das nächste Scanvolumen bearbeitet werden kann. [KLOC09, S. 848]

Um eine großflächige zusammenhängende Struktur auf ein Bauteil aufzubringen, sind hoch genaue Maschinenachsen erforderlich, die eine exakte Positionierung des Werkstücks im Raum gewährleisten. So werden potenzielle Fehler an den Nahtstellen der Segmente vermieden. Die Anforderungen an die Dynamik der Maschinenachsen sind dagegen gering, da typischerweise keine simultanen Bewegungen von Scanner- und Maschinenachsen ausgeführt werden. [FRAU12, S. 6]

Neben der sequenziellen Bearbeitung existieren einige Konzepte zur simultanen Bearbeitung von Oberflächen, bei denen sich sowohl die Scannerachsen als auch die Maschinenachsen zeitgleich bewegen. [KIM11, S. 452] präsentiert einen Ansatz, in dem eine Linearachse simultan mit zwei Scannerachsen angesteuert wird. Dieses Konzept ist allerdings aufgrund der einzelnen Maschinenachse auf breite 2D-Flächen begrenzt. Die Firma Aerotech bietet mit dem Nmark SSaM (Synchronized Scanner and Motion)-System eine Lösung, in die ein Lineartisch mit zwei Maschinenachsen integriert ist [SCHM12a, S. 50]. Dieses System ermöglicht eine Bearbeitung einer theoretisch unbegrenzten 2D-Fläche. Als Vorteile werden eine erhöhte Gesamtprozessgeschwindigkeit und eine Vermeidung von Fehlern an Scanvolumenkanten genannt. Das Fraunhofer-Institut für Lasertechnik ILT bietet eine Lösung zur 9-Achs-Simultan Laserbearbeitung an (5 Maschinenachsen, 2 Laserscannerachsen, 1 dynamischer Strahlaufweiter, 1 Rotationsachse des Scannerfelds) [FLEM18] [FLEM15]. Dabei werden auch Rotationsachsen berücksichtigt, sodass auch komplex geformte Bauteile bearbeitet werden können. Dazu werden Synchronisationspunkte auf dem Bauteil definiert, zwischen denen die Maschinenachsen mit einer gleichmäßigen Geschwindigkeit verfahren. Nachteil an diesem Verfahren ist, dass nur mäanderförmige Strukturen in das Bauteil eingebracht werden können.

2.5 CAx-Prozesskette für das Laserstrahlstrukturieren

CAx Process Chain for Laser Beam Structring

Ein Vorteil der Laserstrahlstrukturierung ist die vollständig digitale Prozesskette im Sinne der „Digital Photonic Production". Um das Laserstrahlstrukturieren in seinen gesamten Möglichkeiten nutzen zu können, muss daher auch die Software zum Modellieren und Programmieren der CAx (Computer-Aided x)-Prozesskette auf die Anforderungen der Technologie abgestimmt sein. Die Fertigungsprozesskette unterscheidet sich in einigen wesentlichen Merkmalen von denen der konventionellen Fertigungsverfahren, daher fällt der Software eine besondere Bedeutung zu. Industriell verfügbare Anlagensysteme werden meist mit einer eigenentwickelten Software ausgeliefert, die an diese spezielle Anlage angepasst ist (z. B. [FOBA17]). Die Software ist daher nicht universell nutzbar und nur eingeschränkt auf andere Anlagen übertragbar.

Bei der am Fraunhofer IPT entwickelten Software wird besonderer Wert auf eine flexible Programmierung gelegt. Dabei sollen CAM (Computer-Aided Manufacturing)-Programmierer, die sich bisher auf konventionelle Fertigungsverfahren spezialisiert haben, mit möglichst wenig Aufwand auch den Laserprozess beherrschen können. Daher wurden die Prozesskette und auch die Datenaustauschformate an konventionelle Verfahren angelehnt und in speziellen Bereichen erweitert [WINA09, S. 104]. Die Prozesskette ist in Abbildung 2.8 dargestellt.

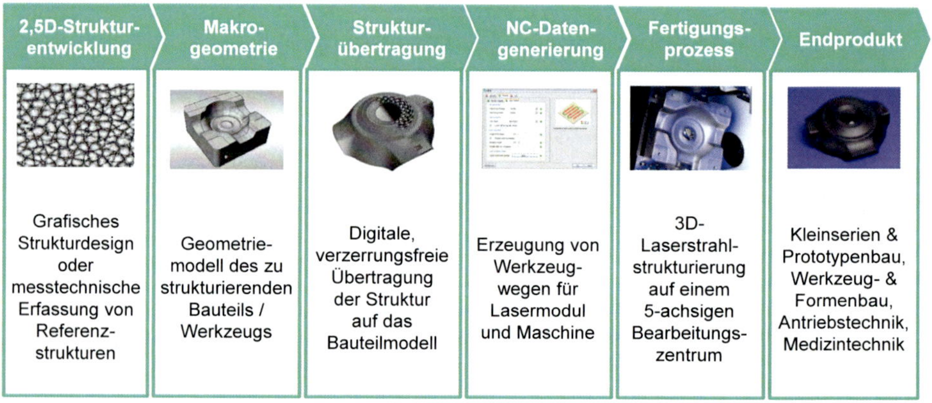

Abbildung 2.8: Prozesskette beim Strukturieren eines Werkstücks
Process Chain for Structuring a Workpiece

Die herzustellende Oberflächenstruktur lässt sich nur eingeschränkt in kommerziellen CAD (Computer-Aided Design)-Systemen erstellen, da entsprechende Strukturen eine sehr hohe Detailtiefe erfordern, was mit hohen Anforderungen an die Hardware einhergeht. Allerdings lassen sich die Strukturen als Graustufenbilder, sogenannte Texturen, erstellen und speichern. Jedem Bildpunkt wird dabei ein Helligkeitswert zugewiesen; bei einer Farbtiefe von 8 Bit stehen jedem Pixel 256 verschiedene Graustufen zur Verfügung. Die absolute Tiefe der Struktur wird während der späteren Berechnung vom Benutzer angegeben. Die

Graustufenbilder lassen sich entweder in einem Grafikprogramm direkt erstellen oder werden indirekt mittels Messgerät erfasst, häufig aus einer Referenzstruktursammlung. Die Struktursammlungen bestehen häufig aus natürlichen Narbungen, wie Leder oder Holz, oder aber aus technischen Strukturen. Diese sind regelmäßig angeordnet und wiederholen sich in einem definierten Intervall. Zur digitalen Datenerfassung von diesen Strukturen werden überwiegend optische Messverfahren eingesetzt, da diese Verfahren eine sehr hohe Messpunktaufnahme pro Zeit aufweisen. Das Messgerät nimmt dabei eine Punktewolke auf, die anschließend in ein Graustufenbild umgewandelt werden muss. Die so digital aufgenommenen oder aber manuell erzeugten Strukturen werden auch 2,5D-Strukturen genannt, da im Gegensatz zu 3D-Strukturen für jeden Bildpunkt nur eine Höhenangabe möglich ist. Neben der beschriebenen Struktur lassen sich außerdem Logos und Schriftzüge integrieren. [REIC13, S. 45] [DAUS12, S. 13]

Texturen sind allerdings in ihrer Ausdehnung begrenzt, da vor allem großflächige, hoch aufgelöste Strukturflächen sehr große Datenmengen erzeugen. Bei üblichen kommerziellen Bearbeitungssystemen führt dies zu sehr langen Berechnungszeiten oder sogar zu Abbrüchen aufgrund der nicht mehr verarbeitbaren Datenmenge. Alternativ zur Beschreibung der Struktur durch eine Textur kann bei regelmäßigen Funktionsstrukturen diese auch durch ein CAD-System modelliert werden.

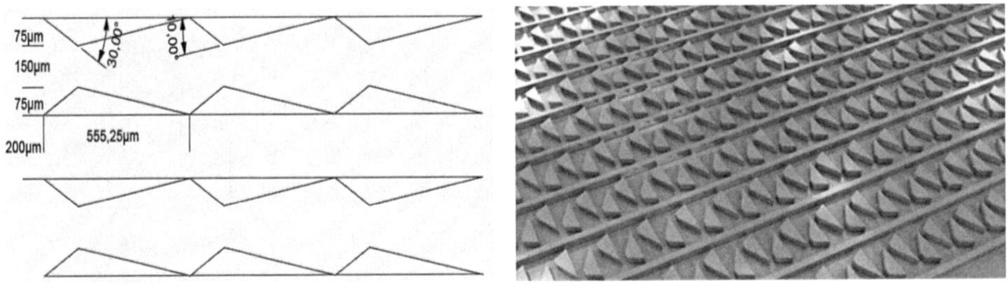

(a) Parametrische Beschreibung der Struktur

(b) Gerenderte Struktur

Abbildung 2.9: Modellierung mittels prozeduraler Struktur [WINA16, S. 39]
Modelling by Procedure Structure

Die CAD-Modellierung kann vor allem bei Kanälen, Spiralen oder punktuellen Vertiefungen sinnvoll sein, da diese so direkt und exakt konstruiert werden können. Diese Art der Strukturerzeugung kann durch sogenannte prozedurale Strukturen unterstützt werden [MESC18b, S. 66]. Dabei wird die Struktur der einzelnen Elemente und deren Verteilung auf der Bauteiloberfläche mittels mathematischer Algorithmen beschrieben. Die einzelnen Merkmale der Struktur (z. B. Kantenlänge, Tiefe, Abstand, Winkel) werden dabei durch einzelne Parameter dargestellt. In Abbildung 2.9 wurden mittels dieses Verfahrens Kanäle zum Flüssigkeitstransport modelliert. [WINA16, S. 39]

Neben der Struktur muss auch von der Makrogeometrie des zu strukturierenden Bauteils das digitale Geometriemodell vorliegen. Die Makrogeometrie liegt dabei typischerweise bereits als 3D-Modell vor, da es meist im Vorfeld schon diverse Fertigungsschritte durchlaufen hat, wie z. B. einen Fräsprozess. Nur wenn die Fertigungshistorie unbekannt ist, muss eine messtechnische Lösung in Betracht gezogen werden. Das 3D-Bauteil sollte mittels NURBS (Non-Uniform Rational B-Spline)-Flächen beschrieben werden, da diese beliebige Formen mathematisch exakt abbilden können. Punktewolken bzw. Dreiecksnetze bieten dagegen nur eine endliche Genauigkeit. [HEHE11, S. 132]

Im nächsten Schritt muss die vorliegende Struktur auf das zu bearbeitende Werkstück übertragen werden. Die digitale Übertragung der Strukturdaten auf das Modell wird „UV-Mapping" genannt (Abbildung 2.10). Dabei wird jedem Punkt auf dem Modell ein Punkt der Struktur zugewiesen. Bei Regelkörpern funktioniert dieser Vorgang meist automatisiert mit entsprechenden Algorithmen, wie z. B. [UNWR17].

Bei Freiformflächen sind Verzerrungen allerdings prinzipbedingt nicht zu vermeiden, häufig wird in diesen Prozess händisch eingegriffen, um ein akzeptables Ergebnis zu erreichen. Dieses besteht dann meist aus einem Kompromiss, sodass das Auge die Verzerrungen nicht oder nur eingeschränkt wahrnimmt. Aus dem 3D-Modell des Bauteils mit applizierter Struktur lässt sich nun ein komplettes Modell inkl. Struktur errechnen. Die Wirkung des digital strukturierten Bauteils lässt sich so gut überprüfen und bei Bedarf noch verändern. Das Modell dient bei der weiteren Berechnung der Bearbeitungsdaten durch ein CAM-System als Basis. [KLOC10, S. 5] [FRAU12, S. 6]

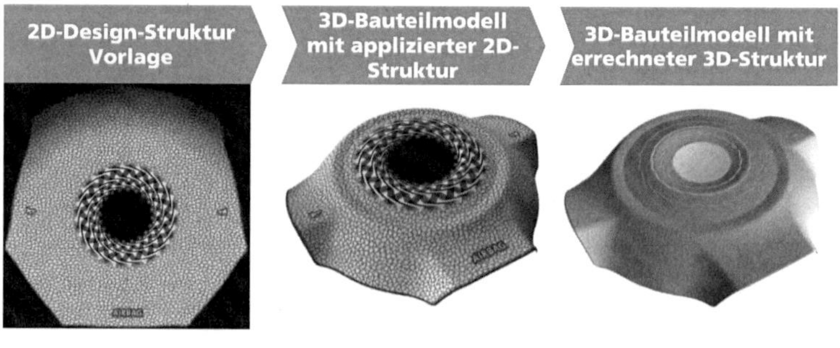

Abbildung 2.10: Übertragen der Struktur auf das 3D-Modell
Mapping of the Structure on the 3D Model

In das CAM-System ist meistens auch ein Modul zum Aufteilen der Makrogeometrie in bearbeitbare Teilfelder integriert. Falls das zu bearbeitende Feld größer als das vom Scanner bearbeitbare Feld ist, muss die Bearbeitung sequenziell erfolgen. Dabei werden die Maschinenachsen zur Positionierung des Scannerkopfes genutzt; alternativ wird das Bauteil unter dem Scanner bewegt. Bei komplex geformten Bauteilen kann ein Schwenken des Bauteils mittels Maschinenachsen nötig sein, um eine möglichst orthogonale Anstellung des Bauteils zum Laserstrahl zu ermöglichen. Die Segmentierung erfolgt durch das Modul dabei automatisch, wobei teilweise auch die Struktur berücksichtigt werden kann, um Trennkanten in Bereiche zu verlegen, in denen der Laser nicht abträgt. [WINA09, S. 104]

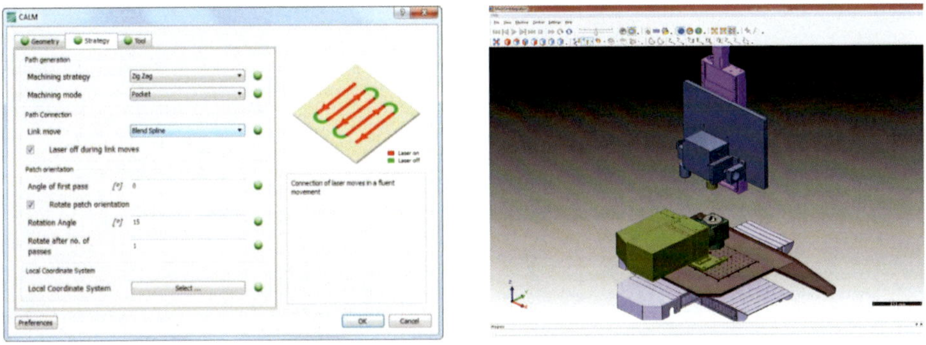

(a) CAM-Modul zur Generierung der Laserbahnen

(b) Maschinensimulation mit Kollisionskontrolle

Abbildung 2.11: Softwarelösungen für den Laserstrahlstrukturierprozess
Software Solutions for Laser Structuring Process

Der folgende Schritt beinhaltet die NC (Numerical Control)-Daten-Generierung für die Werkzeugbahn des Lasers und der Handhabungsanlage innerhalb des CAM-Systems (Abbildung 2.11a). Für die Bedienung des Moduls, welches am Fraunhofer IPT entwickelt wurde, ist kein laserspezifisches Fachwissen nötig. Daher wurde eine Technologiedatenbank integriert, welche die technologiespezifischen Parameter beinhaltet und unter einem sogenannten Lasertool aggregiert. Der Nutzer kann anhand von Kennwerten wie Werkstoff und Abtragtiefe das gewünschte Lasertool auswählen. Die eigentlichen laserspezifischen Parameter wie Pulsenergie, Pulsfolgefrequenz u. a. bleiben für den Nutzer verborgen. Die Datenbank muss im Vorfeld durch experimentell ermittelte Daten gefüllt werden. Nach Auswahl der Laserbearbeitungsstrategie berechnet das CAM-System dann die benötigten Daten für die Bewegungsführung der Werkzeugmaschine und des Lasermoduls (Abbildung 2.12). [KLOC09, S. 849]

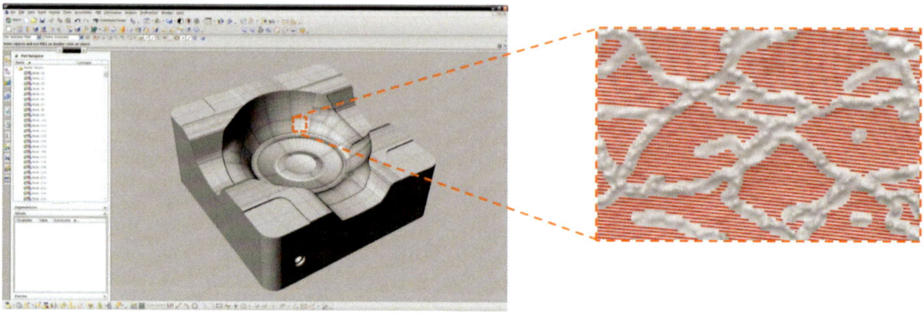

Abbildung 2.12: Bewegungsführung des Lasermoduls auf dem Bauteil
Laser Tool Path on the Workpiece

Bei der Bewegungsführung der Handhabungsanlage kann es bei ungünstiger Aufspannsituation oder bei großen Bauteilen zu Kollisionen zwischen Werkstück, verwendeten Spannmitteln und Maschinenkomponenten kommen. Dies kann im Vorfeld durch eine Maschinensimulation vermieden werden. Dazu werden das generierte NC-Programm und die Aufspannsituation des Bauteils in eine Maschinensimulationssoftware geladen, die während der Simulation Kollisionen feststellen kann (Abbildung 2.11b). Werden kritische Werkzeugwege detektiert, kann mittels automatischer Anpassung versucht werden, den Zielpunkt mit einer alternativen Bahn anzufahren. Gelingt dies nicht, muss manuell in die Werkzeugbahnberechnung eingegriffen werden. [HEHE11, S. 160]

2.6 Prozesskontrolle beim Laserstrahlabtragen

Process Inspection for Laser Beam Ablation

Auf jeden Fertigungsprozess wirken Störgrößen, die die Qualität des Bauteils beeinflussen. Um beurteilen zu können, ob Qualitätskennzahlen trotzdem innerhalb einer vorher festgelegten Toleranz liegen, müssen diese Qualitätskennzahlen mittels Messtechnik überprüft werden. Die Prüfung kann während der Fertigung stattfinden, sodass Änderungen am Fertigungsprozess noch möglich sind. Alternativ wird die Prüfung nach Abschluss des Fertigungsprozesses gestartet, sodass nur eine Kategorisierung zwischen i. O. oder n. i. O. möglich ist. Bei einer komplexen Fertigungsprozesskette mit mehreren verketteten Prozessschritten kann ein Messschritt nach jedem Prozessschritt stattfinden oder nach Abschluss der gesamten Fertigungsprozesskette. [BÄUE04, S. 243] [KLOC08, S. 3] Für sicherheitsrelevante Bauteile ist außerdem eine lückenlose Dokumentation qualitätsrelevanter Daten teilweise zwingend vorgeschrieben.

Die Messtechnik in Fertigungsprozessen lässt sich bzgl. des Messortes in drei Kategorien unterteilen [ZHAO10, S. 270] [DAGG09, S. 3]:

- Inline-Messtechnik:
  Die Messung findet in der Bearbeitungsmaschine statt – in der Fertigungslinie. Dies bietet die Möglichkeit einer 100 %-Kontrolle und damit einer Beeinflussung des Prozesses durch eine Echtzeitregelung, also innerhalb einer vorbestimmten Zeitspanne. Inline-Messungen sind häufig eine der Voraussetzungen für die vernetzte, adaptive Produktion im Sinne der Industrie 4.0, sodass bei statistischen Auffälligkeiten bei den Messungen sofort reagiert werden kann.

- Atline-Messtechnik:
  Die Messung findet in der Nähe der Prozesszone statt. Dazu muss das Werkstück aus der Maschine teilautomatisch oder manuell entfernt werden oder zumindest mit der Maschine an eine vorbestimmte Messposition gefahren werden. Beim Entfernen des Bauteils aus der Maschine ist eine folgende Nachbearbeitung aufgrund einer fehlenden Referenzierung nicht immer möglich.

- Offline-Messtechnik:
  Das Werkstück wird zu einem entfernten, gut ausgestatteten Messgerät, wie z. B. einer Koordinatenmessmaschine gebracht. Diese kann sich in einem separaten Gebäude oder sogar bei einem externen Dienstleister befinden. Vorteil bei einem solchen Zentrallabor ist ein hohes Expertenwissen, staub- und vibrationsgeschützte Messplätze und unterschiedliche Messmethoden, die typischerweise in diesem Labor vorhanden sind.

Diese Aufzählung zeigt, dass für eine wirtschaftlich sinnvolle Prozesskontrolle nur die Inline-Messtechnik Verwendung finden kann, falls der Prozess anschließend verändert fortgesetzt werden soll. Im Gegensatz zur fertigungsfernen Messtechnik wird durch die Inline-Messtechnik, die auf der Datenaufnahme direkt im Produktionsprozess basiert, eine 100 %-Kontrolle möglich [SCHM08, S. 57]. Nur zur stichprobenartigen Qualitätskontrolle am Ende des Prozesses sind auch die Atline-Messtechnik und die Offline-Messtechnik geeignet.

Auf das Laserstrahlabtragen wirken von außen und von innen diverse Störgrößen, die einen direkten Einfluss auf die Prozessstabilität und die Produktqualität haben. Gerade beim Laserstrahlabtragen ist das Prozessfenster – also der Bereich, in dem der Prozess stabil läuft – sehr eng. Eine Qualitätskontrolle der hergestellten Produkte ist daher gerade beim Laserstrahlabtragen essenziell [WIES04, S. 243]. Daher werden bei der Prozessauslegung zulässige Toleranzen an funktionsbestimmenden Merkmalen definiert, die in der Fertigung eingehalten werden müssen. Diese sollten während oder nach dem Prozess geprüft werden, um die geforderte Qualität einhalten zu können. Der einfachste Fall der Qualitätskontrolle entscheidet am Ende des Prozesses, ob ein Bauteil i. O. oder Ausschuss ist. Die konkreten Faktoren, die den Prozess beeinflussen, werden im Kapitel 4.1 detailliert erläutert.

Um einen Prozess zu überwachen, müssen Indikatoren definiert werden, die mit geeigneter Messtechnik aufgenommen werden können. Diese Indikatoren müssen relevante Informationen über den Fertigungsprozess liefern können. Im Falle des Laserstrahlabtragens können diese Indikatoren beispielsweise verschiedene Prozessemissionen sein, die in der Wechselwirkungszone des Prozesses selbst generiert werden. Darüber hinaus können auch externe Lichtquellen mit entsprechenden Sensoren den Prozess überwachen. [MALL17, S. 20]

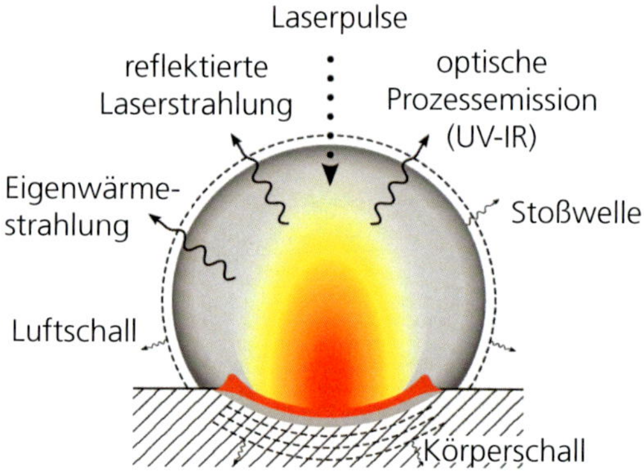

Abbildung 2.13: Darstellung der beim Laserstrahlstrukturieren ausgesandten Prozessemissionen [GEHR13, S. 46]
Representation of the Process Emissions at Laser Beam Structuring

Der Laserprozess bietet gute Voraussetzungen zur Überwachung, da er von vielen Prozessemissionen direkt aus der Wechselwirkungszone begleitet wird. In Abbildung 2.13 sind die bei einer Laserstrahlstrukturierung ausgesandten Prozessemissionen aufgezeigt. Diese können in optische und nicht-optische Signale eingeteilt werden [GEHR13, S. 45]. Optische Signale sind dabei weitestgehend unempfindlich gegenüber äußeren Einflüssen und können häufig durch den identischen Strahlengang erfasst werden (koaxial). Ein direkter Kontakt mit dem Werkstück – wie z. B. bei Körperschallsensoren – ist nicht notwendig.

Das Messen von optischen Prozessemissionen ist in der Laserbearbeitung weit verbreitet. Diese zu messenden Emissionen sind reflektierte oder gestreute Laserstrahlung, thermische Strahlung oder Plasmastrahlung. In [OLSS11, S. 1] wird ein Ansatz präsentiert, bei dem reflektiertes Laserlicht über eine Photodiode analysiert und statistisch ausgewertet wird, um damit eine Aussage über die Qualität eines Laserschweißprozesses treffen zu können. [GEHR13, S. 87] hat den Ansatz auf das Laserstrahlabtragen übertragen, allerdings lassen sich mit der Methode ausschließlich einzelne Näpfchenstrukturen detektieren. [BARK95] implementiert auf Basis der gemessenen Plasmastrahlung eine Prozessregelung für das Abtragen von einzelnen Deckschichten mittels Excimerlaser. Mit einer Abschwächeeinheit wird die Laserenergie bei Bedarf reduziert. Die bei diesen Verfahren genutzten Photodioden sind kostengünstig und einfach in den Prozess zu integrieren; allerdings ist die Einrichtung des Prozesses zeitaufwendig, da der bei dem konkreten Prozess zu messende Wellenlängenbereich mittels Spektroskop definiert werden muss. Zudem muss in Vorstudien eine Korrelation zwischen den relevanten Struktureigenschaften und den Signalmerkmalen gefunden werden [GEHR13, S. 130]. Die konkrete Korrelation ist allerdings von dem speziellen Prozess und vom Material abhängig, was gegen eine universelle Nutzbarkeit spricht. [AMOR07, S. 331] hat für das Basismaterial Nickel erkannt, dass es zwischen der Abtragtiefe und der Elektronenstrahlung einen linearen Zusammenhang gibt. Die dafür nötigen Sensoren können entweder koaxial integriert werden, d. h. sie werden in den Strahlengang des Prozesslasers mithilfe eines halbdurchlässigen Spiegels integriert, oder sie werden außerhalb des Strahlengangs positioniert, wo sie unter einem Winkel den Prozess überwachen.

Das Strukturieren von Mehrschichtmaterialien stellt die Prozesstechnik vor besondere Herausforderungen. Insbesondere der Schichtübergang muss für eine qualitativ hochwertige Bearbeitung genau detektiert werden können. Dabei kann das Prinzip der LIPS (Laserinduzierte Plasmaspektroskopie) verwendet werden. Das bei der Bearbeitung entstehende Plasma emittiert während des Zerfalls Licht, welches für die enthaltenen Elemente charakteristisch ist. Mit einer Spektralanalyse können so die Elemente bestimmt werden. [DOMK11, S. 396] bzw. [RAPP12, S. 726] benutzen dieses Prinzip zur Detektion des Schichtübergangs bei der Bearbeitung von Solarzellen bzw. von Sensoren. [KUNZ16, S. 1329] führt auf Basis des gleichen Prinzips eine Regelung ein, um je nach bearbeitetem Material die Prozessparameter anzupassen oder die Bearbeitung zu stoppen.

Einen weiteren Ansatz, um beim Laserstrahlstrukturieren auch die Geometrie eines Näpfchens zu bestimmen, präsentiert [GEHR13, S. 105]. Eine Hochgeschwindigkeitskamera wird koaxial in den Prozess integriert und beobachtet das Prozessleuchten. Es konnte gezeigt werden, dass die Tiefe der Struktur linear mit der zeitlichen Dauer des Prozessleuchtens korreliert. Der experimentelle Aufbau dazu ist relativ komplex, nur für einzelne Näpfchen geeignet und daher keine Option für eine kommerziell erhältliche Serienmaschine.

Auch der Luft- bzw. Körperschall, der vom Prozess ausgesandt wird, kann zur Überwachung des Prozesses genutzt werden. [STRG02, S. 791] benutzt piezoelektrische Messwertgeber, um die Intensität und das Frequenzspektrum des Schalls aufzuzeichnen. Nach einer Echtzeitanalyse kann die momentane Tiefe beim Laserbohren festgestellt werden. Auch [BORD06, S. 1122] nutzt die Schallemissionen des Laserprozesses, wobei hier die Distanz zwischen Werkstück und Fokuspunkt gemessen werden kann. Der aktuelle Fokuspunkt beeinflusst die Tiefe, Breite und das Volumen des abgetragenen Materials. [LU98, S. 149] nutzt die Amplitude des Schalls, um eine Regelung für einen Reinigungsprozess zu implementieren. Sobald die Schmutzschicht mit einem Excimerlaser abgetragen wurde, ändert sich die Amplitude, was den Prozess an der Stelle beendet.

Je nach Anforderung und Applikation kann eine Beobachtung des Prozesses allein nicht ausreichend sein. Wenn das Werkstück vor oder nach der Bearbeitung gemessen werden soll, können aufgrund nicht vorhandener Prozessemissionen die oben beschriebenen Methoden nicht zur Anwendung kommen. Eine geeignete Alternative ist die Nutzung einer externen Lichtquelle [POPR11, S. 435]. Hiermit können die Positionierung des Werkstücks auf der Maschine vor dem Prozess, die resultierende Struktur nach dem Prozess oder die Umgebung um die Prozesszone während des Prozesses überprüft werden. [DUDE13] nutzt eine schmalbandige Lichtquelle, um einen Laserschweißprozess zu beleuchten. Mit einer geeigneten CMOS (Complementary Metal-Oxide-Semiconductor)-Kamera, die koaxial zum Bearbeitungslaser integriert ist, werden die Kanten des Bauteils aufgenommen, um die korrekte Positionierung des Schweißsystems sicherzustellen. Durch die schmalbandige Lichtquelle können trotz des extrem hellen Schweißprozesses Bilder aufgezeichnet werden. [IAKO05] nutzt das Prinzip der Lasertriangulation, um Kanten oder Ecken an einem Bauteil zu detektieren. Dazu wird strukturiertes Licht – Linien und Kreise – mittels eines Lasers auf das Bauteil projiziert, wobei ein Teil des Lichts diffus reflektiert wird. Dieses wird von einem Detektor erfasst und über den Einstrahlwinkel kann der Abstand zu dem Bauteil und damit auch die Position der Bauteilkante errechnet werden.

Das Prinzip der LCI (Low Coherence Interferometry) kann zur absoluten Distanzmessung auf verschiedenen Materialien, wie z. B. Glas, Plastik, Keramik oder auch Metallen eingesetzt werden. Axiale Auflösungen von unter 200 nm sind möglich [SCHM13, S. 9]. Als Lichtquelle dient eine SLD (Superlumineszenzdiode), die ein breitbandiges Licht ausstrahlt. Ein Teil des Lichts wird durch einen dichronischen Spiegel in den Strahlengang des Lasers eingekoppelt und mittels der Laseroptik auf dem Bauteil fokussiert. Teilweise wird das

Licht zurück reflektiert, wodurch es in eine opto-elektronische Auswerteeinheit gelangt. Ein Teil des Lichts aus der SLD wird in einen Referenzstrahlengang geleitet, welcher eine definierte Länge aufweist. Die Auswerteeinheit analysiert das Interferenzsignal, induziert durch die Überlagerung der beiden optischen Pfade (Referenz- und Messpfad), und kann über eine Frequenzanalyse mit einer anschließenden FFT (Fast Fourier Transform) die aktuell gemessene Tiefe angeben [BREZ06, S. 101]. In [WEBS09] wird eine Anwendung zum Laserbohren vorgestellt. Mittels der LCI ist eine kontinuierliche Überwachung der Abtragtiefe möglich. [WIES10] zeigt einen ähnlichen Ansatz für das Laserstrahlstrukturieren von Stirnflächen von Glasfasern, in dem mittels LCI sowohl die korrekte Ausrichtung der Faser als auch das Strukturierergebnis überprüft werden.

Die bei der Laserstrahlstrukturierung benutzten kurz- bzw. ultrakurzgepulsten Strahlquellen induzieren Mechanismen im Werkstück, die ebenfalls im Mikro- bis Nanosekundenbereich ablaufen, was eine Beobachtung komplex werden lässt. Die vorgestellten Methoden zur Prozessüberwachung sind für das Laserstrahlstrukturieren daher oftmals noch in einem experimentellen Stadium und für den industriellen Fertigungsprozess noch nicht verfügbar [LAWR18, S. 15, 693] [GEHR13, S. 48].

2.7 Laserstrahlstrukturieren in der industriellen Praxis

Laser Beam Structuring in Industrial Practice

Seit einigen Jahren sind industrietaugliche Ultrakurzpulslaserquellen erhältlich, die für eine weitere Verbreitung der Laserstrahlstrukturierung sorgen. Gegenüber Kurzpulslaserquellen haben sie den Vorteil der geringeren Schmelzablagerungen an der Prozesseinflusszone und einer geringeren thermischen Beeinflussung des Bauteils [GEHR13, S. 23]. Einfach ausgestattete Maschinen können planare Oberflächen bearbeiten, teilweise auch mit angestelltem Laserstrahl (Abbildung 2.14a und 2.14b). Sie unterstützen allerdings keine Strukturierung von freigeformten Oberflächen. Um solche Oberflächen bearbeiten zu können, z. B. die eines Werkzeuges für Designoberflächen im Automobilbau, müssen eine Dreh- und eine Schwenkachse in der Maschine integriert sein, die das Bauteil beliebig unter dem Laser positionieren können (Abbildung 2.14c und 2.14d). Häufig lässt sich diese Art von Laserbearbeitungsanlagen sowohl mit einem Kurzpulslaser als auch mit einem Ultrakurzpulslaser bestellen.

Das Laserbeschriften ist mittlerweile sehr weit verbreitet, da es schnell und flexibel verschiedenartige Bauteile beschriften kann. Die Bauteile werden dabei mit Beschriftungen, Logos oder Data-Matrix-Codes versehen. Im Automobilbau werden Schaltelemente fast vollständig mit dem Laser beschriftet (Abbildung 2.15a). [ROFI16]

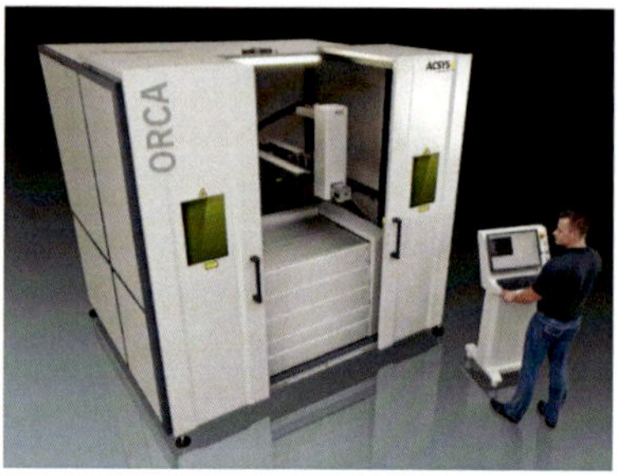

(a) „ORCA" Laserbearbeitungszentrum (Quelle: ACSYS)

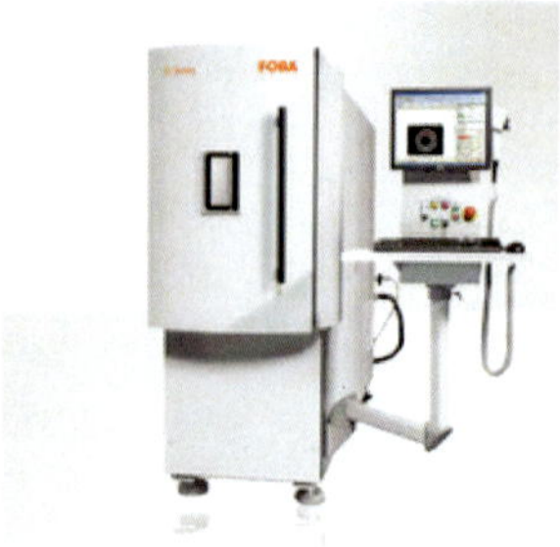

(b) „G10" Lasergravurmaschine (Quelle: FOBA)

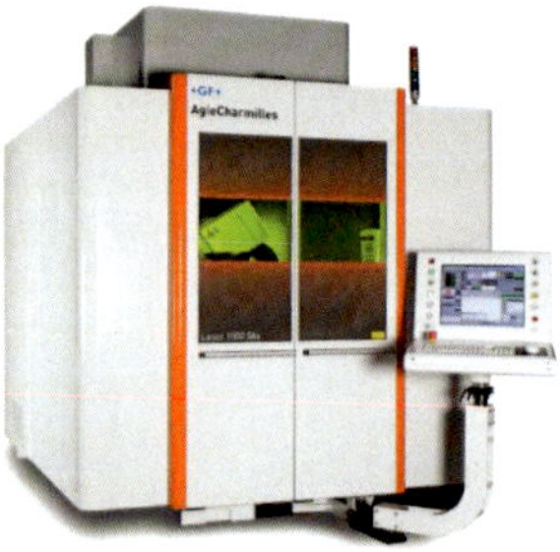

(c) „Laser 1200 5Ax" Lasertexturiermaschine (Quelle: GF)

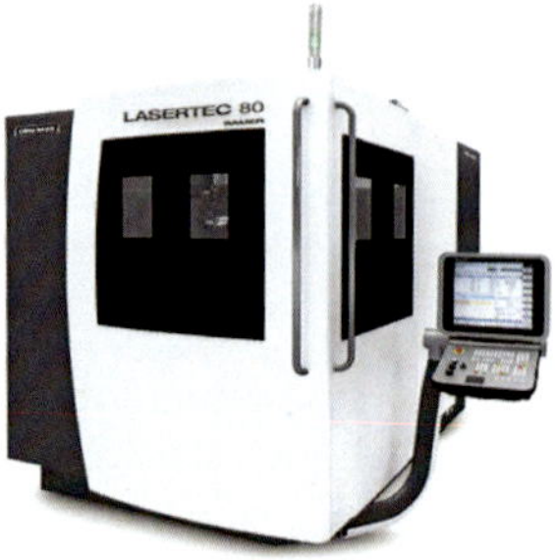

(d) „Lasertec 80 Shape" Laserpräzisionsmaschine (Quelle: DMG)

Abbildung 2.14: Industriell verfügbare Laserabtragmaschinen
Industrial Available Laser Ablation Machines

Im Werkzeug- und Formenbau wird das Laserstrahlstrukturieren zum Bearbeiten von Prägestempeloberflächen (Abbildung 2.15b) oder von Kunststoffspritzgießformen (Abbildung 2.15c) eingesetzt, bei denen eine konventionelle Bearbeitung aufgrund der geringen Strukturgrößen nicht mehr möglich ist. Dabei werden häufig Designoberflächen in das Werkstück eingebracht, die sich durch den Spritzgießprozess auf dem Kunststoffbauteil ausbilden.

Neben dem Werkzeugbau werden Laserabtragmaschinen zur Verbesserung von tribologischen Eigenschaften funktionaler Oberflächen eingesetzt. Dabei werden Mikrostrukturen als Schmiermittelreservoire genutzt, die den Verschleiß der Bauteile signifikant reduzieren können (Abbildung 2.15d). [GEHR17]

Die Druckindustrie nutzt die hohe Präzision der Laserstrahlstrukturierung und bearbeitet

(a) Laserbeschrifteter Schalter im Automobil [ROFI16]

(b) Lasergravierter Münzprägestempel [ACSY16]

(c) Spritzgießform für einen Airbagpralltopf (IPT)

(d) Zylinderlaufbahn mit Mikrostrukturen [GEHR17, S. 6]

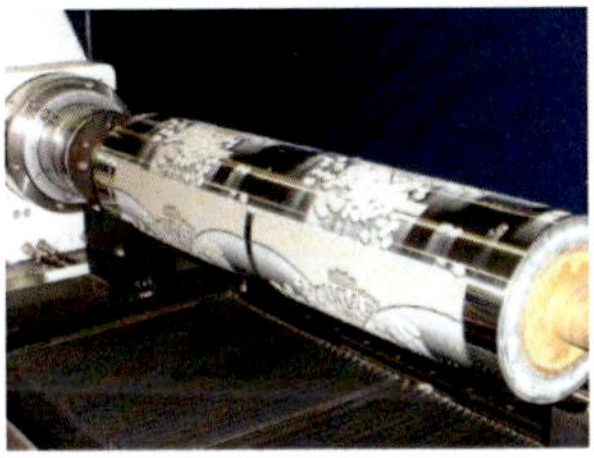

(e) Gravierter Druckzylinder [HENN08, S. 2]

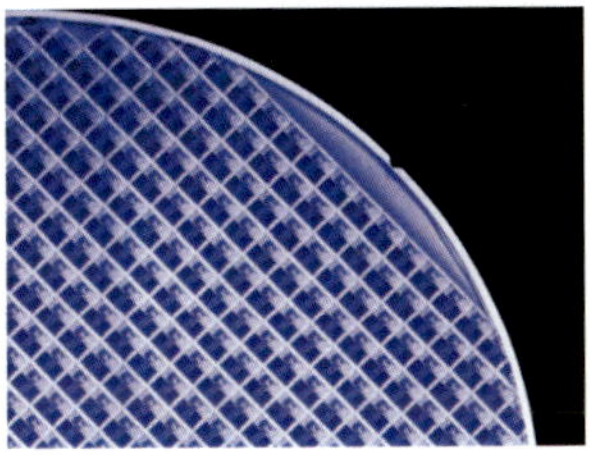

(f) Siliziumwafer mit quadratisch angeordneten Schaltkreisen [WEIL08, S. 40]

Abbildung 2.15: Anwendungsbeispiele für das Laserstrahlstrukturieren
Application Examples for Laser Beam Structuring

metallische Druckwalzen. Die Mikrostrukturen können so die Farbe aufnehmen und zum Substrat bringen. Dabei werden Ultrakurzpulslaser genutzt, um ungewünschte Schmelzaufwürfe zu vermeiden (Abbildung 2.15e). [HENN08]

Die Größe von integrierten Schaltkreisen auf Siliziumwafern zur Herstellung von Computerchips wird immer geringer. Dabei haben die Wafer eine Dicke von ca. 100 µm. Um die einzelnen Chips zu separieren, wird ein ultrakurzgepulster Laser verwendet, der aufgrund des geringen Energieeintrags die Strukturen nicht beschädigt (Abbildung 2.15f). Dabei bleiben auch keinerlei Beschädigungen oder Späne an der Schneidkante zurück. [WEIL08, S. 40]

Die oben vorgestellten Anwendungen bieten nur einen groben Überblick über die heutigen in der Industrie bearbeiteten Bauteile mittels kurz- bzw. ultrakurzgepulster Laser, der nicht vollständig sein kann. Teils wird eine zusätzliche Qualitätskontrolle in die Maschine integriert, teils wird dieser Schritt außerhalb der Maschine durchgeführt. Die Firma ACSYS hat das System „Eagle-Eye" entwickelt und in einen Teil ihrer Maschinen integriert (Abbildung 2.16a). Es ermöglicht einerseits die qualitative Überprüfung von bearbeiteten Bauteilen, andererseits können Designvorlagen eingescannt und auf ein anderes Bauteil übertragen werden (Abbildung 2.16b). Das System basiert auf dem Prinzip der konoskopischen Holographie, wobei reflektiertes Licht vom Bauteil auf einen konoskopischen Kristall fällt. Dieser teilt die Lichtstrahlen in Teilstrahlen und überlagert diese nach dem Austritt aus dem Kristall. Das mittels CCD (Charge Coupled Device) erfasste Interferenzmuster wird ausgewertet und ein Höhenprofil kann generiert werden.

(a) Digitalisierung einer Münze

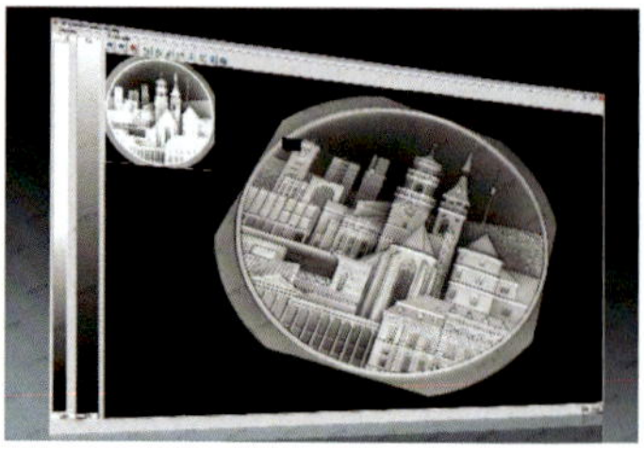

(b) Ergebnis am Computer

Abbildung 2.16: Eagle-Eye Sensor zur Digitalisierung von Bauteilen [ACSY17]
Eagle-Eye Sensor for Digitalization of Work Pieces

[EIFE17, S. 10] beschreibt das 3D-Scansystem „TM-R2", welches die Topografie mit einer Genauigkeit bis in den Sub-µm-Bereich erfassen kann. Es wird von der Firma Pulsar Photonics GmbH in der Maschine neben den Laserscanner eingebaut. Besonderer Wert bei dieser Lösung wird auf die durchgängige CAD/CAM-Prozesskette gelegt, sodass mittels der Messung direkt ein Soll-Ist-Vergleich durchgeführt werden kann. Anschließend können im Programmiermodul zusätzliche Bearbeitungsbahnen generiert werden, um die Soll-Geometrie zu erreichen.

2.8 Zwischenfazit

Interim Conclusion

Die Bedeutung von Fertigungsverfahren zur Oberflächenstrukturierung steigt immer weiter an. Dabei nimmt das Laserstrahlstrukturieren eine besondere Rolle ein, da es flexibel und effizient einsetzbar ist. Nach Integration des Laserkopfes mit Strahlführung, Strahlablenkung und Fokussieroptik in eine 5-Achs-Werkzeugmaschine können auch großflächige Strukturen in Werkzeuge oder in andere komplex geformte Bauteile eingebracht werden.

Das Prozessergebnis und die Prozessstabilität von Laserbearbeitungsverfahren werden durch eine Vielzahl an Faktoren beeinflusst. Besonders das Laserstrahlstrukturieren hat dabei sehr geringe Toleranzvorgaben, die eingehalten werden müssen. Um einen stabilen Prozess zu gewährleisten, sind Prozessüberwachungssysteme nötig, die möglichst nicht erst nach Ende des Prozesses eine Qualitätsprüfung durchführen, sondern während des Prozesses Prozessparameter überwachen und regeln können.

Im Gegensatz zu anderen Lasermaterialbearbeitungsverfahren wie z. B. dem Laserbohren, Laserschweißen oder Lasermarkieren befindet sich das Laserstrukturieren (auch: Laserstrahlstrukturieren) noch relativ am Anfang seiner Entwicklung. Dies begründet die wenigen vorhandenen Ansätze zur Überwachung der Abtragtiefe. In Zukunft wird die Bedeutung des Laserstrahlstrukturierens weiter ansteigen, daher haben die Prozessüberwachung und eine nachfolgende Prozessregelung in diesem Bereich eine hohe Relevanz.

Die meisten der heutigen Überwachungssysteme konzentrieren sich auf die Beobachtung von Prozessphänomenen wie elektromagnetische oder akustische Emissionen. Sensoren zur Detektion dieser Emissionen nehmen den Prozess nur indirekt wahr. Dies bedeutet eine zeitintensive Aufstellung der Korrelation zwischen Messwert und Prozessergebnis. Außerdem ist das indirekte Beurteilen des Prozessergebnisses sehr empfindlich gegenüber geänderten Systemkomponenten oder Parametern. Es ist nicht zur Kontrolle des Werkstücks vor oder nach der Bearbeitung geeignet, da nur der Prozess selbst beobachtet werden kann. Alternativ können Kamerasysteme mit externer Beleuchtung verwendet werden. Sie müssen aber ebenfalls mit Prozessdaten angelernt werden, um sinnvolle Ergebnisse liefern zu können. Außerdem ist eine Auswertung der Prozessbilder komplex und störanfällig. LCI bietet dagegen absolute Höheninformationen, die nicht von Prozessphänomenen abhängig sind. Auch die Möglichkeit der koaxialen Einbindung des Messsystems in den Strahlengang des Prozesslasers macht dieses Messsystem für die Laserstrahlstrukturierung geeignet [MALL17, S. 35].

Eine Regelung, die basierend auf einer absoluten Höheninformation den Prozess beeinflusst, um eine bestimmte Geometrie zu erzeugen, existiert nicht. Diese ist aber erforderlich, um den Einrichtvorgang zu beschleunigen und um das Laserstrahlstrukturieren wirtschaftlicher zu gestalten. Bisherige Überwachungssysteme betrachten dabei meist keine ganzheitlichen Prozessmodelle aufgrund des sehr komplexen Prozesses mit vielen Einflussfaktoren. Das Messprinzip LCI dagegen bietet beste Voraussetzungen zur Beobachtung des Prozessergebnisses und damit zur Integration in eine Prozessregelung, um mit verschiedenen Prozessparametern den Prozess zu beeinflussen.

3 Zielsetzung, Aufgabenstellung und Vorgehensweise

Objectives, Tasks and Modus Operandi

Das Laserstrahlstrukturieren wird zur Herstellung von komplexen und filigranen Oberflächenstrukturen eingesetzt. Um dabei eine qualitativ hochwertige Strukturierung eines neuen Werkstücks durchführen zu können, müssen optimal eingestellte Prozessparameter verwendet werden. Ohne diese korrekten Parameterwerte ist der Abtrag nicht prognostizierbar, sodass die programmierte Geometrie in einem vorgegebenen Toleranzbereich nicht mit Sicherheit herzustellen ist. Momentan werden vor Beginn des Abtragprozesses umfangreiche Parameterstudien auf zusätzlichem Versuchsmaterial durchgeführt, um geeignete Parameter für einen definierten Abtrag zu finden. Diese Parameter können außerdem mit der erreichten Tiefe abhängig von der Geometrie variieren. Dies macht die Fertigung langwierig und teuer; insbesondere in der Einzelteilfertigung ist der Aufwand erheblich. Gewünscht ist stattdessen ein automatisierter Vorgang, der die Parameter während des Fertigungsprozesses laufend einstellt, überprüft und ggf. auch korrigiert.

Bei den derzeit am Markt erhältlichen Laserstrahlstrukturieranlagen ist außerdem eine Qualitätskontrolle meist nur nach Ende des Prozesses mit einer externen Messeinrichtung möglich. Falls eine Nachbearbeitung auf der Laserstrahlstrukturieranlage nötig ist, geschieht dies in einem umständlichen, manuellen und teuren Prozess. Die Bearbeitungsdaten müssen für das restliche Abtragvolumen neu generiert werden. Jedoch ist diese Nachbearbeitung wegen einer fehlenden Referenzierung des Bauteils oftmals überhaupt nicht möglich. Die fehlende Qualitätskontrolle während des Abtragprozesses kann daher zu Ausschuss führen. Ein derartiger Ausschussfehler führt zu höheren Material- und Maschinenkosten, da die komplette Fertigungsprozesskette an einem Rohteil wiederholt werden muss.

Um einen qualitativ hochwertigen Laserabtrag zu gewährleisten, der zu einem homogenen Ergebnis führt, muss der Laserstrahl mit einer konstanten Geschwindigkeit über das Bauteil geführt werden. Andernfalls konzentrieren sich mehrere Laserpulse sowohl am Beginn als auch am Ende der Laserbahn, was zu sogenannten Einbrandeffekten führen kann, die die Struktur unter Umständen irreparabel beschädigen. Diese Effekte resultieren aus der Massenträgheit der Scannerspiegel, die zum Ablenken des Laserstrahls auf die Werkstückoberfläche genutzt werden. Um diese Trägheit auszugleichen, können zusätzliche Parameter für das zeitliche Verhalten der strahlführenden Systemkomponenten konfiguriert werden. Diese lassen sich zur Zeit aber ebenfalls nur in aufwendigen Studien ermitteln. Zu diesen Parametern gehören z. B. die Ein- bzw. Ausschaltverzögerungszeiten des Lasers. Die optimalen Parameter müssen daher auch an die eingesetzten Systemkomponenten und an die verwendete Markiergeschwindigkeit angepasst werden.

Um die derzeitigen Defizite zu lösen, ist die globale Zielstellung dieser Arbeit die Realisierung einer Prozessregelung für das Laserstrahlstrukturieren und die anschließende Integration der Regelung in die existierende Prozesskette.

Aus den Defiziten abgeleitet lautet die Forschungshypothese: „Mithilfe einer adaptiven Prozessregelung bei der Laserstrahlstrukturierung können die bauteil- und systemseitigen Einflüsse kompensiert werden."

Hieraus ergeben sich die folgenden drei Forschungsfragen, die jeweils durch ein Teilziel beschrieben werden:

1. Welche Parameter haben einen signifikanten Einfluss auf das Abtragergebnis und müssen deshalb für die Prozessregelung berücksichtigt werden?
2. Wie lassen sich die systemspezifischen Parameter für das zeitliche Verhalten der Systemkomponenten für ein besseres Abtragergebnis automatisiert anpassen?
3. Welche Regelstrategien und Schnittstellen müssen entwickelt und in eine adaptive Prozessregelung integriert werden?

Um diese Forschungsfragen beantworten zu können, werden zuerst die prozessrelevanten Einflussgrößen ermittelt, die für das Abtragergebnis entscheidend sind und welche zudem prozessseitig veränderbar sind. Außerdem werden systemseitige Abhängigkeiten identifiziert. Dafür wird eine Studie mithilfe einer statistischen Versuchsplanung (DoE - Design of Experiments) durchgeführt, um den Einfluss der Prozessparameter auf das Abtragergebnis zu bestimmen. (Abbildung 3.1a)

Anschließend wird eine Methodik zur automatisierten Bestimmung von Parametern für das zeitliche Verhalten der Systemkomponenten entwickelt. Diese Parameter sind für ein optimales Zusammenspiel der einzelnen Komponenten erforderlich, um Trägheitseffekte des Scannersystems auszugleichen. Daher wird ein Algorithmus entwickelt, der diese Parameter unabhängig von der eingestellten Vorschubgeschwindigkeit ermitteln kann. Die Bestimmung der Parameter erfolgt automatisiert durch eine Rückführung von Positionsdaten aus dem Scannersystem. Dazu werden die gemessenen Positions- und Geschwindigkeitsdaten ausgewertet und mit den eingestellten Soll-Positionen verglichen, um anschließend Laserbahnen mit Korrekturwerten zu versehen. (Abbildung 3.1b)

Um bei der Strukturierung die geforderten Qualitätsanforderungen erfüllen zu können, wird mittels einer Regelstrategie der Prozess gezielt beeinflusst. Die Prozessregelung wird

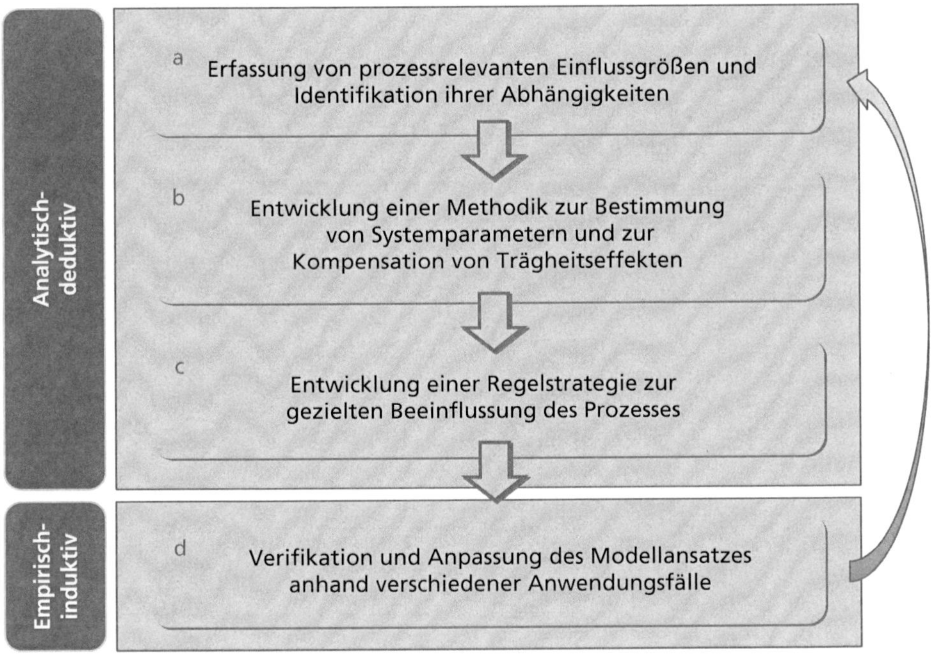

Abbildung 3.1: Forschungsmethodik und Vorgehensweise nach [HILL94, S. 89]
Concept of Research and Procedural Method

dazu einen Soll-Ist-Vergleich durchführen, der die mittels eines prozessintegrierten Messgeräts aufgenommenen Messdaten mit den Soll-Daten vergleicht. Bei einer Abweichung werden die Prozessparameter entsprechend angepasst, um einen kontrollierten Abtrag zu gewährleisten. Mit dieser Regelung wird ein frühzeitiges Eingreifen in den Prozess möglich, welches für das Herstellen eines Bauteils innerhalb der geforderten Toleranzen nötig ist. Da sich somit mit der Regelung das automatische Einregeln der Initialparameter realisieren lässt, entfallen außerdem die aufwendigen Parameterstudien vor der eigentlichen Bauteilbearbeitung. Dieser adaptive Prozess ist für eine präzise und effiziente Herstellung von laserstrahlstrukturierten Werkstücken unabdingbar. (Abbildung 3.1c)

Nach der analytisch-deduktiven Vorgehensweise zur Modellierung der Lösungsstrategien folgt in empirisch-induktiver Vorgehensweise die Verifikation der entwickelten Methodiken. Diese erfolgt anhand verschiedener konkreter Anwendungsfälle, an denen die Funktionsfähigkeit der Prozessregelung nachgewiesen werden kann. (Abbildung 3.1d)

4 Analyse von Prozessparametern

Analysis of Process Parameters

In diesem Kapitel wird der Einfluss der einzelnen Prozessparameter auf das Bearbeitungsergebnis untersucht. Dazu wird zuerst ein Überblick über die Einflussfaktoren auf den Abtragprozess gegeben. Anschließend werden verschiedene Möglichkeiten benannt, wie diejenigen veränderbaren Parameter identifiziert werden können, die zur Prozessbeeinflussung genutzt werden können. Da eine vollfaktorielle Versuchsdurchführung nicht praktikabel ist, wird die Methode der statistischen Versuchsplanung angewandt, um die Anzahl der Versuche deutlich zu reduzieren. Als Ergebnis dieses Teilziels werden diejenigen veränderbaren Parameter benannt, die einen relevanten Einfluss auf das Abtragergebnis haben. Diese Parameter werden benötigt, um in den folgenden Teilzielen die Regelung zu implementieren.

4.1 Einflussgrößen auf den Laserstrahlstrukturierprozess

Influencing Values on the Laser Beam Structuring Process

Das Prozessergebnis des Laserstrahlstrukturierens hängt von einer Vielzahl von Einflussgrößen ab. Diese können wie folgt klassifiziert werden (Abbildung 4.1):

- Laserbezogene Größen
  Zu diesen Einflussfaktoren zählen z. B. die Pulsenergie oder auch die Pulsfolgefrequenz.
- Scannerbezogene Größen
  Diese Parameter beeinflussen die Strahlführung über das Werkstück, wie z. B. die Markiergeschwindigkeit.
- CAM-bezogene Größen
  CAM-Parameter definieren beispielsweise den Bearbeitungsweg oder den Bahnabstand.
- Werkstückbezogene Größen
  Zu dieser Einflussgruppe zählen z. B. der Werkstoff sowie die Oberflächenbeschaffenheit.
- Peripherie
  Zu dieser Gruppe zählen Einflüsse der Umgebung, wie z. B. die Temperatur oder Vibrationen.

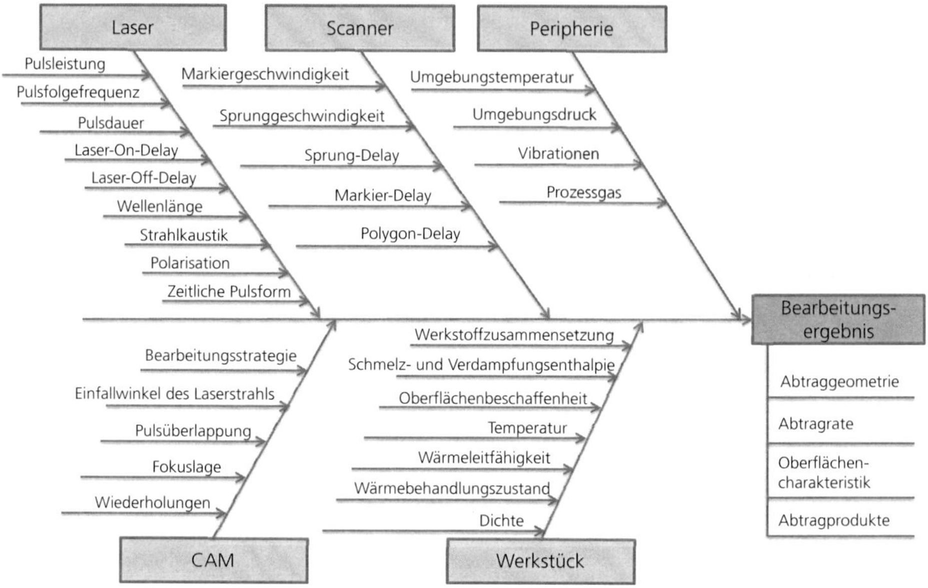

Abbildung 4.1: Ishikawa-Diagramm der Einflussgrößen auf das Bearbeitungsergebnis
Ishikawa diagram of Influencing Values for Processing Result

Diese Vielzahl an Einflussgrößen kann in beeinflussbare und nicht beeinflussbare Größen unterteilt werden. Der Werkstoff und auch statische Laserparameter, die den Laser charakterisieren, müssen in dieser Aufgabenstellung als gegeben hingenommen werden, da das zu implementierende Regelungssystem laserunabhängig arbeiten soll. Spezielle Scannerparameter beispielsweise können allerdings in einem spezifizierten Parameterfenster frei gewählt werden.

4.1.1 Laserbezogene Einflussgrößen

Zu den Einflussfaktoren des *Lasers* gehören sämtliche dem Laser oder der Lasersteuerung zugehörigen Parameter. Die *Pulsleistung* bestimmt die Leistung in *W* eines einzelnen Pulses. Zusammen mit der *Pulsdauer in s*, die bei einigen Laserstrahlquellen eingestellt werden kann, lässt sich die *Pulsenergie in J* berechnen. Dies ist die Energie, die innerhalb der Fläche des Laserstrahldurchmessers während eines Laserpulses auf das Werkstück trifft. Die *Pulsfolgefrequenz in Hz* bezeichnet die Anzahl der Laserpulse, die in einer Sekunde die Strahlquelle verlassen. Die *Wellenlänge in m* ist ein charakteristisches Merkmals eines Lasers, welches vom laseraktiven Medium bestimmt wird. Die Wellenlänge ist entscheidend für das Absorptionsverhalten des Laserstrahls auf dem Werkstück. Die Wellenlänge kann bei den gängigen Laserstrahlquellen nicht variabel angepasst werden; allerdings besitzen einige wenige Quellen mehrere Ausgänge für Laserstrahlen mit verschiedenen Wellenlängen, die mittels Frequenzverdopplung durch spezielle in den Strahlengang platzierte Kristalle erzeugt werden.

Die *Strahlkaustik* beschreibt die Ausbreitungsgeometrie eines Laserstrahls (Abbildung 4.2). Im idealisierten Fall wird diese durch eine Gaußfunktion charakterisiert. Reale Laserstrahlen weichen von dieser Form jedoch immer ab. Um den Grad der Annäherung an eine Gaußfunktion beschreiben zu können, wurde die Beugungsmaßzahl M^2 eingeführt. Ein idealer Laserstrahl hat die Beugungsmaßzahl 1; alle realen Kaustiken haben einen Wert von $M^2 > 1$. Die Strahlkaustik kann nicht beeinflusst werden; sie ist neben der Laserquelle auch von im Strahlengang platzierten Optikelementen bestimmt. Die maximale Leistungsdichte hat der Laserstrahl in seiner geringsten Ausdehnung. Daher wird beim Laserabtragen in der Regel mit diesem Bereich, also dem Fokuspunkt des Laserstrahls, das Werkstück bearbeitet. Aus der Strahlkaustik ergibt sich daher der Fokusdurchmesser. Die doppelte Rayleighlänge 2 z_R gibt dabei den Ort des Laserstrahls an, in dem dieser noch annähernd auf dem Bauteil fokussiert ist, d. h. in diesem Bereich verhält sich der Laserstrahl näherungsweise wie ein paralleler Strahl und ein Abtrag findet statt. Die Rayleighlänge ist definiert als die Distanz entlang der optischen Achse, bis sich die Querschnittsfläche ausgehend vom Fokus verdoppelt hat.

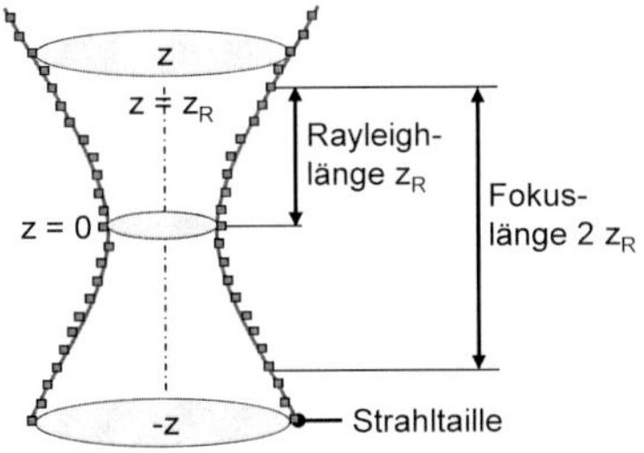

Abbildung 4.2: Darstellung einer realen Strahlkaustik eines Laserstrahls
View of a real Beam Caustic

Die *Polarisation* des Laserstrahls beschreibt die Schwingungsrichtung der elektromagnetischen Welle. Normalerweise wird die Polarisation so gewählt, dass die Feldstärke senkrecht oder parallel zur Bearbeitungsebene liegt. Die *zeitliche Pulsform* beschreibt die Energieverteilung des Laserpulses über die Zeit. Die Energie eines idealen Pulses ist konstant über die

Zeit verteilt. Dies wird in der Praxis nicht erreicht; gerade bei längeren Pulsdauern weicht die zeitliche Pulsform stark von der Idealform ab.

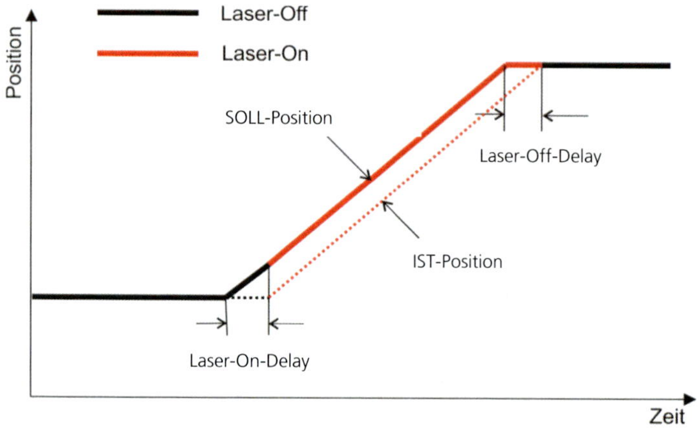

Abbildung 4.3: Anwendung von Laser-On- und Laser-Off-Delays
Application of Laser-On- and Laser-Off-Delays

Lasersysteme müssen mit dem dynamischen Verhalten der verschiedenen Systemkomponenten synchronisiert werden, um ein optimales Abtragverhalten sicherzustellen. Dazu können bei den Laser- bzw. Scannersteuerungen verschiedene Verzögerungszeiten eingestellt werden [SCAN17b, S. 111-126]. Die *Laser-Delays in s* definieren den Start- und Endzeitpunkt des Steuerungssignals für den Laser, sodass Verzögerungen in der Bewegung der Spiegel kompensiert werden können. Die Spiegel können aufgrund der Massenträgheit die eingestellte Geschwindigkeit nicht instantan erreichen, sondern die Spiegel müssen über einen gewissen Zeitraum beschleunigt werden (Abbildung 4.3). Durch diese Beschleunigungsphase kommt es zu einer Differenz der Soll- und der Ist-Position, dem sogenannten Schleppfehler [WECK06, S. 265]. Da eine konstante Geschwindigkeit bei der Bearbeitung erwünscht ist, wird die Soll-Position nicht durch die integrierte Lageregelung aufgeholt.

Falls der Laser zu früh aktiviert wird, kann am Einschaltpunkt ein Einbrandeffekt auftreten, da durch den noch nicht vollständig beschleunigten Scanner mehr Laserpulse auf eine kleine Fläche treffen (Abbildung 4.4a). Wird das *Laser-On-Delay* zu lang gewählt, wird der erste Teil des Vektors abgeschnitten, da der Scanner schon die volle Geschwindigkeit erreicht hat und schon einen gewissen Abstand zum vorgesehenen Startpunkt hat (Abbildung 4.4b). Da der Laser erst beim tatsächlichen Erreichen der Zielposition und nicht beim Erreichen der Soll-Position ausgeschaltet werden soll, muss am Ende des Vektors ein

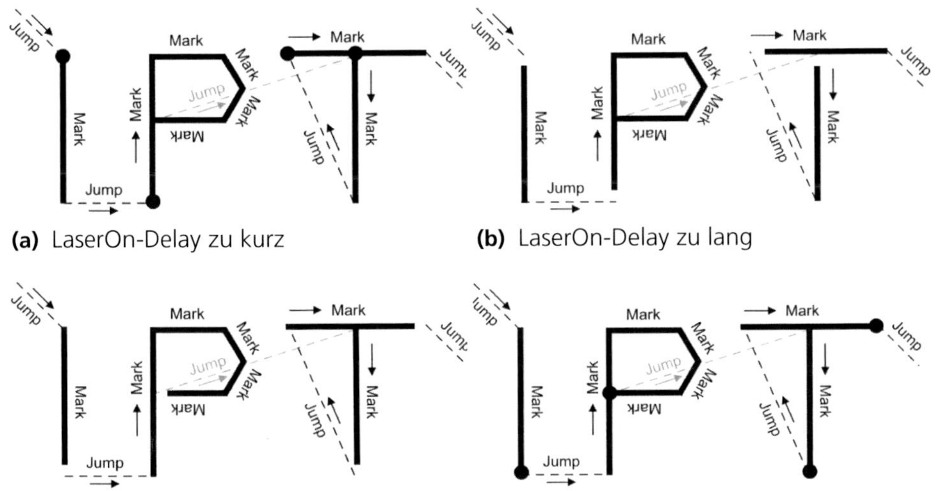

(a) LaserOn-Delay zu kurz

(b) LaserOn-Delay zu lang

(c) LaserOff-Delay zu kurz

(d) LaserOff-Delay zu lang

Abbildung 4.4: Mögliche Fehler beim Einstellen der Laser-Delays nach [SCAN17b, S. 124]
Possible Errors at Adjusting Laser-Delays

Laser-Off-Delay eingefügt werden. Ein zu kurzes *Laser-Off-Delay* bewirkt ein Abschneiden des Vektors, da die eingestellte Position mit den Soll-Werten, aber nicht tatsächlich mit der Ist-Position erreicht wurde (Abbildung 4.4c). Ein zu langes *Laser-Off-Delay* kann zu Einbrandeffekten am Zielpunkt führen, da am Ende des Bearbeitungsvektors eine negative Beschleunigung erreicht wird (Abbildung 4.4d). Das führt wiederum zu einer erhöhten Laserpulsdichte und damit zu Einbrandeffekten. Dies zeigt, dass die Delay-Werte sehr genau eingestellt werden müssen, um eine hohe Qualität des Bearbeitungsergebnisses zu erreichen. Dafür sind diverse Tests und Verifikationen notwendig, um die passenden Werte zu finden.

Die Dauer des Gesamtmarkiervorgangs ist unabhängig von den gewählten *Laser-Delays* und wird daher nicht beeinflusst; die Spiegelbewegung bleibt identisch, der Lasereinschaltzeitpunkt wird variiert. Eine Ausnahme stellt die Wahl eines negativen Delays dar; in diesem Fall bleibt der Scanner an der entsprechenden Position für die eingestellte Zeitspanne stehen, bevor die Bearbeitung beginnt. Dies kann bei Materialien sinnvoll sein, die eine gewisse Einwirkzeit der Energie beim Beginn der Markierung erfordern.

4.1.2 Scannerbezogene Einflussgrößen

Die *Scannerparameter* beziehen sich auf die Steuerung der Ablenkspiegel. Die *Markiergeschwindigkeit in m/s* stellt die Bahngeschwindigkeit des Laserspots auf dem Werkstück dar, während der Laser aktiv ist. Demgegenüber ist die *Sprunggeschwindigkeit in m/s* diejenige Geschwindigkeit, die bei einem inaktiven Laser erreicht werden soll. Da hierbei die Positionsgenauigkeit eine untergeordnete Rolle spielt, kann diese Geschwindigkeit in der Regel deutlich höher gewählt werden, um die Gesamtbearbeitungszeit zu verkürzen.

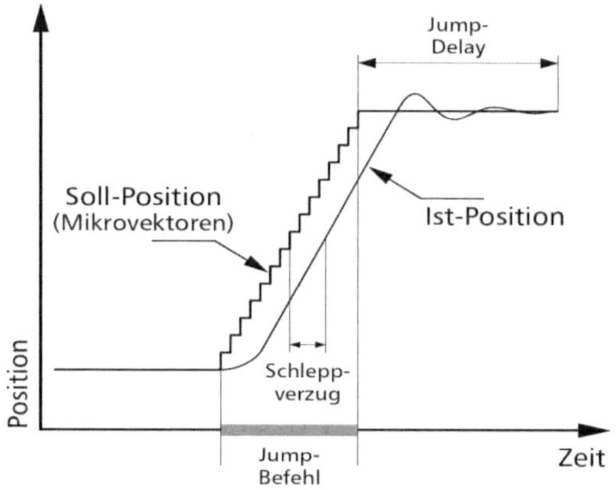

Abbildung 4.5: Scanner-Steuerung bei einem Sprungbefehl [SCAN17b, S. 113]
Scanner-Control at a Jump-Command

Nach jedem Markier- bzw. Sprungbefehl wird ein *Markier-* bzw. *Sprung-Delay in s* eingefügt; falls zwei Markierbefehle aufeinander folgen, wird ein *Polygon-Delay in s* eingefügt. Nach Beginn eines Vektors müssen die Spiegel erst auf die eingestellte Geschwindigkeit beschleunigen, wodurch ein Schleppfehler entsteht. Dieser wird bereits durch das *Laser-On-Delay* ausgeglichen. Allerdings müssen die Spiegel am Ende eines Sprungs wieder abgebremst werden; dabei kommt es zu einem Einschwingen um den Zielpunkt (Abbildung 4.5). Damit dieser Zielpunkt sicher erreicht wird, wird nach jedem Sprung-Befehl ein Delay eingefügt. Mit diesem Verfahren wird sichergestellt, dass der Spiegel die Startposition des nächsten Vektors erreicht hat. Auch wenn Markiervektoren für gewöhnlich langsamer abgefahren werden, wird auch nach diesen Vektoren ein Delay eingefügt, um die oben beschriebenen Effekte zu vermeiden. Aufgrund der typischerweise unterschiedlich eingestellten Geschwindigkeiten werden diese Delays getrennt eingestellt. Die Gesamtbearbeitungszeit verlängert sich also um die Summe dieser Scanner-Delays. Um eine optimale Ausnutzung der Bearbeitungszeit zu erreichen, werden diese Delays auf den minimal möglichen Wert optimiert. Werden die Delays allerdings zu kurz gewählt, wirkt sich das Ein- bzw. Ausschwingen der Spiegel negativ auf das Bearbeitungsergebnis aus (Abbildung 4.6). [BULS13, S. 261] [SCAN17b, S. 124]

Sämtliche Delays werden in *s* angegeben; dies bedeutet, dass die Delays für jede eingestellte Vorschubgeschwindigkeit angepasst werden müssen. Für eine entsprechend hohe Geschwindigkeit muss das Delay hoch genug gewählt sein, um ein qualitativ gutes Abtragergebnis zu erreichen. Nur bei korrekt eingestellten Delay-Werten, die auch auf die eingestellten Geschwindigkeiten angepasst sind, ist eine korrekte und präzise Strukturierung möglich.

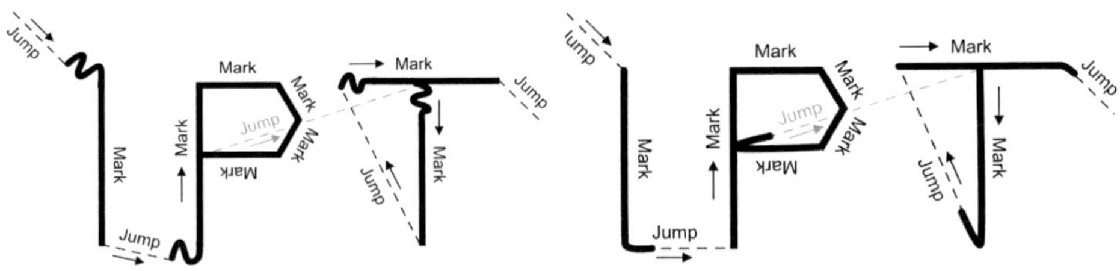

(a) Sprung-Delay zu kurz **(b)** Markier-Delay zu kurz

Abbildung 4.6: Mögliche Fehler beim Einstellen der Scanner-Delays nach [SCAN17b, S. 125]
Possible Errors at Adjusting Scanner-Delays

4.1.3 CAM-bezogene Einflussgrößen

Die *CAM-Parameter* bestimmen die Wegführung des Lasers über das zu bearbeitende Werkstück, typischerweise mittels Scanner. Wesentlich ist dabei die *Bearbeitungsstrategie*; als Beispiele seien die mäanderförmige und die unidirektionale Strategie genannt (Abbildung 4.7). Bei der unidirektionalen Strategie werden alle Markierbahnen in der selben Richtung abgefahren; die Bahnen bei der mäanderförmigen Strategie werden so gelegt, dass sie abwechselnd gegenläufig liegen, und sich somit die Gesamtwegstrecke (Markier- plus Sprungbahnen) reduziert.

Der *Einfallwinkel* des Laserstrahls hat auch einen entsprechenden Effekt auf das Abtragergebnis, da bei einem zu hohen *Einfallwinkel* mehr Laserlicht reflektiert und nicht durch das Material absorbiert wird. Außerdem verändert sich die Spotgeometrie von einem Kreis zu einer Ellipse, was zu einem größeren Laserspot und zu einer veränderten Energieverteilung führt. Daher wird typischerweise ein maximal zulässiger Wert des *Einfallwinkels* definiert, bis zu welchem diese Effekte vernachlässigbar sind.

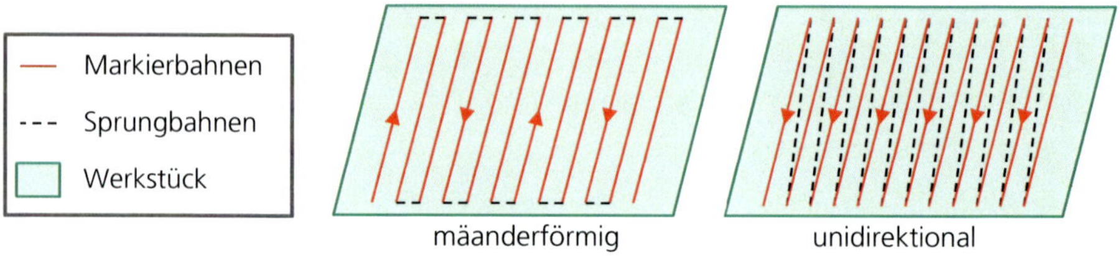

Abbildung 4.7: Darstellung der *Bearbeitungsstrategien* (Ansicht auf Bauteiloberfläche)
Display of the Machining Strategies

Die *Pulsüberlappung in Prozent* beschreibt die Überlappung der einzelnen Laserpulse und ist daher abhängig von dem *Fokusdurchmesser* (Abbildung 4.8). Die Überlappung in der Bewegungsrichtung wird durch die *Pulsfolgefrequenz* und die *Markiergeschwindigkeit* indirekt eingestellt (Formel 4.1); um bei gleicher *Pulsfolgefrequenz* die *Pulsüberlappung* zu reduzieren, muss die *Markiergeschwindigkeit* erhöht werden. Falls die Pulsdauer im Verhältnis zur Vorschubgeschwindigkeit sehr viel kleiner ist, kann der Vorschub während der Dauer des Laserpulses vernachlässigt werden; dies ist im Nanosekundenbereich und darunter gültig. Die *Pulsüberlappung* berechnet sich wie folgt:

$$S = [1 - \frac{v}{d_f \cdot f}] \cdot 100\%, \tag{4.1}$$

wobei S der Pulsüberlappungsgrad in Prozent, v die Vorschubgeschwindigkeit in *m/s*, d_f der Laserpulsdurchmesser in *m* und f die Pulsfolgefrequenz in *Hz* ist. Im Gegensatz zur Überlappung in Bewegungsrichtung wird die *Pfadüberlappung* orthogonal hierzu über den programmierten Bahnabstand im *CAM-System* eingestellt.

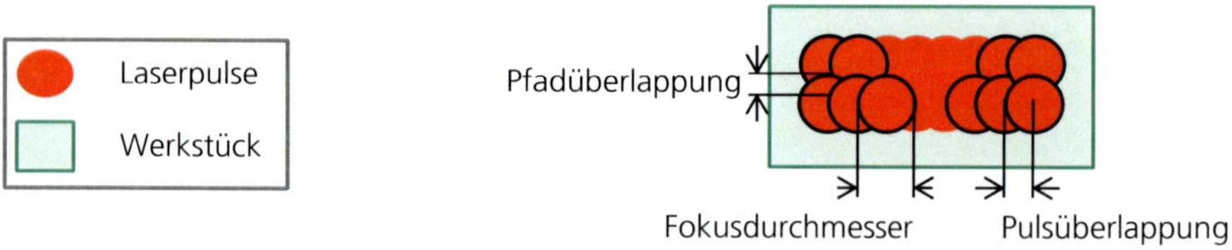

Abbildung 4.8: Darstellung von *Pfadüberlappung*, *Pulsüberlappung* und *Fokusdurchmesser* (Ansicht auf Bauteiloberfläche)
Display of Path Overlap, Pulse Overlap and Focus Diameter

Wenn das Werkstück nicht im Fokus des Laserstrahls liegt, verändern sich die Pulsgeometrie und die Energieverteilung. Daher ist auch die *Fokuslage*, also der Abstand der

Strahltaille von der Oberfläche, entscheidend für den Abtrag. Die *Wiederholungen* geben schließlich die Anzahl der Iterationen der identischen, gesamten Abtragschicht an.

4.1.4 Werkstückbezogene Einflussgrößen

Das *Werkstück* hat einen signifikanten Einfluss auf das *Bearbeitungsergebnis*. Es wird in dieser Arbeit allerdings als gegeben hingenommen, da mittels einer Prozessregelung ein beliebiges Werkstück bearbeitet werden soll. Zum Einfluss des Werkstücks gehört die *Werkstoffzusammensetzung*, die z. B. die Wärmeleitfähigkeit bestimmt. Die *Schmelzenthalpie in J* bezeichnet die benötigte Energiemenge, um den Werkstoff an seinem Schmelzpunkt vom festen in den flüssigen Aggregatzustand zu überführen. Die *Oberflächenbeschaffenheit* bezeichnet zum einen die geometrische Gestalt der Oberfläche. Dabei ist auch eine vorhandene (Teil-)Struktur zu berücksichtigen. Bei engen Nuten reflektiert der Laserstrahl unter Umständen mehrmals, was den Abtrag erhöht. Zum anderen sind der *Oberflächenbeschaffenheit* auch die metallphysikalischen und chemischen Eigenschaften des Werkstücks und die Reflexions- und Absorptionseigenschaften zuzuordnen [HEIS14, S. 1151]. Auch die *Temperatur in °C*, die *Wärmeleitfähigkeit in W/(m·K)*, der *Wärmebehandlungszustand* und die *Dichte in* $kg \cdot m^{-3}$ des Werkstücks beeinflussen das *Bearbeitungsergebnis*.

4.1.5 Einflussgrößen der Peripherie

Die *Peripherie* hat auch einen Einfluss auf das *Bearbeitungsergebnis*, lässt sich aber nur in gewissen Bereichen beeinflussen. Bei der Bearbeitung sollte auf eine konstante *Umgebungstemperatur* geachtet werden. *Vibrationen* sollten auf ein Minimum reduziert werden. Der *Bediener* hat ebenfalls einen Einfluss; dessen Einfluss sollte durch eine gute Ausbildung reduziert werden, sodass reproduzierbare Ergebnisse erreicht werden können. Für spezielle Anwendungen kann ein *Prozessgas* verwendet werden; dies ist bei der Laserstrukturierung jedoch nicht üblich.

4.1.6 Resultierendes Bearbeitungsergebnis

Das *Bearbeitungsergebnis* kann durch vier Faktoren charakterisiert werden: der für diese Arbeit entscheidendste Faktor ist die *Abtraggeometrie*. Diese bestimmt sowohl das abgetragene Material und damit die erreichte Tiefe als auch die erzeugte Abtragstruktur in

X- und Y-Richtung. Die *Abtragrate in mm³/s* ist ein Faktor, der für die Geschwindigkeit des Abtrags steht. Dabei wird bei einer höheren *Abtragrate* i. d. R. eine höhere Oberflächenrauheit erzeugt. Die Rauheit zählt zur *Oberflächencharakteristik*, wie z. B. auch das Reflexionsverhalten. Die *Abtragprodukte* bezeichnen sowohl Stoffe, die im gasförmigen Zustand mittels Absaugeinheit von der nahen Werkstückoberfläche entfernt werden, als auch festförmige Rückstände auf der Oberfläche (z. B. Schmelze), die durch einen weiteren Bearbeitungsschritt entfernt werden müssen.

4.2 Strategien zur Ermittlung relevanter Prozessparameter

Strategies for Determination of Relevant Process Parameters

Wie im vorhergehenden Unterkapitel beschrieben, wird der Abtrag des Lasers durch eine Vielzahl von Parametern bestimmt, wie z. B. die Laserleistung, die Pulsfolgefrequenz oder die Markiergeschwindigkeit. Um ein Werkstück zu bearbeiten und die gewünschte Zieltiefe zu erreichen, müssen geeignete Prozessparameter ermittelt werden. Zur Ermittlung dieser Parameter eignen sich prinzipiell drei verschiedene Methoden:

- Parameterstudien:
  Der Ansatz der Parameterstudien wird in der Praxis typischerweise angewandt. Es werden verschiedene Parameterkombinationen, die auf Erfahrungswerten beruhen, in einer Studie manuell miteinander verglichen. Dazu müssen diese Testfelder auf Probenmaterial eingebracht werden. Nach dem Herstellen der einzelnen Strukturen müssen sie durch ein Messsystem aufgenommen und die Strukturtiefe gemessen werden. Dies muss häufig außerhalb der Maschine geschehen, da nur selten ein geeignetes Messgerät in der Maschine integriert ist. Nachteile dieser Methode sind die zeitintensive Vorgehensweise, die notwendige Erfahrung sowie das benötigte Testmaterial.

- Abtragmodell:
  Theoretisch können Abtragmodelle zur Berechnung von Abtragtiefen verwendet werden. Ein solches Abtragmodell für das Laserstrahlstrukturieren ist sehr komplex, da es viele Parameter und Einflussgrößen berücksichtigen muss. Diese verhalten sich allerdings z. T. nicht linear auf den Abtrag und haben komplexe Abhängigkeiten untereinander. Das Abtragverhalten ist darüber hinaus werkstoff- und laserspezifisch, d. h. ein Modell wäre an einen spezifischen Werkstoff und eine bestimmte Laserstrahlquelle gebunden. Darüber hinaus werden z. B. Verunreinigungen des Werkstoffs und Alterungsprozesse des Lasers nicht berücksichtigt, die eine signifikante

Änderung der Abtragtiefe verursachen können. Grundsätzlich können Abtragmodelle zur Berechnung von Abtragtiefen verwendet werden. In der Praxis erschwert jedoch das oben beschriebene Zusammenspiel vieler Laser- und Werkstoffparameter eine zuverlässige Modellbildung. Diese Modelle werden in der Praxis daher nicht eingesetzt.

Aus oben genannten Gründen existiert derzeit kein allgemeingültiges Modell, mit dem eine vorausgehende Berechnung der Abtragtiefe möglich wäre. In der Literatur werden Teilmodelle beschrieben, die jeweils große Einschränkungen aufweisen. Die Modelle sind beispielsweise auf die Bearbeitung eines einzelnen Werkstoffs durch einen speziellen Laser beschränkt. [ADEN92] [AFAN99] [AUTR13] [CHIC96] [ENGE12] [ITIN04] [VASA10]

- Prozessregelung:
  Die Idee der Prozessregelung basiert auf einer Messung und einer anschließenden Änderung der Prozessparameter. Die Regelung beeinflusst den Abtragprozess adaptiv auf Basis von gemessenen Daten. Die Messdaten, die möglichst automatisiert in der Bearbeitungsmaschine aufgenommen werden sollen, werden in die Prozesskette integriert und ein Soll-Ist-Vergleich wird durchgeführt. Anschließend werden online während der Bearbeitung relevante Prozessparameter angepasst, um das Abtragverhalten zu ändern, sodass am Ende des Prozesses das gewünschte Ergebnis erreicht wird. Bisher existiert eine solche Prozessregelung für das Laserstrahlabtragen nicht.

4.3 Versuchsplanung mittels Design of Experiments

Experimental Planning by Desing of Experiments

Im Folgenden soll der Einfluss der Prozessparameter auf das Abtragverhalten ermittelt werden. Wie in Abbildung 4.1 bereits gezeigt wurde, existieren eine Vielzahl an Einflussfaktoren, die auf das Abtragergebnis einwirken. Diese Parameter können zum Teil sehr leicht variiert werden, indem z. B. eine Einstellung in der Laserkontrollsoftware vorgenommen wird. Andere Parameter lassen sich nur schwer steuern, wie z. B. die Temperatur des Werkstoffs. Diese lässt sich nur mit hohem Aufwand einstellen, der in der Praxis meist nicht betrieben wird. Andere Einflussfaktoren lassen sich nicht einstellen, wie die Strahlkaustik des Lasers, welche eine Grundeigenschaft der verwendeten Laserstrahlquelle darstellt, aber einen bedeutenden Einfluss auf den Abtrag ausübt.

Um diejenigen Einflussfaktoren zu ermitteln, die sowohl leicht geändert werden können als auch einen relevanten Einfluss auf das Abtragergebnis haben, wurde die Methode der

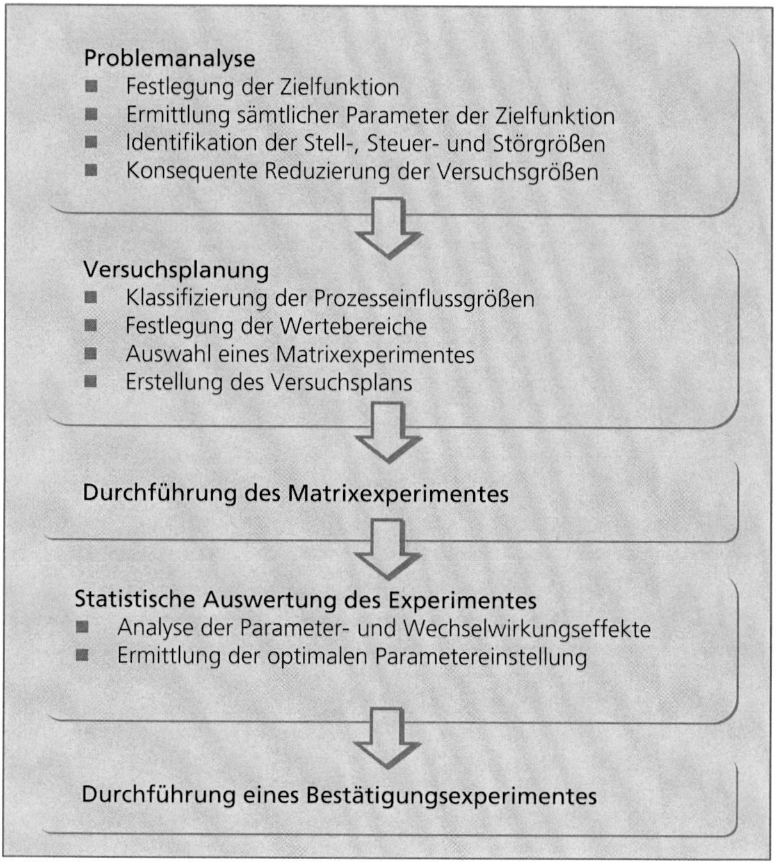

Abbildung 4.9: Konzept einer DoE nach [KLEI14, S. 180]
Concept of a DoE

statistischen Versuchsplanung, engl. Design of Experiments, eingesetzt (Abbildung 4.9). Es wurde kein vollfaktorieller Versuchsplan erstellt, bei dem nur ein Faktor pro Versuch geändert wird (OFAT (One Factor at A Time)), sondern durch eine intelligente Versuchsplanung kann die Anzahl der Versuche reduziert werden, welche abhängig von Genauigkeitsvorgaben ist. Dies verringert sowohl Aufwand als auch Kosten der Versuchsdurchführung, ohne die Aussagekraft der Versuche zu vermindern. Die Auswahl und Planung der Versuchspläne nimmt dabei eine zentrale Rolle ein. Ein wesentlicher Vorteil einer DoE ist die Annahme eines Blackbox-Systems, auf welches Störgrößen wirken; dementsprechend können die einzelnen Versuche unabhängig ausgeführt werden.

4.3.1 Beschreibung des Versuchsaufbaus

Der Versuchsaufbau zur Durchführung der DoE bestand aus einem System zur Strukturierung von Flachproben (Abbildung 4.10). Für diese Studie wurde ein gepulster Faserlaser der Firma IPG mit einer mittleren Wellenlänge von 1064 nm und einer mittleren Ausgangsleistung von 20 W verwendet (YLPM-1-4x200-20-20), bei dem die Pulsdauer auf diskrete Werte zwischen 4 ns und 200 ns eingestellt werden kann. Zur Strahlführung wurden ein IntelliSCAN25 zur Strahlablenkung in X und Y-Richtung sowie ein VarioSCAN20i zur Variierung der Fokuslage in Z der Firma Scanlab eingesetzt. Zur Strahlfokussierung wurde eine F-Theta-Linse der Firma Qioptiq mit einer Brennweite von 163 mm genutzt. Die einzelnen Abtragfelder wurden mit dem System auf Flachproben aus Warmarbeitsstahl (1.2343 oder X38CrMoV5-1) mit den Dimensionen 50x50x10 mm^3 eingebracht. Die Abtraggeometrie, ein 5x5 mm^2 großes quadratisches Feld, wurde durch einen mäanderförmigen Laserpfad erzeugt. Dieser wird in 40 Schichten aufgeteilt, wobei der Laserpfad nach jeder Schicht um 18 Grad rotiert wurde.

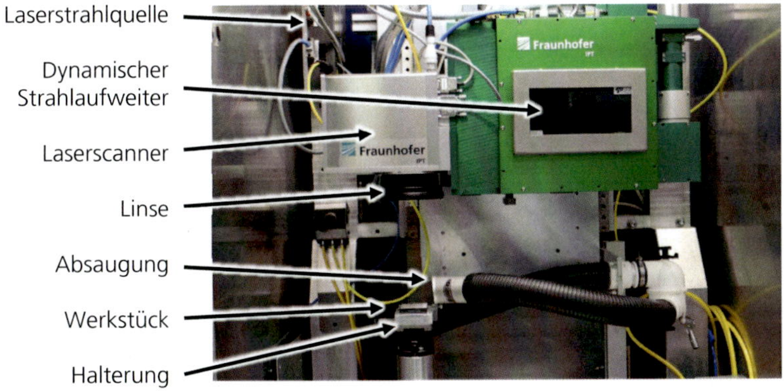

Abbildung 4.10: Verwendeter Versuchsaufbau
Used Experiment Setup

Zur Bestimmung der Abtragtiefe wurde das Messgerät „Alicona Infinite Focus G4" verwendet. Es basiert auf dem optischen Verfahren der Fokus-Variation und kann die Topographie einer Oberfläche mit einer ausreichenden Genauigkeit von bis zu 440 nm lateraler und 10 nm axialer Auflösung erfassen [DANZ11, S. 247].

4.3.2 Klassifizierung der Prozesseinflussgrößen

Zur Durchführung einer DoE müssen die Prozesseinflussgrößen verschiedenen Kategorien zugeordnet werden. Die unabhängigen Variablen können vom Benutzer eingestellt werden und haben mutmaßlich einen Einfluss auf das Prozessergebnis. Der Einfluss und der Zusammenhang dieser Variablen auf das Abtragergebnis wurden in der Studie gesucht. Konstante Variablen werden zur Vergleichbarkeit der einzelnen Versuche nicht verändert. Statische Einflussgrößen können nicht direkt beeinflusst werden und wurden nicht weiter berücksichtigt; sie können im Normalfall als konstant angenommen werden. Die Einflussgrößen aus Abbildung 4.1 wurden mittels der oben durchgeführten Analyse klassifiziert, die Ergebnisse können Tabelle 4.1 entnommen werden.

Unabhängige Variablen	Konstante Variablen	Statische Einflussgrößen
Pulsleistung	Delay-Zeiten	Charakteristika des Lasers
Pulsfolgefrequenz	Bearbeitungsstrategie	Peripherieparameter
Pulsdauer	Einfallwinkel des Lasers	Werkstückparameter
Pulsüberlappung	Fokuslage	
	Wiederholungen	

Tabelle 4.1: Klassifizierung der Prozesseinflussgrößen
Classification of Process Influence Parameters

Die relevanten Variablen, die im weiteren Verlauf der Studie untersucht wurden, sind demnach die Pulsleistung, welche sich bei dem hier verwendeten Laser in einem Bereich von 0 – 100 % einstellen lässt, die Pulsfolgefrequenz (hier zwischen 1,6 kHz und 1000 kHz), die Pulsdauer (welche sich auf diskrete Werte zwischen 4 ns und 200 ns konfigurieren lässt), sowie die Pulsüberlappung. Dabei wurde die Pulsüberlappung gleich der Pfadüberlappung gesetzt. Die Pulsüberlappung wird eingestellt durch Variation der Vorschubgeschwindigkeit, wobei die Pulsfolgefrequenz konstant gehalten werden muss. Die Pfadüberlappung wird durch den Bahnabstand im CAM-System eingestellt. Alle diese hier ausgewählten Variablen beeinflussen den Energieeintrag auf das Material, haben damit potenziell einen direkten Einfluss auf die Abtragtiefe.

Zu den konstant gehaltenen Variablen zählen die Delay-Zeiten, da sie ausschließlich einen Einfluss auf die Ränder der Bearbeitungszone haben. Auch die Bearbeitungsstrategie und die Anzahl der Wiederholungen wurden für eine Vergleichbarkeit konstant festgelegt. Der Bediener hat keinen Einfluss auf spezifische Charakteristika des Lasers wie die Wellenlänge, außerdem auf Werkstückeigenschaften oder Peripherieparameter. Diese sollten aber nach Möglichkeit für diese Versuchsreihe konstant gehalten werden.

Nach der Auswahl der zu untersuchenden Variablen musste deren minimaler und maximaler Wert gewählt werden. Dies müssen einerseits Werte sein, die technisch mit dem Anlagensystem realisierbar sind; andererseits müssen die Werte sinnvoll für den Prozess sein. Darüber hinaus musste für jede Variable ein Zentralwert bestimmt werden. Dieser wurde zur Überprüfung der Art der Korrelation (linear, quadratisch, etc.) genutzt.

Die minimale Pulsleistung wurde auf 20 % gesetzt, um ein Überschreiten der Abtragschwelle sicherzustellen (Tabelle 4.2). Die minimale Pulsüberlappung wurde auf 25 % gesetzt, damit keine Einzelpulse abgetragen werden. Eine maximale Pulsüberlappung von 75 % ist auch in der Praxis realistisch, da bei einer höheren Pulsüberlappung der Energieeintrag auf die gleiche Fläche so hoch ist, dass die Abtragqualität durch erhöhte Schmelzaufwürfe sinkt. Die Pulsfolgefrequenz darf nicht zu gering gewählt werden, da erst ab einer gewissen Pulsfolgefrequenz die kompletten 20 W des Lasers technisch bedingt ausgegeben werden können. Unter dieser Frequenz können die einzelnen Pulse nicht mit genügend Pulsenergie versehen werden. Die minimale Pulsfolgefrequenz bei einer Pulsdauer von 8 ns beträgt bei dem verwendeten Laser 200 kHz. Die maximale Pulsfolgefrequenz hängt hier von der maximalen Vorschubgeschwindigkeit des Scanners ab, da der Scanner bei der minimalen Pulsüberlappung von 25 % und bei der maximalen Pulsfolgefrequenz die höchste Vorschubgeschwindigkeit erreichen muss. Durch Umstellen der Formel 4.1 zur Berechnung des Pulsüberlapps nach f und Einsetzen der maximalen Vorschubgeschwindigkeit des Scanners und des Laserpulsdurchmessers wurde eine maximale Pulsfolgefrequenz von 400 kHz errechnet. Die minimale Pulsdauer von 8 ns wurde gewählt, um eine minimale Pulsfolgefrequenz von 200 kHz zu erreichen. Bei der technisch minimal möglichen Pulsdauer von 4 ns müsste bereits eine Pulsfolgefrequenz von 500 kHz eingestellt werden, um eine mittlere Ausgangsleistung von 20 W zu erreichen. Die maximale Pulsdauer ist auch die technisch maximal mögliche Pulsdauer von 200 ns.

4.4 Anwenden der Design of Experiments Methode

Applying the Design of Experiments Method

Zur Unterstützung bei der Erstellung des Versuchsplans wurde die Software MINITAB genutzt. Diese bietet diverse Methoden zur Erstellung und Auswertung von Versuchsplänen, einschließlich einer Visualisierung der Ergebnisse.

Variable	Minimum	Zentralwert	Maximum
Pulsleistung in %	20	60	100
Pulsfolgefrequenz in *kHz*	200	300	400
Pulsdauer in *ns*	8	100	200
Pulsüberlappung in %	25	50	75

Tabelle 4.2: Wertebereich der Eingangsvariablen
Range of Values of Input Variables

Die hier genutzte RSM (Response Surface Methodology) ist eine Sammlung statistischer und mathematischer Methoden, die im Rahmen der DoE genutzt werden können. Die RSM untersucht den Zusammenhang zwischen einer gewissen Anzahl an Eingangsvariablen und einer oder mehrerer Reaktionsvariablen. Dabei wird ein zentral zusammengesetzter Versuchsplan genutzt, der eine bestimmte Reihenfolge von entwickelten Experimenten aufweist. Mit einem möglichst geringen Versuchsaufwand werden die Abhängigkeiten der Eingangsvariablen bestimmt. [WEBE14, S. 52]

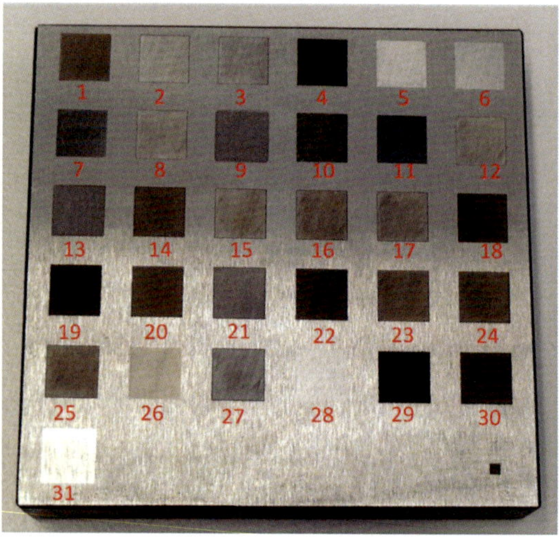

Abbildung 4.11: Werkstück mit Abtragfeldern
Workpiece with Ablation Array

Nach der Bestimmung der relevanten Eingangsparameter und deren Wertebereiche kann mit der Erstellung des Versuchsplans begonnen werden. Da drei verschiedene Stufen für jeden Faktor genutzt werden sollen, wurde das „Face Centered Central Composite Design" gewählt [NATI18]. Dieses hat u. a. den Vorteil, dass die bestimmten Minima und Maxima nicht unter- bzw. überschritten werden. Tabelle 4.3 zeigt den Versuchsplan und die gemessenen Ergebnisse. Abbildung 4.11 zeigt das genutzte Werkstück mit den entsprechenden Abtragfeldern.

Standardfolge	Ausführung	Punkt-Typ	Pulsdauer in *ns*	Pulsleistung in %	Pulsüberlappung in %	Pulsfolgefrequenz in *kHz*	Abtragtiefe in *µm*	Rauheit R_z in *µm*
23	1	-1	100	60	50	200	21,2	9,6
31	2	0	100	60	50	300	5,1	6,7
30	3	0	100	60	50	300	6,5	6,6
8	4	1	200	100	75	200	172,2	34,8
2	5	1	200	20	25	200	1,1	3,0
1	6	1	8	20	25	200	0,3	2,9
13	7	1	8	20	75	400	1,6	2,9
29	8	0	100	60	50	300	8,5	7,4
11	9	1	8	100	25	400	0,8	21,8
3	10	1	8	100	25	200	16,4	37,9
14	11	1	200	20	75	400	3,1	3,4
27	12	0	100	60	50	300	10,6	9,8
12	13	1	200	100	25	400	3,5	25,0
4	14	1	200	100	25	200	29,9	33,7
28	15	0	100	60	50	300	14,3	9,4
25	16	0	100	60	50	300	15,6	11,7
17	17	-1	8	60	50	300	13,4	11,7
6	18	1	200	20	75	200	12,8	13,5
22	19	-1	100	60	75	300	55,1	12,6
5	20	1	8	20	75	200	9,6	4,5
21	21	-1	100	60	25	300	8,7	22,7
15	22	1	8	100	75	400	50,9	18,9
18	23	-1	200	60	50	300	19,0	13,3
20	24	-1	100	100	50	300	38,1	25,4
26	25	0	100	60	50	300	16,2	10,4
19	26	-1	100	20	50	300	1,5	2,8
24	27	-1	100	60	50	400	6,8	7,5
10	28	1	200	20	25	400	0,7	2,8
7	29	1	8	100	75	200	147,1	30,4
16	30	1	200	100	75	400	57,7	18,5
9	31	1	8	20	25	400	0,9	4,1

Tabelle 4.3: Versuchsdesign und Ergebnisse
Design of Experiments and Results

Die Randomisierung der Versuchsdurchläufe wird durch die von der Standardreihenfolge abweichende Ausführungsreihenfolge gekennzeichnet. Der Punkt-Typ bezeichnet die Art des Designpunkts, der getestet wird. „1" kennzeichnet einen Eckpunkt, „0" einen Zentralpunkt und „-1" einen Axialpunkt. Die Abtragtiefe und Rauheit wurden jeweils mehrfach gemessen und anschließend der Mittelwert gebildet. Neben der gemessenen Abtragtiefe ist die stark variierende Rauheit auffällig. Diese hat einen entscheidenden Einfluss auf die Qualität des Abtrags und muss mit berücksichtigt werden.

4.5 Bestimmung und Bewertung der relevanten Prozessparameter für den Abtragprozess

Determination and Evaluation of the Relevant Process Parameters for the Ablation Process

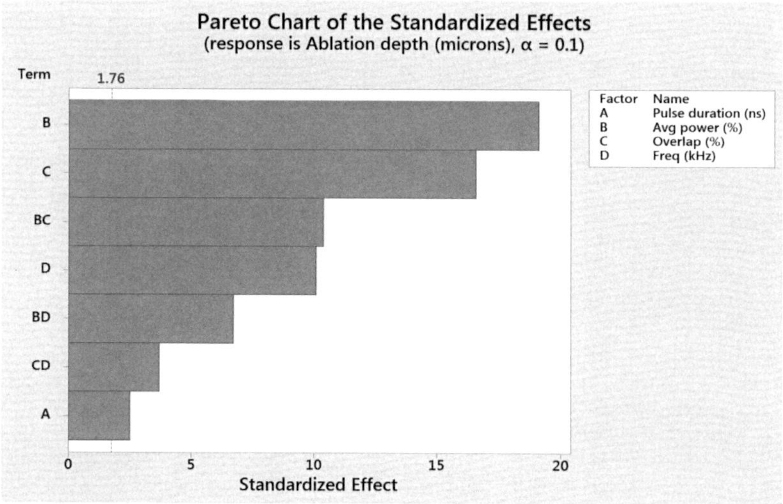

Abbildung 4.12: Paretodiagramm der Einflussfaktoren
Pareto Chart of Influence Effects

Das Paretodiagramm in Abbildung 4.12 zeigt, dass alle vier getesteten Variablen und einige kombinierte Variablen einen signifikanten Einfluss auf das Abtragergebnis haben. Den größten Einfluss auf das Abtragergebnis hat die Pulsleistung, gefolgt von der Pulsüberlappung. Dies korreliert mit den meisten Studien, die den Energieeintrag in das Material als wichtigstes Kriterium für den Materialabtrag beschrieben haben. Aber auch die Frequenz hat einen hohen Einfluss; die Pulsdauer dagegen beeinflusst den Abtrag eher gering. Abbildung 4.13 stellt die Haupteinflüsse auf die Abtragtiefe getrennt dar. Deutlich sind die nichtlinearen Einflüsse erkennbar.

Aus diesen Ergebnissen lässt sich nun mittels der Software MATLAB eine Formel ableiten (Formel 4.2), die bei gegebenen Eingangsparametern die Abtragtiefe berechnet. Diese ist natürlich nur dann gültig, wenn alle anderen Parameter weiterhin konstant auf den bisherigen Werten gehalten werden, d. h. dass das Lasersystem und das zu bearbeitende Material gleich bleiben müssen. Daher ist die praktische Aussagekraft dieser Formel sehr begrenzt.

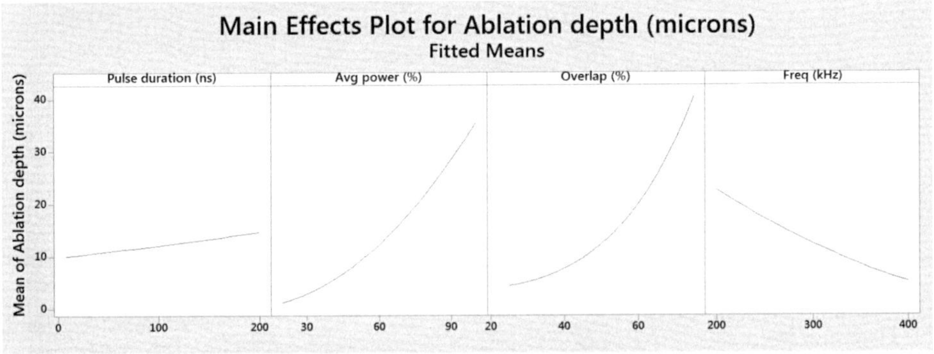

Abbildung 4.13: Haupteinflussdiagramme für die Abtragtiefe
Main Effects Plot for Ablation Depth

$$h^{0.5} = -0,91 + 0,00339\, t_h + 0,0594\, P - 0,0517\, S + 0,00982\, f + 0,001144\, S^2 + 0,001332\, P * S - 0,000215\, P * f - 0,000190\, S * f \quad (4.2)$$

Hierbei steht h für die Abtragtiefe, t_h für die Pulsdauer, P für die Pulsleistung, S für die Pulsüberlappung und f für die Pulsfolgefrequenz.

Abschließend wurden mithilfe der Formel elf Bestätigungsexperimente durchgeführt. Dazu wurden neue, bisher nicht getestete Kombinationen auf dem Werkstück eingebracht und anschließend mit dem Ergebnis der Formel verglichen. Es konnte gezeigt werden, dass die Ergebnisse innerhalb eines 95 % Intervalls lagen, sodass eine ausreichend genaue Vorhersagekraft des Modells vorhanden ist.

4.6 Zwischenfazit

Interim Conclusion

Das Laserstrahlstrukturieren ist ein Verfahren mit vielen Einflussgrößen, die in komplexer Weise miteinander im Zusammenhang stehen. Diese wurden erläutert und in beeinflussbare und nicht beeinflussbare Einflussgrößen unterteilt. Nach der Wahl von fünf gut beeinflussbaren Parametern wurde eine DoE durchgeführt, um den Einfluss dieser Faktoren zu bestimmen. Dabei konnte gezeigt werden, dass die Pulsleistung und der Pulsüberlapp den höchsten Einfluss auf den Abtrag ausüben. Allerdings ist auch die Rauigkeit der erzeugten Oberfläche ein wichtiges Qualitätskriterium, welches von den gewählten Parametern abhängt. Bei der Änderung der oben beschriebenen Parameter muss dies ebenfalls berücksichtigt werden.

Der wesentliche Nachteil des Modells ist seine eingeschränkte Gültigkeit. Die statischen Einflussgrößen, wie das Lasersystem oder das Werkstück selbst, wurden für diesen speziellen Versuchsaufbau ausgewählt. Auch die konstanten Variablen, wie die Bearbeitungsstrategie, sind in der Praxis von Designentscheidungen abhängig und können nicht für jedes Bauteil konstant gehalten werden. Bei einem variierten Aufbau ändert sich das aufgebaute Modell und eine neue Versuchsreihe muss durchgeführt werden. Dies begrenzt die praktische Nutzbarkeit immens, da auf Erfahrungswerten basierte Tests häufig schneller zu einem Ergebnis führen, ohne ein komplettes Modell aufstellen zu müssen. Für eine Lösung, die zu einer Effizienzsteigerung im Laserstrahlstrukturieren führt, muss ein anderer Ansatz gewählt werden.

5 Kompensation von Trägheitseffekten des Scannersystems

Compensation of Scanner Based Inertia

Hochdynamische Scannerspiegel besitzen trotz ihrer geringen Masse eine nicht zu vernachlässigende Trägheit, die den Beschleunigungsvorgang signifikant beeinflusst. Dies beeinflusst die Qualität der abgetragenen Struktur maßgeblich. In diesem Kapitel werden Methoden zur Kompensation dieser Trägheitseffekte vorgestellt und analysiert. Anschließend wird ein neuer Algorithmus vorgestellt, der durch eine Systemcharakterisierung die Trägheitseffekte vollständig und automatisiert kompensieren kann. [POTH17b]

5.1 Erfassen von Positionsdaten der Scannerspiegel

Capturing Positon Data of the Scanner Mirrors

Das Laserstrahlstrukturieren stellt höchste Anforderungen an Genauigkeit und Reproduzierbarkeit. Allerdings ist die Positioniergenauigkeit der Ablenkspiegel abhängig von diversen Parametern wie z. B. der Markiergeschwindigkeit. Die Abweichung der Ist-Position von der Soll-Position, der sogenannte Schleppfehler, resultiert aus der Massenträgheit der Spiegel. Während der Beschleunigung am Beginn und Ende eines Markiervektors führt dies zu dem beschriebenen Effekt, der größer wird, je höher die eingestellte Geschwindigkeit ist. Beim Abbremsen am Ende des Markiervektors können die Spiegel über die Endposition hinaus überschwingen, ebenfalls aufgrund ihrer Trägheit, oder das System bremst die Spiegel vor der erreichten Position ab. Diese beiden Effekte führen sowohl zu einem Positionsfehler als auch zu Einbrandeffekten in den Beschleunigungs- und Bremsphasen eines Markiervektors. Einbrände entstehen dabei durch einen erhöhten Energieeintrag in die jeweilige Region aufgrund einer höheren Laserpulsdichte. Das ungewünschte dynamische Verhalten des Scanners kann durch eine Anpassung von Parametern, wie z. B. das Einfügen einer Verzögerung nach einem Markiervektor (Mark-Delay), teilweise kompensiert werden.

Falls eine Markierung oder eine Struktur konturfolgend in ein freigeformtes Bauteil eingebracht werden soll, muss auch die dynamische Strahlaufweitung synchron zu den Scannerspiegeln bewegt werden. Die oben beschriebene Problematik tritt bei diesem Bauteil verstärkt auf, da in der Strahlaufweitung Linsenpakete mechanisch bewegt werden müssen, die durch ihre größere Masse eine größere Trägheit aufweisen.

Zur optimalen Einstellung von zeitlichen Parametern muss das reale Verhalten der Strahlführungskomponenten in Abhängigkeit von verschiedenen Programmabläufen bekannt sein, d. h. es muss eine Analyse des zeitlichen Verhaltens der Komponenten durchgeführt werden. Der Scanner und auch der dynamische Strahlaufweiter bieten die Möglichkeit, Positions- und Geschwindigkeitsdaten jeder Achse einzeln in Echtzeit auszulesen. Sie müssen anschließend in geeigneter Form analysiert werden, um die Defizite, wie z. B. den Positionsfehler, zu bestimmen. Aus den realen Positionsdaten kann durch einen präzisen Zeitstempel eine Beschleunigungsrampe am Anfang und am Ende des Markiervektors berechnet werden. In diesen Bereichen des Werkstücks treten Einbrände verstärkt auf, da durch die reduzierte Geschwindigkeit der Pulsabstand des Lasersystems geringer als bei der programmierten Markiergeschwindigkeit ist.

Die gemessenen Daten werden anschließend in Diagrammen visualisiert, durch Auswertealgorithmen wird die Dynamik der Strahlführungskomponenten nachvollzogen und Abtragphänomene werden erklärt. Erst durch diese Analyse wird eine exakte Bestimmung von Parametern für ein optimales Abtragergebnis ohne Einbrandeffekte möglich.

5.1.1 Funktionsweise der Positionsdatenerfassung

Um die reale Bewegung des Scanners zu erfassen, kann die Tracing-Funktion des Scannercontrollers verwendet werden. Dabei werden in einer vorher festgelegten Frequenz die tatsächlichen Ist-Daten der einzelnen Achsen aufgezeichnet. Um den gesamten Prozess steuern und tracen zu können, wurden RTC5-Karten (Real Time Control) des Herstellers Scanlab AG eingesetzt [SCAN17b]. Zur Nutzung dieser Funktion muss der Scanner mit digitaler Servoelektronik ausgestattet sein, um so die diversen Werte direkt aus dem im Scanner integrierten Messsystem auslesen zu können [BREI15, S. 5]. Zur konventionellen Bewegungsdetektion des Scanners werden indirekte Messmethoden verwendet; dabei wird der Laser aktiv über das Bauteil geführt und das Resultat wird mit einem Messgerät aufgenommen. Anschließend muss das Messergebnis manuell ausgewertet werden. Diese Vorgehensweise erfordert einen hohen Aufwand an Zeit und Maschinen und begünstigt Messfehler und Ungenauigkeiten. Außerdem sind durch Verzögerungen im Einschaltvorgang des Lasers weitere Unsicherheiten vorhanden. Aufgrund der Tracing-Methode sind manuelle Messungen der abgetragenen Laserbahnen auf einem Werkstück nicht mehr notwendig, was einen bedeutenden Vorteil mit sich bringt. Die gemessenen Werte werden so direkt vom Scanner an die Steuerkarte mit dem digitalen Protokoll SL2-100 übertragen. Zu den auswählbaren Daten gehören beispielsweise die Soll-Position (die programmierten Positionen), die tatsächliche gemessene Position, die Geschwindigkeit und einige andere mehr. Die gemessenen Positionen resultieren aus der Rotation der Galvanometer und werden als Bitwerte zur Verfügung gestellt. Die jeweiligen Werte können für jede Achse aufgezeichnet werden [SCAN17a, S. 283]. Zur Ansteuerung wird das Bildfeld des Scanners jeweils in X- und Y-Richtung in 2^{20} Pixel unterteilt. Je nach verwendetem Scanner und Objektiv wird hiermit eine Feldgröße von typischerweise 100 mm abgedeckt. Dies bedeutet, dass der Steuerpunktabstand kleiner als 0,1 µm ist, ebenso bei den gemessenen Werten.

Die Anzahl der verfügbaren Steuerbits pro *mm* (bit_{mm}) lässt sich mit folgender Formel berechnen:

$$bit_{mm} = \frac{2^{20}}{fieldsize}, \tag{5.1}$$

wobei $fieldsize$ die Größe des ansteuerbaren Feldes in *mm* ist.

Die Daten werden für jede Achse getrennt und mit einer maximalen Frequenz von 100 kHz gespeichert und in einem Zwischenspeicher des Scannercontrollers abgelegt. Nach Beendigung des Laserprogramms können diese Daten in das Anwendungsprogramm übertragen und mittels folgender Formel in Wegdaten in *mm* umgerechnet werden:

$$value_{mm} = \frac{value_{bit}}{bit_{mm}}, \tag{5.2}$$

wobei $value_{mm}$ der Ansteuerwert in *mm*, $value_{bit}$ der gemessene Wert in *bit* und bit_{mm} der im Voraus berechnete Umrechnungsfaktor laut Gleichung 5.1 ist.

5.1.2 Funktionsweise der Steuerungssoftware

Die komplette Steuerung des Scanners und des Lasers wird über die am Fraunhofer IPT entwickelte Steuerungssoftware „FlexOStruk“ durchgeführt (Abbildung 5.1). In die Software lassen sich Bewegungsbahnen für den Laserscanner im Format ISO (International Organization for Standardization)-NC einladen. Diese werden mit einem beliebigen CAM-System auf Basis der Geometrie und diverser Prozessparameter erzeugt. Außerdem benötigt „FlexOStruk“ Informationen über den verwendeten Laser und das Scannersystem, um diese korrekt anzusteuern. In einer integrierten Prozess- und Technologiedatenbank sind diverse Parameter hinterlegt, die für die Ansteuerung des Prozesses nötig sind, wie z. B. die gewünschte Laserleistung oder diverse Verzögerungszeiten. Nach einem Überprüfen und Einlesen der Daten, dem sogenannte Parsen, kann der Prozess gestartet werden und die Daten werden in einem speziellen Format an die Echtzeitsteuerung (RTC5) des Scannersystems übergeben.

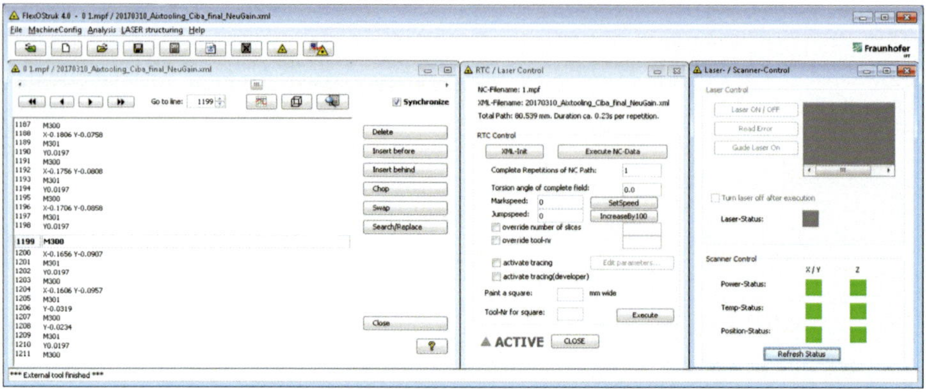

Abbildung 5.1: Benutzeroberfläche der Steuerungssoftware „FlexOStruk", links der NC-Code, in der Mitte die Scanner- und rechts die Lasersteuerung
User Interface of the Control Software „FlexOStruk", Left the NC Code, Middle the Scanner Control, Right the Laser Control

5.1.3 Implementierung von Analysefunktionen in die Steuerungssoftware

Für eine Systemanalyse der Strahlführungskomponenten wurde die Benutzerschnittstelle in der vom Fraunhofer IPT entwickelten Steuerungssoftware „FlexOStruk" erweitert, in dem die zu tracenden Daten ausgewählt werden können. In Abbildung 5.2a wird eine einfache Möglichkeit dargestellt, um die gängigen Echtzeitdaten der Scannerspiegel aufzuzeichnen. In der erweiterten Benutzeroberfläche (Abbildung 5.2b) sind komplexere Einstellmöglichkeiten vorhanden und es können sämtliche Parameter zum Tracen ausgewählt werden, die mit der Steuerungskarte aufgezeichnet werden können. So lassen sich sehr schnell und einfach diverse Funktionalitäten testen und überprüfen. Zusätzlich lässt sich die Wiederholfrequenz einstellen, mit der die Werte aufgezeichnet werden. Die maximale Frequenz beträgt dabei 100 kHz. Die Werte werden auf der Steuerungskarte in einem Zwischenspeicher abgelegt; dieser fasst maximal 2^{20} Werte. Nach der Aufzeichnung im Zwischenspeicher werden die Daten komplett auf den PC übertragen, wo die weitere Verarbeitung und Konvertierung erfolgen kann. Nachdem die Einstellungen vorgenommen wurden, wird der Laserstrahlstrukturierprozess gestartet. Der Laser muss dabei nicht aktiviert werden, da ausschließlich die Messwerte und Steuersignale des Scanners aufgezeichnet werden. Scanlab-Scansysteme können Statussignale der X- und Y-Achse separat und simultan an die Steuerungskarte übermitteln. Wenn verschiedene Datentypen der gleichen Achse aufgezeichnet werden sollen, wird der Prozess von „FlexOStruk" automatisiert mehrmals gestartet, da der Statuskanal jeweils nur einmal vorhanden ist. Auch bei der Auswahl von mehr als zwei Statuswerten werden diese in eine Liste geschrieben und nacheinander abgearbeitet. Beim erneuten Ausführen wird dann der verbleibende Wert mitgeschrieben. Nach Abschluss des Prozesses werden die Daten entsprechend dem eingestellten Scannerfeld von Bitwerten in Millimeterwerte umgerechnet und in einer Textdatei zur weiteren Analyse gespeichert.

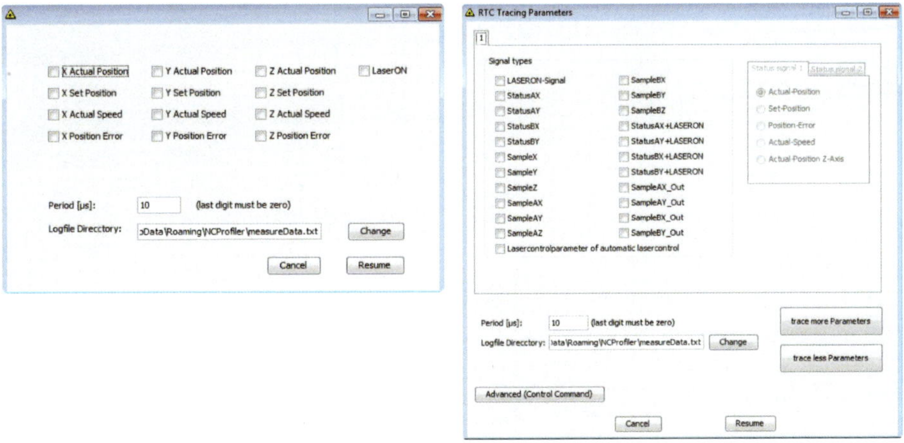

(a) Einfache Benutzeroberfläche **(b)** Komplexe Entwickleroberfläche

Abbildung 5.2: Benutzerschnittstelle zur Einstellung der Trace-Parameter
User Interface for Controlling Tracing Parameters

Nach der Aufzeichnung der Werte können diese durch eine in „FlexOStruk" integrierte Anzeige dargestellt werden (Abbildung 5.3). Auf der X-Achse ist die Zeit aufgetragen, auf der Y-Achse die verschiedenen getracten Werte, die sich auf der linken Seite des Dialogfeldes aktivieren oder deaktivieren lässt. Die Art der Werte sowie die dazugehörige Einheit lässt sich in der Legende unterhalb des Diagramms ablesen. Wenn das Lasersteuerungssignal aktiv ist, d. h. der Laser ist aktiv, wenn er freigegeben ist, wird der entsprechende Bereich rot eingefärbt. So lässt sich das Systemverhalten komfortabel überprüfen und entsprechend den Anforderungen analysieren.

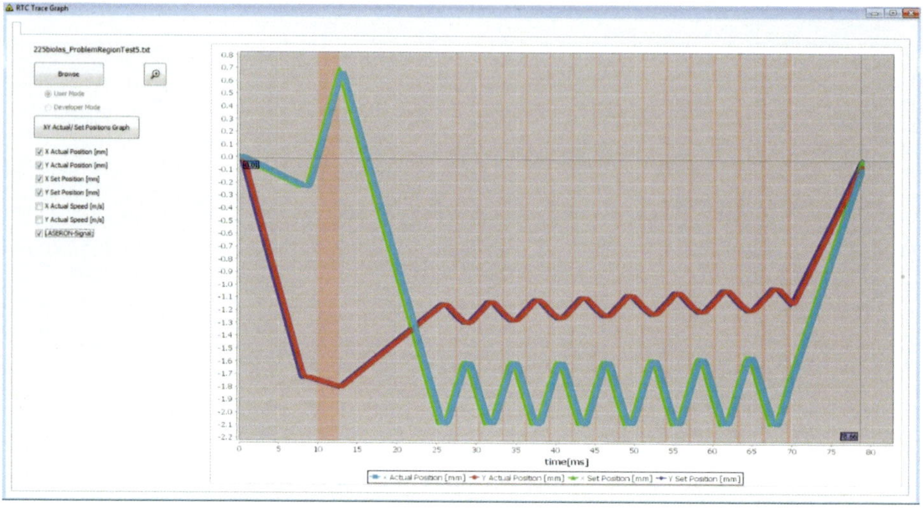

Abbildung 5.3: Visualisierung der Scannerbewegungen
Visualization of Scanner Movements

5.2 Entwicklung von Strategien zur Kompensation von systemspezifischen Beschleunigungsrampen

Development of Stragies for Compensation of System Specific Acceleration Ramps

Zur Kompensation der beschriebenen Beschleunigungsrampen werden im Folgenden verschiedene Strategien vorgestellt. Außerdem werden die Beschleunigungsrampen formalisiert und die Implementierung der ausgewählten Strategie wird beschrieben.

5.2.1 Vergleich von Kompensationsstrategien

Zu Beginn eines Laservektors bewegt sich der Laserscanner typischerweise nicht und muss auf die eingestellte Geschwindigkeit beschleunigt werden. Der Laser ist typischerweise während des gesamten Markiervektors aktiv, obwohl die eingestellte Zielgeschwindigkeit am Anfang des Vektors noch nicht erreicht wurde. Daher wird der vorhergesehene Abstand zwischen zwei Laserpulsen zu Beginn nicht eingehalten; die Laserpulsdichte ist höher, es wird also mehr Energie in diesen Bereich des Werkstücks eingekoppelt (Abbildung 5.4). Dies verursacht sogenannte Einbrandeffekte, welche für einen erhöhten Abtrag im Startbereich sorgen.

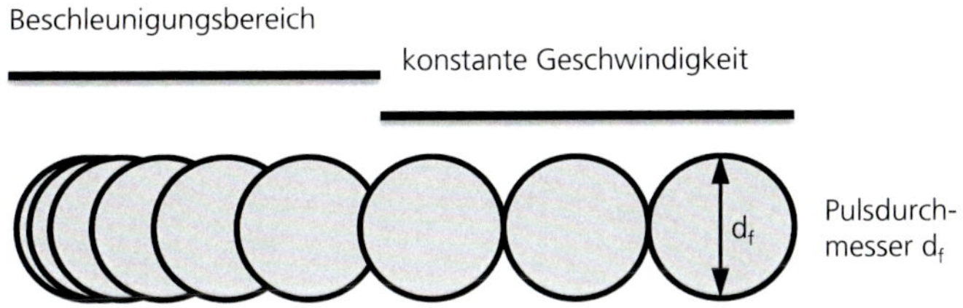

Abbildung 5.4: Verteilung von Laserpulsen zu Beginn eines Vektors
Distribution of Laser Pulses at the Beginning of a Vector

Die beschriebenen Beschleunigungsrampen müssen demnach kompensiert werden, um ein qualitativ gutes Ergebnis zu gewährleisten. Eine verbreitete Lösung, diese Fehlerstellen zu vermindern, ist das Aktivieren von Laser-Delays, welche in Kapitel 4.1.1 eingeführt wurden. Durch das Laser-On-Delay wird der Laser nicht an dem Punkt aktiviert, an dem sich der Soll-Wert zu verändern beginnt. Der Einschaltpunkt wird verzögert, sodass der Laser ausgeschaltet ist, während die Spiegel auf die gewünschte Geschwindigkeit beschleunigen. Erst wenn die Spiegel eine gewisse Geschwindigkeit erreicht haben, wird der Laser aktiviert. Analog dazu existiert ein Laser-OFF-Delay, welches das Deaktivieren des Lasers verzögert.

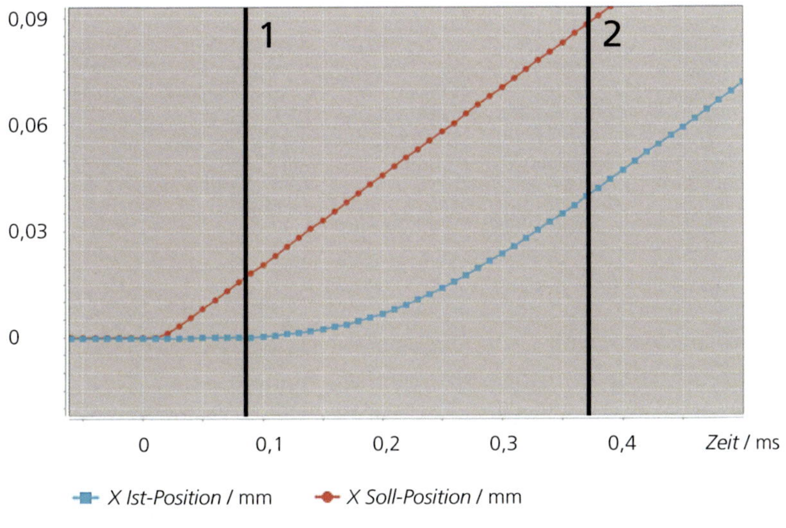

Abbildung 5.5: Trägheit am Beginn eines Laservektors
Inertia at the Begin of a Laser Vector

Das Benutzen dieser Delays führt allerdings zwangsläufig zu Ungenauigkeiten in Form von zu kurzen Laserwegen oder Einbrandeffekten (Abbildung 5.5). Falls der Laser aktiviert wird, sobald sich die Spiegel signifikant bewegen (d. h. der Ist-Wert ändert sich), haben die Spiegel noch nicht ihre endgültige Geschwindigkeit erreicht (Zeitpunkt „1" in Abbildung 5.5, nach ungefähr 90 ms). Wenn der Laser erst aktiviert wird, wenn die Zielgeschwindigkeit erreicht wurde, wurden die Spiegel schon eine relativ lange Stecke bewegt, der Startpunkt ist falsch; der Laserweg ist also zu kurz (Zeitpunkt „2" in Abbildung 5.5, nach ungefähr 380 ms). Die eingestellten Delay-Zeiten bieten also immer nur einen Kompromiss zwischen örtlicher Genauigkeit und dem Verhindern von Einbrandeffekten. Zusätzlich ist das Einstellen von geeigneten Delay-Werten sehr aufwendig und häufig ein „Trial and Error"-Verfahren, da die Parameter für jede Geschwindigkeit und für jede neue Anforderung neu bestimmt werden müssen.

Ein überlegener Ansatz besteht im Bearbeiten der gesamten Laserbahn mit einer konstanten Geschwindigkeit. Hierfür muss der Vektor abhängig von den Trägheitseigenschaften der Scannerspiegel an beiden Seiten verlängert werden. Dies führt dazu, dass die Beschleunigungs- und Bremsbewegungen in Bereiche verschoben werden, in denen der Laser ausgeschaltet ist (Abbildung 5.6b). Die durchgezogenen Linien symbolisieren die Markierbewegungen, die gestrichelten Linien die Sprungbewegungen. Diese Methode wird „Sky-Writing" genannt.

(a) Konventionelle Laserbearbeitung **(b)** Laserbearbeitung mit Sky-Writing

Abbildung 5.6: Prinzip des Sky-Writing
Prinziple of Sky-Writing

Die Methode des „Sky-Writing" hat allerdings noch einige Nachteile. Bedingt durch mehrere nicht einfach zu bestimmende Parameter ist die Nutzung für den Maschinenbediener komplex. Um die richtigen Parameter zu finden, müssen einige Tests an der Maschine durchgeführt werden, die anschließend mit einem Messgerät verifiziert werden müssen. Die Benutzung ist nicht sehr flexibel, da die Parameter für jede Geschwindigkeit neu angepasst werden müssen.

Cambridge Technology versucht die Einbrandeffekte zu vermeiden, indem in Echtzeit die Laserenergie, die Pulsfrequenz und die Pulsbreite auf den Beschleunigungs- und Bremswegen reguliert werden. Diese Methode wird „ScanPack-Algorithm" genannt. Der größte Nachteil dieser Methode ist allerdings die Abhängigkeit von der Kompatibilität der Laserquelle. Aktuell unterstützen nur wenige Laserquellen diese Form der Echtzeitregulierung während der Fertigung [SHAH15, S. 28] [CAMB17, S. 3].

Der „adaptive Postprozessor" wurde an der Universität von Birmingham entwickelt und ist ein universeller Versuch, das Beschleunigungsproblem zu lösen. In einem Postprozessor werden die vorberechneten Markierbahnen verlängert. Diese Methode berücksichtigt keine automatische Aufzeichnung von Messwerten mittels der Tracing-Funktion. Dadurch ist auch bei dieser Methode das Parametrisieren der Funktion mit einem hohen Aufwand und einem manuellen Messvorgang verbunden. Zusätzlich werden alle Vektoren über den gesamten Prozess nur um einen statischen Wert verlängert. Durch die unterschiedlichen Geschwindigkeiten der jeweiligen Achsen ist dieser Wert nicht für jeden Vektor optimal [PENC15, S. 7].

Die vorgestellten Lösungen sind herstellerabhängig und können daher nicht auf verschiedenen Scannersystemen angewendet werden. Außerdem existiert eine Vielzahl an Parametern, die mittels umfangreicher Tests und manueller Messungen eingestellt werden müssen. Die Messungen sind teuer im Hinblick auf Zeit, Material und Maschinenkapazitäten; außerdem sind sie fehleranfällig. Die ermittelten Parameter müssen für jede Geschwindigkeit angepasst werden, da die Beschleunigungsphase bei jeder Geschwindigkeit variiert.

5.2.2 Untersuchung und Formalisierung der Beschleunigungsrampen

Sowohl das benötigte Zeitintervall als auch der von den Scannerspiegeln bzw. von dem dynamischen Strahlaufweiter benötigte Weg für die Beschleunigungs- und Bremsstrecken sind nicht nur von der Masse der Strahlführungskomponenten, sondern auch von der programmierten Markiergeschwindigkeit abhängig. Um unabhängig von der Markiergeschwindigkeit den Beschleunigungsweg kompensieren zu können, muss eine Funktion gefunden werden, die diese in Relation zueinander bringt.

In einem experimentellen Aufbau wurden ein Scanner vom Typ IntelliSCAN25 [SCAN15] und ein dynamischer Strahlaufweiter vom Typ VarioSCAN20i [SCAN13] der Firma Scanlab AG eingesetzt. Es wurden systematisch Vektoren gleicher Länge mit verschiedenen Geschwindigkeiten aus einem vordefinierten Intervall abgefahren. In diesem Fall wurde

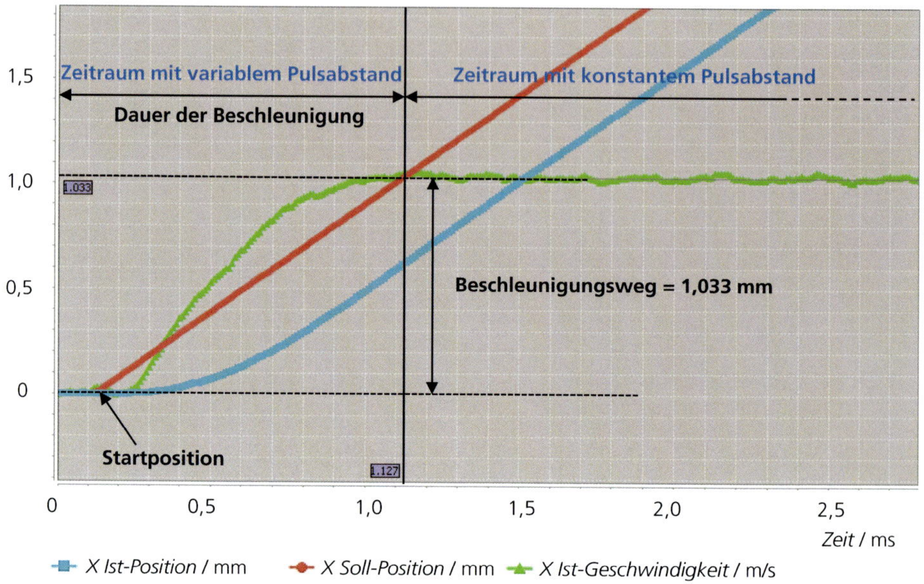

Abbildung 5.7: Bestimmung des Beschleunigungsbereichs bei einer eingestellten Geschwindigkeit von 1 m/s (IntelliSCAN25)
Determination of the Acceleration Region at a Programmed Speed of 1 m/s (IntelliSCAN25)

innerhalb des spezifizierten Geschwindigkeitsbereichs eine Intervallgröße von 100 mm/s gewählt. Die aus den Bewegungen resultierenden Daten wurden mit der Trace-Funktion aufgenommen, um das jeweilige Beschleunigungsverhalten und den Schleppfehler des Scannersystems bei den eingestellten Geschwindigkeiten zu analysieren. Die programmierte und tatsächliche Position, also die Soll- und Ist-Position, sowie die Markiergeschwindigkeit wurden für die Achsen des Galvanometers aufgenommen.

In dem Trace-Diagramm in Abbildung 5.7 ist der zeitliche Verlauf einer beschleunigten Bewegung der X-Achse mit einer eingestellten Markiergeschwindigkeit von 1 m/s dargestellt. Im linken Bereich des Diagramms wurde die programmierte Geschwindigkeit noch nicht erreicht, sodass auch der Abstand zwischen den Laserpulsen nicht konstant ist. Erst im rechten Bereich wurde die eingestellte Geschwindigkeit erreicht und bleibt konstant. Der Beschleunigungsweg kann mithilfe des Diagramms bestimmt werden. Sobald sich die gemessene Markiergeschwindigkeit auf die eingestellte Geschwindigkeit stabilisiert hat, muss die bis dahin zurückgelegte Wegstrecke gemessen werden, in diesem Fall 1,033 mm.

Die abgebildete Bewegung stellt die Bewegung auf nur einer Koordinatenachse dar. Theoretisch könnte nun die Beschleunigungscharakteristik jeder einzelnen Achse betrachtet werden. Durchgeführte Tests haben allerdings gezeigt, dass das Beschleunigungsverhalten sowohl für die X- als auch für die Y-Achse identisch ist. In dem Fall, dass beide Achsen gleichzeitig bewegt werden, ist die eingestellte Gesamtgeschwindigkeit eine Kombination aus der Geschwindigkeit der separaten Achsen. Zusätzlich zu den Scannerachsen wurde auch das Verhalten der dynamischen Strahlaufweitung analysiert. Da die Z-Achse prinzipbedingt eine höhere Trägheit und damit einen höheren Beschleunigungsbereich aufweist, wurden für dieses Gerät sämtliche Tests wiederholt.

Neben der Beschleunigungsstrecke wird der Schleppfehler benötigt. Der vom Scannerhersteller abgeschätzte Wert des Schleppverzugs (der zeitliche Abstand zwischen Soll- und Ist-Position) steht im Datenblatt des Scanners. Um eine hinreichende Genauigkeit zu erreichen, muss der Schleppfehler (der räumliche Abstand zwischen Soll- und Ist-Position) allerdings zusätzlich aus den Messdaten ermittelt werden. Zur Bestimmung des Schleppfehlers muss die Differenz zwischen Soll- und Ist-Wert der Position während einer konstanten Markiergeschwindigkeit gemessen werden, in dem Beispielfall 0,396 mm (Abbildung 5.8).

Nach der Durchführung und Aufzeichnung von Tests mit verschiedenen Geschwindigkeiten im Abstand von 100 mm/s wurden diese resultierenden Werte in ein Diagramm eingefügt (Abbildung 5.9a). Es konnte ein linearer Zusammenhang zwischen der Markiergeschwindigkeit und dem Beschleunigungsweg erkannt werden. Die betrachtete Maximalgeschwindigkeit von 5000 mm/s wurde durch einen Kompromiss bestimmt. Theoretisch sind höhere Geschwindigkeiten möglich, die Beschleunigungsstrecke wird dabei allerdings so lang, dass das bearbeitbare Scannerfeld signifikant kleiner wird. Bei einem praktischen Bedarf können allerdings auch höhere Geschwindigkeiten betrachtet werden.

Zur Verbesserung der Genauigkeit wurde nach der Erstellung der linearen Regression des Beschleunigungsweges eine Optimierung vorgenommen (Abbildung 5.9b). Falls der Beschleunigungsweg zu hoch angenommen wird, hat dies keine negativen Auswirkungen auf die Genauigkeit; nur die Prozesszeit verlängert sich marginal. Wird der Beschleunigungsweg allerdings zu gering angenommen, verringert sich die Genauigkeit durch die noch nicht erreichte Zielgeschwindigkeit. Daher wurde die Regressionsgerade durch einen Algorithmus so lange in den positiven Bereich verschoben, bis alle Messwerte unter der Gerade lagen. Dazu wurde die größte positive Differenz der Geraden zu einem Punkt ermittelt und die Gerade wurde um diesen Wert angehoben. Um dann die optimale Gerade zu ermitteln, die durch den ermittelten Punkt führt, also um die Summe der quadrierten Abstände zur Geraden zu minimieren, wurde anschließend die Gerade um den Punkt mit

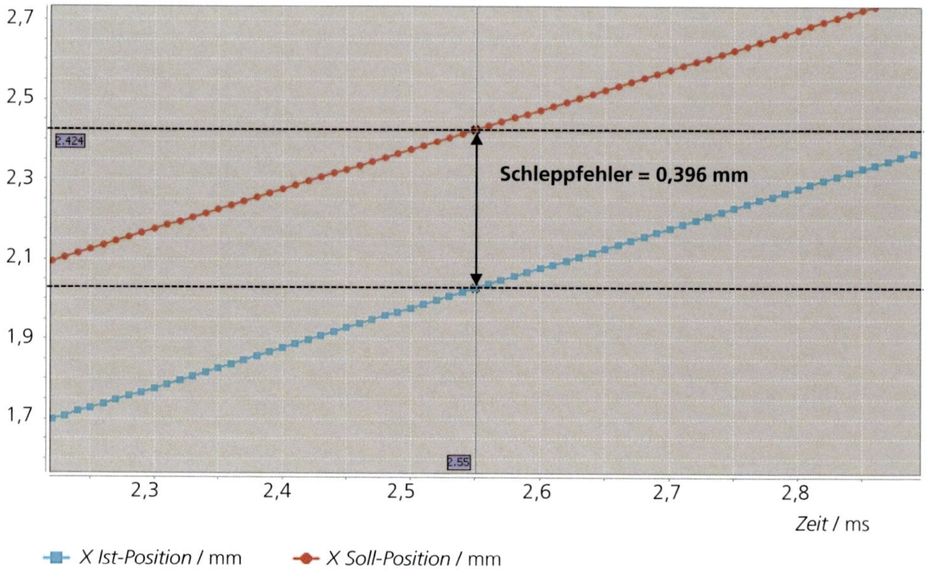

Abbildung 5.8: Bestimmung des Schleppfehlers bei einer eingestellten Geschwindigkeit von 1 m/s (IntelliSCAN25)
Determination of the Tracking Error at a Programmed Speed of 1 m/s (IntelliSCAN25)

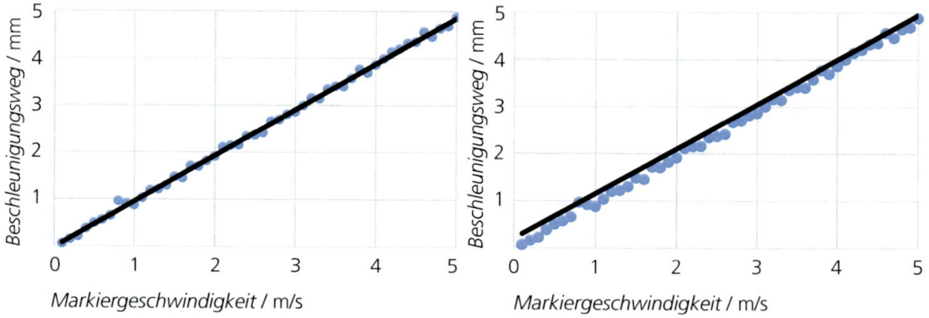

(a) Lineare Regressionsgerade
(b) Angepasste Regressionsgerade

Abbildung 5.9: Änderung des Beschleunigungsweges bei verschiedenen Markiergeschwindigkeiten (IntelliSCAN25)
Changes in Acceleration Region at Different Mark Speeds (IntelliSCAN25)

der momentan höchsten quadratischen Abweichung gedreht, bis die genannte Bedingung erfüllt wurde.

$$m = \frac{\sum_i (x_i - \tilde{x}) * (y_i - \tilde{y})}{\sum_i (x_i - \tilde{x})^2}, \tag{5.3}$$

wobei x_i/y_i jeder gemessene Punkt und $\tilde{x}/\tilde{y}$ der Punkt mit der höchsten Abweichung von der ursprünglichen Geraden ist.

Um die oben beschriebene Korrelationen zu beschreiben, wurde ein Regressionsmodell definiert. L_a ist der Beschleunigungsweg und v ist die Markiergeschwindigkeit, wobei L_a von v abhängig ist. Die Beschleunigungsstrecke wird definiert als

$$L_a = \alpha_1 \times v + \beta_1, \tag{5.4}$$

wobei $\alpha_1 = 0,9731\,s$ und $\beta_1 = 262,66\,\mu m$ spezifische Konstanten für den verwendeten IntelliSCAN25-Scanner sind. Die lineare Korrelation wurde durch experimentelle Tests an verschiedenen Scannersystemen verifiziert. Tests haben außerdem gezeigt, dass das gleiche dynamische Verhalten beim Abbremsen am Ende des Vektors auftritt, d. h. die Länge des Beschleunigungsweges ist identisch mit der Länge des Bremsweges.

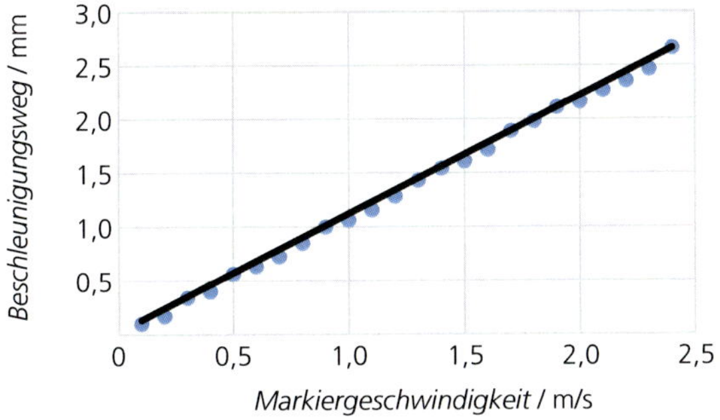

Abbildung 5.10: Änderung des Beschleunigungsweges bei verschiedenen Markiergeschwindigkeiten (VarioSCAN20i)
Changes in Acceleration Region at Different Mark Speeds (VarioSCAN20i)

Anschließend wurden gleiche Tests mit dem dynamischen Strahlaufweiter VarioSCAN20i durchgeführt. Hier wurde erkannt, dass die Beschleunigung deutlich geringer ist; bei exzessiven Bewegungen der Z-Achse wäre diese der limitierende Faktor. Auch bei dem dynamischen Strahlaufweiter wurde eine lineare Korrelation festgestellt, wobei folgende Werte in die Gleichung eingesetzt wurden: $\alpha_1 = 1,0996\,s$ und $\beta_1 = -23,256\,\mu m$ (Abbildung 5.10).

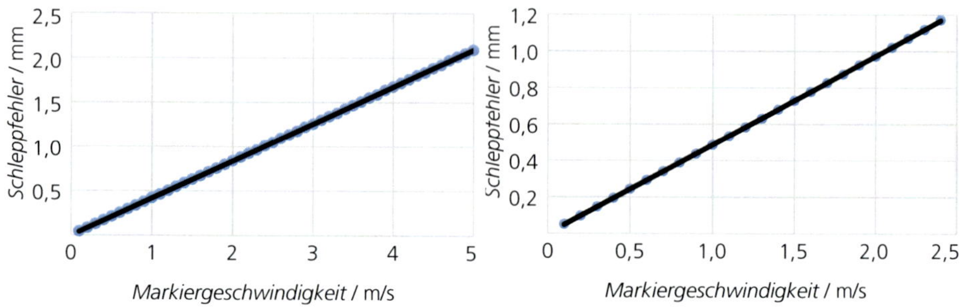

(a) IntelliSCAN25 **(b)** VarioSCAN20i

Abbildung 5.11: Änderung des Schleppfehlers bei verschiedenen Markiergeschwindigkeiten
Changes in Tracking Error at Different Mark Speeds (IntelliSCAN25)

Mit denselben Daten wurde auch der Schleppfehler, also die Differenz zwischen Soll- und Ist-Wert, ermittelt. Für diese Analyse wurde die Differenz während konstanter Geschwindigkeit, wie in Abbildung 5.8 dargestellt, ermittelt. Die Messungen wurden systematisch ebenso mit verschiedenen Markiergeschwindigkeiten durchgeführt wie bei der Messung des Beschleunigungsweges. Die Korrelation zwischen der Markiergeschwindigkeit und dem Schleppfehler (Abbildung 5.11) wird definiert als

$$\Delta L = \alpha_2 \times v + \beta_2, \tag{5.5}$$

wobei ΔL der Schleppfehler ist und $\alpha_2 = 0,4178\,s$ und $\beta_2 = 0,3774\,\mu m$ spezifische Konstanten für den verwendeten IntelliSCAN25-Scanner sind. Für den VarioSCAN20i wurden folgende Werte berechnet: $\alpha_2 = 0,4869\,s$ und $\beta_2 = -1,0977\,\mu m$.

Zur Automatisierung des Tracevorgangs und der anschließenden Auswertung wurde ein Hilfswerkzeug in FlexOStruk integriert (Abbildung 5.12a). Nach der Auswahl der zu analysierenden Achsen kann eine minimale und eine maximale Geschwindigkeit angegeben werden, zwischen denen das Beschleunigungsverhalten analysiert werden soll. Dazu muss eine NC-Datei angegeben werden, die einen einzelnen Markiervektor in entsprechende Richtung von typischerweise 3 mm beinhaltet. Nach dem Programmdurchlauf und dem mehrfach hintereinander ausgeführten Tracevorgang werden die benötigten Werte für die Regressionsgerade der Beschleunigungslänge und des Schleppfehlers automatisch ermittelt. Diese können anschließend im Ergebnisfenster (Abbildung 5.12b) ausgelesen werden. Die Werte werden anschließend in eine Maschinenkonfigurationsdatei geschrieben, die für jedes neue Scannersystem angelegt werden muss. Für die folgenden Bearbeitungsvorgänge sind nun also die optimalen Parameter hinterlegt. Dieser Vorgang sollte in regelmäßigen Intervallen wiederholt werden, um Alterungsvorgänge des Scansystems oder auch Defekte frühzeitig erkennen zu können.

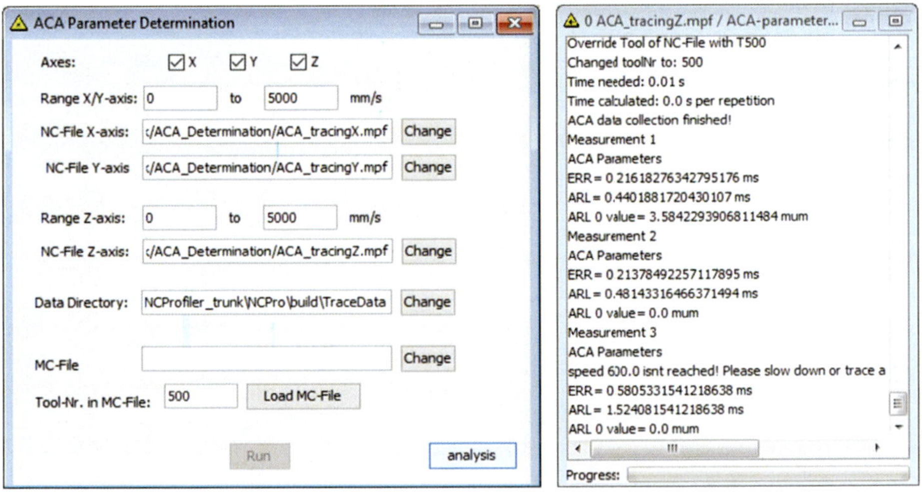

(a) Einstellungen zur Parameterermittlung **(b)** Ermittelte Parameter

Abbildung 5.12: Parameterbestimmung für den Beschleunigungskompensationsalgorithmus

Parameter Determination for Acceleration Compensation Algorithm

5.2.3 Implementierung einer Strategie zur Kompensation von Trägheitseffekten

Nachdem das Beschleunigungsverhalten und der Schleppfehler mit einer Formel beschrieben wurden, ist es nun möglich, die Effekte der Beschleunigung zu kompensieren. Hierfür wird jeder Markiervektor L in seine Achskomponenten Δx, Δy und Δz zerlegt (Abbildung 5.13). Basierend auf der eingestellten Vektorgeschwindigkeit (=Gesamtgeschwindigkeit) wird die Geschwindigkeit in Bezug zur Vektorlänge für jede Achse separat berechnet. Hiernach wird die Beschleunigungsregion für jede Achse durch das lineare Regressionsmodell berechnet. Für jede Achse wird ein individueller Wert für den Beschleunigungsweg gesetzt, sodass sich nach dem Beschleunigungsvorgang alle Achsen gleichzeitig auf der programmierten Startposition mit der programmierten Geschwindigkeit befinden.

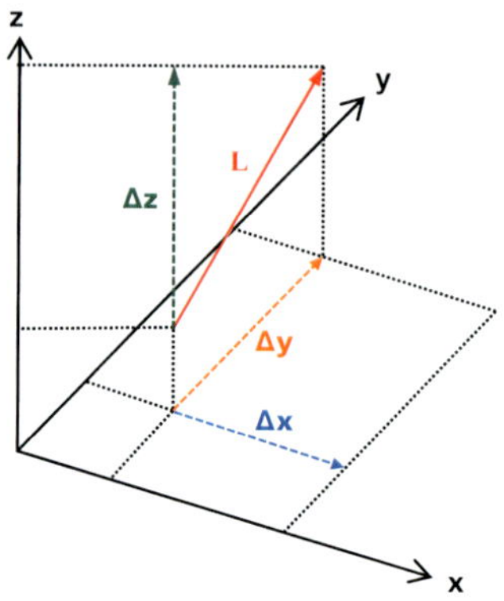

Abbildung 5.13: Aufteilung des Markiervektors in seine Komponenten
Subdivision of a Mark Vector in its Components

In Abbildung 5.14 wird der unkompensierte Markierprozess im zeitlichen Ablauf dargestellt. Am ersten Zeitpunkt „1", dargestellt durch die erste gepunktete Linie, wird der Laser eingeschaltet. Gleichzeitig beginnen sich die Spiegel des Scannersystems zu bewegen und treten in die Beschleunigungsphase ein (Abbildung 5.14a und 5.14b). Der Schleppfehler, der in Abbildung 5.14c dargestellt ist, ist abhängig von der Trägheit der Scannerspiegel und der eingestellten Geschwindigkeit. Verursacht durch die Beschleunigung und die sich dadurch erhöhende Geschwindigkeit der Spiegel wird die Distanz zwischen den einzelnen Laserpulsen größer, bis eine konstante Geschwindigkeit am Zeitpunkt „2" erreicht wurde (Abbildung 5.14d). Durch die sich verändernde Pulsdistanz treten die oben beschriebenen negativen Effekte, wie z. B. Einbrandeffekte auf.

Nachdem die Phase der konstanten Geschwindigkeit durchlaufen wurde, erreicht die Soll-Position am Zeitpunkt „3" die Zielposition. Somit wird der Laser ausgeschaltet und der Bremsvorgang findet bei inaktivem Laser statt. Die Ist-Position hat allerdings noch nicht die Soll-Position erreicht; der markierte Laserweg ist daher zu kurz, da der Laser zu früh ausgeschaltet wurde. Am Zeitpunkt „4" kommen die Spiegel endgültig zum Stillstand.

Im Gegensatz zu der oben beschriebenen Verhaltensweise wird nun in Abbildung 5.15 das Verhalten des Kompensationsalgorithmus dargestellt. Am Zeitpunkt „1" startet die Beschleunigungsphase und die Spiegel beginnen sich zu bewegen. Im Gegensatz zum Diagramm ohne Kompensationsalgorithmus wird der Laser erst am Zeitpunkt „2" aktiviert.

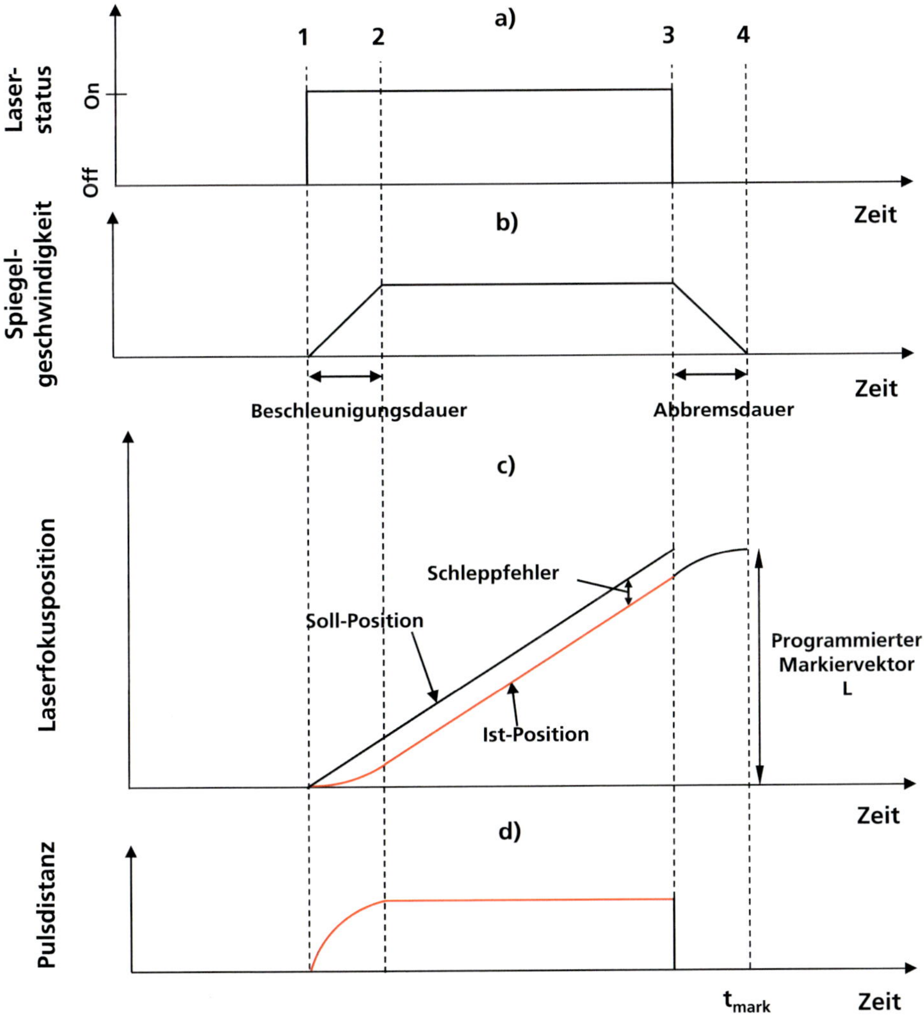

Abbildung 5.14: Diagramme des Laserstatus (a), der Spiegelgeschwindigkeit (b), der Laserfokusposition (c) und der Laserpulsdistanz (d) ohne Beschleunigungskompensation nach [PENC15]

Plots of the Laser Switch Status (a), the Mirror Speed (b), the Beam Focus Position (c), and the Laser Pulse Distance (d) without Acceleration Compensation

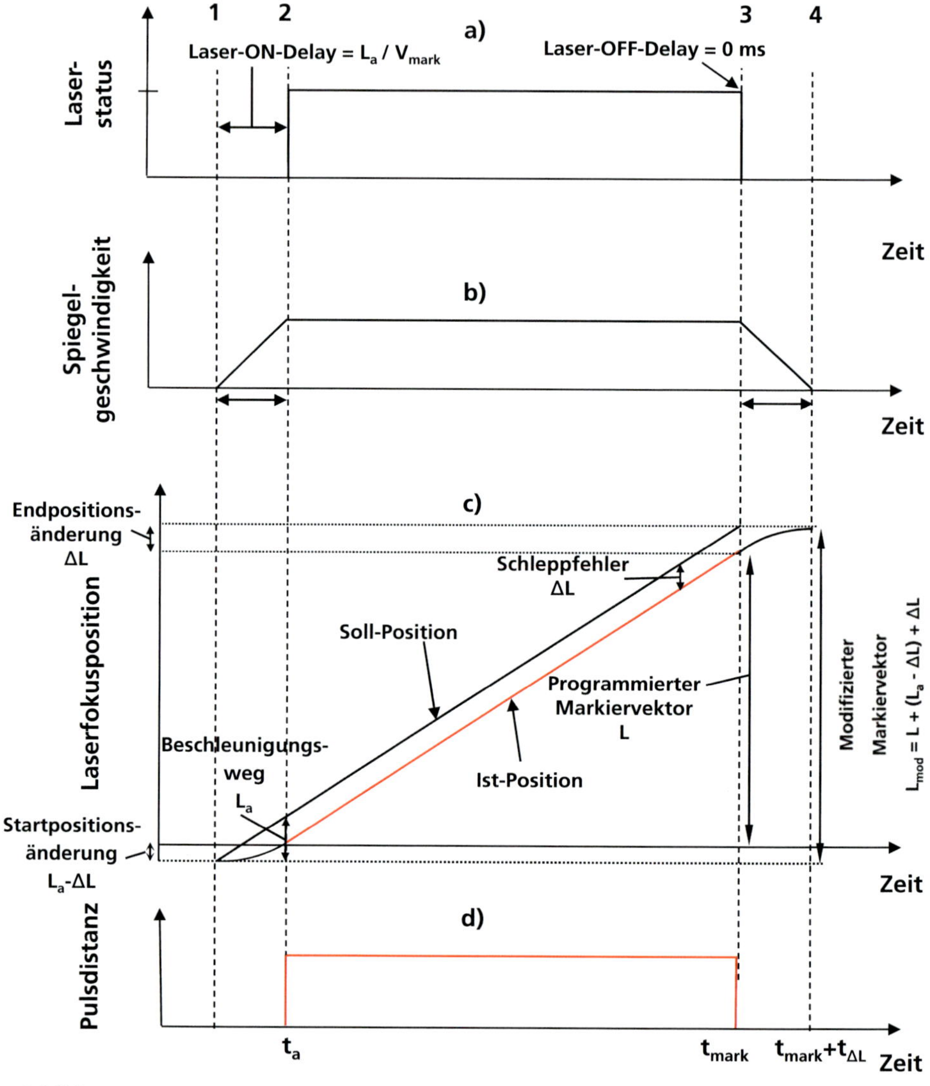

Abbildung 5.15: Diagramme des Laserstatus (a), der Spiegelgeschwindigkeit (b), der Laserfokusposition (c) und der Laserpulsdistanz (d) mit Beschleunigungskompensation

Plots of the Laser Switch Status (a), the Mirror Speed (b), the Beam Focus Position (c), and the Laser Pulse Distance (d) with Acceleration Compensation

Damit der Laser erst am Zeitpunkt „2“ aktiviert wird, wird das dazu verwendete „Laser-ON-Delay“ definiert als die Zeit, die die Spiegel zur Beschleunigung auf die eingestellte Markiergeschwindigkeit brauchen. Es wird beschrieben durch die Gleichung:

$$\textit{Laser-ON-Delay} = L_a / V_{mark}, \tag{5.6}$$

wobei L_a der Beschleunigungsweg und V_{mark} die programmierte Geschwindigkeit ist.

Damit der Vektor nicht zu kurz bleibt (wie es beim ausschließlichen Anwenden von Laser-Delays der Fall wäre), muss der Markiervektor mit einem weiteren Vektor am Beginn verlängert werden (Abbildung 5.15c). Dieser zusätzliche Vektor hat die Länge $L_a - \Delta L$, da nach dem Verfahren dieses Vektors die Ist-Position des Scanner exakt an der programmierten Startposition ist. Zusätzlich wird ein Vektor mit der Länge des Schleppfehlers ΔL am Ende des Vektors eingefügt, um den Schleppfehler zu kompensieren, sodass der Bremsweg in den laserinaktiven Bereich verschoben wird. Dies stellt zudem sicher, dass der Gesamtweg des markierten Vektors dem des programmierten Vektors entspricht. Hierdurch berechnet sich die gesamte Länge L_{mod} des neuen Vektors wie folgt:

$$L_{mod} = L + (L_a - \Delta L) + \Delta L = L + L_a, \tag{5.7}$$

wobei L der ursprüngliche Vektor, L_a der Beschleunigungsweg und ΔL der Schleppfehler für die eingestellte Geschwindigkeit ist.

Die Bremsphase beginnt sofort, nachdem am Zeitpunkt „3“ die neu berechnete Soll-Position erreicht wurde. Um Materialabtrag auf dem Bremsweg zu verhindern, wird das „Laser-Off-Delay“ auf 0 gesetzt. Da der Vektor im Vorfeld um die Länge des Schleppfehlers erweitert wurde, ist an diesem Punkt auch die tatsächlich programmierte und gewünschte Endposition erreicht.

$$\textit{Laser-OFF-Delay} = 0. \tag{5.8}$$

5.3 Validierung des Algorithmus

Validation of the Algorithmus

Um eine erste Überprüfung des Algorithmus durchzuführen, wurde ein Vektor über die RTC5-Karte ausgeführt und mittels der Trace-Funktion aufgezeichnet. Der Vektor beinhaltet die drei Koordinatenachsen, die gleichzeitig bewegt werden müssen. Der Vektor führt von der Position (0,0,0) zur Position (5,3,2). Bei Aktivierung des Beschleunigungsalorithmus muss dieser Vektor demnach zu beiden Seiten hin verlängert werden, um eine konstante Geschwindigkeit während der Ausführung zu gewährleisten.

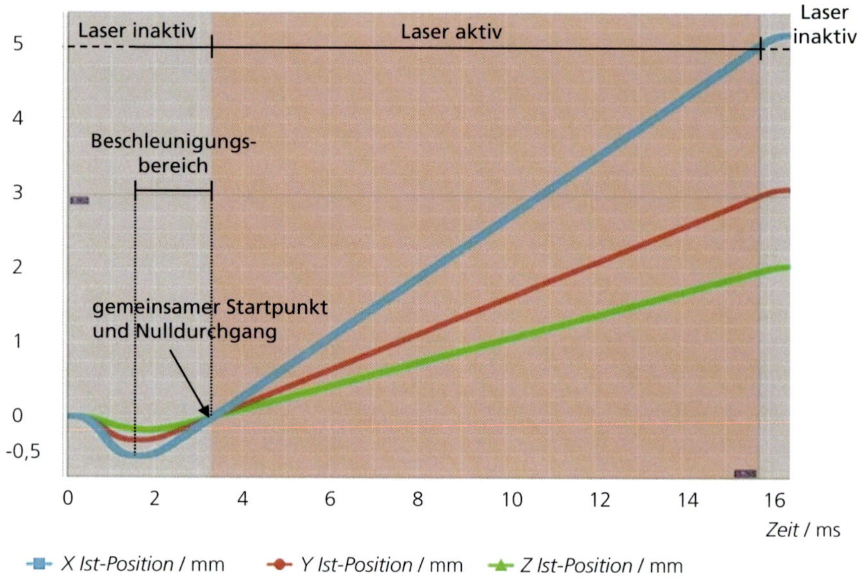

Abbildung 5.16: Einzelner Markierbefehl von der Position (0,0,0) nach (5,3,2)
Single Mark Command from Position (0,0,0) to (5,3,2)

Das visualisierte Trace-Ergebnis ist in Abbildung 5.16 dargestellt. Auf der linken Seite kann der Beschleunigungsbereich identifiziert werden, während dem der Laser inaktiv ist. Zu erkennen ist der unterschiedliche Beschleunigungsweg, der für die X-Achse mit ca. 0,5 mm am größten ist. Dies liegt an der zurückzulegenden Strecke von insgesamt 5 mm, die länger als für die anderen Achsen ist. Also muss für die X-Achse auch eine höhere Geschwindigkeit erreicht werden, damit die Endposition der einzelnen Achsen zeitgleich erreicht werden kann. Nach ca. 3,5 ms wird der gemeinsame Nulldurchgang von allen Achsen erreicht; zu diesem Zeitpunkt wird der Laser aktiviert und alle Achsen haben ihre vorgesehene Geschwindigkeit erreicht. Nachdem die Achsen ihre Zielposition bei ca. 15,8 ms erreicht haben, wird der Laser deaktiviert und der Bremsvorgang der Achsen wird eingeleitet. Zu erkennen ist also eine durchgängige Bewegung der drei Achsen, wobei im laseraktiven Bereich die vorgesehene Geschwindigkeit der Achsen erreicht wurde. Eine Validierung des Algorithmus auf einem realen Bauteil folgt in Kapitel 7.

5.4 Zwischenfazit

Interim Conclusion

Laserprozesse mit einer scannerbasierten Strahlablenkung werden aufgrund der Massenträgheit der Spiegel in der Beschleunigungsphase signifikant beeinflusst, was zu einer negativen Oberflächenqualität führen kann. Um diese dynamischen Effekte beim Laserstrahlstrukturieren zu verhindern, wurde ein Algorithmus entwickelt, der mittels eines Regressionsmodells sowohl den geschwindigkeitsabhängigen Schleppfehler als auch den geschwindigkeitsabhängigen Beschleunigungsbereich kompensieren kann. Der entwickelte Algorithmus für die automatische Systemanalyse ermöglicht so eine höhere Präzision und eine bessere Qualität von Mikrostrukturen.

Ein großer Vorteil bei der Benutzung von diesem Algorithmus ist die Verwendung der Tracing-Funktion, mit der automatisiert Positionsdaten aufgezeichnet werden können. Daher entfällt das zeitaufwendige Ermitteln von Parametern mittels Messung einer gelaserten Markierung. Zusätzlich kann der Prozess zur Bestimmung neuer Systemparameter für die Trägheitskompensation, z. B. beim Setup neuer Lasermaschinen beim Hersteller, bei Wartungsarbeiten oder wenn neue Markiergeschwindigkeiten verwendet werden, durch die vollautomatische Systemanalyse und Kalibrierroutine ersetzt werden. Dies senkt die benötigte Zeit und Arbeit, die zur Parameterfindung benötigt werden und steigert die Effizienz der Produktion.

Die Vorgehensweise birgt auch Potenzial zur Verbesserung anderer Laserprozesse, die einen Laserscanner verwenden. Für das scannerbasierte Laserschweißen oder die Laseroberflächenbehandlung kann die Trägheitskompensation des Strahlführungssystems ebenfalls zur Qualitätssteigerung beitragen, indem eine konstante Geschwindigkeit während der Bearbeitung garantiert werden kann.

6 Entwicklung eines modellbasierten Regelkreises zur Prozessregelung

Development of a Model Based Control Loop for Process Control

Der Laserstrahlstrukturierprozess wird zur Herstellung von fein aufgelösten Strukturen genutzt, die mittels Laser in ein Substratmaterial eingebracht werden. Dabei müssen enge Toleranzvorgaben eingehalten werden. Viele Einflussfaktoren wirken auf den Prozess und verändern das Prozessergebnis. Schon eine Änderung im Materialgefüge, eine altersbedingte Abnahme der Laserleistung oder die abzutragende Geometrie selber beeinflussen den Abtragprozess.

Damit bei dem Laserstrahlstrukturierprozess eine definierte Zieltiefe möglichst genau erreicht wird, muss für einen automatisierten Prozess ein Messsystem zusammen mit einem Regelungssystem implementiert werden. Um die vorgesehene Struktur fertigen zu können, müssen die relevanten Prozessparameter online während des Prozesses korrigiert werden können. Verschiedene Materialien zeigen ein unterschiedliches Abtragverhalten beim Auftreffen eines Laserstrahls. Die passenden Prozessparameter wurden bisher in einem zeit- und kostenintensiven iterativen Prozess durch Strukturieren und Messen von Testmustern identifiziert. Durch die Integration eines neuen Messsystems kann dieser Prozess vollständig automatisiert werden und mittels eines Regelalgorithmus können die Vorversuche sogar vollständig entfallen.

In diesem Kapitel wird das Messsystem vorgestellt, welches zur Prozessregelung und Prozesskontrolle genutzt wird. Es wird ein Regelalgorithmus eingeführt, der durch eine Rückführung der Messwerte in das CAM-System für ein stabiles Abtragergebnis sorgt. Durch dieses Regelkonzept kann ein zuverlässiger Abtrag sichergestellt werden, sodass die mit dem System hergestellte Struktur identisch mit der programmierten Struktur ist. [POTH17a]

6.1 Inline-Messsystem

Inline Measurement System

Um eine Prozessregelung realisieren zu können, muss das Abtragergebnis gemessen werden. Um dies effizient und praktikabel durchführen zu können, muss das Messgerät innerhalb der Bearbeitungsmaschine integriert sein. Daher wird im Folgenden das Messsystem vorgestellt, welches als Enabler für die Prozessregelung fungiert.

6.1.1 Low Coherence Interferometry

Wenn sich Lichtwellen überlagern, interagieren sie miteinander. Das Ergebnis ist abhängig von der Wellencharakteristik der einzelnen Lichtwellen, besonders von deren Kohärenzlänge. Wenn die Phasenverschiebung zwischen den Lichtwellen konstant ist, sind diese Wellen kohärent zueinander. Dies trifft insbesondere für den quasi-monochromatischen Lichtstrahl eines Lasers zu; natürliche Lichtquellen sind dagegen immer polychromatisch. Im Gegensatz zur Laserinterferometrie, die mittels Laserstrahlung Messungen vornimmt, arbeitet die LCI mit niedrigkohärentem Licht. Das Licht wird z. B. durch eine Superlumineszenzdiode (SLD) emittiert, welche ein breites Wellenlängenspektrum abbildet. Jede Wellenlänge bewirkt ein Interferenzmuster, wobei sich die einzelnen Interferenzintensitäten zu einem globalen Intensitätsmuster kombinieren lassen. Die Nutzung dieses LCI-Prinzips zur tomografischen Messung wird OCT (Optical Coherence Tomography) genannt. [MALL17, S. 37]

Die Gruppe der LCI-Verfahren lässt sich aufteilen in TD-LCI (Time Domain – Low Coherence Interferometry) und FD-LCI (Frequency Domain – Low Coherence Interferometry). Alle Messprinzipien haben gemein, dass der Lichtstrahl in zwei Strahlen aufgeteilt wird, wobei ein Strahl in einen Referenzstrahlengang und ein Strahl auf das zu messende Objekt geleitet wird. Beide Strahlen werden reflektiert und zusammen auf einen Detektor eines Spektrometers geleitet, auf dem das Interferenzmuster analysiert wird.

Beim TD-LCI (Abbildung 6.1a) wird der Referenzstrahlengang mit einer Linearachse so lange verlängert bzw. verkürzt, bis das sich ändernde Interferenzmuster aufgrund konstruktiver Interferenz eine maximale Amplitude aufweist. Die Länge des Referenzarms und des Messarms sind nun gleich lang. Relative Längenunterschiede zwischen verschiedenen Messpunkten lassen sich so bestimmen. [BREZ06, S. 98]

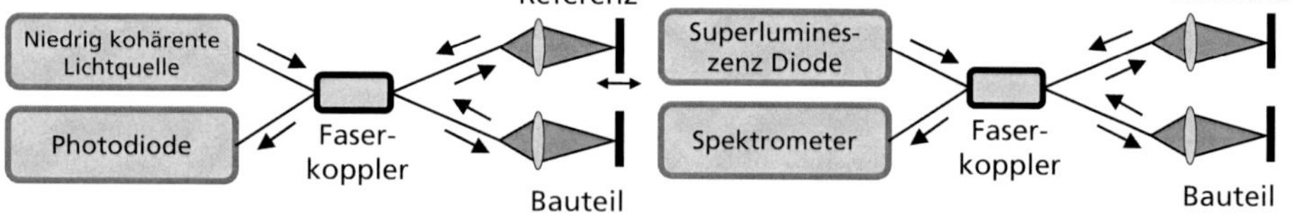

(a) Time Domain – Low Coherence Interferometry (TD-LCI)

(b) Frequency Domain – Low Coherence Interferometry (FD-LCI), Spectral Domain

Abbildung 6.1: Gegenüberstellung zweier LCI-Techniken [MALL17, S. 43]
Comparison of two LCI Techniques

Die Gruppe der FD-LCI kann in SD-LCI (Spectral Domain – Low Coherence Interferometry) und SS-LCI (Swept Source – Low Coherence Interferometry) aufgeteilt werden. Das SD-LCI (Abbildung 6.1b) verwendet eine Fourieranalyse des gemessenen Interferogramms, um eine axiale Messung auszuführen. Jede Wellenlänge der SLD erzeugt auf dem Detektor ein Interferenzmuster, ohne dass die Länge des Referenzstrahlengangs mechanisch geändert werden muss. Ergebnis ist ein globales Interferenzmuster über alle im Licht enthaltenen Frequenzen. [BREZ06, S. 130]

Das Prinzip der SS-LCI ist ähnlich dem SD-LCI-Verfahren. Im Unterschied verwendet es eine spezielle Lichtquelle (Swept Source), welche Licht in einem sehr engen Wellenlängenbereich emittiert. Der Wellenlängenbereich kann jedoch in einem gewissen Bereich dynamisch verändert werden. Die Wellenlänge wird nun durch den gesamten verfügbaren Bereich hindurch geändert, wobei das Licht jeweils wiederum mit dem Licht aus dem Referenzstrahlengang interferiert. Durch eine Kombination der Interferogramme kann die Auswertung analog zum SD-LCI vorgenommen werden. Die Lichtquellen sind allerdings teuer und teilweise noch in der Entwicklung. [MALL17, S. 64]

Die SD-LCI-Technik bietet einige Vorteile gegenüber anderen Messtechniken und bietet sich daher für die Regelung des Laserstrahlstrukturierprozesses an. Sie bietet einen guten Kompromiss zwischen einer hohen axialen Auflösung und einem hohen axialen Messbereich, eine hohe laterale Auflösung (abhängig von der Fokussieroptik), eine hohe Messfrequenz und eine robuste Auswertung, auch für verschiedene reflektierende Oberflächen. Im Gegensatz zum TD-LCI sind keine beweglichen Teile vorhanden, die die Robustheit reduzieren oder die Auswertegeschwindigkeit negativ beeinflussen könnten. Im Gegensatz zur für das SS-LCI-Verfahren benötigten Swept Source-Lichtquelle ist die benötigte SLD gut erhältlich und stabil im Betrieb.

6.1.2 Beschreibung des verwendeten Messsystems

In der Vergangenheit haben kommerziell verfügbare Messsysteme Schwächen gezeigt, die einen Einsatz in der Laserstrahlstrukturierung gehemmt haben. Vor allem das Problem einer großen Messfläche zusammen mit einer hohen Auflösung war lange Zeit ungelöst. Außerdem waren die vorhandenen Systeme häufig langsam in der Messwertaufnahme oder zu ungenau für die gestellten Anforderungen. LCI, insbesondere die Weißlichtinterferometrie, ist eine etablierte Technik zum Messen von technischen Strukturen [TERE14, S. 269]. Im Gegensatz zu anderen Technologien bietet sie absolute Höheninformationen und außerdem einen guten Kompromiss zwischen einem großen axialen Messbereich und einer axialen Auflösung von unter 200 nm. Um diese Technologie in ein Laserstrahlstrukturiersystem integrieren zu können, mussten einige Aspekte des Systems adaptiert und weiterentwickelt werden. Dazu gehören unter anderem die Maschinenintegrierbarkeit und die Fähigkeit der Makrogeometrieaufnahme. [SCHM13, S. 9] Insbesondere die Maschinenintegrierbarkeit ist von entscheidender Bedeutung, da nur so ein aufwendiges Umspannen und ein neues Einmessen des Bauteils nach jedem Messschritt entfällt. So kann das ganze Verfahren wirtschaftlich betrieben werden. [BICH07]

Das vorgestellte Messprinzip soll nun im Laserstrahlstrukturierprozess für eine Regelung verwendet werden. Das Messsystem muss hierfür die erreichte Tiefe kontinuierlich überwachen. Es muss einerseits maschinenintegriert sein, um aufwendiges Umspannen zu vermeiden; andererseits muss das System eine hohe axiale Auflösung bieten, um kleine Abtragraten detektieren zu können. Für diesen Zweck wurde im öffentlich geförderten Forschungsprojekt „Scan4Surf – Hochpräzise Inline-Messtechnik für Laserstrukturierungssysteme" ein hochauflösendes, maschinenintegriertes Messsystem entwickelt. Es basiert auf der oben beschriebenen LCI-Technik und ermöglicht die Inline-Inspektion der Mikrostruktur auf der Werkstückoberfläche. Das System bietet die Möglichkeit, den Messstrahl durch den Strahlengang des Bearbeitungslasers zu führen, was zu einer Reduzierung der benötigten Komponenten und zu einem reduzierten Zeitaufwand für die Messung führt. Dieses Messprinzip bedeutet außerdem eine direkte Aufnahme der Messpunkte im Werkstückkoordinatensystem und vermeidet eine nachträgliche, möglicherweise verlustbehaftete Koordinatentransformation aus dem Messkoordinatensystem in das Werkstückkoordinatensystem. Da der Messstrahl durch den Scanner über verschiedene Punkte auf die Oberfläche geleitet wird, lässt sich aus den Distanzinformationen eine Oberflächentopographie berechnen.

Häufig besitzen Werkstücke aufgrund ihrer Fertigungshistorie Abweichungen von der vorgesehenen Geometrie. Dies können z. B. Ungenauigkeiten in der Ebenheit einer Fläche sein, die aus einem vorgelagerten Fräsprozess resultieren. Bei der Laserstrahlstrukturierung ist die Kenntnis der realen Geometrie allerdings unabdingbar, da bereits kleinste Abweichungen von der Soll-Oberfläche zu einer Änderung der Fokuslage des Laserspots auf dem Werkstück und somit zu Änderungen im Abtragverhalten führen können. Mit dem hier vorgestellten Messgerät ist nicht nur eine Regelung während des Prozesses realisierbar, sondern auch ein Einmessen der Ist-Geometrie vor der Strukturierung, um die einzelnen Laserbahnen korrekt auf der Oberfläche platzieren zu können.

6.1.3 Integrations- und Schnittstellenkonzept

Im Rahmen des öffentlich geförderten Projekts „ToolRep – Entwicklung einer innovativen Anlagentechnik zur automatisierten und laserbasierten Reparatur strukturierter Formeinsätze" wurde das vorgestellte Messsystem zusammen mit einem Bearbeitungslaser zum Laserstrahlabtragen in einen hybriden Laserbearbeitungskopf integriert. Ziel des Projektes ist ein komplettes Anlagensystem zum Reparieren von Formeinsätzen, wozu die Laserverfahren „Laserauftragschweißen" und „Laserstrahlabtragen" in zwei Bearbeitungsköpfe in einer Maschine kombiniert werden. Der hier vorgestellte Bearbeitungskopf wird für das Laserstrahlabtragen und das Messen eingesetzt.

Basierend auf der Messtechnik der SD-LCI wird in Abbildung 6.2 das Konzept zur Integration in den Bearbeitungskopf vorgestellt. Eine der wichtigsten Anforderungen an das System besteht in der direkten Messung in dem Werkstückkoordinatensystem, in dem auch die Bearbeitung stattfindet, ohne das Werkstück verfahren zu müssen. Aus diesem Grund wurde das Messsystem in den optischen Pfad des Strukturiersystems integriert. Um den Messstrahl und den Bearbeitungslaserstrahl zu koppeln, wurde ein dichroitischer Spiegel in den Strahlengang eingebracht. Dieser Spiegel ist für einen bestimmten Wellenlängenbereich transmissiv und für den verbleibenden Wellenlängenbereich reflektiv, wobei der Übergang zwischen beiden Bereichen möglichst steil sein sollte. Aus diesem Grund muss der Wellenlängenbereich der SLD von dem des Bearbeitungslasers abweichen. Die beiden Strahlen müssen exakt axial zueinander ausgerichtet werden, sodass zwischen beiden Spots auf dem Bauteil keine Verschiebung zueinander vorhanden ist. Dies würde sonst zu einer lateralen Verschiebung des eigentlichen Messpunktes führen, sodass nicht der gewünschte Punkt gemessen wird. Nach Passieren des dichroitischen Spiegels werden die Strahlen in das Scannersystem geführt, wonach sie anschließend über ein F-Theta-Objektiv auf dem Bauteil fokussiert werden.

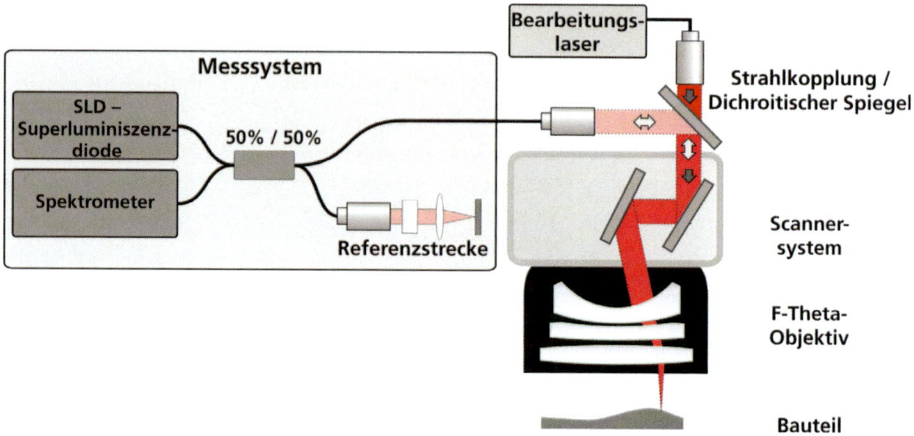

Abbildung 6.2: Konzept zur Integration des Messsystems [SCHM12b, S. 817]
Concept for Integration of the Measurement Device

Die Scannerspiegel und das Objektiv sind für die Wellenlänge des Bearbeitungslasers von 1064 nm optimiert. Dies sorgt für optische Aberrationen bei anderen Wellenlängen, wie z. B. der des Messstrahls. Der Messpunkt ist daher im Bezug zur Position des Bearbeitungslasers in der X- und Y-Position verschoben, was bedeutet, dass die Messwertaufnahme nicht im Bearbeitungspunkt stattfindet. Axial wird außerdem eine Defokussierung induziert, was eine Vergrößerung des Messpunktes und damit eine Verkleinerung der lateralen Auflösung bedeutet. [KUNZ17b, S. 3] Um diesen Effekt so gering wie möglich zu halten, wird der Wellenlängenbereich der SLD so gewählt, dass er möglichst nahe an der des Bearbeitungslasers liegt, aber soweit entfernt, dass der dichroitische Spiegel beide Strahlen vollständig trennen kann. Für dieses Messsystem wurde eine SLD mit einer zentralen Wellenlänge von 1080 nm ausgewählt. Der verbleibende laterale Fehler wurde mittels eines Simulationsmodells auf 41,9 µm, der axiale Fehler auf 302 µm bestimmt. Der axiale Fehler bedingt eine Fokusdurchmesservergrößerung von 8,5 µm auf 26,4 µm, welche durch eine Änderung der Fokuslage korrigiert werden kann. Der axiale und laterale Fehler können nun in einer Korrekturtabelle gespeichert werden und müssen bei der Ansteuerung des Scannersystems zur Positionierung der Spiegel mittels RTC5-Karte bei einer Messung berücksichtigt werden [KUNZ17a, S. 419]. Die Korrekturwerte müssen dann im Ansteuerungsalgorithmus der Scannersteuerung appliziert werden, um die korrekte Messposition mit dem Scanner anzusteuern.

Bei der Messung trifft der Messstrahl, der durch die SLD erzeugt wird, auf das Bauteil und wird diffus reflektiert. Ein Teil des Strahls wird zurück in den Strahlengang reflektiert und

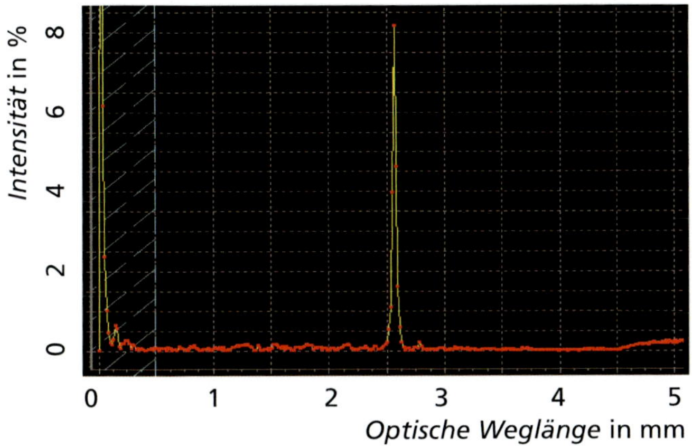

Abbildung 6.3: Intensitätsdiagramm einer Messung
Intensity Diagram of a Measurement

trifft im Messsystem auf das Spektrometer. Dort wird das Licht vom Bauteil mit dem Licht aus der Referenzstrecke, welches ebenfalls rückreflektiert wird, überlagert und interferiert. Durch eine Analyse des Interferenzmusters durch eine FFT wird ein globales Intensitätsmuster erzeugt, welches an einem Punkt ein Maximum aufweist (Abbildung 6.3). In dem hier gezeigten Beispiel liegt dieser Wert bei ca. 2,6 mm. Der Messbereich liegt hier bei ca. 1 mm - 4 mm. Das erste Maximum bei ca. 0,2 mm muss ignoriert werden, da dieses Maximum aus einer Reflexion des Fasenkopplers resultiert. Das gemessene Maximum bei 2,6 mm steht nun für den Längenunterschied zwischen den optischen Pfaden „SLD $\rightarrow$ Bauteil" und „SLD $\rightarrow$ Referenzarm". Vor Beginn der Messung muss allerdings eine initiale Kalibrierung des Referenzstrahlengangs vorgenommen werden, sodass der Abstand zwischen Optik und Fokusposition bekannt ist. Mit diesen Informationen kann nun auch der absolute Abstand zum gemessenen Bauteil ermittelt werden. [SCHM13, S. 41]

Abbildung 6.4 zeigt den hybriden Laserbearbeitungskopf, der für die Untersuchungen verwendet wurde. Die Baugruppe für die Strahlkopplung besteht aus der Faserintegration des Prozesslasers, der Faserintegration des kurzkohärenten Messsystems und der eigentlichen Strahlkopplung. Zur Positionierung und korrekten Ausrichtung des Auftreffpunktes der Strahlen wurden zweiachsige Lineartische integriert. Der kombinierte Strahl verlässt die Kopplungsbox dann nach Durchlaufen eines Spiegels, der zur Höhenverstellung an einem einachsigen Lineartisch befestigt ist. In der nächsten Baugruppe ist der dynamische Strahlaufweiter (Vario*SCAN*$_{de}$ 20i der Firma Scanlab) verbaut. Dieser verändert durch eine

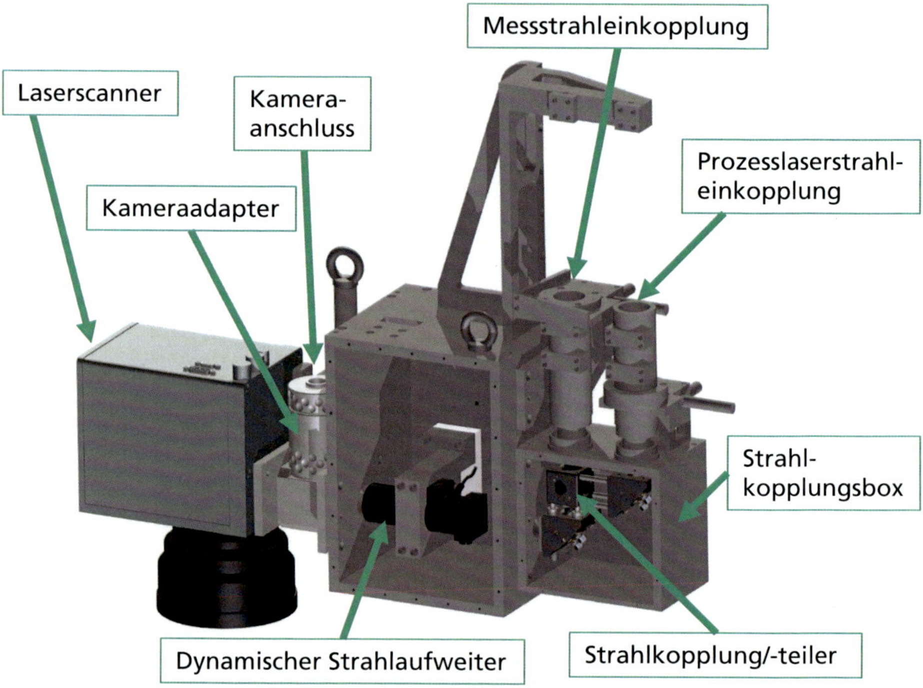

Abbildung 6.4: Hybrider Laserbearbeitungskopf
Hybrid Laser Processing Head

mechanisch verschiebbare Linse die Fokuslage auf dem Bauteil, sodass der Bearbeitungspunkt in Z-Richtung einstellbar ist.

Der kombinierte Strahl wird anschließend zur Prozessbeobachtung durch einen Kameraadapter der Firma Scanlab geleitet. Durch die aufgesetzte Kamera kann der Prozess durch den Strahlengang direkt beobachtet werden und die Positionierung des Werkstücks kann über die Kamera erfolgen. Zur Erfassung der Makrogeometrie wird über die Kamera zusätzlich ein durch einen Streifenlichtlaser auf das Bauteil projizierte Streifenmuster aufgenommen. Dies bietet den Vorteil der schnellen Erfassung der Makrogeometrie, im Gegensatz zum beschriebenen LCI-System, welches in einem länger dauernden Prozess die Mikrogeometrie und -struktur aufnehmen kann. Der Laserscanner (intelli*SCAN* 25 der Firma Scanlab) wird zur Ablenkung der Strahlen in X- und Y-Richtung mittels zwei Spiegeln genutzt. Der Strahl wird dann durch das Objektiv auf der Werkstückoberfläche fokussiert.

Mit diesem hybriden Laserbearbeitungskopf ist somit ein adaptives Laserstrahlstrukturieren möglich.

6.2 Datentechnische Integration des Messgerätes

Data Based Integration of the Measurement Device

Nachdem das verwendete Messgerät und dessen Integration in einen hybriden Laserbearbeitungskopf beschrieben wurde, wird in diesem Unterkapitel die datentechnische Integration und Kombination aller beteiligten Systeme beschrieben. Dazu gehören auch die zeitliche Synchronisierung der Messwerte und deren Auswertung.

6.2.1 Koppeln der Systemtechnik

Abbildung 6.5 zeigt den Prüfstandsaufbau mit den beteiligten Komponenten. Fest montiert ist der hybride Laserbearbeitungskopf, in den sowohl der Prozesslaser als auch der Messstrahl eingekoppelt werden. Nach Durchlaufen des dynamischen Strahlaufweiters, des Kameraadapters zur Prozessbeobachtung und des Laserscanners werden die Strahlen auf das zu untersuchende bzw. zu bearbeitende Bauteil fokussiert. Dieses liegt dazu auf einem höhenverstellbaren Tisch. Ebenfalls in der Anlage steht die Auswerteeinheit der Firma Precitec, welche die Lichtquelle (SLD) und ein Spektrometer zur Auswertung beinhaltet. Diese Auswerteeinheit ist mittels Lichtleiter zum einen mit einer Box verbunden, die die Referenzstrecke beinhaltet. Zum anderen ist die Einheit mit dem Kopplungsmodul des Bearbeitungskopfes verbunden. Der Auswertecomputer mit Scannersteuerungskarte (RTC5) ist in ein Rack montiert, welches neben dem Prüfstandsaufbau steht.

Mittels dieses Aufbaus lassen sich Tests sowohl zur reinen Messung als auch zum adaptiven Abtragen mittels Regelung durchführen. Für die Zukunft ist geplant, den Bearbeitungskopf, die Auswerteeinheit und die Referenzstrecke in eine Werkzeugmaschine zu integrieren. Mit dem Aufbau könnten auch größere Werkstücke, die über die Scanfeldgröße hinaus bearbeitet werden sollen, sowie komplex geformte Geometrien bearbeitet werden.

6.2.2 Datenschnittstellen zwischen den Systemen

Der steuernde Computer muss sämtliche Signale und Daten verarbeiten, um eine anschließende Auswertung durchführen zu können (Abbildung 6.6). In diesem Computer ist eine

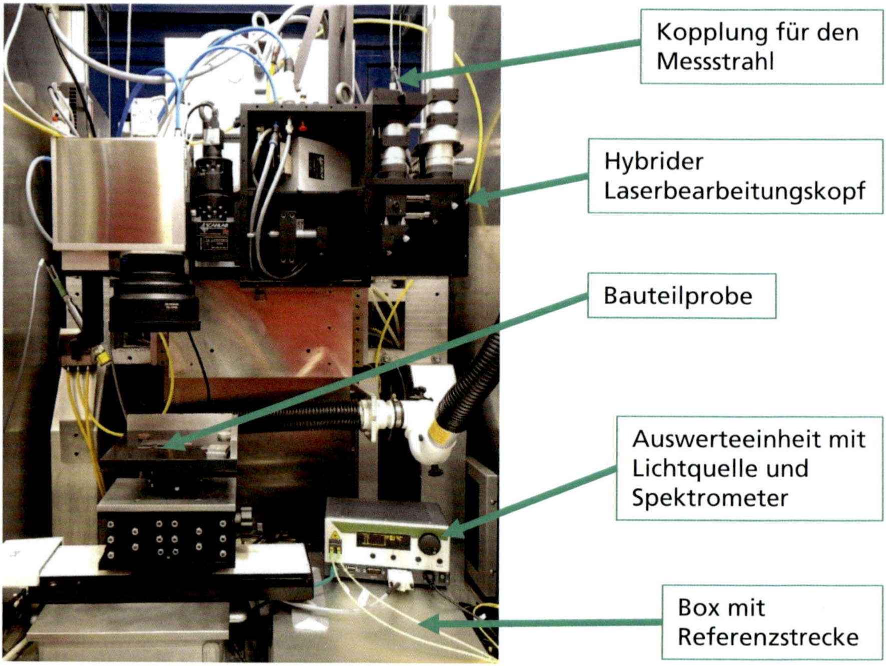

Abbildung 6.5: Prüfstandsaufbau mit den verwendeten Komponenten
Test Bench with Used Components

RTC5-Steuerkarte von Scanlab verbaut, die über das SL2-100 Protokoll mit dem Laserkopf (intelli*SCAN* 25 der Firma Scanlab) kommuniziert. Zum einen werden die im NC-Programm vorgegebenen Koordinaten X und Y an den Scannerkopf zur Bewegungssteuerung weitergegeben. Optional besteht die Möglichkeit, auch Z-Ansteuerwerte für den dynamischen Strahlaufweiter zu übermitteln. Mit diesen Daten ist der Laserkopf in der Lage, die gewünschten Positionen anzufahren. Bei aktiviertem Prozesslaser werden die Bahnen in das Bauteil eingraviert. Bei aktiviertem Messstrahl werden Punkte in einer vorgegebenen Frequenz entlang der abgefahrenen Bahn aufgenommen.

Da die Auswerteeinheit in einer festzulegenden Frequenz ausschließlich Höhenwerte (Z-Koordinaten) misst, müssen die aufgenommenen Messwerte einem Positionswert des Scannersystems zugeordnet werden. Bei einem idealen System könnten die programmierten Soll-Werte dazu genutzt werden, wobei zwischen den programmierten Werten interpoliert werden muss. Das genutzte System hat allerdings eine Trägheit, die für Beschleunigungsvorgänge während des Messvorgangs sorgt. Der Punkteabstand zwischen

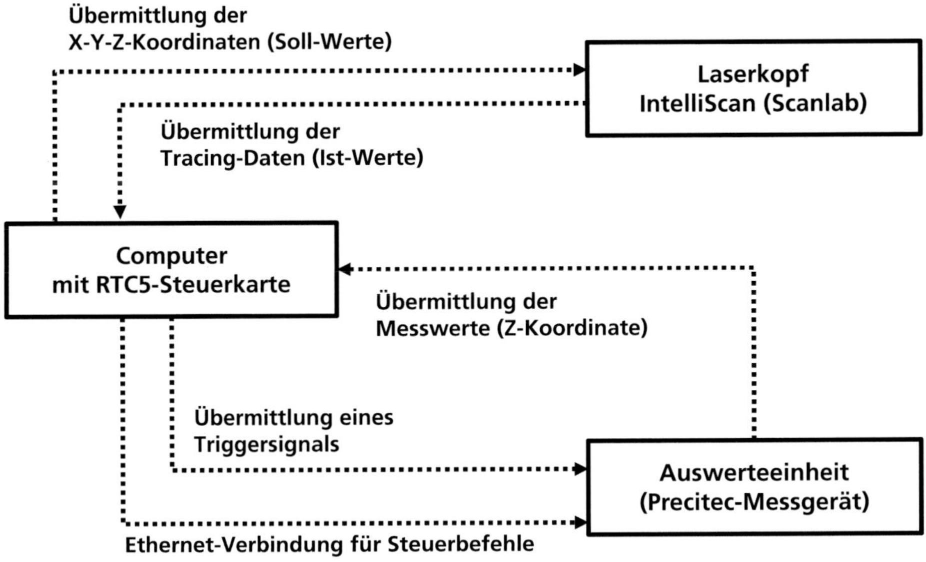

Abbildung 6.6: Verwendete Komponenten und deren datentechnische Verbindung
Used Components and their Data Connections

zwei Messpunkten ist daher nicht identisch, sondern ändert sich während des Messvorgangs. Daher müssen in der gleichen Frequenz, mit der die Messwerte aufgenommen werden, auch die Positionsdaten des Laserscanners aufgezeichnet werden. Dazu wird das in Kapitel 5.1 erläuterte Verfahren zum Erfassen der Positionsdaten verwendet. Da die Datenübertragung von der Messeinheit zum Computer asynchron durchgeführt wird, wird noch ein Triggersignal benötigt, welches der Messeinheit signalisiert, dass die Messung gestartet bzw. gestoppt werden soll. Nur so lässt sich ein präziser Start- bzw. Stoppzeitpunkt zur Messung definieren und so können ebenfalls Sprungbefehle von Messbefehlen unterschieden werden.

Zur Steuerung des Messgeräts stellt dieses eine API (Application Programming Interface) bereit. Mittels *OpenConnection* kann über den Ethernet-Port eine Verbindung zwischen Computer und Messgerät aufgebaut werden. Über *SetMeasuringMode* und *SetScanRate* werden Parameter für den Messvorgang gesetzt. Über *SetOutputSignals* werden diejenigen Werte definiert, die nach der Messung mittels *GetLastSample* aus dem internen Puffer ausgelesen werden können. Mithilfe dieser Kommandos können sämtliche Funktionalitäten des Messgeräts genutzt werden.

6.2.3 Synchronisieren der Messwerte mit den Positionswerten des Scannersystems

Wie oben erwähnt müssen die Messdaten des Precitec-Messgeräts mit den Scannerpositionsdaten in Verbindung gesetzt werden, um eine Messkarte zu erstellen, mit der die Regelung anschließend den adaptiven Laserabtrag durchführen kann. Da die Messfrequenz sowohl zur Positionsdatenaufzeichnung als auch zur Messwertaufnahme eingestellt werden kann, muss durch ein Trigger-Signal nur der Start- bzw. Stopp-Zeitpunkt der Messung synchronisiert werden. Dazu kann das „LASERON"-Signal genutzt werden, welches von der RTC5 generiert wird. Das Signal wird dazu an einem Ausgang als logisches TTL (Transistor-Transistor-Logik)-Signal (5 Volt) bereitgestellt. Im normalen Abtragmodus wird das „LASERON"-Signal dazu genutzt, den Laser aktiv oder inaktiv zu schalten. Bei einem Sprungbefehl ist dieses Signal also inaktiv, bei einem Markierbefehl aktiv. Das gleiche Prinzip kann nun auf den Messvorgang übertragen werden, nur dass bei einem Markierbefehl das Messgerät Daten aufzeichnen soll.

Zur Synchronisation verfügt das Messgerät über eine Schnittstelle (15-polige Sub-D Buchse), welche den Eingang „Sync-In" beinhaltet. Dieser lässt sich über die API in den Modus „Pulse Counting Mode" schalten. Bei einer Änderung der anliegenden Spannung wird ein interner Zähler jeweils an der entsprechenden Flanke getriggert, welcher den Zähler erhöht (Abbildung 6.7). In dem hier beschriebenen Anwendungsbeispiel wird jeweils zu Beginn und am Ende einer Messung (=Scanzeile) der Zähler erhöht, da an diesen Stellen das Ausgangssignal der RTC5 „LASERON" den Zustand wechselt.

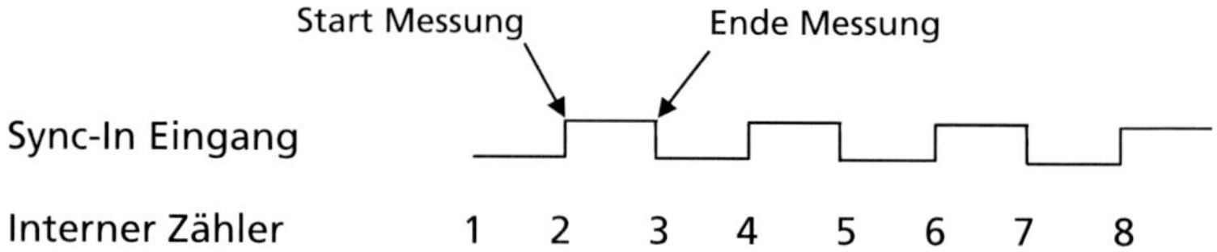

Abbildung 6.7: Verhalten des internen Zählers in Abhängigkeit des Sync-In-Eingangs nach [PREC14, S. 59]
Behavior of the Internal Counter in Dependency to the Sync Input

Da das Messgerät Daten aufzeichnet, sobald es eingeschaltet wird, müssen nun die gemessenen Daten mit den entsprechenden Scanzeilen synchronisiert werden (Abbildung 6.8). Zu Beginn des Messvorgangs hat der interne Zähler einen Wert „1". Nun wird der Laserscanner während des Sprungbefehls an der Stelle positioniert, an der die

Beschreibung	Zähler	Messwert
Positionierung des	1	X
Scanners bei Start-	1	X
position (Sprung)	1	X
Beginn Scanvorgang	2	X
	2	X
„erste Scanzeile"	2	X
	2	X
	2	X
	2	X
	2	X
Ende Scanvorgang	2	X
Positionierung des	3	X
Scanners (Sprung)	3	X
	3	X
Beginn Scanvorgang	4	X
	4	X
„zweite Scanzeile"	4	X
	4	X
	4	X
Ende Scanvorgang	4	X
Rücksprung zur	5	X
Startposition	5	X
	5	X

Beschreibung	Zähler	Messwert
Beginn Scanvorgang	2	X
	2	X
„erste Scanzeile"	2	X
	2	X
	2	X
	2	X
	2	X
Ende Scanvorgang	2	X
Beginn Scanvorgang	4	X
	4	X
„zweite Scanzeile"	4	X
	4	X
	4	X
Ende Scanvorgang	4	X

Abbildung 6.8: Synchronisierung der Messwerte zu den Positionswerten
Sychronizing Measuring Values to Position Values

Messbahn beginnen soll. Zu Beginn des Scanvorgangs wird von der RTC5-Karte das „LASERON"-Signal aktiv gesetzt, sodass der Zähler auf „2" springt. Am Ende des Messvorgangs bewirkt der Trigger, dass eine „3" gesetzt wird. Dies wiederholt sich entsprechend den programmierten Scanzeilen. Am Ende des Messprozesses werden die Daten aus dem internen Speicher ausgelesen. Dazu muss anhand der Prozesszeit und der Frequenz die Anzahl der Messwerte ermittelt werden, die ausgelesen werden sollen. Anschließend werden aber nur diejenigen Werte behalten, an denen der Zähler eine gerade Zahl beinhaltet. Dies bedeutet, dass nur die Messwerte der eigentlichen Messbahnen erhalten bleiben; die Messwerte während der Sprungbefehle werden gelöscht. Durch die nun vorhandene Zuordnung der Messwerte zu den entsprechenden Scanzeilen können die Werte nun mit den Positionsdaten des Scannersystems korreliert werden. Ergebnis ist eine 3D-Punktewolke, die als STL (Standard Triangulation/Tesselation Language)-Datei gespeichert und auch visualisiert werden kann.

6.2.4 Durchführen einer Oberflächenmessung

Um Oberflächenmessungen und eine anschließende Auswertung durchzuführen, werden in einem ersten Schritt Rohdaten in der Software „FlexOStruk" mittels Tracing erzeugt. Dabei werden mit den oben genannten Verfahren sowohl die Positionen der X- und Y-Achse als auch die mittels LCI gemessene Z-Höhe aufgenommen. In der Maschinenkonfigurationsdatei von „FlexOStruk" werden die gewünschte Messfrequenz und die Lampenintensität eingestellt. Um bestmögliche Ergebnisse zu erreichen, muss die Helligkeit dabei so hell wie möglich eingestellt werden, ohne dabei eine Überbelichtung zu provozieren. Abschließend wird ein Schwarzabgleich am Sensor durchgeführt.

(a) Physisches Bauteil

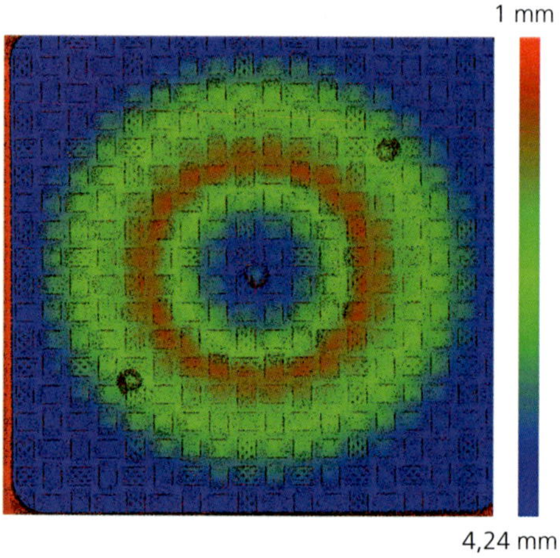

(b) Falschfarbencodiertes Höhenprofil

Abbildung 6.9: Gegenüberstellung des physischen und des digitalisierten Bauteils
Comparison of the Physical and the Digitized Component

Um eine erste Qualitätsbewertung der Messdaten durchführen zu können, wurde das Visualisierungstool „Read3dPNG" programmiert. Um das Digitalisieren mittels Oberflächenmessung testen zu können wurde ein Bauteil mit einer Makro- und einer Mikrostruktur genutzt (Abbildung 6.9a). Die technische Mikrostruktur, die regelmäßig angeordnete Taschen beinhaltet, legt sich dabei über die Makrostrukur. Das Programm speichert bei der folgenden Messung alle Punkte, bei denen das Lasersignal aktiv war, in einer Liste. Verbindungen zwischen zwei Messvektoren werden ignoriert. Anschließend werden die Punkte in ein Gitter eingefügt, sodass dieses anschließend diskrete X/Y-Werte und die dazugehörigen Z-Werte enthält. Aus den gemessenen Rohdaten erstellt das Programm anschließend Bilddateien, in denen die gemessene Höhe in Falschfarben codiert ist. Dabei werden leere Gittermaschen schwarz eingefärbt, um Messfehler direkt zu erkennen (Abbildung 6.9b).

Eine weitere Möglichkeit zur Begutachtung der Rohdaten bietet das Tool „Read3dCut". Nach dem Öffnen einer GUI (Graphical User Interface) wird ein Schnitt durch das Bauteil angezeigt; die Position des Schnitts wird im kleinen Bild markiert (Abbildung 6.10). Wenn im Schnitt Lücken auftreten, können diese durch interpolierte Werte aufgefüllt werden.

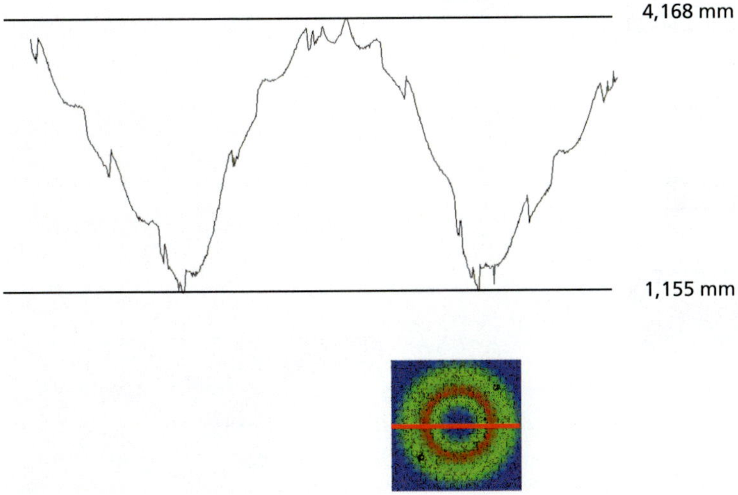

Abbildung 6.10: Höhenprofil eines Schnittes
Height Profile of a Section

Um aus den gemessenen Rohdaten eine STL-Datei zu erzeugen, wurde das Programm „Read3dSTL" geschrieben. Die STL-Datei kann dabei als Eingangsparameter für einen weiteren, adaptiven Abtragprozess dienen und kann mittels CAD-Programm leicht begutachtet werden. Dazu wird eine Triangulation aller gemessenen 3D-Punkte erzeugt, indem zwischen je vier benachbarten Punkten zwei Dreiecke gespannt werden. Diese Dreiecke werden in einem speziellen standardisierten Format in eine Datei zur Weiterverarbeitung geschrieben.

6.2.5 Filterstrategien zur Erhöhung der Datenqualität

Aufgrund von Sensorungenauigkeiten treten beim Scannen Messfehler auf. Diese unterscheiden sich bezüglich der Ursachen: stochastisches Rauschen, systematische Fehler, Ausreißer oder fehlende Werte durch Signalverlust oder Überbelichtung. Diese müssen individuell berichtigt werden.

Rauschen

Auch ohne Scannerbewegung und bei Annahme eines perfekten Spiegels schwankt der Messwert um etwa 10 µm. Dieses Rauschen ist aufgrund seiner stochastischen Natur nicht voraussagbar, steigt allerdings mit der Messfrequenz an. Durch Mittelung mehrfacher Messungen kann der Fehler ausgeglichen werden. Alternativ kann die Mittelung auch bei nur einer Messung durchgeführt werden, indem zur Mittelung unter Verringerung der Auflösung für jeden Pixel mehrere Messpunkte herangezogen werden.

Systematischer Fehler

Abhängig von der Spiegelstellung wird eine Abweichung in der Z-Höhe gemessen. Dieser Fehler resultiert z. T. aus der chromatischen Aberration und ist reproduzierbar, hängt jedoch auch von der Messhöhe ab. Abbildung 6.11a zeigt eine Messung eines flachen Spiegels in 2 mm Höhe, Abbildung 6.11b in 4 mm Höhe. Um diesen Fehler zu eliminieren, wird mittels Referenzmessung eines Spiegels eine Korrekturtabelle erzeugt. Da die Werte je nach Messhöhe abweichen, wird diese Referenzmessung in mehreren Ebenen durchgeführt, zwischen denen interpoliert wird. Die resultierende Korrekturtabelle wird anschließend auf jede Messung angewandt.

Ausreißer

An steilen Flanken oder aufgrund sonstiger zufälliger Perturbationen misst der Scanner inkorrekte Werte. Die Ausreißerhäufigkeit korreliert positiv mit steigender Messfrequenz. Problematisch ist, dass diese Fehler zwar zufällig auftreten, aber den Messwert stets zu tief angeben und dementsprechend nicht durch Mittelung eliminiert werden können. Es wurden mehrere Filter entwickelt, um die Ausreißer zu erkennen und zu eliminieren.

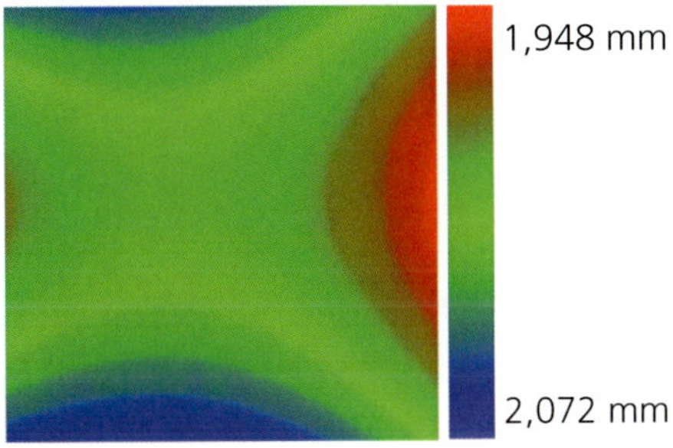

(a) 2 mm Höhe

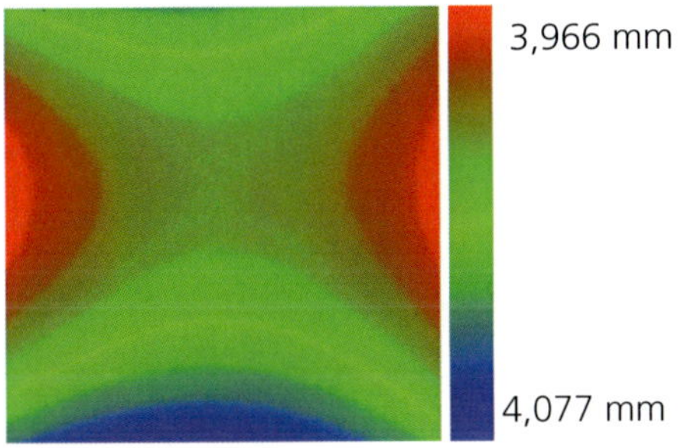

(b) 4 mm Höhe

Abbildung 6.11: Messung eines flachen Spiegels
Measurement of a Flat Mirror

Der erste Filter iteriert chronologisch über die Messwerte. Im ersten Schritt werden alle Werte unterhalb eines Schwellwerts gelöscht (momentan unter 1100 µm), da diese Werte definitiv Messfehler sind. Der zweite Schritt beinhaltet einen Vergleich benachbarter Messwerte. Sobald ein Messwert um mehr als einen definierten Betrag (einstellbar über einen Parameter, momentan 100 µm) von seinem Nachbarn abweicht, werden die nächsten 9 Messwerte analysiert. Dabei wird geprüft, ob die Messhöhe dauerhaft abweicht oder der einzelne Wert ein Ausreißer war. Dazu werden die folgenden Messwerte daraufhin analysiert, ob sie innerhalb eines bestimmen Steigungsdreiecks bleiben (einstellbar über einen Parameter, momentan +-40 µm/Schritt). Wenn mehr Werte außerhalb dieses Steigungsdreiecks als innerhalb liegen, wird der Punkt gelöscht.

Nach Anwendung des chronologischen Filters wird durch einen zweiten Filter nach X-Y-Position innerhalb des Gitters gefiltert. Jeder Messwert hat im Gitter 24 Nachbarpunkte. Wenn ein betrachteter Messwert nun mehr stark abweichende Nachbarn als ähnliche Nachbarn hat, wird er gelöscht. Der Grenzwert zur Abweichung kann in den Parametern angegeben werden.

Fehlende Werte

Zusätzlich zu den Ausreißern verliert der Scanner manchmal das Signal oder die Messung ist überbelichtet. Dies führt dazu, dass kein Wert für diese Position ermittelt werden kann. Ursachen sind stochastische Schwankungen, ungünstige Oberflächeneigenschaften oder mangelhafte bzw. eine zu hohe Belichtung. Wenn sich Fehler lokal häufen, kann versucht werden, die Helligkeit anzupassen oder die betroffene Fläche des Werkstücks zu reinigen. Der stochastische Teil dieses Fehlers nimmt auch hier mit steigender Messfrequenz zu.

Bei vielen fehlenden Messwerten können die Fehlstellen durch mehrfache Messungen aufgefüllt werden: Lücken in der ersten Messung werden durch Messwerte nachgelagerter Messungen ergänzt. Die oben beschriebenen Programme können zu diesem Zweck mit mehreren Dateien als Parameter genutzt werden. Außerdem kann künstlich die Auflösung reduziert werden, sodass mehrere Pixel innerhalb eines Gitterbereichs liegen. Dies reduziert die Wahrscheinlichkeit, dass innerhalb eines Pixels kein einziger valider Wert ist. Alternativ kann eine Fehlstelle durch Interpolation der umgebenden Messwerte bestimmt werden. Gerade in der STL-Datei sollten die fehlenden Werte durch die oben beschriebenen Mechanismen ersetzt werden, da sonst keine Berechnung auf Basis der Messdaten erfolgen kann.

6.3 Adaptives Laserstrahlstrukturieren

Adaptive Laser Beam Structuring

Nach der Aufbereitung der Messdaten und der Erzeugung einer 3D-Punktewolke werden nun zur Realisierung des adaptiven Laserstrahlstrukturierens im Folgenden verschiedene Strategien zur Prozessbeeinflussung, die Anpassung der CAx-Prozesskette und die Implementierung des Regelkreises beschrieben.

6.3.1 Strategien zur Prozessbeeinflussung

Um mittels des Laserstrahlstrukturierprozesses eine gewünschte Abtragtiefe zu erreichen, werden je nach Zieltiefe hunderte Abtragschichten akkumuliert hintereinander abgetragen, wobei jede Schicht nur maximal wenige Mikrometer tief ist. Um den Prozess zu beeinflussen, existieren zwei Alternativen:

1. Ändern eines Prozessparameters wie z. B. die Laserleistung,
2. Ändern der Anzahl an Abtragschichten.

Wie in Kapitel 4 erläutert, beeinflussen eine Vielzahl von Prozessparametern nicht nur die Abtragtiefe, sondern auch die Rauheit auf eine nichtlineare Weise. Um ein vollständiges Prozessmodell zu erstellen, muss ein extensiver Aufwand betrieben werden, der für jedes zu bearbeitende Material wiederholt werden muss. Ein Ändern der Anzahl an Abtragschichten ist dagegen mit einem wesentlich kleineren Aufwand verbunden. Im Folgenden wird gezeigt, dass für die meisten Anwendungsfälle ein Anpassen und Korrigieren der Anzahl der vorberechneten Abtragschichten ausreichend und dementsprechend zielführend ist.

Heutzutage kann im klassischen Laserstrahlstrukturieren ohne entsprechendes Messequipment a priori vor der Durchführung von Experimenten auf Testwerkstoffen keine Abtragtiefe vorhergesagt werden, da keine Abtragmodelle existieren. Es kann höchstens auf Erfahrungswissen von Maschinenbedienern zurückgegriffen werden, falls diese in einer Technologiedatenbank abgelegt wurden. Die Unvorhersagbarkeit des Prozesses liegt des Weiteren auch an anderen Einflüssen, wie z. B. an Reflexionen des Laserstrahls in tiefen Taschen, die je nach Geometrie unterschiedlich stark ausfallen können. Auch kann inhomogenes Material eine Ursache für eine Änderung des Abtragverhaltens sein. So wird erst nach durchgeführten Prozessuntersuchungen eine Abtragtiefe pro Schicht angenommen, die aus oben genannten Gründen nicht immer korrekt ist. Mit diesem Wert werden anschließend sämtliche Abtragschichten berechnet und auf der Maschine ausgeführt, was zu Abweichungen zwischen der Soll- und Istgeometrie führen kann. Diese können im Regelfall nun nicht mehr korrigiert werden.

6.3.2 Integration des Messschrittes in die CAx-Prozesskette

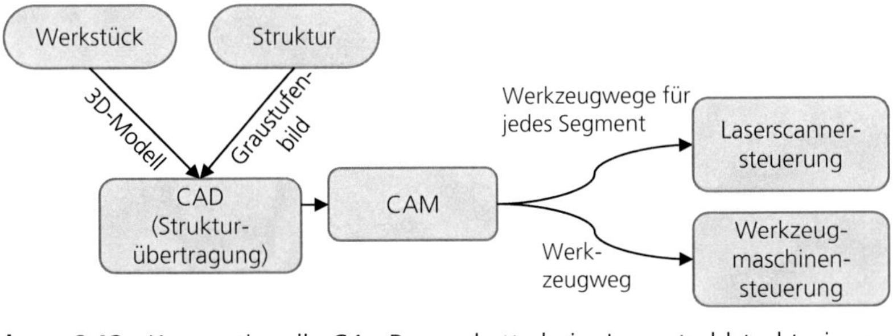

Abbildung 6.12: Konventionelle CAx-Prozesskette beim Laserstrahlstrukturieren
Conventional CAx Process Chain for Laser Structuring

Aufgrund der beschriebenen Ungenauigkeiten in der Bestimmung der Abtragtiefe pro Schicht wird das oben eingeführte LCI Inline-Messgerät verwendet, um mittels eines geschlossenen Regelkreises eine optimale Anzahl an Abtragschichten zu bestimmen. Um diesen Regelkreis zu implementieren, müssen Änderungen an der in Abbildung 6.12 vorgestellten CAx-Prozesskette durchgeführt werden. In der konventionellen Prozesskette wird zunächst die Makrogeometrie des Werkstücks mit der aufzubringenden Struktur kombiniert. Dazu wird in einem Mapping-Prozess die Struktur möglichst verzerrungsfrei auf das Bauteil gelegt. Im CAM-System werden nun die benötigten Werkzeugwege erzeugt; ein Werkzeugweg für die Werkzeugmaschine (Makrobewegungen) und je ein Werkzeugweg für ein Lasersegment (Mikrobewegungen). Sobald diese Werkzeugwege erzeugt wurden, werden diese an die jeweilige Steuerung weitergegeben und schließlich wird der Strukturierprozess ausgeführt. Ein Schritt zurück in das CAM-System existiert nicht; die Daten können also nicht mehr verändert werden. Im Folgenden werden die Änderungen an dieser Prozesskette im Detail vorgestellt.

Im Gegensatz zur konventionellen CAx-Prozesskette wird in der adaptiven Prozesskette bereits auf CAM-Ebene regelnd eingegriffen. Das CAM-System berechnet nur eine tiefenbeschränkte Teillösung. Dies bedeutet, dass mit der berechneten Teillösung eine Abtragtiefe garantiert werden muss, die oberhalb der Zieltiefe liegt. Andernfalls besteht die Möglichkeit, dass das Bauteil durch einen zu hohen Energieeintrag schon irreversibel zerstört wurde. Anschließend wird die Messwertaufnahme mittels Inline-Messgerät durchgeführt und an das CAM-System zurückgeführt. Das CAM-System berechnet immer eine gewisse Anzahl an Schichten (stapelweise Berechnung) und die Steuerung führt diesen Datensatz dann aus. Das System wurde dahingehend verändert, dass immer dieser Stapel an Abtragschichten zum Lasersystem übertragen wird. Der eigentliche Abtragprozess läuft dann anschließend konventionell ab (Abbildung 6.13).

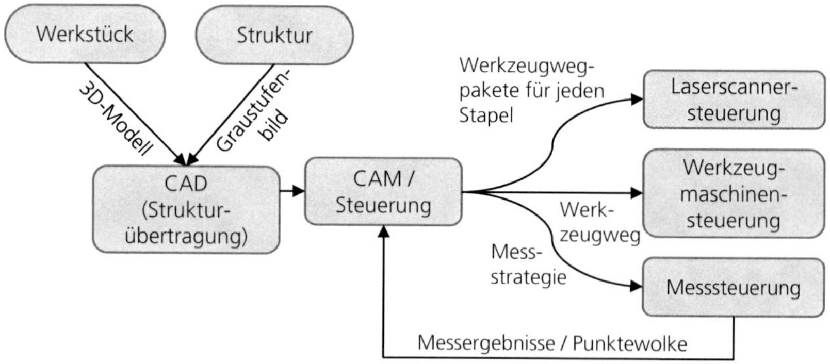

Abbildung 6.13: Angepasste CAx-Prozesskette beim adaptiven Laserstrahlstrukturieren
Adjusted CAx Process Chain for Adaptive Laser Structuring

Im Unterschied zur klassischen CAx-Prozesskette wird eine Messsteuerung in die Prozesskette integriert, welche mit einer Messstrategie jeweils nach dem Abarbeiten des Stapels an Abtragschichten eine Messung startet (Abbildung 6.13). Das Messergebnis – die momentane Abtragtiefe auf der Oberfläche – wird anschließend in Form einer Punktewolke zum neu eingeführten Regelalgorithmus überführt, welcher im CAM-System integriert ist. Dieser Algorithmus führt einen Soll-Ist-Vergleich durch und berechnet die tatsächlich erreichte Abtragtiefe pro Schicht. Das CAM-System berechnet anschließend den nächsten Stapel an Abtragschichten, sodass der Regelkreis geschlossen wird. Nach den beschriebenen Prozesskettenänderungen wird nun der Ablauf des Regelalgorithmus selbst beschrieben.

6.3.3 Implementierung des Regelkreises

Laut Abel [ABEL09, S. 1] ist *„Ziel einer Regelung [...] im Allgemeinen, bestimmte Größen, meist Ausgangsgrößen technischer Prozesse, an vorgegebene Führungsgrößen anzugleichen."* Dazu werden die zu regelnden Größen gemessen und die Messergebnisse mit den Führungsgrößen verglichen. Die Differenz dieser beiden Werte ist die Regelabweichung. Aus ihr werden Informationen gewonnen, mittels welcher ein Regler die Prozessparameter anpasst, um die Differenz zu minimieren. Dieser Vorgang wird über die gesamte Prozesszeit wiederholt, um Störungen des Prozesses dauerhaft in akzeptablen Bereichen zu halten. Die Rückführung der Ausgangsgrößen des Prozesses auf seine Eingangsgrößen erzeugt dabei einen geschlossenen Wirkungsablauf – den Regelkreis. Im Gegensatz zur Regelung wird bei einer Steuerung keine Rückführung der Ausgangsgrößen auf die Eingangsgrößen durchgeführt. Die Ausgangsgröße wirkt also nicht auf die Eingangsgröße; es wird keine Regeldifferenz gebildet. [DUNN05, S. 241]

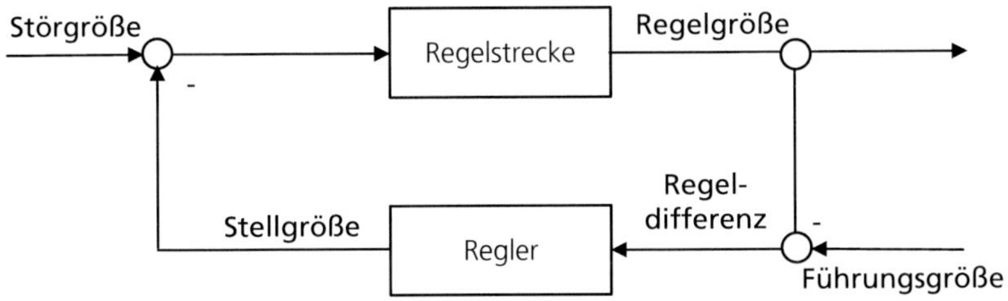

Abbildung 6.14: Grundstruktur eines Regelkreises nach [DIN14]
Basic Structure of a Closed Loop

Ein oben beschriebener Regelkreis besteht im Allgemeinen aus den in Abbildung 6.14 in einem Wirkungsplan dargestellten Komponenten. So gibt es stets eine Regelgröße, welche den Ausgang der Regelstrecke bezeichnet und die zu regelnde Größe beschreibt. Sie soll dem Wert einer vorgegebenen Führungsgröße möglichst genau folgen. Die Differenz der Führungsgröße und der Regelgröße, die sogenannte Regeldifferenz, wird einem Regler zugeführt, welcher die Parameter des Prozesses, zusammengefasst in der Stellgröße, anpasst. Die Stellgröße wirkt somit der Störgröße entgegen. Diese beiden Größen beeinflussen die Regelstrecke, welche die eigentliche Produktion repräsentiert. Ihr Resultat ist wiederum die Regelgröße, womit der Regelkreis geschlossen wird. Die Kreise stellen die Summenpunkte dar, wobei negative Beiträge mit einem Minuszeichen gekennzeichnet sind. [GEVA99, S. 317] [ADAM16, S. 19]

Der in dieser Arbeit entwickelte Regelkreis entspricht einem nach DIN 19226 genormten Regelkreis mit einem geschlossenen Wirkungsablauf (Abbildung 6.15). Störgrößen von außen wirken auf und beeinflussen damit den Abtragprozess. Der Abtragprozess entspricht der Regelstrecke, dessen Regelgröße – das Abtragergebnis – geregelt werden soll und dessen Eingangsgrößen – die Werkzeugbahnen – verändert werden können. Die Führungsgröße, die der Regelgröße folgen soll, ist die Soll-Geometrie, die vom Programmierer zusammen mit Toleranzvorgaben festgelegt wurde. Die Führungsgröße wird zusammen mit der Regelgröße – also dem gemessenen Abtragergebnis – in den Regler geleitet. Dieser führt einen Soll-Ist-Vergleich aus und bildet aus der Differenz die Stellgröße. Diese besteht in dem hier vorgestellten Fall aus geänderten Werkzeugbahnen. Diese beeinflussen die Regelstrecke so, dass die Differenz aus Regel- und Führungsgröße minimiert wird. [ABEL09]

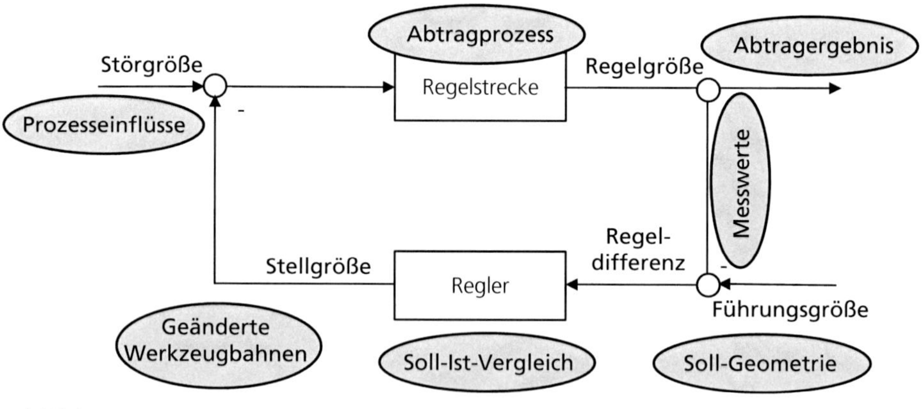

Abbildung 6.15: Regelkreis zum adaptiven Laserstrahlabtragen
Feedback Control for Adaptive Laser Ablation

Die Funktionalität des Regelalgorithmus teilt sich in drei Phasen auf. Initial wählt der Maschinenbediener eine Zusammenstellung von Parametern aus, die für ein ähnliches Material die gewünschte Tiefe und Rauhigkeit erzeugt haben. Dabei kann auf Parametereinstellungen aus Kapitel 4 zurückgegriffen werden, die für einen Warmarbeitsstahl Gültigkeit haben. Alternativ kann eine Technologiedatenbank für Standardwerkstoffe aufgebaut werden, die die Initialgenauigkeit weiter erhöhen kann. Durch die folgende Regelung können diese Parameter allerdings auch für unbekannte und noch nicht bearbeitete Materialien genutzt werden. Im zweiten Schritt wird das Bauteil durch den Laser bearbeitet und es wird nach der Abarbeitung des Stapels an Abtragschichten eine Messung durchgeführt. Anschließend wird im dritten Schritt die Abtragtiefe pro Schicht korrigiert und der nächste Stapel an Abtragschichten wird generiert. Schritt zwei und drei wiederholen sich so oft, bis das gewünschte Abtragergebnis erreicht wurde. Da bei der Durchführung einer Messung vom Scannersystem die gleiche Strecke zurückgelegt werden muss wie beim Bearbeiten einer Schicht, wird ungefähr die gleiche Zeit für beide Prozesse benötigt. Die Anzahl der Messschritte muss daher ein Kompromiss zwischen Prozesszeit und Genauigkeit sein.

Die oben beschriebenen drei Phasen werden vom Regelalgorithmus implementiert. Die Auswahl der Prozessparameter durch den Maschinenbediener beinhaltet auch eine Voreinstellung in der Abtragtiefe pro Schicht. In der hier vorgestellten Regelstrategie wird diese Abtragtiefe als Basis für eine Berechnung eines Stapels an Abtragschichten bis zu einer Gesamttiefe von 50 % der eingestellten Zieltiefe genutzt. Nach der Bearbeitung dieser Schichten und der anschließenden Messung kann der Soll-Ist-Abgleich erfolgen und der Regelalgorithmus kann die tatsächliche Tiefe pro Abtragschicht berechnen. Anschließend werden die Schichten berechnet, die für eine Gesamtabtragtiefe von 95 % benötigt werden. Das CAM-System berechnet nun den zweiten Stapel an Abtragschichten. Nach der Abarbeitung und Messung dieser Schichten wird diese Prozessfolge für die fehlenden 5 % wiederholt. Durch die Aufteilung des restlichen Abtragvolumens in ganze Abtragschichten wird am Ende sichergestellt, dass die maximale Abweichung von der Soll-Tiefe die Hälfte der Höhe einer Abtragschicht beträgt. Durch die Wahl entsprechender Prozessparameter mit einem geringen Abtrag pro Schicht kann dieser maximale Fehler an die Anforderungen angepasst und somit minimiert werden.

Bei diversen Experimenten wurde gezeigt, dass diese zwei Messiterationen mit einer abschließenden Qualitätskontrolle für die meisten Anwendungsfälle ausreichend sind, um die oben beschriebene maximale Abweichung einzuhalten. Hier sei auf die Validierungsversuche in Kapitel 7 verwiesen. Abbildung 6.16 zeigt einen Beispieldurchlauf dieses Regelalgorithmus.

Im ersten Durchlauf werden 50 % der Abtragschichten berechnet (Abbildung 6.16, grün). Mittels der Initialparameter wurden diese Schichten anschließend abgetragen (Abbildung 6.16, orange). Die folgende Messung zeigte, dass zu viel Material abgetragen wurde, d. h.

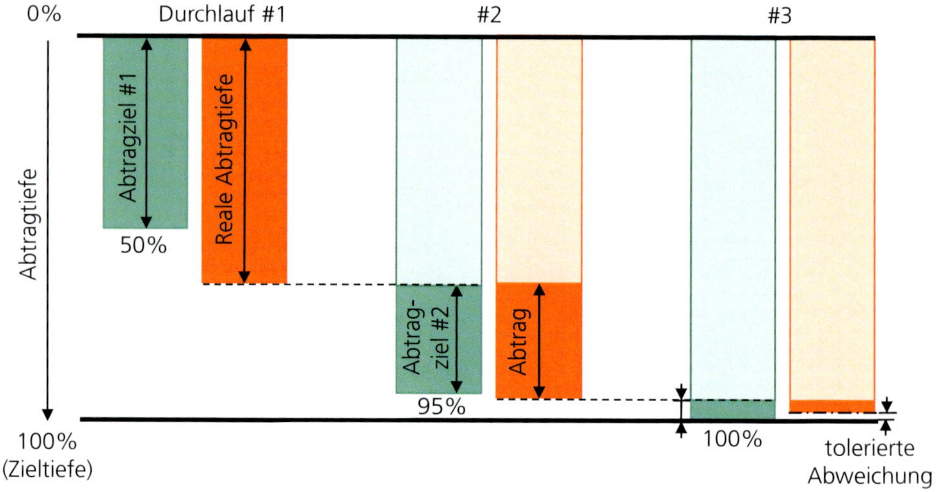

Abbildung 6.16: Beispiel für einen Durchlauf des Regelalgorithmus
Example of a Full Cycle of the Control Algorithm

die Annahme der Abtragtiefe pro Schicht war zu gering. Der Regelalgorithmus nimmt nun für die anschließenden Berechnungen einen höheren Abtrag pro Schicht an. Der folgende Stapel an Abtragschichten enthält dementsprechend eine geringere Anzahl an Schichten. Die Messung bestätigt das bessere Ergebnis, obwohl die Abtragrate immer noch leicht zu hoch angenommen wurde. Dies kann mit auftretenden Reflexionen des Laserstrahls in der Kavität zusammenhängen oder anderen Materialeinflüssen. Nach Abarbeitung der restlichen 5 % wird das angestrebte Ergebnis genau getroffen. Wäre die Gesamttiefe mehr als die halbe Höhe einer Abtragschicht zu niedrig, würde der Regler nun eine einzelne Schicht berechnen und abarbeiten. Die abschließende Messung dient als Qualitätskontrolle und wird im System zur Dokumentation vermerkt.

6.4 Zwischenfazit

Interim Conclusion

Das Laserstrahlstrukturieren hat eine Vielzahl an Einflussfaktoren, weshalb eine Vorhersage des Abtragergebnisses nicht möglich ist. Dies begrenzt die Effektivität des Verfahrens. Um unabhängig von den Einflussfaktoren agieren zu können, wurde eine Regelung entwickelt, die automatisiert die aktuelle Abtragtiefe erfasst, korrigierte Laserbearbeitungsbahnen generiert und diese mit dem Strukturiersystem ausführt. Zur Erfassung der Abtragtiefe wurde ein integriertes Messsystem genutzt, wodurch der weitere Prozess adaptiv angepasst werden kann. Das Messsystem nutzt das Prinzip der Low Coherence Interferometry, da sich dieses in den Strahlengang des Prozesslasers integrieren lässt und es eine lasergenerierte Struktur gut erfassen kann. Dies bedeutet auch eine erhöhte Effizienz und eine erhöhte Präzision durch Vermeidung des Umspannens. Der Regelungsprozess wurde anschließend datentechnisch in die bestehende CAx-Prozesskette eingebunden, sodass nach dem Gesamtprozess der Abtragfehler minimiert werden konnte.

7 Validierung des Gesamtsystems

Validation of the Overall System

In diesem Kapitel werden zwei verschiedene Strukturen in Bauteile eingebracht. Dies ist zum einen eine Struktur zum Flüssigkeitstransport, an dem der Algorithmus zur Trägheitskompensation validiert wird. Zum anderen wird eine Tasche mit einer definierten Tiefe eingebracht, an der der Regelalgorithmus getestet wird.

7.1 Validierung des Kompensationsalgorithmus anhand einer bionisch inspirierten Funktionsstruktur

Validation of the Compensation Algorithm on the Basis of a Bionically Inspired Functional Structure

Immer mehr innovative Produktentwicklungen werden anhand eines Vorbilds aus der Natur entwickelt. Diese interdisziplinäre, bionische Herangehensweise führt durch den Transfer von biologischen Prinzipien auf technische Anwendungen häufig zu einem Erfolg. Als ein Beispiel können Leichtbaukonstruktionen genannt werden, bei denen durch geschickte Stützstrukturen Gewicht eingespart werden kann, ohne die Stabilität des Bauteils zu verringern. Diese Bauteile werden teilweise bereits in Serie mittels 3D-Druck hergestellt. [LACH09, S. 9] [RTR18]

Ein weiteres Beispiel für eine bionisch inspirierte Anwendung ist die Übertragung einer Hautstruktur auf ein technisches Bauteil, welche als erstes Validierungsbeispiel beschrieben wird. Diese Anwendung wurde im Rahmen des öffentlich geförderten Projekts „BioLas.exe" von einem interdisziplinären Team entwickelt. [COMA19]

7.1.1 Hautstruktur einer texanischen Krötenechse als Vorbild für technische Anwendungen

Die texanische Krötenechse (Abbildung 7.1a) lebt in sehr trockenen Regionen Nordamerikas. Um ihren Flüssigkeitsbedarf zu stillen, hat sie sich auf bemerkenswerte Art an ihre Umwelt angepasst. Sie besitzt eine spezielle Hautstruktur mit Kapillarkanälen, welche es der Kröte ermöglicht, Wasser in die Hautstruktur aufzunehmen und durch den Kapillareffekt gezielt und annähernd ohne Verlust zum Maul zu transportieren, wo es dann getrunken werden kann. Das Wasser bildet sich in den frühen Morgenstunden an der Haut der Kröte durch kondensiertes Wasser, den Tautropfen oder durch Regen. Der Transport des

(a) Texanische Krötenechse [COMA14, S. 207]

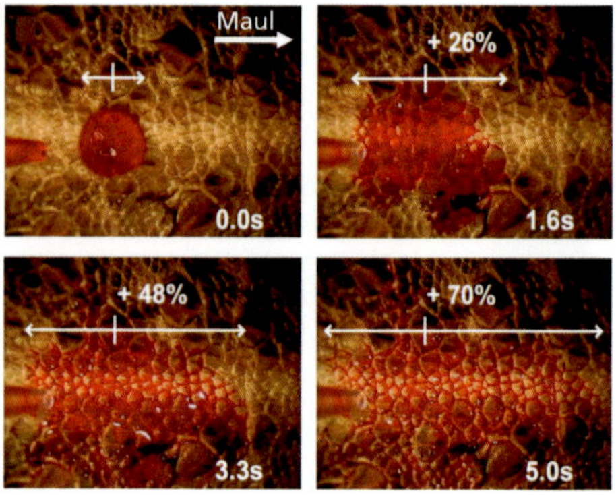

(b) Flüssigkeitstransport auf der Haut [COMA15, S. 2]

Abbildung 7.1: Gerichteter Flüssigkeitstransport auf der Haut der texanischen Krötenechse
Directional Transport of Liquids on the Skin of the Texas Horned Lizard

Wassers zum Maul ist nötig, da die Haut der Kröte fast vollständig wasserundurchlässig ist, um in der Hitze der Wüste den Wasserverlust zu minimieren.

Nach detaillierteren Untersuchungen der Haut im Rahmen des Projekts „BioLas.exe" wurde festgestellt, dass ein gerichteter Transport des Wassers zum Maul aufgrund einer speziellen Oberflächentopographie stattfindet. Die Oberfläche besteht aus verbundenen Kanälen, die sich zwischen den Schuppen befinden. Durch den daraus resultierenden Kapillareffekt wird das Wasser transportiert. Das Wasser wird dabei bis zu 70 % mehr in Richtung des Mauls geleitet (Abbildung 7.1b). Die Hautstruktur wurde durch ein REM (Rasterelektronenmikroskop) und durch OCT weiter analysiert. Dabei wurden zwei geometrische Prinzipien entdeckt: asymmetrische, halb geöffnete Kapillarkanäle und eine spezielle Netzwerkstruktur dieser Kanäle, um ein Stoppen der Wasserfront an der geweiteten Stelle zu verhindern. [COMA16] [COMA14, S. 206]

Neben der biologischen Relevanz dieser Struktur kann das Prinzip auch bei technischen Anwendungen von Bedeutung sein. Die Oberflächen von Bauteilen haben dabei häufig einen entscheidenden Einfluss auf das Einsatzverhalten der Bauteile, insbesondere wenn die Oberflächen mit Flüssigkeiten in Kontakt kommen. Bei einer ungleichmäßigen Benetzung von technischen Grenzflächen zur Reibungsreduzierung kann es zu einem erhöhten Bauteilverschleiß oder zu einem erhöhten Energiebedarf des Gesamtsystems kommen. Die oben beschriebene Struktur kann hilfreich sein, wenn kleine Flüssigkeitsmengen gesammelt oder Flüssigkeiten gezielt zu bestimmten Wirkorten transportiert werden müssen.

Aus diesem Grund wurde innerhalb des Projekts eine Abstraktion der Struktur vorgenommen, sodass sie in technisch relevante Materialien eingebracht werden kann (Abbildung 7.2). Ein eingebrachter Wassertropfen verteilt sich in der Kapillarstruktur und stoppt an der scharfen Ecke in Kapillare 1 (I), während es weiter in Kapillare 2 transportiert wird (II). Wenn die Wasserfront die Verbindung zu Kapillare 1 erreicht, wird das Wasser dort hinein gezogen (III), und „holt" die stehengebliebene Wasserfront ab (IV). Das Wasser wird dann weiter in die Verbindung zu Kapillare 2 transportiert (V), wo es die stehengebliebene Wasserfront mitnimmt (VI). Diese Verschaltung der Kapillare in ein Netzwerk verhindert so den Stillstand des Wassers und ermöglicht einen theoretisch unbegrenzten Transport. [COMA15]

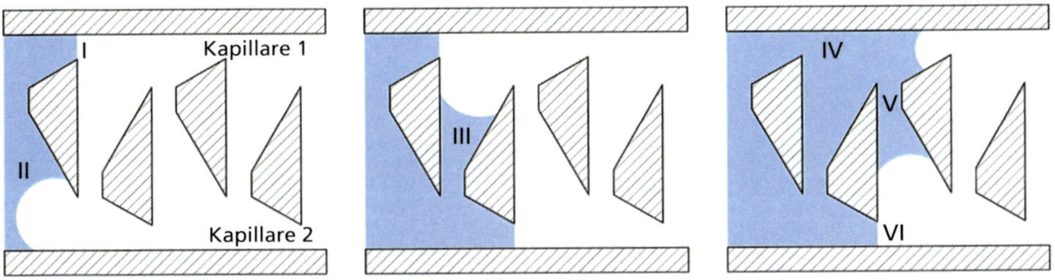

Abbildung 7.2: Prinzip der Netzwerkstruktur von den Kapillarkanälen [COMA15, S. 5]
Principle of Interconnection of Capillary Channels

Realisiert wurde die Struktur auf Demonstratorbauteilen aus Warmarbeitsstahl mittels Laserstrahlstrukturierung. Das Verfahren wurde ausgewählt, da die filigrane Struktur aufgrund der hohen Anforderungen bzgl. Toleranzen und Flankensteilheit nicht mit anderen Fertigungstechnologien gefertigt werden konnte. Außerdem spricht die durchgängige, vollständig digitale Prozesskette für das Laserstrahlstrukturieren, da so die modellierten Strukturen direkt und reproduzierbar in die Oberfläche des Bauteils eingebracht werden können.

7.1.2 Einbringen der Struktur zum Flüssigkeitstransport

Um die beschriebene flüssigkeitstransportierende Kapillarstruktur in Werkstücke einbringen zu können, muss diese mathematisch exakt definiert werden. Bisher wurde das Strukturdesign auf Basis statischer Strukturdaten wie Graustufenbitmaps beschrieben, wobei

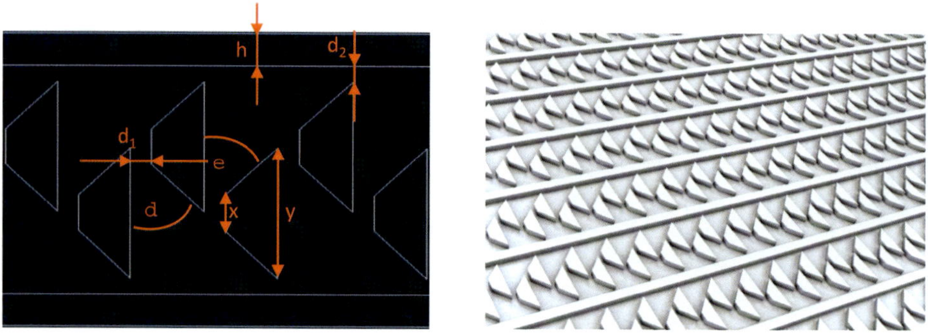

(a) Strukturdefinition **(b)** Gerenderte Struktur

Abbildung 7.3: Prozedurale Programmierung für eine bionische Struktur
Procedural Programming for a Bionic Structure

der Schwarzwert die zu fertigende Tiefe bestimmt. Die erzeugte Fläche ist dabei immer begrenzt und auch die Auflösung ist endlich. Großflächige und hochaufgelöste Strukturflächen führen dabei zu sehr großen Datenmengen, was zu hohen Berechnungszeiten oder sogar zu Abbrüchen bei der Datenverarbeitung mit kommerziellen Systemen führen kann. Ein neuer Ansatz hier ist die Verwendung von prozeduralen Strukturen [MESC18a, S. 29]. Dabei wird die Struktur mittels mathematischer Formeln exakt beschrieben und parametrisch angepasst (Abbildung 7.3a). Nach dem Rendern der erzeugten virtuellen Struktur (Abbildung 7.3b) kann die Struktur geprüft werden, um anschließend die NC-Daten für die Fertigung zu erzeugen, die auf der Laseranlage für die Fertigung der Struktur genutzt werden (Abbildung 7.4).

Die Strukturierung wurde mit einem Lasersystem durchgeführt, welches sich aus einem Faserlaser der Firma IPG (YLPM-1-4-200-20-20) mit einer emittierten Wellenlänge von 1064 nm, einem Laserscanner IntelliSCAN25 (Scanlab), einem dynamischen Strahlaufweiter VarioSCAN20i (Scanlab), einer Steuerkarte RTC5 (Scanlab) und einer F-Theta Linse mit einer Brennweite von 163 mm (Sill Optics) zusammensetzt. Der daraus entstehende Laserdurchmesser am Fokuspunkt war d=28 µm. Die Pulsenergie wurde auf 0,25 mJ bei einer Frequenz von 18 kHz und einer Pulsdauer von 14 ns eingestellt. Als Werkstoff wurde der Warmarbeitsstahl X37CrMoV5-1 ausgewählt. Für die visuelle Analyse und Beurteilung der Mikrostrukturen und der strukturierten Oberflächen in Bezug auf Geometriehaltigkeit wurde das 3D-Mikroskop Alicona InfiniteFocus G4 eingesetzt.

Um den gepulsten Laserstrahl auf das Werkstück zu lenken, wird ein Scannersystem mit zwei beweglichen Spiegeln verwendet. Die Trägheit der Spiegel während des Beschleuni-

Abbildung 7.4: Darstellung der Laserbewegungen in CAM-Software: Markier- und Sprungbefehle des Lasers in einer einzelnen Schicht
Visualization of Laser Movements in CAM Software: Mark and Jump Vectors in a Single Pattern Layer

gungsvorgangs reduziert allerdings die potenziell erreichbare Präzision und Qualität. Dies sorgt für eine höhere Laserpulsdichte und damit zu einem höheren Materialabtrag in den Bereichen, in denen beschleunigt wird. Dieser Einbrandeffekt tritt bei filigranen Strukturen verstärkt auf, da die Beschleunigungsregion einen großen Anteil der Gesamtmarkierstrecke einnimmt.

Die oben beschriebene Struktur aus Mikrokanälen und Trapezen zum Flüssigkeitstransport soll eine Tiefe von 20 µm und die Kanäle eine minimale Breite von 60 µm haben. Abbildung 7.5 zeigt ein Falschfarbenbild der eingebrachten Struktur. Deutlich erkennbar sind die zusätzlichen Vertiefungen entlang der äußeren Grenzen der Trapeze und der Kanalbegrenzungen, die durch den Einbrandeffekt verursacht werden. Diese Rillen haben etwa eine Tiefe von 11 µm. Im Vergleich mit der Gesamttiefe des Musters ist dies ein lokaler Unterschied von bis zu 50 %. Außerdem wurden neben den Einbränden Aufwürfe von Schmelzmaterial erkannt, die aus Überhitzung des Materials resultieren. Tests mit diesen Werkstücken zeigen, dass vor allem die Einbrände den Flüssigkeitstransport behindern. Diese Einbrände an den Strukturrändern stellen für die Flüssigkeit eine Sub-Kapillare dar, die sich negativ auf die Funktionalität auswirken. Ihre kapillare Wirkung ist aufgrund des geringeren Querschnitts deutlich größer als die der gewünschten Struktur.

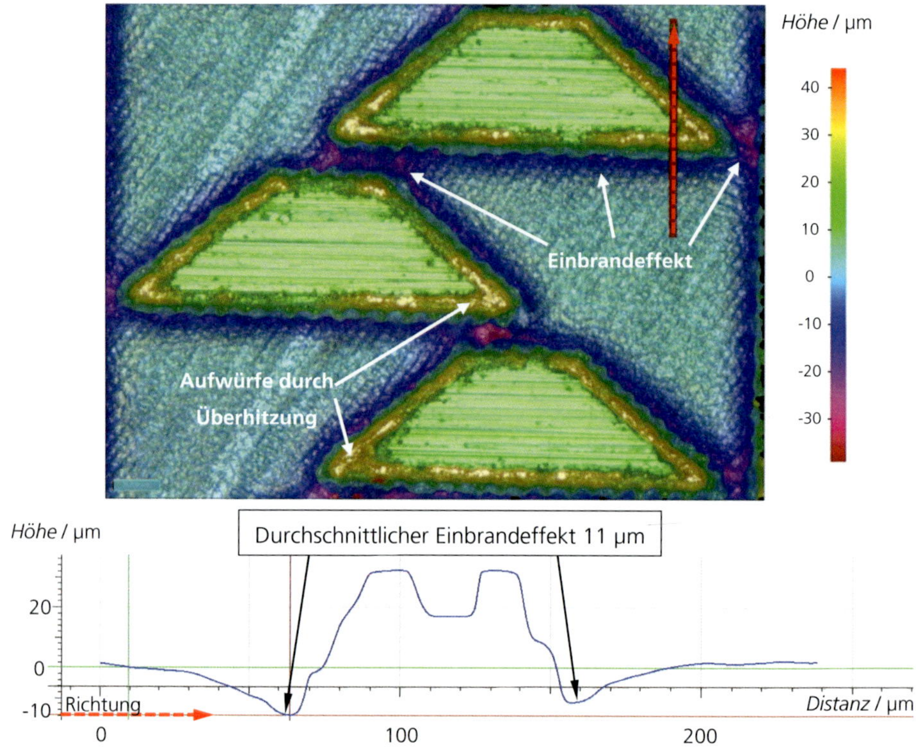

Abbildung 7.5: Falschfarbenbild und Höhenprofil einer Mikrostruktur mit Einbrandeffekten, gemessen mit einem 3D-Mikroskop ALICONA Infinite Focus G4.

False-color Image and Depth Profile of a Machined Microstructure Pattern with Burn-in Effekt Taken with 3D-microscope ALICONA Infinite Focus G4

7.1.3 Strategien zur Verbesserung der Strukturqualität

Zur Verbesserung der Strukturqualität wurden unterschiedliche Strategien getestet. In einem ersten Schritt wurde die Bearbeitungsstrategie geändert (siehe Kapitel 4). Es wurde eine bidirektionale, mäanderförmige Bahnführung programmiert, um mögliche Bearbeitungsfehler an den Start- und Endpunkt zu verlegen. Dies sollte die Einbrände reduzieren; die Strategie führte allerdings nicht zu dem gewünschten Erfolg.

Anschließend wurde ein Opfervolumen innerhalb des Mikrostrukturmusters an den Stellen platziert, an denen die Einbrände auftraten. Dies sollte den Überschuss an eingebrachter

Energie an diesen Stellen aufnehmen und durch Verdampfen bzw. Sublimation kompensieren. Aber auch diese Strategie konnte die Einbrände nicht verhindern.

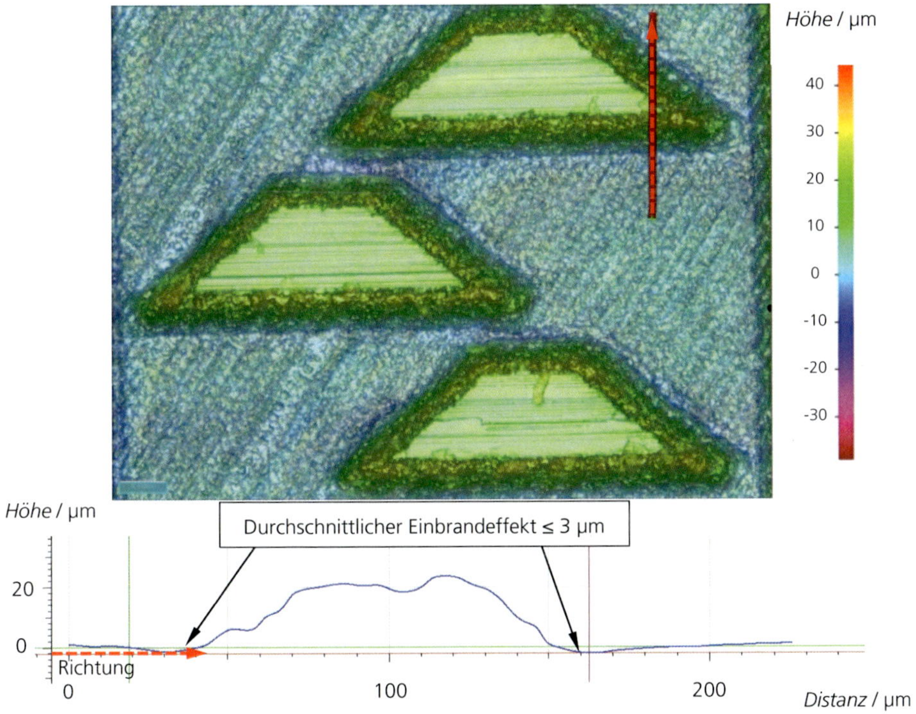

Abbildung 7.6: Falschfarbenbild und Höhenprofil einer Mikrostruktur ohne Einbrandeffekte mit Beschleunigungskompensationsalgorithmus, gemessen mit einem 3D-Mikroskop ALICONA Infinite Focus G4

False-color Image and Depth Profile of a Machined Microstructure Pattern without Burn-in Effekt with Acceleration Compensation Algorithm Taken with 3D-microscope ALICONA Infinite Focus G4

Schließlich wurde der in Kapitel 5 entwickelte Algorithmus zur Kompensation von Trägheitseffekten des Scannersystems eingesetzt. Hierbei werden die Spiegel des Laserscanners zunächst soweit ausgelenkt, dass die Position des Laserstrahls außerhalb der Strukturfläche liegt. Die Spiegel werden dann zunächst auf die programmierte Geschwindigkeit beschleunigt, ohne dass der Laser aktiv ist. Der Einfluss der Massenträgheit und somit der Effekt der Bewegungsverzögerung, der zu Einbränden am Strukturrand führt, wird so reduziert. Beim Erreichen der ersten Strukturaußenkante wird dann der Laser bei voller Vorschubgeschwindigkeit so lange aktiv geschaltet, bis die zweite, begrenzende Strukturkante erreicht wird. Ab dem Zeitpunkt wird der Laser deaktiviert, wobei die Scanbewegung bis über den Strukturbereich hinaus fortgesetzt wird und erst außerhalb der Struktur ein Bremsvorgang eingeleitet wird. Dies wiederum wirkt sich positiv auf die Maßhaltigkeit der Struktur aus, da nicht der Bremsvorgang darüber entscheidet, welche Länge die effektive Laserbahn hat, sondern der Zeitpunkt des Laserausschaltens. Dieser Zeitpunkt wiederum lässt sich wesentlich besser einstellen.

Zur Validierung des entwickelten Beschleunigungskompensationsalgorithmus wurde die gleiche Mikrostruktur mit den Mikrokanälen und Trapezen erneut mit dem gleichen Scannersystem und den gleichen Parametern gefertigt, nur diesmal mit aktivierter Beschleunigungskompensation. In Abbildung 7.6 ist das Ergebnis der Bearbeitung dargestellt. Die 3D-Topographie der Messung zeigt, dass die Einbrandeffekte und Aufwürfe drastisch reduziert werden konnten. Die Auswirkung beider Effekte an der Höhe beträgt nun weniger als 3 µm. Es konnte gezeigt werden, dass die Präzision des Verfahrens und die Strukturqualität signifikant erhöht wurden. Das Testen der Strukturfunktionalität erfolgte im Rahmen einer Parameterstudie und es wurden Transportrichtung, -geschwindigkeit und -volumen bewertet, wozu unterschiedliche Kühlschmierstoffe eingesetzt wurden. Abbildung 7.7 zeigt den beispielhaften Transport von Öl, welcher nun ausschließlich in den Hauptkanälen erfolgt.

Abbildung 7.7: Transport von Öl auf laserstrahlstrukturiertem Warmarbeitsstahl [COMA19, S. 42]
Transport of Oil on Laser Beam Structured Hot-Work Steel

7.2 Adaptives Abtragen zur Herstellung von Taschengeometrien

Adaptive Ablation for Manufacturing of Pocket Geometries

Im Rahmen des öffentlich geförderten Projekts „ToolRep – Entwicklung einer innovativen Anlagentechnik zur automatisierten und laserbasierten Reparatur strukturierter Formeinsätze" wurde das genutzte Messsystem zusammen mit einem Bearbeitungslaser zum Laserstrahlstrukturieren in einen hybriden Laserbearbeitungskopf eingebaut. Außerdem wurde in die Maschine ein weiterer Bearbeitungskopf zum Drahtauftragschweißen integriert. Ziel dabei ist mittels eines kompletten Anlagensystems strukturierte Formeinsätze zu reparieren. Dabei müssen möglichst materialunabhängig u. a. Taschen in die Formeinsätze eingebracht werden.

Beim Abtragen von Material zur Herstellung dieser Taschengeometrien besteht eine große Herausforderung im Erreichen der gewünschten Abtragtiefe. Bedingt durch die zahlreichen in Kapitel 4 beschriebenen Einflussfaktoren kann eine Abtragtiefe nicht exakt vorhergesagt werden. Daher wird nun die in Kapitel 6 entwickelte Regelstrategie zum adaptiven Abtragen genutzt, um Taschengeometrien herzustellen. Diese sind quadratisch in den Maßen 2 mm x 2 mm. Es soll eine Abtragtiefe von jeweils 0,2 mm erreicht werden. Die Programmierung der Laserbahnen wird mittels eines am Fraunhofer IPT entwickelten Programms durchgeführt, welches gleichzeitig mit der Steuerung des Lasers zur Automatisierung kommuniziert. Bei der Programmierung wurde eine Standardzusammenstellung von Prozessparametern eingestellt, welche eine ausreichend gute Oberflächenqualität erzeugen. (Pulsleistung: 100 %, Pulsdauer: 50 ns, Pulsfolgefrequenz: 60 kHz, Spiegelgeschwindigkeit: 900 mm/s)

Um den Algorithmus zu testen, wurden Abtragraten pro Schicht von 0,48 µm im Validierungsversuch 1 (nach Erfahrungswerten ein sehr genauer Abtragwert), 0,7 µm im Validierungsversuch 2 und 0,35 µm im Validierungsversuch 3 angenommen. Bei Erfolg sollte trotz der unterschiedlichen Programmierparameter bei Programmende die gleiche Abtragtiefe erreicht werden. Ein erster Messschritt findet nach dem Ausführen von 50 % der Abtragschichten statt. Nach der Anpassung der Programmierung findet ein zweiter Messschritt nach 95 % der neu berechneten Abtragschichten statt. Am Ende des Prozesses findet ein Validierungsmessschritt statt.

In Tabelle 7.1 werden die Ergebnisse für den Durchlauf angegeben, wenn der Soll-Abtrag pro Schicht aufgrund von Erfahrungswerten ungefähr dem Ist-Abtrag pro Schicht entspricht. Für einen angenommenen Abtrag (Soll-Abtrag) von 0,48 µm pro Schicht und einer Zieltiefe von 100 µm im 1. Schritt werden dementsprechend vom CAM-System

209 Schichten berechnet. Eine Messung der Oberfläche wird automatisiert durchgeführt und aus den Daten wird anschließend eine Abtragtiefe extrahiert. Der Abtrag entspricht mit 116 µm (0,55 µm pro Schicht) in etwa dem angenommenen Abtrag. Daraufhin korrigiert der Algorithmus den Soll-Abtrag auf die errechneten 0,55 µm. Im 2. Schritt soll mit 136 zusätzlichen Schichten ein Abtrag von 190 µm erreicht werden, der mit 188 µm fast exakt getroffen wird. Daher wird der erwartete Abtrag im 3. und letzten Schritt nur noch minimal angepasst und nach dem Lasern der letzten Schichten wird ein Abtrag von 203 µm erreicht. Abbildung 7.8 zeigt die OCT-Messungen jeweils nach Abarbeiten der entsprechenden Schichten.

	1. Schritt bis 50%	2. Schritt bis 95%	3. Schritt bis 100%
Soll-Abtrag/Schicht	0,48 µm	0,55 µm	0,53 µm
Soll-Abtrag	100 µm	190 µm	200 µm
# Schichten	209	136	22
Ist-Abtrag/Schicht	0,55 µm	0,53 µm	0,68 µm
Ist-Abtrag	116 µm	188 µm	203 µm

Tabelle 7.1: Validierung 1: Ergebnisse beim Abtragen einer Tasche
Validation 1: Results for the Ablation of a Pocket

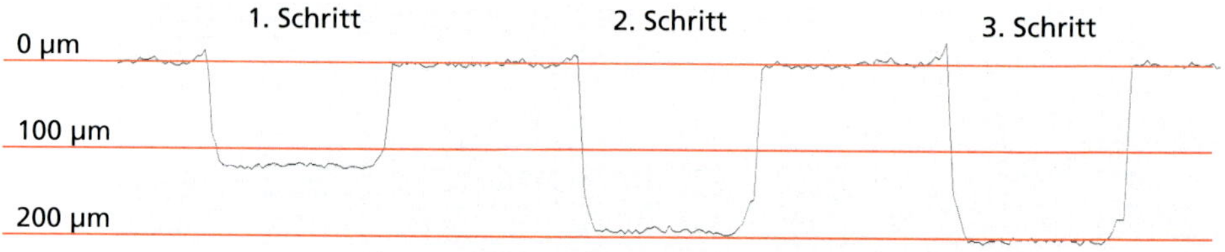

Abbildung 7.8: Validierung 1: OCT-Messung der Abtragschritte
Validation 1: OCT Measurement of the Ablation Steps

Im zweiten Validierungsversuch (Tabelle 7.2) wurde mit 0,7 µm erwartetem Abtrag pro Schicht ein deutlich zu hoher Abtrag angenommen. Dementsprechend werden auch nur 142 Schichten berechnet. Eine Messung bestätigt mit 74 µm den zu geringen Abtrag (Abbildung 7.9). Nun wird der Abtrag pro Schicht im CAM-System korrigiert und es werden 224 Schichten für den Abtrag bis zu einer Tiefe von 190 µm errechnet, welcher auch so gut wie erreicht wird. Nach dem letzten Schritt wird mit 199 µm der Zielabtrag im Rahmen der Messungenauigkeit erreicht.

	1. Schritt bis 50%	2. Schritt bis 95%	3. Schritt bis 100%
Soll-Abtrag/Schicht	0,7 µm	0,52 µm	0,51 µm
Soll-Abtrag	100 µm	190 µm	200 µm
# Schichten	142	224	21
Ist-Abtrag/Schicht	0,52 µm	0,51 µm	0,48 µm
Ist-Abtrag	74 µm	189 µm	199 µm

Tabelle 7.2: Validierung 2: Ergebnisse beim Abtragen einer Tasche
Validation 2: Results for the Ablation of a Pocket

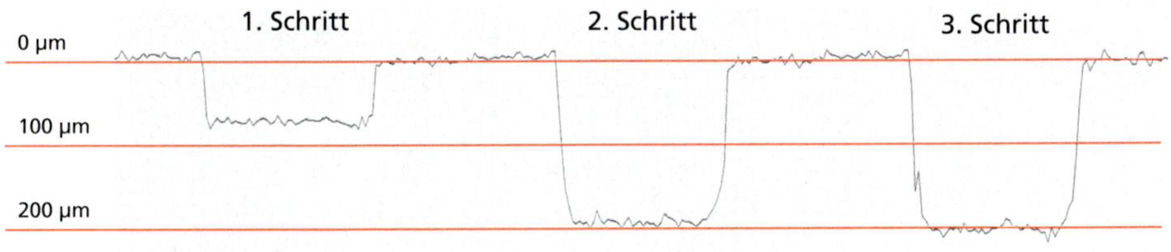

Abbildung 7.9: Validierung 2: OCT-Messung der Abtragschritte
Validation 2: OCT Measurement of the Ablation Steps

Im dritten Validierungsversuch (Tabelle 7.3) wurde ein zu geringer Abtrag angenommen (0,35 µm pro Schicht). Dies kann nur in einem gewissen Umfang korrigiert werden; wenn nach 50 % der Schichten der Soll-Abtrag bereits überschritten wurde, kann der Algorithmus keine Korrekturen mehr vornehmen. In diesem Beispiel wurde nach dem 1. Schritt ein Abtrag von 146 µm erreicht. Nach einer Korrektur wurde aber schon nach dem 2. Schritt der gewünschte Abtrag von 190 µm eingehalten. Nach Abschluss des Prozesses wurde wiederum der gewünschte Abtrag von 202 µm erreicht.

	1. Schritt bis 50%	2. Schritt bis 95%	3. Schritt bis 100%
Soll-Abtrag/Schicht	0,35 µm	0,51 µm	0,52 µm
Soll-Abtrag	100 µm	190 µm	200 µm
# Schichten	285	85	18
Ist-Abtrag/Schicht	0,51 µm	0,52 µm	0,67 µm
Ist-Abtrag	146 µm	190 µm	202 µm

Tabelle 7.3: Validierung 3: Ergebnisse beim Abtragen einer Tasche
Validation 3: Results for the Ablation of a Pocket

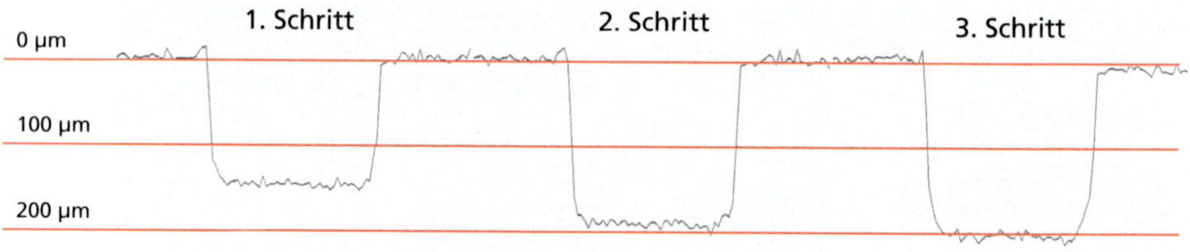

Abbildung 7.10: Validierung 3: OCT-Messung der Abtragschritte
Validation 3: OCT Measurement of the Ablation Steps

Zur Überprüfung des OCT-Messgeräts wurden abschließend Vergleichsmessungen mit dem in Kapitel 4.3.1 vorgestellten stationären Alicona-Messgerät durchgeführt (Abbildung 7.11). Nach jeder der drei OCT-Messungen wurde entsprechend eine Messung mit dem Alicona-Gerät durchgeführt. Dabei konnte eine maximale Ungenauigkeit von 5 µm festgestellt werden. Zur korrekten Validierung des OCT-Messgeräts sind im Anschluss an diese Arbeit allerdings noch weiterführende Arbeiten durchzuführen. Für den hier gezeigten Anwendungsfall ist die Genauigkeit in der Regel ausreichend.

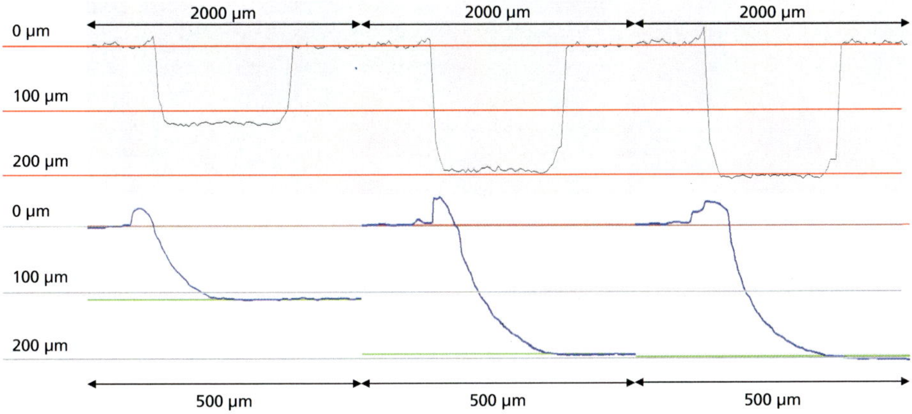

OCT	116 µm	188 µm	203 µm
Alicona	112 µm	193 µm	201 µm

Abbildung 7.11: Überprüfung der Messergebnisse
Varification of the Measurement Results

7.3 Adaptives Abtragen einer Schweißraupe

Adaptive Ablation of a Welding Bead

In dem vorgestellten Projekt „ToolRep" sollen beschädigte Bereiche mittels Abtraglaser ausgekoffert werden und anschließend durch Drahtauftragschweißen wieder gefüllt werden. Zur finalen Einbringung der ursprünglichen Struktur muss die Schweißraupe planiert werden, wobei dieser Schritt mittels adaptiven Abtragen realisiert werden soll. Diese Geometrie abzutragen ist aufgrund der unebenen Ausgangsgeometrie ungleich komplexer als das Einbringen von Taschengeometrien. Um auch diesen Anwendungsfall mit der entwickelten Regelung zu testen wurde eine Schweißbahn auf ein Testbauteil aufgebracht. Eine Messung der Schweißraupengeometrie dient als Basis für die CAM-Programmierung. Der adaptive Abtrag erfolgt analog zum oben beschriebenen Abtrag zur Erzeugung der Taschengeometrie.

Die Höhe der Schweißraupe im initialen Zustand beträgt 380 µm; dies ist die Zieltiefe, da die Schweißraupe planiert werden soll (Abbildung 7.12 links). Ein Abtrag von 1 µm pro Schicht wurde angenommen, dementsprechend wurden 190 Schichten für den 50 %-Abtrag berechnet (Tabelle 7.4, 1. Schritt). Nach dem ersten Prozessschritt hat eine weitere Messung einen zu geringen Abtrag ergeben, sodass der Abtrag pro Schicht für die folgende Berechnung auf 0,81 µm korrigiert wurde. Nach dem letzten Schritt konnte auch in diesem Validierungsbeispiel ein Abtrag von 379 µm, also der gewünschte Abtrag erreicht werden. Allerdings wurde eine relativ hohe Oberflächenrauheit erzeugt, was die exakte Messung erschwert. Dies kann zukünftig durch eine Optimierung der Prozessparameter verhindert werden.

	1. Schritt bis 50%	2. Schritt bis 95%	3. Schritt bis 100%
Soll-Abtrag/Schicht	1 µm	0,81 µm	0,8 µm
Soll-Abtrag	190 µm	361 µm	380 µm
# Schichten	190	257	28
Ist-Abtrag/Schicht	0,81 µm	0,8 µm	0,75 µm
Ist-Abtrag	153 µm	358 µm	379 µm

Tabelle 7.4: Validierung anhand einer Schweißraupe: Ergebnisse beim Abtragen
Validation with a Welding Bead: Results for the Ablation

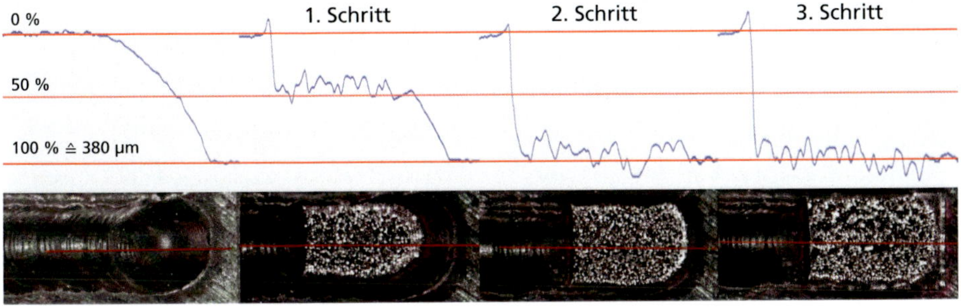

Abbildung 7.12: Validierung anhand einer Schweißraupe: Messung der Abtragschritte
Validation with a Welding Bead: Measurement of the Ablation Steps

7.4 Zwischenfazit
Interim Conclusion

Im ersten Validierungsbeispiel wurde eine Struktur zum gerichteten Flüssigkeitstransport betrachtet. Die Kapillarstruktur besteht aus kleinen Kanälen mit ca. 20 µm Breite, was in einem ersten Versuch zu Problemen bei der Bearbeitung führte. Die Trägheit der Scannerspiegel führte zu Einbrandeffekten an den Strukturrändern, was den gewünschten Kapillareffekt verhindert hat. Der in Kapitel 5 vorgestellte Beschleunigungskompensationsalgorithmus wurde eingesetzt, um die Qualität der Bearbeitung zu erhöhen. Die Einbrände konnten deutlich reduziert werden, was mit einer Messung und einem erfolgreichen Flüssigkeitstransport auf den Werkstücken gezeigt werden konnte.

Anschließend wurde ein Anwendungsfall aus dem Bereich der Spritzgießwerkzeuge vorgestellt. Ziel war die Herstellung einer Taschengeometrie mit den Maßen 2 mm x 2 mm x 0,2 mm. Um die gewünschte Tiefe zu erreichen wurde der in Kapitel 6 entwickelte Regelalgorithmus eingesetzt. Diesem wurde als Parameter der Abtrag pro Schicht vorgegeben, der einmal diesem Abtrag ungefähr entsprach, einmal zu hoch und einmal zu niedrig war. Nach Abarbeitung von 50 % der Schichten wurde ein erstes Mal die Oberfläche gemessen und der tatsächliche Abtrag pro Schicht wurde errechnet. Mit diesem Parameter wurden die nächsten Schichten berechnet. Es konnte gezeigt werden, dass unabhängig von der initialen Angabe des Abtrages pro Schicht in jedem Fall der gewünschte Abtrag von 200 µm erreicht werden konnte. Auch das Abtragen einer Schweißraupengeometrie wurde erfolgreich mit dem entwickelten Algorithmus validiert. Der Abtrag pro Schicht wurde entsprechend der Messung korrekt in das CAM-System überführt, sodass am Ende des Prozesses eine planare Oberfläche vorhanden war.

8 Zusammenfassung und Ausblick

Summary and Outlook

Das Laserstrahlstrukturieren ist ein innovatives Fertigungsverfahren, welches in Zukunft stark an Bedeutung gewinnen wird. Es wird benutzt, um z. B. technische Strukturen auf bewegten Komponenten zur Reibungsreduzierung oder Designstrukturen auf Werkzeugen zur replikativen Fertigung einzubringen. Besonders die Wiederholbarkeit, die erreichbare Genauigkeit und die reduzierte Umweltbelastung gegenüber chemischen Verfahren machen es universell einsetzbar. Allerdings reduzieren vorhandene Defizite momentan die Marktdurchdringung. Dazu zählen die umständliche Parametersuche am Anfang eines Prozesses oder eine verringerte Qualität der bearbeiteten Oberfläche in Bereichen, in denen die Bewegung des Prozesslasers startet oder endet. Diese Arbeit hat einen Beitrag geleistet, um diese Defizite zu reduzieren. Dazu wurden Ansätze der Automatisierung und intelligente Algorithmen in den Prozess implementiert.

Aufgrund von Trägheitseffekten der Scannerspiegel wird am Beginn und am Ende von Markiervektoren die programmierte Geschwindigkeit nicht erreicht. Dies führt zu einem erhöhten Energieeintrag auf dem Bauteil durch eine Konzentration von Laserpulsen. Um diese dynamischen Effekte beim Laserstrahlstrukturieren ohne Einbruch der Systemleistung zu verhindern, wurde ein Kompensationsalgorithmus entwickelt, der ein Regressionsmodell sowohl für den geschwindigkeitsabhängigen Schleppverzug als auch für den Bereich der Beschleunigung nutzt. Dieses Kompensationssystem adaptiert mittels intelligenter Algorithmen die Bahnführung und legt die Beschleunigungs- und Abbremsregionen in Bereiche, in denen der Laser noch deaktiviert ist. Das Modell wird automatisch an die verwendete Lasersystemtechnik adaptiert, sodass das System in einem automatisierten Prozess kalibriert wird. Im Ergebnis sorgt das System für eine gleichförmige Bewegung des Laserstrahls auf dem Bauteil. Es konnte gezeigt werden, dass die Einbrandeffekte, die für die Verringerung der Qualität verantwortlich sind, deutlich reduziert werden konnten.

Zusätzlich kann der Prozess zur Bestimmung neuer Systemparameter für die Trägheitskompensation, z. B. bei der Entwicklung oder bei der Inbetriebnahme neuer Lasermaschinen, bei Wartungsarbeiten oder wenn neue Markiergeschwindigkeiten verwendet werden, durch die vollautomatische Systemanalyse und Kalibrierroutine ersetzt werden. Dies senkt die benötigte Zeit und Arbeit, die zur Einrichtung des Prozesses und zur Parameterfindung benötigt werden und steigert die Effizienz der Produktion.

Der entwickelte Algorithmus für die automatische Systemanalyse ermöglicht nicht nur eine höhere Präzision und bessere Qualität von Mikrostrukturen beim Laserstrahlstrukturieren, sondern birgt in der Zukunft auch Potenzial zur Verbesserung anderer Laserprozesse, bei denen Laserscanner verwendet werden. Für das scannerbasierte Laserschweißen, das laserbasierte Pulverbettschmelzen oder die Laseroberflächenbehandlung kann die Trägheitskompensation des Strahlführungssystems ebenfalls zur Qualitätssteigerung beitragen. Mit einer Adaptierung des Algorithmus wird es möglich sein, einen erhöhten Energieeintrag in Beschleunigungsregionen zu verhindern – unabhängig vom konkreten Prozess.

Die passenden Prozessparameter für einen gewünschten Abtrag zu finden, gestaltet sich beim Laserstrahlstrukturieren aufgrund der vielfältigen Einflussfaktoren schwierig und stellt den Bediener vor eine besondere Herausforderung. Eine umfangreiche Parameterstudie auf Testmaterial ist daher oftmals notwendig, um die Prozessparameter zu ermitteln. In der vorliegenden Arbeit wurde eine adaptive Online-Regelung vorgestellt, die diesen Vorgang während des Prozesses automatisiert. Dazu wurde ein in den Strahlengang des Prozesslasers integrierter Messstrahl auf Basis der LCI-Technologie genutzt, der die momentane Abtragtiefe detektieren kann, ohne das Bauteil bewegen zu müssen. Nach einem Teilabtrag wird die aktuelle Situation gemessen und mit dieser Information werden die nachfolgenden Schichten berechnet. Die Abtragtiefe kann mit jeder Iteration besser vorhergesagt werden. Durch dieses selbstlernende System kann sichergestellt werden, dass am Ende des Prozesses die gewünschte und programmierte Abtragtiefe mit einer abschließenden Qualitätskontrolle erreicht wird.

Diese Regelungstechnologie wurde erfolgreich am Beispiel von Taschen- und Schweißraupengeometrien validiert. Unabhängig von dem eingestellten Abtrag pro Schicht wurde am Ende stets die Zieltiefe erreicht. Dies erleichtert das Einbringen von einfachen Strukturen in unbekannte Materialien erheblich. Um effizienter zu arbeiten, könnte in Zukunft die Anzahl der Messungen (je nach Komplexität des Bauteils) reduziert werden. Momentan misst der Algorithmus jeweils nach 50 %, 95 % und 100 % der berechneten Schichten. Allerdings wurde in den Validierungsversuchen gezeigt, dass bereits nach der 50 %-Messung jeweils der korrekte Abtragswert identifiziert wurde, sodass der Messschritt bei 95 % zukünftig entfallen kann.

Für komplexere Strukturen, wie z. B. Treppengeometrien oder Geometrien, die kontinuierliche Höhenänderungen beinhalten, muss der Algorithmus zukünftig robuster gestaltet werden. Eine universell unabhängig von der Zielgeometrie einsetzbare Regelung würde den Prozess des Laserstrahlstrukturierens deutlich vereinfachen und die benötigte Zeit deutlich verkürzen. Die vorliegende Arbeit hat dazu die Prinzipien entwickelt, implementiert und validiert. Es existiert weiterer Forschungsbedarf, um das Gesamtsystem universell nutzbar zu machen.

Literaturverzeichnis

Bibliography

[ABEL04] Abeln, T.: Weniger Reibung durch Laseroberflächenstrukturierung. In: *Laser Journal* (2004), Nr. 1, S. 45–50

[ABEL09] Abel, D.: *Umdruck zur Vorlesung Regelungstechnik und Ergänzungen (Höhere Regelungstechnik)*. 33. Aufl. Aachen : Verlagshaus Mainz, 2009. – ISBN 3–8107–0067–3

[ACSY16] ACSYS: *Lasergravierter Münzprägestempel*. `http://www.acsys.de/fileadmin/public/Images/Anwendungen/Metalle_Legierungen/thumbs_standard/acsys_lasergravierter_muenzpraegestempel_2_small.png`. Version: 19.06.2016

[ACSY17] ACSYS: *Eagle - Präzise und Effektiv*. `http://www.acsys.de/lasersysteme/eagle/laserdigitalisierungssystem.html`. Version: 31.07.2017

[ADAM16] Adams, O.: *Modellbasierte prädiktive Kraftregelung beim Fräsen*. Dissertation. RWTH Aachen, 2016

[ADEN92] Aden, M.; Beyer, E.; Herziger, G.; Kunze, H.: Laser-induced vaporization of a metal surface. In: *Journal of Physics D: Applied Physics* 25 (1992), Nr. 1, S. 57–65

[AFAN99] Afanasiev, Y. V.; Chichkov, B. N.; Demchenko, N. N.; Isakov, V. A.; Zavestovskaya, I. N.: Ablation of metals by ultrashort laser pulses: Theoretical modeling and computer simulations. In: *Journal of Russian Laser Research* 20 (1999), Nr. 2, S. 89–115

[AMOR07] Amoruso, S.; Bruzzese, R.; Wang, X.; Nedialkov, N. N.; Atanasov, P. A.: Femtosecond laser ablation of nickel in vacuum. In: *Journal of Physics D: Applied Physics* 40 (2007), Nr. 2, S. 331–340. – DOI 10.1088/0022–3727/40/2/008. – ISSN 0022–3727

[ANDE07] Andersson, P.; Koskinen, J.; Varjus, S.; Gerbig, Y.; Haefke, H.; Georgiou, S.; Zhmud, B.; Buss, W.: Microlubrication effect by laser-textured steel surfaces. In: *Wear* 262 (2007), Nr. 3-4, S. 369–379. – DOI 10.1016/j.wear.2006.06.003. – ISSN 00431648

[AUTR13] Autrique, D.; Alexiades, V.; Khanal, H.: Hydrodynamic Modeling of ns-Laser Ablation. In: *Electronic Journal of Differential Equations* (2013), S. 1–14

[BARK95] Barkhausen, W.: *Prozeßüberwachung und Prozeßregelung beim Abtragen von Deckschichten mit Excimerlaserstrahlung*. Dissertation. RWTH Aachen, 1995

[BÄUE04] Bäuerle, D.; Börnstein, R.; Landolt, H.; Madelung, O.; Martienssen, W.; Poprawe, R.: *Numerical data and functional relationships in science and technology: New series: Group VIII: Advanced Materials and Technologies – Laser Physics – Subvolume C: Laser Applications*. Berlin [u.a.] : Springer, 2004. – ISBN 3–540–00105–0

[BEIS03] Beiser, L.: *Unified optical scanning technology*. Hoboken, NJ : Wiley, 2003 (A Wiley-Interscience publication). – ISBN 0471316547

[BENG13] Bengtsson, M.; Müller, D.; Klimt, B.: Picosecond lasers come of age for micromachining. In: *Industrial Lasers* (2013), S. 15–19

[BICH07] Bichmann, S.: *Maschinenintegrierte optische Messtechnik zur Freiform-Geometrieerfassung auf Werkzeugmaschinen*. Dissertation. RWTH Aachen, 2007

[BLIE13] Bliedtner, J.; Müller, H.; Barz, A.: *Lasermaterialbearbeitung: Grundlagen – Verfahren – Anwendungen – Beispiele*. München : Carl-Hanser-Verlag, 2013. – ISBN 978–3–446–42168–4

[BOBZ11] Bobzin, K.; Bagcivan, N.; Gillner, A.; Hartmann, C.; Holtkamp, J.; Michaeli, W.; Klaiber, F.; Schöngart, M.; Theiß, S.: Injection molding of products with functional surfaces by micro-structured, PVD coated injection molds. In: *Production Engineering* 5 (2011), Nr. 4, S. 415–422. – DOI 10.1007/s11740–011–0319–9. – ISSN 0944–6524

[BONS14] Bonse, J.; Koter, R.; Hartelt, M.; Spaltmann, D.; Pentzien, S.; Höhm, S.; Rosenfeld, A.; Krüger, J.: Femtosecond laser-induced periodic surface structures on steel and titanium alloy for tribological applications. In: *Applied Physics A* 117 (2014), Nr. 1, S. 103–110. – DOI 10.1007/s00339–014–8229–2

[BORD06] Bordatchev, E. V.; Nikumb, S. K.: Effect of focus position on informational properties of acoustic emission generated by laser-material interactions. In: *Applied Surface Science* 253 (2006), Nr. 3, S. 1122–1129. – DOI 10.1016/j.apsusc.2006.01.047. – ISSN 01694332

[BREI15] Breit, M.; Muenzer, H.-J.; Laser Systems Europe (Hrsg.): *Galvanometer Scanners with Digital Position Sensors Meet Industry's Toughest Challenges.* `https://www.lasersystemseurope.com/white-paper/galvanometer-scanners-digital-position-sensors-meet-industrys-toughest-challenges`. Version: 2015

[BREN18] Brenner, A.; Kurzidim, F.; Fornaroli, C.; Gillner, A.: Combination of short and ultrashort pulse laser processing for productive large scale structuring of 3D plastic mould steel. In: *Journal of Laser Applications* 30 (2018), Nr. 3, S. 1–5. – DOI 10.2351/1.5040621. – ISSN 1042–346X

[BREN19] Brenner, A.; Bornschlegel, B.; Finger, J.: Increasing Productivity of Ultrashort Pulsed Laser Ablation in Advance for a Combination Process with ns-laser. In: *Journal of Laser Micro/Nanoengineering* (2019), Nr. 14, S. 100–107. – DOI 10.2961/jlmn.2019.01.0017. – ISSN 18800688

[BREZ06] Brezinski, M. E.: *Optical Coherence Tomography - Principles and Application.* Burlington : Elsevier, 2006. – ISBN 0–12–133570–4

[BULS13] Buls, S.; Craeghs, T.; Clijsters, S.; Kempen, K.; Swevers, J.; Kruth, J.-P.: The Influence of a Dynamically Optimized Galvano Based Laser Scanner on the Total Scan Time of SLM Parts. In: *Solid Freeform Fabrication Symposium* (2013), S. 260–266

[CAMB17] Cambridge Technology: *Lightning II Digital Scanning Platform.* `http://pdf.directindustry.com/pdf/cambridge-technology/lightning-ii-digital-scanning-platform/36210-411559.html`. Version: 11.08.2017

[CHEN13] Cheng, J.; Liu, C.-s.; Shang, S.; Liu, D.; Perrie, W.; Dearden, G.; Watkins, K. G.: A review of ultrafast laser materials micromachining. In: *Optics & Laser Technology* 46 (2013), S. 88–102. – DOI 10.1016/j.optlastec.2012.06.037

[CHIC96] Chichkov, B. N.; Momma, C.; Nolte, S.; Alvensleben, F. von; Tünnermann, A.: Femtosecond, picosecond and nanosecond laser ablation of solids. In: *Applied Physics Letters* (1996), Nr. 63, S. 109–115. – ISSN 00036951

[COMA14] Comanns, P.; Winands, K.; Arntz, K.; Klocke, F.; Baumgartner, W.: Laser-Based biomimetic functionalization of surfaces: From moisture harvesting lizards to specific fluid transport systems. In: *International Journal of Design & Nature and Ecodynamics* 9 (2014), Nr. 3, S. 206–215. – DOI 10.2495/D-NE–V9–N3–206–215. – ISSN 1755–7437

[COMA15] Comanns, P.; Buchberger, G.; Buchsbaum, A.; Baumgartner, R.; Kogler, A.; Bauer, S.; Baumgartner, W.: Directional, passive liquid transport: The Texas horned lizard as a model for a biomimetic 'liquid diode'. In: *Journal of The Royal Society Interface* 12 (2015), Nr. 109, S. 20150415. – DOI 10.1098/r-sif.2015.0415. – ISSN 1742–5689

[COMA16] Comanns, P.; Winands, K.; Pothen, M.; Bott, R. A.; Wagner, H.; Baumgartner, W.: The Texas horned lizard as model for robust capillary structures for passive directional transport of cooling lubricants. In: Martín-Palma, R. J. (Hrsg.); Lakhtakia, A. (Hrsg.); Knez, M. (Hrsg.): *SPIE Smart Structures and Materials + Nondestructive Evaluation and Health Monitoring*, SPIE, 2016 (SPIE Proceedings), S. 1–11

[COMA19] Comanns, P.; Winands, K.; Pothen, M.; Mescheder, H.: *Bionisch funktionalisierte Oberflächen durch laserbasierte Nachbildung der Schuppenstruktur feuchtigkeitserntender Echsen »BioLas.exe«*. 1. Auflage. Herzogenrath : Shaker, 2019 (Berichte aus der Fertigungstechnik). – ISBN 978–3–8440–6492–6

[DAGG09] Dagge, L.; Harr, K.; Paul, M.; Schnedl, G.: Classification of process analysis: offline, atline, online, inline. In: *Cement International* (2009), Nr. 7, S. 1–9

[DANZ11] Danzl, R.; Helmli, F.; Scherer, S.: Focus Variation – A Robust Technology for High Resolution Optical 3D Surface Metrology. In: *Strojniški vestnik – Journal of Mechanical Engineering* 2011 (2011), Nr. 03, S. 245–256. – DOI 10.5545/sv–jme.2010.175. – ISSN 00392480

[DAUS12] Dausinger, F.: *Schlussbericht zum Verbundprojekt „Laserstrukturieren von Prägewalzen für optische funktionale Folienoberflächen - Lawalz"*. Stuttgart and Hannover, 2012

[DENK08] Denkena, B.; Boehnke, D.; Kästner, J.: Microstructuring of functional surfaces by means of cutting processes. In: *Production Engineering* 2 (2008), Nr. 1, S. 21–25. – DOI 10.1007/s11740–008–0079–3. – ISSN 0944–6524

[DIN03a] DIN: *8580: Fertigungsverfahren - Begriffe, Einteilung*. 01.09.2003

[DIN03b] DIN: *8590: Fertigungsverfahren Abtragen - Einordnung, Unterteilung, Begriffe*. 01.09.2003

[DIN12] DIN: *32540: Laserstrahlabtragen – Thermisches Abtragen mit dem Laserstrahl – Begriffe, Einflussgrößen, Durchführung*. 01.08.2012

[DIN14] DIN: *60050-351: Internationales Elektrotechnisches Wörterbuch*. 2014

[DOMK11] Domke, M.; Heise, G.; Richter, I.; Sarrach, S.; Huber, H. P.: Pump-Probe Investigations on the Laser Ablation of CIS Thin Film Solar Cells. In: *Physics Procedia* 12 (2011), S. 396–403. – DOI 10.1016/j.phpro.2011.03.149. – ISSN 18753892

[DUDE13] Dudeck, S.: *Kamerabasierte In-situ-Überwachung gepulster Laserschweißprozesse*. Dissertation. Karlsruher Institut für Technologie, 2013

[DUNN05] Dunn, W.: *Fundamentals of industrial instrumentation and process control*. New York : McGraw-Hill, 2005. – ISBN 0071457356

[EICH04] Eichler, H.: Erzeugung von strukturierten Bauteiloberflächen und deren Einfluss auf die Produkteigenschaften. In: VDI e.V. (Hrsg.): *Tagungsband „Fachtagung Kunststoffe im Automobilbau"*. Mannheim : VDI e.V., 2004, S. 26–43

[EIFE17] Eifel, S.: Neue Impulse in der UKP-Maschinentechnik. In: *mikroproduktion* (2017), Nr. 03, S. 10–15

[ENGE12] Engelhardt, U.; Hildenhagen, J.; Dickmann, K.: Abtragsverhalten verschiedener Werkstoffe beim Mikrostrukturieren mit Pikosekundenlasern in Kombination mit einer Scanoptik. In: *Laser Magazin* (2012), S. 8–11

[FING15] Finger, J.; Kalupka, C.; Reininghaus, M.: High power ultra-short pulse laser ablation of IN718 using high repetition rates. In: *Journal of Materials Processing Technology* 226 (2015), S. 221–227. – DOI 10.1016/j.jmatprotec.2015.07.014. – ISSN 09240136

[FISC00] Fischer, S.: *Spanende Herstellung von mikrostrukturierten Oberflächen*. Dissertation. RWTH Aachen, 2000

[FLEM15] Flemmer, J.; Willenborg, E.: Simultaneous 9-Axis-Laser-Processing. In: *ASME 2015 International Manufacturing Science and Engineering Conference*, Monday 8 June 2015, S. 1–6

[FLEM18] Flemmer, J.: *CAM-NC-Datenkette für die Laserbearbeitung von Freiformflächen mit simultaner Bewegung mechanischer Achsen und galvanometrischem Laserscanner*. Dissertation. RWTH Aachen, 2018

[FOBA17] FOBA: *Fokussiert auf passgenaue Lösungen zur Lasermarkierung und Lasergravur*. www.foba.de/fileadmin/redakteur/content/download/Broschüren/FOBA-Produktbroschüre_DE.pdf. Version: 11.08.2017

[FRAU08] Fraunhofer Gesellschaft: *Produktionstechnik zur Erzeugung funktionaler Oberflächen: Status und Perspektiven*. Braunschweig, 2008

[FRAU12] Fraunhofer-Institut für Produktionstechnologie IPT: *Wirtschaftliche Fertigung mikrostrukturierter Formwerkzeuge für das Spritzgießen von hochwertigen Kunststoffbauteilen – QualiStruk3D: Abschlussbericht zum InnoNet-Verbundprojekt*. Aachen, 2012

[GEHR13] Gehrke, C.: *Überwachung der Struktureigenschaften beim Oberflächenstrukturieren mit ultrakurzen Laserpulsen*. Dissertation. Universität Stuttgart, 2013

[GEHR17] Gehring Technologies GmbH: *Laser-Honen*. http://www.gehring.de/sites/default/files/text/laserhonen-de-ww.pdf. Version: 11.08.2017

[GEVA99] Gevatter, H.-J.: *Handbuch der Mess- und Automatisierungstechnik: Mit 91 Tabellen*. Berlin and Heidelberg and New York and Barcelona and Hongkong and London and Mailand and Paris and Singapur and Tokio : Springer, 1999 (VDI). – ISBN 3–540–59135–4

[GROE14] Groenedijk, M.: 3D-Oberflächenstrukturierung von Freiformflächen. In: *mikroproduktion* (2014), Nr. 13, S. 30–34

[HEHE11] Hehenberger, P.: *Computerunterstützte Fertigung: Eine kompakte Einführung*. Berlin : Springer, 2011. – ISBN 9783642134746

[HEIS14] Heisel, U.; Klocke, F.; Uhlmann, E.; Spur, G.: *Handbuch Spanen*. München : Hanser, 2014 (Ed. Handbuch der Fertigungstechnik). – ISBN 9783446436992

[HENN08] Hennig, G.; Selbmann, K.-H.; Pfinninger, S.; Brendel, J.; Brüning, S.: Large scale laser microstructuring of gravure print rollers. In: Holmes, A. S. (Hrsg.); Meunier, M. (Hrsg.); Arnold, C. B. (Hrsg.); Niino, H. (Hrsg.); Geohegan, D. B. (Hrsg.); Träger, F. (Hrsg.); Dubowski, J. J. (Hrsg.): *Lasers and Applications in Science and Engineering*, SPIE, 2008 (SPIE Proceedings), S. 1–12

[HESS03] Hesselbach, J.; Raatz, A.; Wrege, J.; Herrmann, H.; Weule, H.; Buchholz, C.; Tritschler, H.; Knoll, M.; Elsner, J.; Klocke, F.; Weck, M.; Bodenhausen, J. von; Klitzing, A. von: mikroPRO – Untersuchung zum internationalen Stand der Mikroproduktionstechnik. In: *wt werkstattstechnik online* 93 (2003), Nr. 3, S. 119–128

[HEYL04] Heyl, P.: *Mikrostrukturierung von Hartmetallen mit UV-Laserpulsen im Nanosekundenbereich*. Dissertation. Ruprechts-Karls-Universität, 2004

[HILL94] Hill, W.; Fehlbaum, R.; Ulrich, P.: *Organisationslehre, Band 1: Ziele, Instrumente und Bedingungen der Organisation solzialer Systeme*. 5. Bern : Haupt, 1994

[HOLT11] Holtkamp, J.; Hartmann, C.; Dohrn, A.; Eifel, S.; Gillner, A.: Herstellung funktionaler Werkzeugoberflächen mit Laserstrahlung. In: *wt werkstattstechnik online* 101 (2011), Nr. 11/12, S. 775–776

[HÜGE09] Hügel, H.; Graf, T.; Dausinger, F.: *Laser in der Fertigung: Strahlquellen, Systeme, Fertigungsverfahren*. 2., neu bearb. Aufl. Wiesbaden : GWV Fachverlage and Teubner, 2009. – ISBN 978–3–8351–0005–3

[IAKO05] Iakovou, D.; Aarts, R.; Meijer, J.: Integrated sensors for robotic laser welding. In: *International Journal of Human Resources Development and Management* (2005), S. 1–6

[ITIN04] Itina, T. E.; Hermann, J.; Delaporte, P.; Sentis, M.: Modeling of metal ablation induced by ultrashort laser pulses. In: *Thin Solid Films* 453-454 (2004), S. 513–517. – DOI 10.1016/j.tsf.2003.11.124. – ISSN 00406090

[JACO15] Jacob, J.; Shanmugavelu, P.; Balasubramaniam, R.; Singh, R.: Excimer Laser Micromachining and its Applications. In: Joshi, S. N. (Hrsg.); Dixit, U. S. (Hrsg.): *Lasers based manufacturing*. New Delhi : Springer India, 2015 (Topics in mining, metallurgy and materials engineering). – ISBN 978–81–322–2351–1, S. 157–177

[JAEG14] Jaeggi, B.; Neuenschwander, B.; Zimmerman, M.; Loor, R. de; Penning, L.: High throughput ps-laser micro machining with a synchronized polygon line scanner. In: *8th International Conference on Photonic Technologies LANE 2014* (2014), S. 1–8

[JAND97] Jandeleit, J.: *Materialabtrag mit intensiven ultrakurzen Laserpulsen*. Dissertation. RWTH Aachen, 1997

[JANS12] Janssen, A.: Laserstrukturieren senkt Reibung hochbelasteter Serienteile. In: *Maschinenmarkt* (2012), Nr. 11, S. 36–38

[JANS19] Janssen, A.: *Wirksamkeit tribologischer Mikrostrukturen bei extremen Einsatzbedingungen und Ableitung eines Fertigungsmodells für das UKP-Laserabtragen*. Dissertation. RWTH Aachen, 2019

[KIM11] Kim, K.; Yoon, K.; Suh, J.; Lee, J.: Laser Scanner Stage On-The-Fly Method for ultrafast and wide Area Fabrication. In: *Physics Procedia* 12 (2011), S. 452–458. – DOI 10.1016/j.phpro.2011.03.156. – ISSN 18753892

[KLEI14] Klein, B.: *Versuchsplanung - DoE: Einführung in die Taguchi/Shainin-Methodik*. 4. Aufl. Berlin : DE GRUYTER, 2014. – ISBN 978–3–486–77842–7

[KLOC07] Klocke, F.; König, W.: *Fertigungsverfahren 3: Abtragen, Generieren, Lasermaterialbearbeitung*. 4. Berlin und Heidelberg : Springer, 2007. – ISBN 3–540–23492–6

[KLOC08] Klocke, F.; König, W.: *Fertigungsverfahren 1: Drehen, Frasen, Bohren*. 8. Aufl. Berlin : Springer, 2008 (VDI-Buch). – ISBN 978–3540234586

[KLOC09] Klocke, F.; Arntz, K.; Mescheder, H.; Winands, K.: Reproduzierbare Designoberflächen im Werkzeugbau: Laserstrahlstrukturieren als alternatives Fertigungsverfahren zur Oberflächenstrukturierung. 99 (2009), Nr. 11/12, S. 844–850

[KLOC10] Klocke, F.; Arntz, K.; Mescheder, H.; Böker, J.: Laser Structuring of Freeform Surfaces. In: *International Conference on Competitive Manufacturing* (2010), S. 1–6

[KORD07] Kordt, J. M.: *Konturnahes Laserstrahlstrukturieren für Kunststoffspritzgießwerkzeuge*. Dissertation. RWTH Aachen, 2007

[KRÜT05] Krüth, S.: Beeindruckende Strukturen. In: *Plastverarbeiter* (2005), S. 40–41

[KUNZ16] Kunze, R.; Mallmann, G.; Schmitt, R.: Inline Plasma Analysis as Tool for Process Monitoring in Laser Micro Machining for Multi-layer Materials. In: *Physics Procedia* 83 (2016), S. 1329–1338. – DOI 10.1016/j.phpro.2016.08.140. – ISSN 18753892

[KUNZ17a] Kunze, R.; Bredol, P.; Schmitt, R.: Signalverarbeitung zur Inline-Prozessüberwachung für koaxial integrierte Messtechnik in der Lasermikrostrukturierung. In: *at – Automatisierungstechnik* 65 (2017), Nr. 6, S. 1–10. – DOI 10.1515/auto–2017–0011

[KUNZ17b] Kunze, R.; Schmitt, R.: Inline surface topography measurements of ultrashort laser pulsed manufactured micro structures based on low coherence interferometry. In: *tm – Technisches Messen* (2017), Nr. n, S. 1–12. – DOI 10.1515/teme–2016–0074

[KURL19] Kurlemann, R.: "Das Beste wird noch kommen". In: *Rheinische Post* (14.06.2019)

[LACH09] Lachmund: *Leicht- und Verbundkonstruktionen. Bionik im Leichtbau*. München : GRIN, 2009

[LAKE09] Lake, M.: *Oberflächentechnik in der Kunststoffverarbeitung: Vorbehandeln, Beschichten, Funktionalisieren und Kennzeichnen von Kunststoffoberflächen*. München : Hanser, 2009. – ISBN 978–3–446–41849–3

[LASE18] Laser Focus World: *Umsatz mit Lasern weltweit in den Jahren 2006 bis 2018*. `https://de.statista.com/statistik/daten/studie/163232/umfrage/weltweiter-umsatz-mit-lasern-seit-2006/`. Version: 2018

[LÄSS94] Lässiger, B.: *Kontrollierter Formabtrag durch Sublimation mittels Laserstrahlung*. Dissertation. RWTH Aachen, 1994

[LAWR18] Lawrence, J.: *Advances in laser materials processing: Technology, research and applications*. Second edition. Duxford and Cambridge, MA and Kidlington : WP Woodhead Publishing, 2018 (Woodhead Publishing series in welding and other joining technologies). – ISBN 978–0–08–101252–9

[LI11] Li, L.; Hong, M.; Schmidt, M.; Zhong, M.; Malshe, A.; Huis in'tVeld, B.; Kovalenko, V.: Laser nano-manufacturing – State of the art and challenges. In: *CIRP Annals - Manufacturing Technology* 60 (2011), Nr. 2, S. 735–755. – DOI 10.1016/j.cirp.2011.05.005

[LIND00] Linde, D. von d.; Sokolowski-Tinten, K.: The physical mechanisms of short-pulse laser ablation. In: *Applied Surface Science* 154-155 (2000), S. 1–10. – DOI 10.1016/S0169–4332(99)00440–7. – ISSN 01694332

[LU98] Lu, Y. F.; Meng, M.; Hong, M. H.; Low, T. S.; Chan, D.: Automatic Control and Real-Time Monitoring of Laser Cleaning and Laser Ablation. In: *MRS Proceedings* 526 (1998), S. 71. – DOI 10.1557/PROC–526–149. – ISSN 1946–4274

[MALL17] Mallmann, G.: *Optical Measurement System for the Machine Integrated Monitoring and Automation of Laser Micro Machining Processes*. Dissertation. RWTH Aachen, 2017

[MART16] Martine, B.: Laser Texturing. In: *Laser Technik Journal* (2016), Nr. 1, S. 46–47

[MENG07] Menges, G.; Michaeli, W.; Mohren, P.: *Spritzgießwerkzeuge: Auslegung, Bau, Anwendung*. 6. Aufl. München : Hanser, 2007

[MESC18a] Mescheder, H.; Hermens, U.: Design and Function for Freeform Surfaces. In: *Laser Technik Journal* 15 (2018), Nr. 1, S. 29–31. – DOI 10.1002/latj.201800005. – ISSN 16137728

[MESC18b] Mescheder, H.; Hermens, U.: Freiformflächen mit dem Laser gezielt strukturieren. In: *Maschinenmarkt* (2018), Nr. 2, S. 66–67

[NATI18] National Institute of Standards and Technology: *Engineering Statistics Handbook - Central Composite Designs*. `https://www.itl.nist.gov/div898/handbook/pri/section3/pri3361.htm`. Version: 2018

[NOTT17] Nottrodt, O.: *Statistische Fehlerkompensation bei rasterbasierten Hochleistungs-UKP-Laserstrukturierungsverfahren am Beispiel eines Polygonscannersystems*. Dissertation. RWTH Aachen, 2017

[OLSS11] Olsson, R.; Eriksson, I.; Powell, J.; Kaplan, A.: Advances in pulsed laser weld monitoring by the statistical analysis of reflected light. In: *Optics and Lasers in Engineering* 49 (2011), Nr. 11, S. 1352–1359. – DOI 10.1016/j.optlaseng.2011.05.010. – ISSN 01438166

[PENC15] Penchev, P.; Dimov, S.; Bhaduri, D.; Soo, S. L.; Crickboom, B.: Generic software tool for counteracting the dynamics effects of optical beam delivery systems. In: *Proceedings of the Institution of Mechanical Engineers, Part B: Journal of Engineering Manufacture* (2015), S. 1–17. – DOI 10.1177/0954405414565379. – ISSN 0954–4054

[PHOT13] Photonik: Ultrakurzpulslaser für die massentaugliche Mikromaterialbearbeitung. In: *Photonik* 45 (2013), Nr. 6, S. 16

[POPR05] Poprawe, R.: *Lasertechnik für die Fertigung: Grundlagen, Perspektiven und Beispiele für den innovativen Ingenieur*. Berlin, Heidelberg : Springer, 2005. – ISBN 3–540–21406–2

[POPR11] Poprawe, R.: *Tailored Light 2: Laser Application Technology*. Berlin, Heidelberg : Springer, 2011

[POTH17a] Pothen, M.; Henrichs, O.: Integration of a Smart Measurement Device in the Laser Structuring Process Chain to Ensure High Quality. In: *Icaleo Conference Proceedings* (2017)

[POTH17b] Pothen, M.; Winands, K.; Klocke, F.: Compensation of scanner based inertia for laser structuring processes. In: *Journal of Laser Applications* 29 (2017), Nr. 1, S. 012017. – DOI 10.2351/1.4974906. – ISSN 1042–346X

[PREC14] Precitec Optronik GmbH: *CHRocodile 2 S – Optical Sensor*. Neu-Isenburg, 2014

[QUIT13] Quito, F. J.: *Fertigung von Strukturen durch Mikrofräsen*. Dissertation. RWTH Aachen, 2013

[RAPP12] Rapp, S.; Rosenberger, J.; Trappendreher, D.; Domke, M.; Heise, G.; Huber, H. P.: Pump-probe Microscopy Investigations on Fs-laser Ablation of Thin Ta2O5/Pt Layer Systems. In: *Physics Procedia* 39 (2012), S. 726–734. – DOI 10.1016/j.phpro.2012.10.094. – ISSN 18753892

[REIC13] Reichle, M.: Lasertexturierung – Eine zukunftsweisende Verfahrenstechnik für die Oberflächenstruktur. In: *Der Stahlformenbauer* (2013), Nr. 5, 44–46

[ROFI16] Rofin: *Laserbeschriften im Automobilbau*. `https://www.rofin.de/branchen/automobilindustrie/laserbeschriften/`. Version: 16.09.2016

[RTR18] RTR: *Airbus stellt erstmals Bauteil im 3D-Druck in Serie her*. https://www.handelsblatt.com/unternehmen/industrie/flugzeugbauer-airbus-stellt-erstmals-bauteil-im-3d-druck-in-serie-her/23098522.html. Version: 2018

[SCAN03] SCANLAB AG: *Installation and Operation: varioSCAN 40 Dynamic Focusing System*. 2003

[SCAN09] SCANLAB AG: *Installation und Inbetriebnahme, intelliSCAN25*. 2009

[SCAN13] SCANLAB AG: *Varioscan, Varioscan_de: New Dimensions – Optics in Motion*. 12.2013

[SCAN15] SCANLAB AG: *Intelliscan, Intelliscan_de: Smart Scanning*. 2015

[SCAN17a] SCANLAB AG: *Installation and Operation – RTC5*. 2017

[SCAN17b] SCANLAB AG: *Installation und Inbetriebnahme – RTC5*. 2017

[SCHM08] Schmitt, R.; Damm, B. E.: Inline-Messtechnik: Messen im Takt erhöht Wertschöpfung. In: *QZ* (2008), 57–59

[SCHM12a] Schmidt, S.: Galvo- und Servo-Steuerung in Perfektion: Die neueste Generation des vereinten Galvo- und Servo-Systems NMark ermöglicht durch Positionsrückmeldung größte Genauigkeit. In: *Laser+Photonik* (2012), Nr. 5, S. 50–53

[SCHM12b] Schmitt, R.; Mallmann, G.; Winands, K.; Pothen, M.: Inline Process Metrology System for the Control of Laser Surface Structuring Processes. In: *Physics Procedia* 39 (2012), S. 814–822. – DOI 10.1016/j.phpro.2012.10.105. – ISSN 18753892

[SCHM13] Schmitt, R.; Bichmann, S.; Mallmann, G.; Winands, K.; Pothen, M.; Kogel-Hollacher, M.; Stautner, M.; Hofmann, S.; Petschik, N.; Zecherle, M.; Peterka, P.; Todorov, F.; Sasek, L.; Drasner, J.: *High-precision inline measuring technology for laser structuring systems: Final report of the BMBF joint research project ERANET-MNT-scan4surf*. Aachen : Apprimus, 2013

[SHAH15] Shahar, A.: Innovative Steuerung für Galvo-basierte Lasersysteme. In: *Photonik* (2015), Nr. 2, S. 28–31

[STÖV09] Stöver, M.; Wintermantel, E.: Oberflächenstrukturierung metallischer Werkstoffe. In: Wintermantel, E. (Hrsg.); Ha, S.-W. (Hrsg.): *Medizintechnik*. Berlin, Heidelberg : Springer, 2009. – ISBN 978–3–540–93936–8, 769–775

[STRA18] Straeten, v. d. Kira; Nottrodt, O.; Zuric, M.; Olowinsky, A.; Abels, P.; Gillner, A.: Polygon scanning system for high-power, high-speed microstructuring. In: *Procedia CIRP* 74 (2018), S. 491–494. – DOI 10.1016/j.procir.2018.08.137. – ISSN 22128271

[STRG02] Strgar, S.; Možina, J.: An optodynamic determination of the depth of laser-drilled holes by the simultaneous detection of ultrasonic waves in the air and in the workpiece. In: *Ultrasonics* 40 (2002), Nr. 1-8, S. 791–795. – DOI 10.1016/S0041–624X(02)00211–1. – ISSN 0041624X

[TANG11] Tang, P.; Sobiecki, R.; Hansen, M.; Ravn, C.; Baum, C.: Replication of large scale embossed optical polymer surfaces. In: *ICOMM* (2011), Nr. 13, S. 431–435

[TERE14] Tereschenko, S.; Kühnhold, P.; Lehmann, P.; Zellmer, L.; Brückner-Foit, A.: Tiefenscannende Weißlichtinterferometrie in maschinennaher Umgebung. In: *tm - Technisches Messen* 81 (2014), Nr. 6. – DOI 10.1515/teme–2014–0408. – ISSN 0171–8096

[UNWR17] Unwrella: *What is Unwrella? – Features*. `http://www.unwrella.com/features/`. Version: 06.01.2017

[VASA10] Vasantgadkar, N.; Bhandarkar, U. V.; Joshi, S. S.: A finite element model to predict the ablation depth in pulsed laser ablation. In: *Thin Solid Films* 519 (2010), Nr. 4, S. 1421–1430. – DOI 10.1016/j.tsf.2010.09.016. – ISSN 00406090

[WEBE14] Weber, P.: *Steigerung der Prozesswiederholbarkeit mittels Analyse akustischer Emissionen bei der Mikrolaserablation mit UV-Pikosekundenlasern*. Dissertation. Karlsruher Institut für Technologie, 2014

[WEBS09] Webster, P.; Anderson, M.; Yu, J.; Fraser, J. M.: Inter- and Intrapulse Dynamics and Feedback Control for Laser Machining. In: *Conference on Lasers and Electro-Optics/International Quantum Electronics Conference*. 2009, S. 1–2

[WECK06] Weck, M.; Brecher, C.: *Werkzeugmaschinen 3: Mechatronische Systeme, Vorschubantriebe, Prozessdiagnose*. Berlin, Heidelberg : Springer, 2006

[WEIK05] Weikert, M.: *Oberflächenstrukturieren mit ultrakurzen Laserpulsen: Laser in der Materialbearbeitung*. Dissertation. Universität Stuttgart, 2005

[WEIL08] Weiler, S.: Laser Micro Processing of Semiconductors and Dielectrics. In: *Laser Technik Journal* 5 (2008), Nr. 1, S. 40–42. – DOI 10.1002/latj.200790205. – ISSN 16137728

[WIES04] Wiesemann, W.: Process monitoring and closed-loop control. In: Poprawe, R. (Hrsg.); Weber, H. (Hrsg.); Herziger, G. (Hrsg.): *Laser Physics and Applications*. 2004, S. 243–275

[WIES10] Wiesner, M.; Ihlemann, J.; Müller, H. H.; Lankenau, E.; Hüttmann, G.: Optical coherence tomography for process control of laser micromachining. In: *Review of Scientific Instruments* 81 (2010), Nr. 3, S. 1–7. – DOI 10.1063/1.3356080. – ISSN 00346748

[WINA09] Winands, K.; Mescheder, H.; Böker, J.; Spöcker, G.: Laserstrahlstrukturieren von Formwerkzeugen für den Kunststoffspritzguss. In: *MB-Revue* (2009), S. 102–105

[WINA16] Winands, K.; Mescheder, H.; Pothen, M.: *Bionisch funktionalisierte Oberflächen durch laserbasierte Nachbildung der Schuppenstruktur feuchtigkeitserntender Echsen VIP 0265 »BioLas.exe«: Abschlussbericht*. 2016

[WIRT02] Wirth, P.: *Einführung in die industrielle Lasermaterialbearbeitung*. Hamburg : rofin, 2002

[YILB13] Yilbas, B. S.; Shuja, S. Z.: *Laser surface processing and model studies*. Heidelberg and New York : Springer, 2013 (Materials forming, machining and tribology). – ISBN 978-3-642-36628-4

[ZHAO10] Zhao, Y. F.; Xu, X.: Enabling cognitive manufacturing through automated on-machine measurement planning and feedback. In: *Advanced Engineering Informatics* 24 (2010), Nr. 3, S. 269–284. – DOI 10.1016/j.aei.2010.05.009. – ISSN 14740346

In der Reihe **Ergebnisse aus der Produktionstechnik** zuletzt erschienen:

Dukwen, Julia:
Verschleiß der Umformwerkzeuge beim Präzisionsblankpressen von Quarzglas
ISBN: 978-3-86359-812-9
Erscheinungsdatum: 21.02.2020

Pothen, Mario:
Modellbasierte, adaptive Prozessregelung für das Laserstrahlstrukturieren
ISBN: 978-3-86359-808-2
Erscheinungsdatum: 27.01.2020

Pötters, Patrick:
Bewertung von Prozess-optimierungsmethoden auf dem Shopfloor einer Serienmontage
ISBN: 978-3-86359-807-5
Erscheinungsdatum: 27.01.2020

Falker, Jens:
Analyse des Betriebsverhaltens von Hochgeschwindigkeits-Wälzlagern unter radialen Lasten
ISBN: 978-3-86359-799-3
Erscheinungsdatum: 17.01.2020

Scheffler, Florian:
Zerspankräfte beim kontinuierlichen Wälzschleifen von Stirnradverzahnungen
ISBN: 978-3-86359-788-7
Erscheinungsdatum: 17.01.2020

Meiers, Bernd:
Piezobasierte Werkzeugtechnologie zur replikativen Herstellung abbildender Mikrooptiken aus Kunststoff
ISBN: 978-3-86359-803-7
Erscheinungsdatum: 14.01.2020

Groggert, Sebastian:
Steigerung der Prozessqualität des kundenindividuellen Auftrags-abwicklungsprozesses durch Data Analytics
ISBN: 978-3-86359-789-4
Erscheinungsdatum: 20.12.2019

Lau, Felix:
Modell zur typenbasierten Gestaltung von firmeninternen Inkubatoren
ISBN: 978-3-86359-794-8
Erscheinungsdatum: 11.12.2019

Krömer, Markus:
Entstehung von Spanaufschweißungen beim Trockenwälzfräsen
ISBN: 978-3-86359-787-0
Erscheinungsdatum: 03.12.2019

Hassis, Alexander:
Untersuchung und Verbesserung des Kontaktverhaltens von Kegelrollenlagern bei hohen Drehzahlen
ISBN: 978-3-86359-775-7
Erscheinungsdatum: 22.11.2019

Wellmann, Frederik:
Datengetriebene, kontextadaptive Produktivitätssteigerung von NC-Zerspanprozessen
ISBN: 978-3-86359-781-8
Erscheinungsdatum: 15.11.2019

Ophey, Matthias:
Modellierung des Schleifschneckenprofilverschleißes beim kontinuierlichen Wälzschleifen
ISBN: 978-3-86359-777-1
Erscheinungsdatum: 08.11.2019

Edition Wissenschaft
Apprimus

von Cube, Philipp:
Model to Monetarily Aggregate Risks of Procurement to Support Decision Makers of Manufacturing Enterprises
ISBN: 978-3-86359-717-7
Erscheinungsdatum: 05.11.2019

Geradts, Peter:
NVH Optimization of Ground Bevel Gears
ISBN: 978-3-86359-772-6
Erscheinungsdatum: 30.10.2019

Lung, Sven:
Erklärungsmodell für die spanende Bearbeitung von ausferritischen Gusseisen mit Lamellengraphit
ISBN: 978-3-86359-780-1
Erscheinungsdatum: 25.10.2019

Seimann, Martin:
Prädiktive Werkzeug- und Prozessauslegung für das Räumen von Nickelbasislegierungen mit Hartmetallwerkzeugen
ISBN: 978-3-86359-759-7
Erscheinungsdatum: 10.09.2019

Klatte, Michel:
Korrekturmodelle thermisch bedingter TCP-Verlagerungen mit Hilfe maschinen-integrierter Verformungssensoren
ISBN: 978-3-86359-760-3
Erscheinungsdatum: 05.09.2019

Berners, Thomas:
Anforderungsspezifische Lageregelung von Vorschubantrieben in Werkzeugmaschinen
ISBN: 978-3-86359-765-8
Erscheinungsdatum: 30.08.2019

Witthohn, Carsten:
Konfiguration globaler Produktionsnetzwerke im Spannungsfeld von Kosten- und Risikominimierung
ISBN: 978-3-86359-767-2
Erscheinungsdatum: 30.10.2019

Kopp, Alexander:
Biokompatibilität plasma-elektrolytisch oxidierter Magnesiumwerkstoffe
ISBN: 978-3-86359-725-2
Erscheinungsdatum: 30.10.2019

Nittinger, Johannes:
Automatisierte Bahnplanung für komplexe Bauteile und Prozesse
ISBN: 978-3-86359-753-5
Erscheinungsdatum: 07.10.2019

Kretschmer, Arne:
Modellierung des Schleifprozesses beim Einsatz von gummigebundenen Schleifscheiben
ISBN: 978-3-86359-742-9
Erscheinungsdatum: 05.09.2019

Rekers, Simon:
Correction of Systematic Errors in Piezoelectric Cutting Force Measurement
ISBN: ISBN 978-3-86359-747-4
Erscheinungsdatum: 30.08.2019

Schmidt, Simo:
Verteilte Mehrmassendämpfer für Werkzeugmaschinen
ISBN: 978-3-86359-754-2
Erscheinungsdatum: 29.08.2019

Edition Wissenschaft
Apprimus

FSC
www.fsc.org
MIX
Papier | Fördert gute Waldnutzung
FSC® C083411

Kolibri 360 GmbH
Ferdinand-Jühlke-Straße 7
99095 Erfurt, Deutschland
produktsicherheit@kolibri360.de

Prozesskräfte und Werkstückgeschwindigkeiten beim Spitzenlosschleifen

Von der Fakultät für Maschinenwesen
der Rheinisch-Westfälischen Technischen Hochschule Aachen
zur Erlangung des akademischen Grades eines
Doktors der Ingenieurwissenschaften
genehmigte Dissertation

vorgelegt von

Bernd Meyer

Berichter:

Univ.-Prof. Dr.-Ing. Dr.-Ing. E.h. Dr. h.c. Dr. h.c. Fritz Klocke
Univ.-Prof. Dr. h.c. Dr.-Ing. Eckart Uhlmann

Tag der mündlichen Prüfung: 20. Dezember 2010

ERGEBNISSE AUS DER PRODUKTIONSTECHNIK

Bernd Meyer

Prozesskräfte und Werkstückgeschwindigkeiten beim Spitzenlosschleifen

Herausgeber:
Prof. Dr.-Ing. Dr.-Ing. E.h. Dr. h.c. Dr. h.c. F. Klocke
Prof. Dr.-Ing. Dipl.-Wirt.Ing. G. Schuh
Prof. Dr.-Ing. C. Brecher
Prof. Dr.-Ing. R. H. Schmitt

Band 27/2010

WZL RWTHAACHEN

Fraunhofer IPT

Bibliografische Information der Deutschen Nationalbibliothek
Die Deutsche Nationalbibliothek verzeichnet diese Publikation in der Deutschen Nationalbibliografie; detaillierte bibliografische Daten sind im Internet über http://dnb.ddb.de abrufbar.

Bernd Meyer:

Prozesskräfte und Werkstückgeschwindigkeiten beim Spitzenlosschleifen

1. Auflage, 2010

Gedruckt auf holz- und säurefreiem Papier, 100% chlorfrei gebleicht.

Apprimus Verlag, Aachen, 2010
Wissenschaftsverlag des Instituts für Industriekommunikation und Fachmedien an der RWTH Aachen
Steinbachstr. 25, 52074 Aachen
Internet: www.apprimus-verlag.de, E-Mail: info@apprimus-verlag.de

Druck: KN Digital Printforce GmbH, Stuttgart

ISBN 978-3-86359-003-1

D 82 (Diss. RWTH Aachen University, 2010)

Vorwort

Preamble

Die vorliegende Arbeit entstand während meiner Tätigkeit als wissenschaftlicher Angestellter am Werkzeugmaschinenlabor WZL der Rheinisch-Westfälischen Technischen Hochschule Aachen.

Herrn Prof. Dr.-Ing. Dr.-Ing. E.h. Dr. h.c. Dr. h.c. Fritz Klocke, Inhaber des Lehrstuhls für Technologie der Fertigungsverfahren, danke ich für die ausgezeichnete Zusammenarbeit, seine stetige Diskussionsbereitschaft und die wohlwollende Förderung meiner Arbeit. Seine fachliche und persönliche Unterstützung hat ein motivierendes Arbeitsfeld geschaffen, in dem ich stets sehr gerne gearbeitet habe.

Ebenso danke ich Herrn Prof. Dr. h.c. Dr.-Ing. Eckart Uhlmann, dem Leiter des Fraunhofer-Instituts für Produktionsanlagen und Konstruktionstechnik (IPK) sowie des Fachgebiets Werkzeugmaschinen und Fertigungstechnik am Institut für Werkzeugmaschinen und Fabrikbetrieb (IWF) der TU Berlin im Produktionstechnischen Zentrum Berlin, für die eingehende Durchsicht des Manuskripts dieser Arbeit und die Übernahme des Korreferats.

Für die konstruktiven Diskussionen innerhalb des von der EU geförderten Forschungsprojektes „CEGRIS II“ und die Anregungen zur Erstellung dieser Arbeit gilt mein herzlicher Dank dem gesamten CEGRIS II-Projektkonsortium, insbesondere Herrn Dr.-Ing. Peter Krajnik, Karsten Otto und Herrn William Montanari, die mir bei der Erforschung des Spitzenlosschleifens stets mit Rat und Tat sowie dem erforderlichen Equipment zur Seite standen.

Mein besonderer Dank gilt den Aachener Schleifern und den Kollegen des Lehrstuhls TF. Die offene und von enger Freundschaft geprägte Arbeitsatmosphäre war das optimale Umfeld, um bei vielen Gelegenheiten Forschungsergebnisse konstruktiv zu diskutieren und zu evaluieren. In diesem Umfeld trugen stellvertretend insbesondere meine Freunde und Kollegen Dr.-Ing. Barbara Linke, Dr.-Ing. Hagen Wegner, Dr.-Ing. Christoph Zeppenfeld, Björn Feldhaus, Daniel Müller, Dr.-Ing. Bastian Maier, Silke Helmling, Andreas Pampus, Dr.-Ing. Dirk Friedrich, Markus Weiß, Steffen Buchholz, Andreas Roderburg, Dominik Schlütter, Michael Duscha, Florestan Schindler, Matthias Rasim und Richard Brocker wesentlich zum Gelingen der vorliegenden Arbeit bei. Für die tatkräftige Unterstützung meiner Versuche und die Betreuung des Versuchsfeldes bedanke ich mich bei Peter Ritzerfeld und Guido Kochs.

Allen aktiven und ehemaligen Hiwis sowie Studien- und Diplomarbeitern danke ich für ihr großes Engagement bei der Durchführung der Untersuchungen und der Erstellung dieser Arbeit. Besonderer Dank gilt Henning Külzer, Mayur Jha, Manuel Biermann, Bastian Nierhaus und Oliver Inkmann.

Für ihre liebevolle und stetige Motivation bei der Erstellung meiner Arbeit sowie das Verständnis für lange Arbeitstage danke ich von Herzen meiner lieben Freundin Alexandra.

Der wichtigste und größte Dank gilt meinen Eltern sowie meinem Bruder. Sie haben stets an mich geglaubt, mich in jeder Hinsicht unterstützt, mir Kraft gegeben und mir so erst die Möglichkeit meines akademischen Werdegangs geschaffen.

Aachen, im Dezember 2010 Bernd Meyer

INHALTSVERZEICHNIS

Formelzeichen und Abkürzungen

Formelzeichen

Großbuchstaben

F	N	Kraft
F'	N/mm	Bezogene Kraft
F_R	N	Rollreibung
G	-	Schleifverhältnis
G_w	N	Gewichtskraft
M	-	Moment, Mittelpunkt
M_w	N	Massenträgheitskraft
P	W	Leistung
P_r	-	Profil Regelscheibe
Q'_w	mm³/mms	Bezogenes Zeitspanungsvolumen
Q_{KSS}	l/min	Kühlschmierstoffvolumenstrom
U_d	-	Abrichtüberdeckungsgrad
V	mm³	Volumen
V'_w	mm³/mm	Bezogenes Zerspanungsvolumen

Kleinbuchstaben

a_e	µm	Schleifzustellung
a_{ed}	µm	Abrichtzustellung
b	mm	Breite
b_a	mm	Breite der Auslaufschräge
b_e	mm	Breite der Einlaufschräge
b_i	mm	Breite des Werkstückinkrements
b_k	mm	Breite der Kontaktfläche
c_{gw}	-	Schleifscheibenkonstante
c_{wp}	-	Werkstückkonstante
d	mm	Durchmesser
d_{eq}	mm	Äquivalenter Schleifscheibendurchmesser
e	-	Exponent
f_a	mm	Axialer Vorschub
f_R	mm	Rollreibungszahl
h	mm	Werkstückhöhenlage
h_{dr}	mm	Abrichterhöhenlage Regelscheibe

h_s	mm	Werkstückhöhenlage bezogen auf den Schleifscheibenmittelpunkt
l	mm	Länge
l_{cu}	µm	Spanungslänge
m	kg	Masse
n	min^{-1}	Drehzahl
p	bar	Druck
q	-	Geschwindigkeitsverhältnis
q_d	-	Abrichtgeschwindigkeitsquotient
r	mm	Radius
r_a	mm	Radius der Auslaufzone
$r_{Auslauf}$	mm	Regelscheibenradius am Schleifspaltauslauf
$r_{Einlauf}$	mm	Regelscheibenradius am Schleifspalteinlauf
r_k	mm	Kehlkreisradius der Regelscheibe
r_p	mm	Profilrundungsradius des Abrichtwerkzeugs
s	mm	Strecke
t	s	Zeit
u	-	Anzahl Umdrehungen
v	m/s	Geschwindigkeit
v_c	m/s	Schnittgeschwindigkeit
$v_ü$	m/min	Übergangsgeschwindigkeit
x	mm	Abstand, Weg, Eindringtiefe
x_r	mm	Horizontaler Abstand zwischen Werkstück- und Regelscheibenachse
x_{rm}	mm	Horizontaler Abstand zwischen Werkstück- und Regelscheibenachse in der Schleifspaltmitte
x_s	mm	Horizontaler Abstand zwischen Werkstück- und Schleifscheibenachse
y	mm	Weg
z	mm	Tiefe, Werkstückaufmaß
z_e	mm	Tiefe der Einlaufschrägen

Griechische Buchstaben

α	Grad	Neigungswinkel
α_s	Grad	Öffnungswinkel des Schleifspalts in der Schleifzone
β	Grad	Neigungswinkel der Auflageschienenfläche
β_{rel}	Grad	Relativer Auflageschienenwinkel
δ	Grad	Schwenkwinkel
Δr_s	µm	Schleifscheibenradialverschleiß
λ	Grad	Neigungswinkel zwischen Schleif- und Regelscheibe

Abkürzungen und Indizes

AA	-	Axialanschlag
AS	-	Auflageschiene
EP	-	Einlaufphase
KSS	-	Kühlschmierstoff
ND	-	Nadeldüse
RS	-	Regelscheibe
SLS	-	Schleifscheibe
WS	-	Werkstück
WSS	-	Wirbelstromsensor
a	-	Auflageschiene
an	-	Anschlag
ausf	-	Ausfunkzone
d	-	Abrichtprozess
eff	-	Effektiv
f	-	Feder
ges	-	Gesamt
i	-	Anzahl der Absätze
j	-	Achsrichtung (x, y, z)
k	-	Komponente im Schleifspalt (s, r, a)
krit	-	Kritisch
max	-	Maximal
min	-	Minimal
n	-	Normal
R	-	Abrichtrolle
r	-	Regelscheibe
s	-	Schleifscheibe, Schleifspalt

schlicht	-	Schlichtzone
schnitt	-	Teilschnitt durch das Werkstück
schrupp	-	Schruppzone
t	-	Tangential
w	-	Werkstück
x, y, z	-	Kartesische Koordinatenrichtungen
`	-	Spezifisch
0	-	Zustand vor der Bearbeitung
1	-	Zustand nach der Bearbeitung

1. Einleitung

Introduction

Erste Entwürfe von Spitzenlosschleifmaschinen gab es bereits im Jahr 1853, in denen Werkstücke zwischen einer Schleifscheibe und einer gebogenen Werkstückauflage bearbeitet wurden. Der Prozess des Spitzenlosschleifens, wie er heute mit einer Schleif-, Regelscheibe und einer Werkstückauflage üblich ist, wurde seit seiner Einführung im Jahre 1915 ständig verbessert und optimiert [ROWE64]. Das zunächst als Sonderprozess geltende Fertigungsverfahren wandelte sich im Laufe der Jahre zu einem etablierten Schleifprozess in der Massenfertigung rotationssymmetrischer Bauteile. Da Einspann- und Zentriervorgänge beim Spitzenlosschleifen nicht notwendig sind, übersteigt die Produktivität der Maschinen teilweise das Zehnfache gegenüber dem Schleifen zwischen Spitzen [FLEC31]. Erkauft werden Produktivitätsvorteile beim Spitzenlosschleifen durch mehrere verfahrenstypische Nachteile. Hierzu zählen unter anderem eine hohe Prozesskomplexität, die einen erfahrenen Maschinenbediener erforderlich macht, erhöhte Investitionskosten von Spitzenlosmaschinen sowie der Umstand, dass die Rundheit geschliffener Bauteile nicht systematisch zu beherrschen ist [MEIS80]. Ein erhöhter Rüstaufwand steht den kurzen Taktzeiten gegenüber, so dass sich das Verfahren des Spitzenlosschleifens im Speziellen in der Serien- und Massenfertigung als hochproduktive Alternative zu den klassischen Schleifverfahren entwickelt hat [HENN84]. Das Spitzenlosschleifen eignet sich besonders für die Bearbeitung von biegeschlanken Werkstücken, da eine Durchbiegung durch die Auflage auf der Regelscheibe und Auflageschiene vermieden wird. Typische bearbeitete Bauteile sind Ventile, Düsennadeln, Kolbenstangen, Halbzeuge für Bohrer, Lagerringe und Lagersitze.

Das Spitzenlosschleifen lässt sich in die Verfahrensvarianten des spitzenlosen Einstech- und Durchlaufschleifens unterteilen. Das spitzenlose Einstechschleifen ermöglicht die simultane Bearbeitung von unterschiedlichen Werkstückdurchmessern mit gestuften Schleif- und Regelscheibensätzen. In diesem Fall treten unterschiedliche Relativgeschwindigkeiten zwischen den rotierenden Körpern auf. Eine kontrollierte und konstante Abrollbewegung mit einer Relativgeschwindigkeit von $v_{rel} = 0$ m/min, wie es zwischen Regelscheibe und Werkstück gewünscht ist, kann somit nicht an allen Kontaktstellen auftreten. Je nach Werkstückprofil und Regelscheibenform kann zwischen einzelnen Werkstück- und Regelscheibenbereichen ein Geschwindigkeitsverhältnis von über $q_r = 3$ auftreten. Eine Relativgeschwindigkeit zwischen Werkstück und Regelscheibe verringert die Reproduzierbarkeit sowie die Stabilität des Prozesses und wirkt sich negativ auf die Qualität der Bauteile aus. Beim spitzenlosen Durchlaufschleifen verändern sich die Scheiben- und Werkstückdurchmesser entlang des Schleifspalts, um eine gleichförmige Abstützung der Werkstücke zu garantieren. Dies führt ebenfalls zu variablen Werkstückgeschwindigkeiten im Schleifspalt. Darüber hinaus führt eine Veränderung der Vorschubgeschwindigkeit zu einem Auseinander- oder Zusammenlaufen der Werkstücke, welches zusätzlich zu Instabilitäten und einem Abbruch des Prozesses führen kann. Eine Änderung der Rotationsgeschwindigkeit der Werkstücke führt zu einer Veränderung des Geschwindigkeitsverhältnisses q und damit zu unterschiedlichen Eingriffsverhältnissen, die sich negativ auf die Oberflächenqualitäten der Werkstücke auswirken können. All das wird durch die Prozesskräfte und Werkstückgeschwindigkeiten beim Spitzenlosschleifen beeinflusst, welches in dieser Arbeit untersucht wird.

Die resultierenden Beschleunigungskräfte auf das Werkstück sowie die Regelscheibenform sind ausschlaggebend für die Ausbildung der Werkstückgeschwindigkeit. Bisherige Kraftmodelle beim Spitzenlosschleifen berücksichtigen keine profilierten Werkstücke und Regelscheibenformen, so wie es beim Einstech- und Durchlaufschleifen üblich ist. Ferner fehlen Koeffizienten zur Bestimmung der Roll- und Gleitreibung zwischen Werkstück und Regelscheibe. Daher widmet sich diese Arbeit der Erstellung eines Prozessmodells, mit dem die Prozesskräfte und Werkstückgeschwindigkeiten beim spitzenlosen Einstech- und Durchlaufschleifen beschrieben werden können. Für das Modell werden fehlende Reibkoeffizienten zwischen Werkstück und Regelscheibe experimentell ermittelt. Zusätzlich wird eine Regelscheibenform für das Durchlaufschleifen entwickelt, mit der sich die Geschwindigkeitsentwicklung der Werkstücke entlang des Schleifspalts einstellen lässt und die den Profilierungsaufwand der Regelscheibe minimiert.

Introduction

The first centreless grinding machines were developed in 1853. The workpiece was machined between a grinding wheel and a curved support blade. Centreless grinding as performed today using a grinding wheel, a regulating wheel and a support blade, has been continually improved and optimized since its implementation in 1915 [ROWE64]. At first, this manufacturing method was seen as a special process, but over the years this grinding process has become established in the mass production of rotationally symmetric workpieces. Clamping and centring of the workpiece are not necessary for the process of centreless grinding; thus the production rate is up to ten times higher than in the process of grinding between centres [FLEC31]. The advantage of a higher production rate comes with some typical disadvantages. For instance, the high complexity of the process requires a well-trained user of the machine; centreless grinding machines have high investment costs, and roundness of the ground workpieces is, so far, not systematically controllable [MEIS80]. The long set-up times are offset by short cycle times. As a result, centreless grinding, especially in batch and mass production, represents a highly productive alternative for the classic grinding processes [HENN84]. Centreless grinding is particularly suitable for manufacturing slender workpieces because the regulating wheel and support blade prevent workpiece bending. Typical components that are manufactured using centreless grinding are valves, nozzle needles, piston rods and semi-manufactured products for drills, bearing rings and bearing seats.

Centreless grinding can be divided into the variants of centreless plunge-cut and centreless throughfeed grinding. Centreless plunge-cut grinding enables the simultaneous manufacturing of different workpiece diameters by using stepped grinding and regulating wheels. In this case, different relative velocities occur between the workpiece and the regulating wheel. It is not possible to maintain the desired controlled and constant rolling motion with a relative velocity of v_{rel} = 0 m/min between the regulating wheel and the workpiece at all contact points. Depending on the workpiece and regulating wheel profile a speed ratio of more than q_r = 3 can occur between sections of workpiece and regulating wheel. This relative velocity between the workpiece and the regulating wheel reduces the process stability and reproducibility and leads to lower workpiece quality. In centreless throughfeed grinding, the diameters of the grinding and regulating wheels as well as the workpiece vary along the grinding gap in order to guarantee uniform support and guidance of the workpiece. This also leads to variable workpiece velocity along the grinding gap. Variations in axial feed rate tend to lead to changes in the spacing between workpieces, which may generate process instabilities and require that the process be stopped. Variation of the workpiece rotational speed leads to different speed ratios q and therefore to changes in the engagement between the workpiece and the grinding wheel, which can reduce the workpiece surface quality. All of this is influenced by the process forces and workpiece velocity, which is investigated in this work.

Workpiece velocity development is primarily influenced by the regulating wheel profile and the resulting forces of acceleration on the workpiece. Previous force models in centerless grinding do not consider contoured workpieces and regulating wheels, which are common in centreless plunge-cut and throughfeed grinding. Furthermore, coefficients to describe rolling and static friction between the workpiece and the regulating wheel are unknown. Therefore, this thesis develops a process model to determine process forces and workpiece velocity in centreless plunge-cut and throughfeed grinding. In addition, unknown friction coefficients between the workpiece and the regulating wheel are experimentally investigated. Moreover, a regulating wheel profile for throughfeed grinding is developed to influence the workpiece velocity along the grinding gap and to reduce dressing times and costs for the regulating wheel.

2. Stand der Erkenntnisse

State of the art

Das Spitzenlosschleifen stellt ein hochproduktives Fertigungsverfahren dar, bei dem das aufwendige Einspannen und Zentrieren der Werkstücke entfällt. Das Maschinenkonzept sowie die Einstellmöglichkeiten und prozesstypischen Eigenschaften weichen daher vom Außenrundschleifen zwischen Spitzen ab, so dass diese im Folgenden näher erläutert werden.

2.1 Aufbau und Kinematik beim Spitzenlosschleifen

Set-up and kinematics in centreless grinding

2.1.1 Maschinenkonzepte

Machine concepts

Nach DIN 8589-11 wird das Spitzenlosschleifen als Rundschleifen beschrieben, bei dem „die rotationssymmetrischen Werkstücke ohne feste Einspannung durch die Auflage, die so genannte Regelscheibe, und die Schleifscheibe geführt werden". Es wird zwischen dem Spitzenlos-Durchschleifen, nachfolgend mit der gebräuchlichen Bezeichnung des spitzenlosen Durchlaufschleifens benannt, und dem Spitzenlos-Querschleifen, nachfolgend mit der gebräuchlichen Bezeichnung des spitzenlosen Einstechschleifens benannt, unterschieden [DIN03]. **Bild 2-1** zeigt den schematischen Aufbau einer spitzenlosen Außen-Rundschleifmaschine.

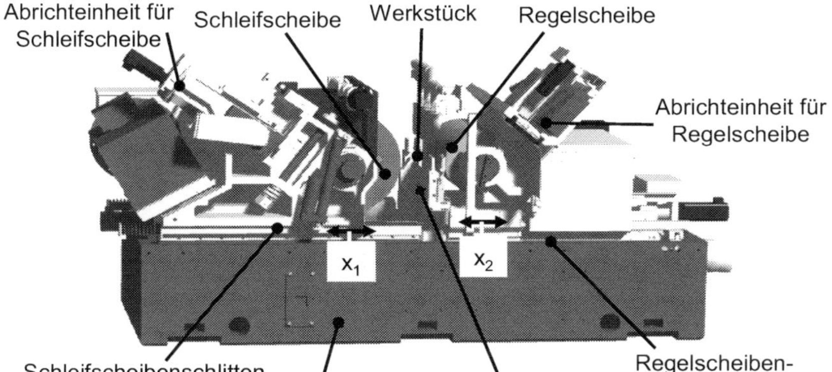

Bild 2-1: Schematische Darstellung einer spitzenlosen Schleifmaschine [MIKR08]
Schematic exposition of a centreless grinding machine [MIKR08]

Schleif- und Regelscheibenspindelstock können getrennt voneinander eine Relativbewegung zu dem dazwischen liegenden Werkstück ausführen. In dem dargestellten Fall spricht man von einem ortsfesten Schleifspalt, da die Werkstückauflage zum Maschinenbett starr angeordnet ist und Schleif- und Regelscheibe beweglich sind (**Bild 2-2** links). Für den Fall eines beweglichen Schleifspalts ist die Schleifscheibe fest mit dem Maschinenbett verbunden und die Werkstückauflage sowie die Regelscheibe sind beweglich angeordnet (**Bild 2-2** rechts). Im Vergleich zum beweglichen Schleifspalt ist beim ortsfesten Schleifspalt keine Nachführung des Werkstückhandlingsystems notwendig, wenn aufgrund von Schleif- oder Regelscheibenverschleiß die Maschinenachsen automatisch nachgestellt werden müssen. Allerdings benötigt der ortsfeste Schleifspalt einen höheren Platzbedarf in der Spitzenlosschleifmaschine, da Schleif- und Regelscheibe beweglich gelagert werden müssen [MIKR08].

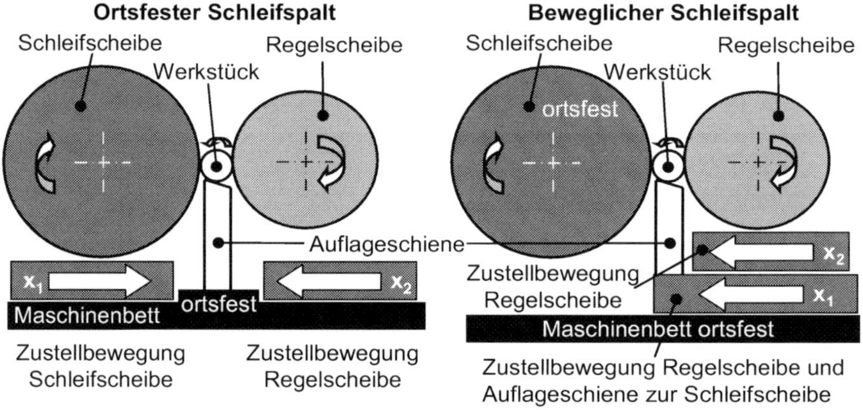

Bild 2-2: Ortsfester und beweglicher Schleifspalt [MIKR08]
Fixed and moveable grinding gap [MIKR08]

Zur Einsatzvorbereitung der Schleif- und Regelscheibe sind auf der Schleif- bzw. Regelspindeleinheit Abrichtgeräte angebracht, die radial und axial gegenüber den Werkzeugen verfahren werden können [ROBI76]. Die Schleifwerkzeuge werden dabei stehend oder rotierend mit Diamantwerkzeugen abgerichtet. Aufgrund der relativ weichen Bindung und des gegenüber Schleifwerkzeugen geringen Kornvolumens, wird zur Einsatzvorbereitung der Regelscheiben in der Regel eine Abrichteinheit mit stehendem Diamantabrichtwerkzeug verwendet. Eine Vielzahl bauteilspezifischer Zu- und Abfuhrsysteme dient zum Handling der Werkstücke vor bzw. nach dem Schleifvorgang [MOWR68].

Spitzenlosschleifmaschinen können hinsichtlich der Maschinenkonstruktion in drei gebräuchliche Anordnungen unterteilt werden, wobei die horizontale Bauweise am weitesten verbreitet ist (**Bild 2-3**) [FRIE04]. Diese Horizontalbauweise führt beim Schleifen schwerer Werkstücke zu einem hohen Reibmoment an der Auflageschiene und einer geringen Anpresskraft an der Regelscheibe, wodurch die Regelung der Werkstückgeschwindigkeit beeinträchtigt wird. Um den Nachteil einer zu geringen Anpresskraft an der Regelscheibe und einem zu hohen Reibmoment an der Auflageschiene zu umgehen, wird bei großen Werkstückmassen die Anordnung von Schleif- und Regelscheiben schräg ausgeführt. Dadurch wird ein Teil der Werkstückgewichtskraft auf die Regelscheibe verlagert, so dass sich die Normalkraft an der Auflageschiene verringert. Ist die Schleifscheibe zur Regelscheibe so weit geneigt, dass die Gewichtskraft des Werkstücks hauptsächlich durch die Regelscheibe aufgenommen wird, spricht man von einer vertikalen Anordnung. Hierbei wird neben der Erzielung eines hohen Anpressdruckes zwischen Werkstück und Regelscheibe [WENN75] eine günstige Zu- und Abfuhr schwererer Werkstücke gewährleistet [HOFM78].

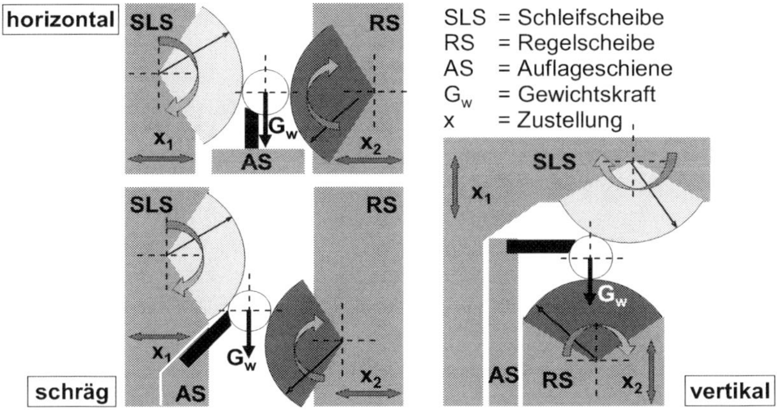

Bild 2-3: Werkzeuganordnungen in Spitzenlosschleifmaschinen [KLOC05]
Machine tool configuration of centreless grinding machines [KLOC05]

Die Position und Lagerung des Werkstücks ist durch den Kontakt der Werkstückmantelfläche mit der Auflageschiene und der Regelscheibe definiert [KREH39]. Wenn möglich, stützen die Auflageschiene und die Regelscheibe das Werkstück an den Bearbeitungsflächen ab. Daher eignet sich das Verfahren Spitzenlosschleifen besonders für die Bearbeitung von biegeschlanken Werkstücken, da eine Durchbiegung der Werkstücke vermieden wird. Die Schleifscheibe leistet im Schleifprozess die Schleifarbeit und versucht die Werkstücke auf Schleifscheibenumfangsgeschwindigkeit v_s zu beschleunigen. Die vergleichsweise langsam rotierende Regelscheibe bestimmt durch ihren Reibkontakt mit dem Werkstück dessen Umfangsgeschwindigkeit, indem sie das Werkstück abbremst [KLEM76]. Die Werkstückumfangsgeschwindigkeit v_w ist im Idealfall eines schlupffreien Reibkontaktes zwischen Werkstück und Regelscheibe gleich der Regelscheibenumfangsgeschwindigkeit v_r und lässt sich für zylindrische Werkstücke im Schleifprozess nach **Formel 1** berechnen [FLEC31]. Untersuchungen haben ergeben, dass der Schlupf zwischen einem zylindrischen Werkstück und einer zylindrischen Regelscheibe geringer ist als 0,9 %, welches daher häufig vernachlässigt wird [BECK65].

$$n_w(z) = n_r \cdot \frac{d_r(z)}{d_w(z)} \cdot \cos \alpha_r \qquad \textbf{Formel 1}$$

Das Spitzenlosschleifen erfolgt üblicherweise im Gleichlauf, um eine ausreichende Tangentialkraft zwischen Werkstück und Regelscheibe zu erzeugen und eine Relativgeschwindigkeit zwischen den beiden Kontaktpartnern zu vermeiden [BECK65; LIND04].

2.1.2 Nomenklatur zur Schleifspaltbeschreibung

Nomenclature of grinding gap

Die geometrische Anordnung des Schleifspalts beeinflusst wesentlich die geometrische Ausbildung der Werkstücke. Im Folgenden wird die Nomenklatur des Schleifspalts im Querschnitt (**Bild 2-4**) erklärt, wie sie für das Spitzenlosschleifen gültig ist.

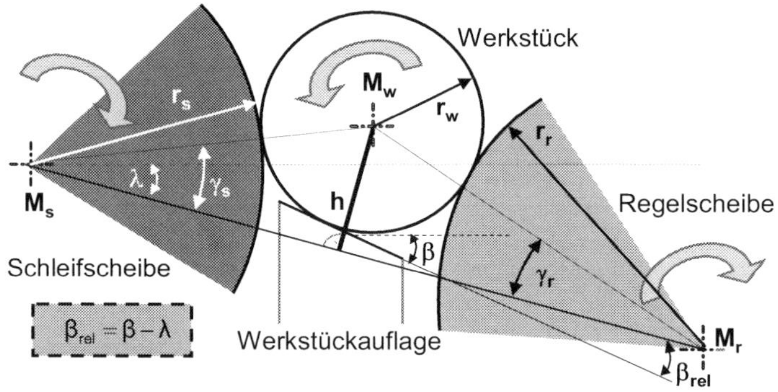

Bild 2-4: Schleifspaltaufbau in der Seitenansicht [MEYE08]

Grinding gap set-up in side view [MEYE08]

Die Verbindungslinie zwischen dem Mittelpunkt der Schleifscheibe M_s und dem Mittelpunkt der Regelscheibe M_r kann um den Winkel λ relativ zur Horizontalen geneigt sein. Für $\lambda = 0°$ liegt die bereits vorgestellte horizontale Anordnung vor. Der Abstand des Werkstückmittelpunkts M_w von der Verbindungslinie zwischen M_s und M_r ist als Höhenlage h definiert. Die Auflageschienenfläche schließt mit der Verbindungslinie von M_s nach M_r den Winkel β_{rel} ein, welcher vom Auflageschienenwinkel β abweichen kann [KLOC05]. Je nach Geometrie im Schleifspalt kann beim Spitzenlosschleifen zwischen der Schleifspaltanordnung „über Mitte" ($h > 0$) und „unter Mitte" ($h < 0$) unterschieden werden (**Bild 2-5**). Der Prozess bei der Anordnung „über Mitte" ist im Allgemeinen robuster in Bezug auf die Prozesssicherheit und zeichnet sich durch vergleichsweise geringere Rüstzeiten aus, die zum Teil in der vereinfachten Beladung und Kühlmittelzuführung begründet sind [SLON56]. Die Schleifspaltanordnung „unter Mitte" hat den Vorteil, dass das Werkstück durch die Schleif- und Regelscheibe nach oben hin abgestützt ist und es somit während der Bearbeitung auch bei hohen Prozesskräften nicht aus dem Schleifspalt gedrückt werden kann. Ein Herausspringen der Werkstücke muss beim Schleifen „über Mitte" durch eine Oberführung oder eine Schutzhaube abgesichert werden [MIKR08].

Beim Spitzenlosschleifen tritt aufgrund der Lagerung und Bearbeitung auf der gleichen Mantelfläche ein prozesstypischer Rundheitsfehler auf, der aus geometrischen und dynamischen Anteilen besteht. Gerade bei der Schleifspalteinstellung „unter Mitte" ist die Spitzenlosschleifbearbeitung geometrisch instabil, welches die Gefahr des Entstehens von Formfehlern auf dem Werkstück erhöht [REEK67, FRIE04, LINK05]. Die Ausbildung von dynamischen Rundheitsfehlern ist abhängig von der Steifigkeit der Spitzenlosschleifmaschine, den eingesetzten Werkzeugen und der

Auswahl der Prozessparameter, so dass hier stets eine anwendungsspezifische Analyse erfolgen muss [HANN07].

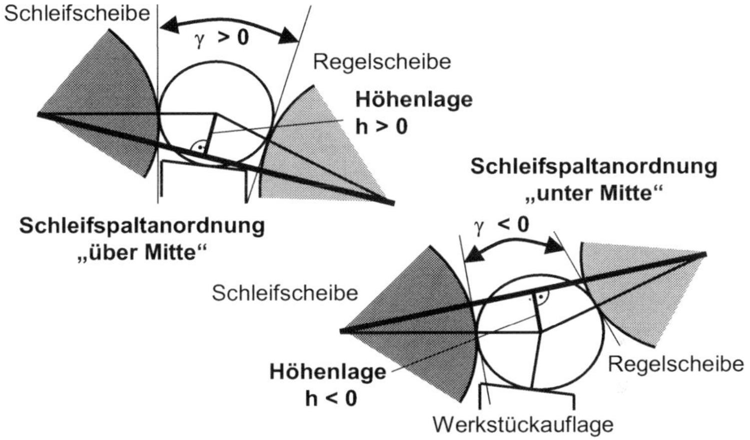

Bild 2-5: Schleifspaltanordnung „über Mitte“ und „unter Mitte“ [MEYE08]
Grinding gap configuration "above centre" and "below centre" [MEYE08]

Des Weiteren ist zu berücksichtigen, dass mit größerer Höhenlage die Normalkraft zwischen Werkstück und Regelscheibe sinkt. Fällt die Normalkraft zwischen Werkstück und Regelscheibe unter einen kritischen Wert F_{nr_krit}, kann die notwendige Tangentialkraft F_{tr} an der Regelscheibe zum Abbremsen der Werkstücke nicht mehr aufgebaut werden, so dass es zu einem Durchrutschen der Werkstücke kommen kann. In diesem Fall kann das Werkstück bis auf Schleifscheibenumfangsgeschwindigkeit beschleunigen, welches zu Prozessinstabilitäten und zum Herausspringen der Werkstücke aus dem Schleifspalt führen kann. Eine Gefährdung der Werkzeuge, der Maschine und des Maschinenbedieners sind hier die Folge. Die Wahl der Höhenlage ist aus diesem Grund nicht nur durch die Werkstückgeometrie begrenzt, sondern ebenfalls durch die entstehenden Prozesskräfte [BECK65, HASH98].

2.1.3 Schleifspaltkomponenten und Werkzeuge
Grinding gap components and tools

Schleifscheibe

Beim Spitzenlosschleifen kommen vergleichsweise große Schleifwerkzeuge zum Einsatz. Beim spitzenlosen Durchlaufschleifen beträgt der Schleifscheibenaußendurchmesser bis zu d_s = 700 mm mit Schleifscheibenbreiten von bis zu b_s = 700 mm. Beim spitzenlosen Durchlaufschleifen kann die Schleifscheibenbreite b_s auch als Länge des Schleifspalts bezeichnet werden, da diese Größen die Strecke angeben, auf der das Werkstück bearbeitet wird. Auch beim Spitzenlosschleifen findet der Einsatz von konventionellen und hochharten Schneidstoffen statt. Aufgrund der hohen Anschaffungskosten werden allerdings vornehmlich konventionelle Schleifwerkzeuge verwendet [FRIE04].

Regelscheibe

Die Regelscheibe hat die Aufgabe, das Werkstück abzustützen und seine Drehzahl zu regulieren [FLEC31]. Deshalb sollte die Regelscheibe steif ausgeführt sein und einen hohen Reibkoeffizienten besitzen. Eine Regelscheibe kann, ähnlich einer Schleifscheibe, aus Körnern, Bindung und Poren bestehen [SLON56]. Als Körner werden ausschließlich konventionelle Schleifmittel verwendet, wie beispielsweise Korunde. Die Korngröße variiert mit den zu erzielenden Bauteiloberflächenanforderungen. Der Porenanteil der Regelscheiben ist sehr gering, damit der Reibwert durch die Bindung und die Steifheit der Regelscheibe möglichst groß ist.

Gummi- und Keramikbindungen finden den häufigsten Einsatz beim Spitzenlosschleifen. Gummigebundene Regelscheiben besitzen einen hohen Reibwert, lassen sich vergleichsweise gut profilieren und besitzen ein hohes Dämpfungsverhalten, so dass sie universell eingesetzt werden [HASH98]. Durch ihre hohe Nachgiebigkeit können sie zusätzlich in geringem Umfang Kraft- und Aufmaßschwankungen im Schleifprozess kompensieren. Als nachteilig kann sich die vergleichsweise geringe Steifheit und der hohe Verschleiß der Gummibindung erweisen. Bei hochpräzisen Bearbeitungen, bei denen die Form- und Maßtoleranzen im Bereich weniger µm liegen, werden häufig Keramikbindungen verwendet.

Auflageschiene

Die Auflageschiene besitzt im Vergleich zur Schleif- und Regelscheibe die geringste Steifigkeit im Schleifspalt. Da sie zwischen den beiden Scheiben liegt, ist ihre Breite begrenzt und in der Regel kleiner als der Werkstückdurchmesser. Durch einen großen Auflageschienenwinkel β werden anteilig große Horizontalkräfte auf die Auflageschiene erzeugt, die ein Wegbiegen oder Aufschwingen der Schiene erzeugen können. Daher sollten bei großen Bearbeitungskräften, wie sie beispielsweise bei hohen Zeitspanungsvolumina resultieren, kleine Auflageschienenwinkel gewählt werden. Je kleiner der Auflageschienenwinkel ist, desto geringer wird die Normalkraft zwischen Werkstück und Regelscheibe. Bei zu kleinen Auflageschienenwinkeln wird die notwendige Normalkraft F_{n_krit} zwischen Regelscheibe und Werkstück unterschritten, die zum Abbremsen des Werkstücks erforderlich ist. In diesem Fall kann das Werkstück ungewollt beschleunigen und Prozessinstabilitäten erzeugen [BECK65, HASH98].

Entscheidend für die Genauigkeit der Werkstückbearbeitung ist eine steife und präzise gefertigte Auflageschiene. In der Regel wird ein Auflageschienengrundkörper aus Werkzeugstahl verwendet, der zur Minimierung des Verschleißes und der Reibkräfte mit Hartmetall oder PKD im Arbeitsbereich belegt bzw. beschichtet wird [REEK67]. Auflageflächen aus Bronze werden ebenfalls verwendet [ROWE64].

2.2 Das spitzenlose Einstechschleifen
Centreless plunge-cut grinding

Das Einstech- und das Durchlaufschleifen sind die Hauptanwendungsbereiche beim Spitzenlosschleifen [SLON56]. Besondere Abwandlungen der genannten Verfahren, wie beispielsweise das Stangenschleifen oder das Schuhschleifen, werden im Folgenden nicht berücksichtigt [ZHAN03, WU04].

2.2.1 Komponenten und Anordnung
Components and set-up

Das spitzenlose Einstechschleifen ermöglicht die Bearbeitung von profilierten, konischen oder mit Bund bzw. Absätzen versehenen Werkstücken [SLON56]. Hierzu werden profilierte Schleifscheiben oder Schleifscheibensätze mit unterschiedlichen Durchmessern verwendet, mit denen die Werkstückkonturzüge gleichzeitig bearbeitet werden können. Bei der Schleifbearbeitung erfolgt eine radiale oder schräge Zustellbewegung der Schleifscheiben relativ zum Werkstück hin, während das Werkstück axial fixiert ist. Zur axialen Fixierung wird ein Anschlag am Werkstückende in den Schleifspalt integriert, der je nach Werkstückgeometrie das Werkstück auf der Stirnfläche am Mittelpunkt oder am äußeren Rand fixiert. Um sicherzustellen, dass sich das Werkstück nicht vom Anschlag entfernt, wird die Regelscheibe um einen kleinen Winkel α_r (< 0,5°) zur Werkstückachse geneigt [SLON56]. Die hierdurch auftretende Axialkomponente der Regelscheibenumfangsgeschwindigkeit und der daraus resultierenden Axialkraft führt das Werkstück gegen den Anschlag und fixiert dieses. **Bild 2-6** gibt die wesentlichen Komponenten, deren Anordnung und Kinematiken beim spitzenlosen Einstechschleifen wieder [KLOC05].

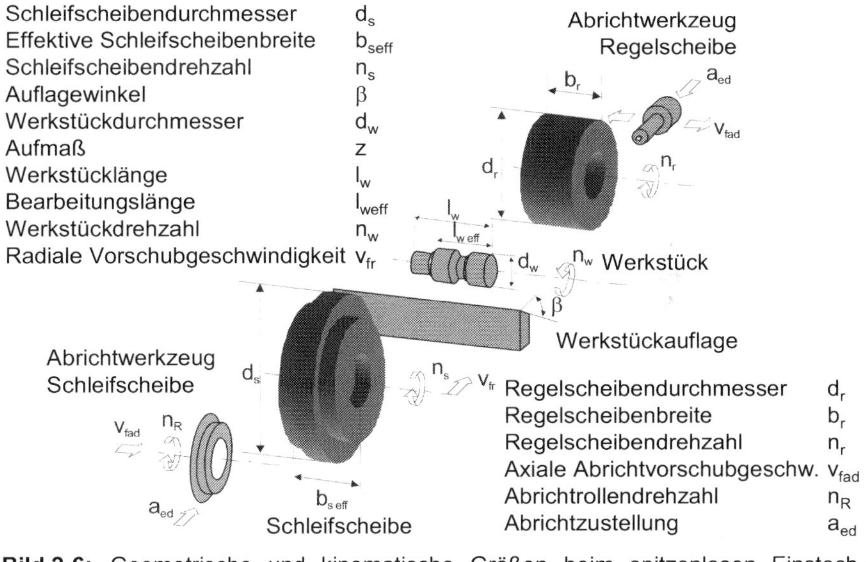

Bild 2-6: Geometrische und kinematische Größen beim spitzenlosen Einstechschleifen [KLOC05]

Geometrical and kinematical parameters in centreless plunge-cut grinding [KLOC05]

2.2.2 Schleifspaltaufbau bei der Bearbeitung von profilierten Werkstücken
Grinding gap set-up to machine profiled workpieces

Beim spitzenlosen Einstechschleifen besitzt die Schleifscheibe die Negativform der gewünschten Werkstückkontur. Es können einteilige Schleifscheiben verwendet werden, in die das gewünschte Werkstückprofil eingebracht wird. Zur gleichzeitigen Bearbeitung mehrerer Werkstücksitze mit ggf. unterschiedlichen Durchmessern werden häufig Schleifscheibensätze mit dementsprechenden Durchmessern genutzt, die mit Hilfe von Distanzringen an der jeweiligen Stelle auf der Schleifspindelachse fixiert werden. In **Bild 2-7** ist hierzu ein Beispiel zur simultanen Bearbeitung eines Werkstücks an drei Absätzen dargestellt.

Um ein Durchbiegen und Verkippen des Werkstücks zu vermeiden, stützen die Regelscheibe und die Auflageschiene das Werkstück ab. Dies kann prinzipiell entweder an den bearbeiteten oder an den nicht bearbeiteten Mantelflächen erfolgen. Aufgrund der Durchmesserreduktion am Werkstück müssen entweder alle Abstützflächen bearbeitet werden oder keine davon, da es ansonsten zu einer ungleichmäßigen Abstützung während des Schleifprozesses kommt. Vorzugsweise wird das Werkstück an seinen zylindrischen Absätzen von der Regelscheibe und der Auflageschiene abgestützt, da in diesem Fall die niedrigsten Profilfehler auftreten [MIKR08]. Des Weiteren wird versucht, an den Bearbeitungsflächen zu stützen, da hierdurch die geringste Werkstückdurchbiegung erzielt wird. Die Auswahl der Regelscheiben- sowie der Auflageschienenform erfolgt demnach werkstückspezifisch. Wie bei der Schleifscheibe kann die Regelscheibe als eine einteilige profilierte Scheibe oder als Regelscheibenverbund aufgebaut sein, der aus mehreren Einzelscheiben mit den jeweils benötigten Durchmessern besteht.

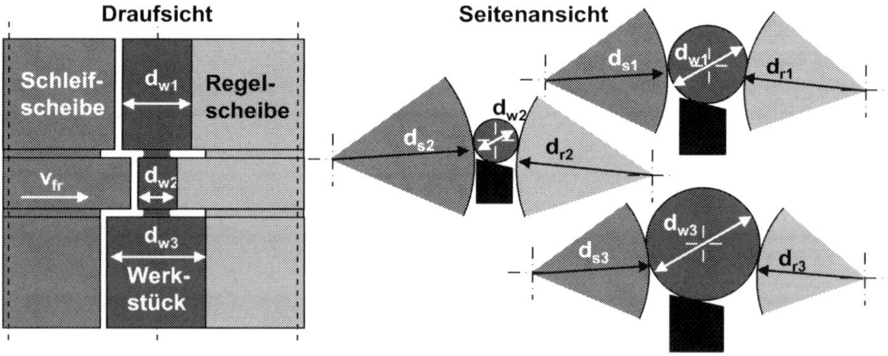

Bild 2-7: Schleifspaltaufbau für das spitzenlose Einstechschleifen eines Werkstücks mit drei Absätzen

Grinding gap set-up for workpieces with three cylindrical sections in centreless plunge-cut grinding

2.2.3 Relativgeschwindigkeiten zwischen Werkstück und Regelscheibe beim spitzenlosen Einstechschleifen

Relative velocity between workpiece and regulating wheel in centreless plunge-cut grinding

Beim spitzenlosen Einstechschleifen werden in der Regel mehrere Werkstückdurchmesser und -profile simultan bearbeitet. Hierzu muss die Regelscheibe bzw. das Regelscheibenpaket ein dem Werkstück angepasstes Profil aufweisen. Da das

Werkstück und die Regelscheibe jeweils nur eine Drehzahl annehmen können, resultieren an den unterschiedlichen Außendurchmessern jeweils verschiedene Umfangsgeschwindigkeiten. Eine reine Abrollbewegung, wie sie zwischen Werkstück und Regelscheibe gewünscht ist, kann demnach für profilierte Werkstücke nicht über die gesamte Werkstücklänge auftreten. Vielmehr entsteht eine rotatorische Relativgeschwindigkeit zwischen einzelnen Werkstück- und Regelscheibenbereichen, welches auch als „Durchrutschen“ bezeichnet wird [HASH98].

TAKASU untersuchte in seinen Arbeiten das Prozessverhalten bei der Hochleistungszerspanung im spitzenlosen Einstechschleifverfahren von Werkstücken mit mehreren Absatzdurchmessern [TAKA88]. Er wies nach, dass ein Springen des Werkstücks während der Bearbeitung stattfinden kann, wenn an einem oder mehreren Absätzen die Regelscheibenumfangsgeschwindigkeit höher ist als die der zugehörigen Werkstückumfangsgeschwindigkeit. Um diesen Fall zu vermeiden, muss laut TAKASU ein Abrollen zwischen dem größten Regelscheibendurchmesser und dem kleinsten Werkstückdurchmesser stattfinden. Daraus resultiert an den weiteren Absätzen eine höhere Werkstückgeschwindigkeit im Vergleich zu den jeweiligen Regelscheibengeschwindigkeiten, die eine Beschleunigung des Werkstücks in Richtung Auflageschiene verursacht.

TAKASU berücksichtigte bei seinen Untersuchungen allerdings nicht die variierenden Prozesskräfte, wie sie bei einer Änderung der Werkstückdrehzahl oder der Zustellgeschwindigkeit resultieren. Des Weiteren flossen die veränderten Reibbedingungen an der Regelscheibe und Auflageschiene, die durch eine Variation der Werkstückdrehzahl und der Prozesskräfte auftreten, nicht in seine Berechnungen ein. Insbesondere die Regelscheibenspezifikation, die Prozesseinstellungen und die Werkstückspezifikation sind wesentliche Einflussgrößen auf die Kraft- und Reibverhältnisse im Schleifprozess, deren Bedeutung bei der simultanen Bearbeitung unterschiedlicher Werkstückdurchmesser bisher nicht berücksichtigt wurden.

2.3 DAS SPITZENLOSE DURCHLAUFSCHLEIFEN
Centreless throughfeed grinding

Beim spitzenlosen Durchlaufschleifen werden die Werkstücke kontinuierlich dem Schleifspalt zugeführt, so dass die Werkstückwechselzeit völlig entfällt. Aufgrund der hohen Schleifscheibenbreiten steht ein großes nutzbares Schleifscheibenvolumen zur Verfügung, wodurch sich die radiale Verschleißgeschwindigkeit verringert. Dies begünstigt die Maßgenauigkeit der Werkstücke und erhöht die Standzeit der Schleifscheiben [MEIS80].

2.3.1 Komponenten und Anordnung
Components and set-up

Die wesentlichen Komponenten, deren Anordnung und Kinematiken beim spitzenlosen Durchlaufschleifen sind in **Bild 2-9** dargestellt. Im Gegensatz zum spitzenlosen Einstechschleifen erfolgt beim spitzenlosen Durchlaufschleifen keine Zustellbewegung durch die Schleif- und Regelscheibenachsen. Die Zustellung resultiert aus der

Verjüngung des Schleifspalts vom Einlauf zum Auslauf hin. Daher kann beim spitzenlosen Durchlaufschleifen nur die Mantelfläche des größten Werkstückdurchmessers bearbeitet werden, dessen Enddurchmesser durch die engste Stelle im Schleifspalt festgelegt wird. Die Werkstücklänge l_w kann dabei durch Absätze, Phasen oder Nuten von der reinen Bearbeitungslänge l_{weff} abweichen.

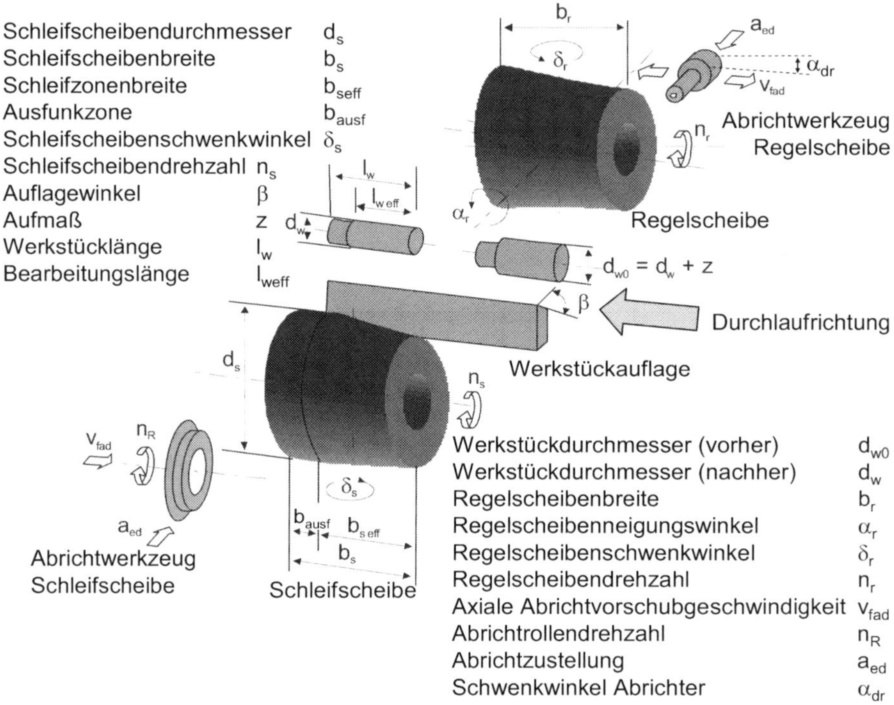

Bild 2-8: Geometrische und kinematische Größen beim spitzenlosen Durchlaufschleifen [KLOC05]

Geometrical and kinematical parameters in centreless throughfeed grinding [KLOC05]

Beim spitzenlosen Durchlaufschleifen ist die Regelscheibe um den Winkel α_r zur Werkstückachse geneigt, so dass zusätzlich zur rotatorischen Bewegung ein axialer Vorschub der Werkstücke erzeugt wird. Die Regelscheibenumfangsgeschwindigkeit v_r teilt sich in Abhängigkeit von der Regelscheibenneigung α_r in einen radialen Werkstückgeschwindigkeitsanteil v_w und einen axialen Werkstückgeschwindigkeitsanteil v_{fa} auf (siehe **Formel 1**). Die kinematischen Zusammenhänge sind in **Bild 2-9** erklärt.

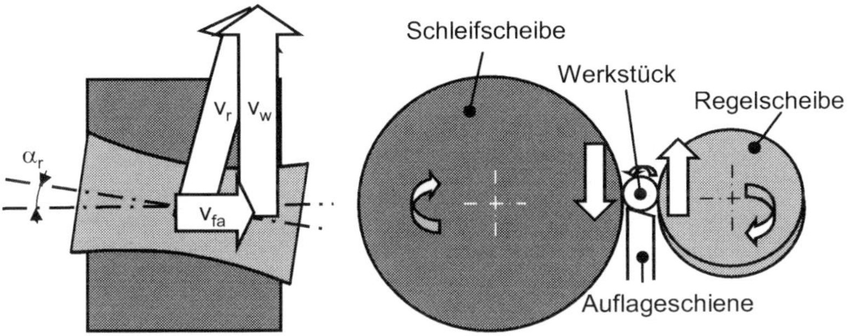

Bild 2-9: Aufbau und Kinematik beim spitzenlosen Durchlaufschleifen [MEYE08]
Set-up and kinematics in centreless throughfeed grinding [MEYE08]

2.3.2 Schleifspaltaufbau beim spitzenlosen Durchlaufschleifen
Grinding gap set-up in centreless throughfeed grinding

Die Verjüngung des Schleifspalts beim spitzenlosen Durchlaufschleifen kann in verschiedene Zonen unterteilt werden, so dass beispielsweise ein Schrupp-, Schlicht- und Ausfunkbereich entsteht. Dabei kann die Schleifscheibe (siehe **Bild 2-10**), die Regelscheibe oder beide Scheiben gemeinsam in verschiedene Zonen profiliert sein.

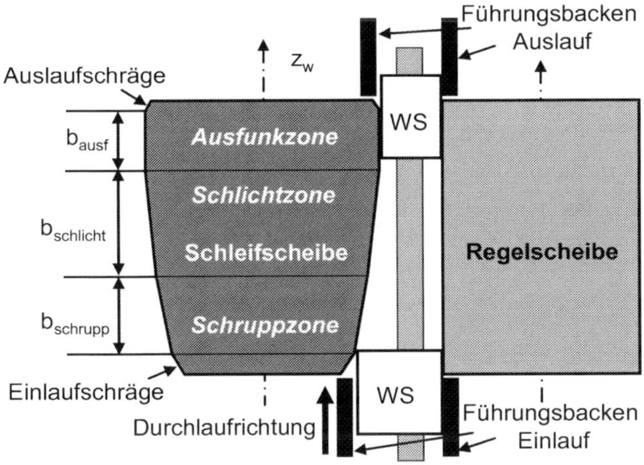

Bild 2-10: Schleifzonen durch profilierte Schleifscheibe
Grinding zones due to profiled grinding wheel

Führungsbacken am Ein- und Auslauf leiten die Werkstücke vor und nach der Bearbeitung. Am Schleifspalteinlauf unterstützt eine Einlaufschräge die Zentrierung der Werkstücke. Am Werkstückauslauf verhindert eine Auslaufschräge die Bildung von Vorschubwendel auf dem Werkstück durch eine scharfe Schleifscheibenkante. Die Scheibenprofile, Führungsbacken und deren Ausrichtung spiegeln sich messbar in der Werkstückform wider [SCHM63].

2.3.3 Die Entwicklung der Werkstückgeschwindigkeit beim spitzenlosen Durchlaufschleifen

Development of workpiece velocity in centreless throughfeed grinding

Die Regelscheibengeschwindigkeit teilt sich für einen schlupffreien Kontakt zwischen Werkstück und Regelscheibe in eine translatorische und rotatorische Werkstückgeschwindigkeitskomponente auf (siehe Kapitel 2.3.1). Die Regelscheibe besitzt beim Durchlaufschleifen allerdings keine zylindrische, sondern eine hyperboloidartige Form, da ansonsten eine gleichmäßige Abstützung entlang des Schleifspalts nicht möglich ist (siehe Kapitel 2.6) [SLON56]. Durch den variablen Regelscheibendurchmesser ergibt sich über die Regelscheibenbreite eine variable Regelscheibenumfangsgeschwindigkeit. Des Weiteren verringert sich der Werkstückdurchmesser während des Schleifprozesses. Die Drehzahl sowie die axiale Vorschubgeschwindigkeit der Werkstücke zueinander verändert sich daher entlang des Schleifspalts.

Für kurze Werkstücke sowie für einen schlupffreien Kontakt zwischen Werkstück und Regelscheibe kann die Werkstückdrehzahl über **Formel 1** berechnet werden. Da ein Werkstück als torsionsfrei angenommen werden kann und eine gewisse Länge besitzt, interagieren auch beim Durchlaufschleifen unterschiedliche Regelscheibendurchmesser mit unterschiedlichen Werkstückdurchmessern. Die hier aufgezeigten Relativgeschwindigkeiten zwischen Werkstück und Regelscheibe beeinflussen die Bauteilqualität, erhöhen den Regelscheibenverschleiß und wirken sich negativ auf die Prozessstabilität aus [HASH98]. Wissenschaftliche Untersuchungen zu der Geschwindigkeitsentwicklung der Werkstücke beim spitzenlosen Durchlaufschleifen sind aus den genannten Gründen notwendig, aber bisher nicht bekannt.

2.4 Reibungsarten

Types of friction

Zwischen dem Werkstück und der Auflageschiene sowie dem Werkstück und der Regelscheibe liegt Reibung vor, die sich aufgrund der Relativgeschwindigkeit zwischen den Partnern in unterschiedliche Reibungsarten unterteilen. Bewegen sich zwei Körper relativ zueinander, treten in Abhängigkeit von der Geschwindigkeit und der Art des Zwischenmediums unterschiedliche Reibungsarten auf. Um einen ruhenden Körper in Bewegung zu setzen, muss die „Ruhereibung" oder auch „Haftreibung" überwunden werden. Um den Körper in Bewegung zu halten, ist die „Bewegungsreibung" zu überwinden. Die Bewegungsreibung wird im wesentlichen unterschieden nach „Gleitreibung" und „Rollreibung" bzw. deren Überlagerung. Bei der Wälzreibung tritt beispielsweise zusätzlich zur Rollreibung eine kinematisch bedingte Gleitkomponente auf (Abwälzen von Zahnradflanken) [BREC05]. Das Verständnis der verschiedenen Reibungsarten hilft, die Vorgänge zwischen dem Werkstück und der Regelscheibe sowie zwischen dem Werkstück und der Auflageschiene im Spitzenlosschleifprozess zu erklären.

Gleitreibung

Bei der Gleitreibung unterscheidet man mit zunehmender Gleitgeschwindigkeit die folgenden Reibungszustände:

- Festkörperreibung (oder Trockenreibung, Coulombsche Reibung). Es befindet sich kein Schmierfilm zwischen den bewegten Teilen.
- Mischreibung bei kleiner bis mittlerer Gleitgeschwindigkeit. In der Kontaktzone liegt ein tragender Schmierfilm vor, dessen Tragkraft jedoch nicht ausreicht, um die relativ zueinander bewegten Teile völlig zu trennen, so dass sie noch in Kontakt stehen (Festkörper- und Flüssigkeitsreibung).
- Flüssigkeitsreibung bei großer Gleitgeschwindigkeit. Zwischen den bewegten Teilen befindet sich eine durchgehende Schmiermittelschicht (z.B. aus Öl, Luft, Graphit).

In Abhängigkeit von der Gleitgeschwindigkeit ändern sich die Reibungszustände und die Reibkraft F_t bzw. der Reibungskoeffizient μ bei gleichbleibender Normalkraft F_n nach **Formel 2**. Diese Abhängigkeit wird durch die Stribeck-Kurve dargestellt, in der über der Gleitgeschwindigkeit *v* der Reibungskoeffizient μ oder die Reibkraft F_t aufgetragen ist (siehe **Bild 2-11**) [STRI02].

$$F_t = \mu \cdot F_n$$ **Formel 2**

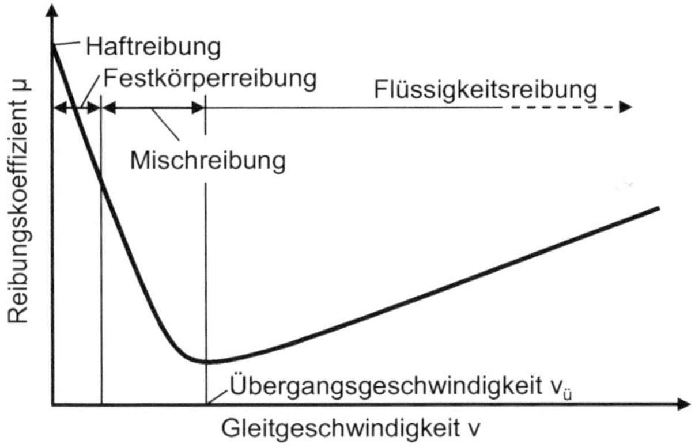

Bild 2-11: Stribeck-Kurve [STRI02]
Stribeck curve [STRI02]

Auf der Geschwindigkeitsachse der Stribeck-Kurve unterscheidet man Gebiete mit verschiedenen Reibungszuständen. Zwischen zwei unbewegten Führungselementen, die ohne trennendes Schmiermedium fest aneinander liegen, liegt im ruhenden Zustand Haftreibung vor. Bei sehr geringen Gleitgeschwindigkeiten bildet sich noch kein voll tragender Schmierfilm aus, so dass hier noch Festkörperreibung vorliegt, die in der Regel mit hohem Verschleiß der Gleitflächen verbunden ist. Mit wachsender

Gleitgeschwindigkeit baut sich ein Schmierfilm auf, so dass der hydrodynamische Traganteil zunimmt und der Traganteil durch die Festkörperberührung entsprechend abnimmt (Mischreibungsgebiet) bis, beginnend bei einer bestimmten Gleitgeschwindigkeit (Übergangsgeschwindigkeit $v_ü$), die gesamte Belastung über den Schmierfilm aufgenommen wird (Flüssigkeitsreibung). In diesem Bereich sind die Gleitflächen völlig durch den Schmierfilm voneinander getrennt, so dass kein Verschleiß der Gleitflächen mehr auftritt. Aus diesem Grund ist ein Dauerbetrieb möglichst oberhalb der Übergangsgeschwindigkeit anzustreben [BREC05].

Bei kleinen Gleitgeschwindigkeiten im Bereich der Mischreibung kommt es häufig zu ungleichförmigen Bewegungen infolge des Stick-Slip-Effektes (Ruckgleiten). Dieser Effekt, der auf die negative Steigung der Stribeck-Kurve im Mischreibungsgebiet zurückzuführen ist, ist durch ein periodisches Haften und Gleiten gekennzeichnet.

Rollreibung

Mit dem Begriff Rollreibung wird die Reibungsart bezeichnet, die bei Rollen aufgrund von elastischer Verformung in der Kontaktzone in tribologischen Systemen auftritt [BREC05]. Hierzu zählen komplexe innere Gleit- und Reibungsvorgänge sowie Hystereseerscheinungen der Werkstoffe beim Überrollen [JACO09]. Beim Rollen findet die Relativbewegung der zur Berührung kommenden Stoffbereiche der Kontaktpartner in kinematischer Hinsicht auf Zykloiden (Rollkurven) statt, wobei die gedachte Drehachse des Rollkörpers eine Parallelverschiebung erfährt. Die Drehachsen können auch räumlich stationär sein, wenn eine Rollbewegung zweier Zylinder vorliegt. In technischer Hinsicht sind Rollbewegungen deshalb von besonderer Bedeutung, weil der Rollreibungswiderstand stets erheblich kleiner als ein Gleitreibungswiderstand ist. Dies ist im Wesentlichen dadurch begründet, dass bei Rollvorgängen die kontaktierenden Stoffbereiche der beiden Kontaktpartner sich nur normal zur Kontaktfläche annähern und wieder entfernen, während bei Gleitvorgängen in großem Umfang Schubspannungen beteiligt sind. Die wichtigsten technischen Systeme mit Rollreibung sind Radsysteme und Wälzlager. Daneben sind in technischer Hinsicht eine Reihe von Maschinenelementen von Bedeutung, bei denen eine Überlagerung von Rollreibung und Gleitreibung im Kontaktbereich vorliegt, wie beispielsweise bei Zahnradgetrieben [BREC05].

In physikalischer Hinsicht kommt die Rollreibung, ähnlich wie die Gleitreibung, durch die Überlagerung mehrerer Reibungsmechanismen zustande. Nach Ergebnissen der Kontaktmechanik tritt beim Hertzschen Kontakt gekrümmter Körper bei der Überlagerung von Normal- und Tangentialkräften eine Aufteilung des Berührungsgebietes in Haft- und Schlupfzonen statt. In der Literatur werden drei Arten des Mikroschlupfes bei der Rollreibung unterschieden, die sich nach den Elastizitätsmodulen und den Krümmungsradien der Körper unterscheiden. Vereinfacht kann die Rollreibung F_R nach **Formel 3** berechnet werden [HEIN02]. Zusammenfassend muss für die Rollreibung, ähnlich wie für die Gleitreibung, festgehalten werden, dass sich bei einem konkreten praktischen Anwendungsfall der Rollreibungswiderstand aus mehreren Komponenten zusammensetzen kann, so dass eine genaue Bestimmung von Rollreibungszahlen nur durch experimentelle Untersuchungen möglich ist [CZIC10]. Da zwischen der Regelscheibe und dem Werkstück Rollreibungsanteile auftreten, können diese nur mit geeigneten Prüfständen bestimmt werden.

$$F_R = \frac{f_R \cdot F_n}{r}$$ **Formel 3**

2.5 Prozesskräfte beim Spitzenlosschleifen

Process forces in centreless grinding

Kräfte- und Momentengleichgewicht beim Spitzenlosschleifen

Beim Spitzenlosschleifen wirken von der Auflageschiene, Schleif- und Regelscheibe Kräfte auf das Werkstück. Zur Bestimmung der Kräfte und Momente wird das Werkstück frei geschnitten und es werden die Reaktionskräfte bestimmt [SLON56, SCHR71, HANN07]. Die an den drei Kontaktstellen des Werkstücks im Schleifspalt wirkenden Prozesskräfte werden in ihre normalen und tangentialen Komponenten zerlegt (**Bild 2-12** rechte Hälfte). Alternativ ist eine Transformation zwischen Normal- bzw. Tangentialkräften und den zugehörigen Horizontal- und Vertikalkräften (**Bild 2-12** linke Hälfte) über die geometrische Anordnung im Schleifspalt möglich (siehe Formelanhang, Kapitel 10.1). Die hier verwendete Nomenklatur der Kräfte nach Hannig basiert auf einem bereits von Schreitmüller vorgeschlagenen Ansatz und wurde um die Trägheitskräfte F_{xm} und F_{ym} sowie das Trägheitsmoment M_{zm} um den Werkstückschwerpunkt erweitert [HANN07, SCHR71]. Die beim spitzenlosen Einstechschleifen auftretenden Axialkräfte dienen zur Fixierung des Werkstückes im Schleifspalt und sind bei einer korrekten Anstellung der Regelscheibe vernachlässigbar [FRIE04]. Wissenschaftliche Untersuchungen zur Axialkraftkomponente beim spitzenlosen Durchlaufschleifen sind bisher unbekannt.

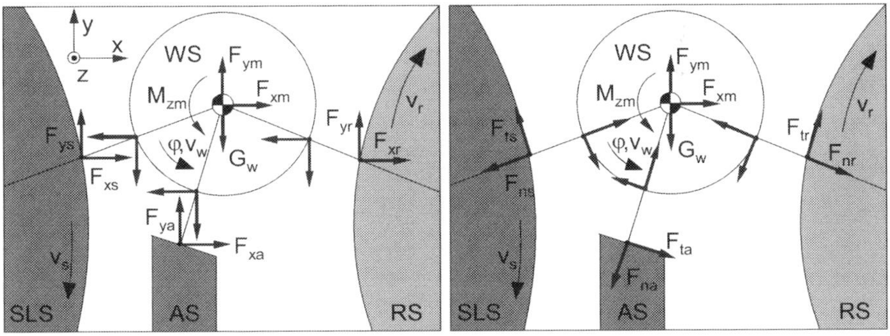

Bild 2-12: Vorzeichenkonvektion der Kräfte und Momente [HANN07]

Sign conventions of forces and moments [HANN07]

Nach dem Ansatz der allgemeinen Mechanik von d'Alembert lässt sich ein Kräftegleichgewicht herstellen (siehe **Formel 4** bis **Formel 6**). Des Weiteren gelten die Reibgesetze an den Kontaktstellen, mit denen die Normal- und Tangentialkräfte in Zusammenhang stehen. Aufgrund der großen Eingriffsbreiten der Schleifscheibe entstehen beim Spitzenlosschleifen vergleichsweise hohe Schleifkräfte, die durch die Regelscheibe und die Auflageschiene aufgenommen werden müssen.

$$\sum F_x : F_{xs} + F_{xr} + F_{xa} - F_{xm} = 0 \qquad \textbf{Formel 4}$$

$$\sum F_y : F_{ys} + F_{yr} + F_{ya} + G_w - F_{ym} = 0 \qquad \textbf{Formel 5}$$

$$\sum M_w : (F_{ts} - F_{tr} - F_{ta}) \cdot 0{,}5 \cdot d_w + M_{zm} = 0 \qquad \textbf{Formel 6}$$

Im Gegensatz zum Schleifen zwischen Spitzen, bei dem das Werkstück fest gelagert ist, wird beim Spitzenlosschleifen das Werkstück durch die Auflageschiene sowie Schleif- und Regelscheibe positioniert. Dieser Sachverhalt erschwert das Messen der einzelnen Kraftgrößen auf das Werkstück während der Schleifbearbeitung, da eine Kraftmessung in der Werkstücklagerung, wie es beim Außenrundschleifen beispielsweise möglich ist, nicht erfolgen kann. Eine Kraftmessung ist aus den genannten Gründen nur an den Komponenten Auflageschiene, Schleif- und Regelscheibe möglich. Aufgrund der hohen Maschinensteifigkeit ist eine Kraftmessung mit Dehnungsmessstreifen im Kraftnebenfluss nur bedingt möglich. Die Installation von piezoelektrischen Kraftsensoren im Krafthauptfluss verringert die gewünschte hohe Maschinensteifigkeit. Darüber hinaus erzeugen die großen rotierenden Massen von Schleif- und Regelscheibe, beispielsweise beim Einstechschleifen, durch ihre radiale Bewegung vergleichsweise hohe Massenträgheitskräfte, die eine Kraftmessung beeinflussen und erschweren. Aus den genannten Gründen werden häufig Kraftmessungen in Analogieprozessen durchgeführt.

Schleifnormal- und Tangentialkraft

Während des Schleifens greift an jeder Schneide eine räumlich gerichtete Kraft an. Bildet man die Vektorsumme aller gleichzeitig auftretenden Schneidenkräfte, so erhält man die Schnittkraft F_c. Sie setzt sich aus drei Komponenten zusammen (siehe **Formel 7**)

$$\vec{F}_c = \vec{F}_n + \vec{F}_t + \vec{F}_a \qquad \textbf{Formel 7}$$

Die Axialkraft F_a ist parallel zur Schleifscheibenrotationsachse gerichtet. Die Tangentialkraft F_t greift in Umfangsrichtung der Schleifscheibe an. Die radial auf die Schleifscheibe wirkende Normalkraft F_n ermöglicht Rückschlüsse auf die Maschinen- und Werkstückverformung [KLOC05]. Es existiert eine Vielzahl von Modellen zur Bestimmung der Schleifkräfte und des Schleifverhältnisses [PEKL57, KASS69, WERN73, TOEN92, BRIN06]. Die Modelle lassen sich auf ein Grundmodell zurückführen, bei dem die bezogene Schleifnormalkraft F'_{ns} in Abhängigkeit vom Geschwindigkeitsverhältnis q, der Zustellung a_e sowie dem äquivalenten Schleifscheibendurchmesser d_{eq} und den spezifischen Konstanten c_{wp} und c_{gw} angenähert wird (siehe **Formel 8**) [TOEN92]. Die Koeffizienten c_{wp}, c_{gw} bzw. Exponenten e1, e2 und e3 lassen sich für einige wenige Werkstoff-Schneidstoff-Kombinationen der Literatur entnehmen [KOEN79, OSTE94]. Für weitere Werkstoff-Schneidstoff-Kombinationen müssen die Koeffizienten empirisch ermittelt werden. Der äquivalente Schleifscheibendurchmesser d_{eq} lässt sich aus dem Durchmesser des Werkstücks und der Schleifscheibe nach **Formel 9** berechnen.

$$F'_{ns} = c_{wp} \cdot c_{gw} \cdot \left(\frac{1}{q}\right)^{e1} \cdot (a_e)^{e2} \cdot (d_{eq})^{e3} \text{ mit } q = \frac{v_s}{v_w}$$ **Formel 8**

$$d_{eq} = \frac{d_w \cdot d_s}{d_w \pm d_s}$$ mit + für Außenrundschleifen, – für Innenrundschleifen **Formel 9**

Bei der Schleifkraftbestimmung wird eine lineare Abhängigkeit zwischen der Schleifnormalkraft und der Schleifbreite b_s angenommen [TOEN92]. Ein Zusammenhang zwischen der Schleifnormal- und der Schleiftangentialkraft kann über das Schnittkraftverhältnis μ_s gebildet werden, welches häufig als näherungsweise konstant angenommen wird [STEF83, VITS85] (siehe **Formel 10**).

$$F_{ts} = \mu_s \cdot F_{ns}$$ **Formel 10**

Das Schnittkraftverhältnis stellt eine verfahrensübergreifende Größe dar und ist ein Maß für die Schnittfähigkeit der Schleifscheibe sowie die Effektivität der Zerspanung [KLOC05]. Für das Schnittkraftverhältnis sind lediglich die Kontaktbedingungen und die Relativgeschwindigkeit zwischen Schleifscheibe und Werkstück ausschlaggebend. Beim spitzenlosen Einstechschleifen wird die Schleifscheibe radial auf das Werkstück zu bewegt. Dies entspricht dem Prinzip des Außenrundschleifens zwischen Spitzen. Für die Wahl gleicher Prozessparameter, Werkzeuge und Schmierstoffe liegt eine kongruente Bearbeitung zwischen beiden Verfahren vor, so dass das Einstechschleifen zwischen Spitzen als Analogieverfahren für das spitzenlose Einstechschleifen genutzt werden kann.

Im EU Projekt CEGRIS (CEnterless GRInding with Superabrasives) wurden beispielsweise Schleifversuche im Analogieprozess Schleifen zwischen Spitzen durchgeführt, um optimale Prozess- und Abrichtparameter für das Spitzenlosschleifen mit CBN Schleifscheiben abzuleiten sowie die Werkzeugmaschinenkomponenten auszulegen. Darauf hin wurden äquivalente Schleifversuche im Spitzenlosverfahren durchgeführt, bei dem die gemessenen Kräfte und Werkstückqualitäten denen im Schleifen zwischen Spitzen näherungsweise entsprachen [FRIE04].

Reibkoeffizienten an der Auflageschiene

Das rotierende Werkstück und die starre Auflageschiene bilden zusammen mit dem Kühlschmierstoff ein Tribosystem, bei dem ein Reibwert zwischen dem Werkstück und der Auflageschiene auftritt. REEKA führte bereits 1967 erste Untersuchungen zu Reibwerten an der Auflageschiene durch [REEK67]. Die Berechnung erfolgt nach **Formel 11**.

$$F_{ta} = \mu_a \cdot F_{na}$$ **Formel 11**

Seine Forschungsarbeiten zeigten, dass der Reibwert einer Materialpaarung zusätzlich von der Umfangsgeschwindigkeit und dem Durchmesser des Werkstücks, geringfügig vom Zeitspanungsvolumen und vom Kühlschmierstoff abhängt. Die Umfangsgeschwindigkeiten wurden dabei in einem Bereich von 0,3 bis 2,3 m/s bei Einsatz einer hartmetallbelegten Auflageschiene variiert. In Abhängigkeit vom Werkstückdurchmesser sank bei den Untersuchungen von REEKA der Reibwert von

μ_a = 0,33 bei d_w = 20 mm bis auf μ_a = 0,2 bei d_w = 40 mm, näherte sich mit steigendem Durchmesser jedoch asymptotisch einem konstanten Wert [REEK67]. Ähnliche Ergebnisse lieferte HANNIG in seinen Untersuchungen. Bei seinen Variationen der Werkstückgeschwindigkeit v_w sowie des bezogenen Zeitspanungsvolumens Q'_w mit einem konstanten Werkstückdurchmesser d_w = 40 mm resultierte ein nahezu konstanter Reibkoeffizient von μ_a = 0,19 [HANN07]. Größere Abweichungen des Reibwertes wurden auf Belagbildungen auf der Auflageschiene durch Schleifspäne und Körner zurückgeführt. Es wurde festgestellt, dass die Gefahr der Belagbildung zunimmt, je weiter der Kontaktpunkt zwischen Werkstück und Auflageschiene in Richtung Regelscheibe verschoben ist, so dass mehr Schleifmaterial zwischen Werkstück und Auflageschiene gespült werden kann. In der Praxis wird aus diesem Grund im oberen Drittel der Auflageschienenfläche geschliffen [HANN07].

Reibkoeffizienten an der Regelscheibe

Wie bei der Auflageschiene bildet das Werkstück mit der Regelscheibe und dem Kühlschmierstoff ein Tribosystem, bei dem auch ein Reibwert zwischen Werkstück und Regelscheibe entsteht. Prinzipiell liegt allerdings nicht immer eine Relativgeschwindigkeit zwischen beiden Partnern vor, so dass zwischen Roll- und Gleitreibung unterschieden werden muss [FLEC31]. Ist eine ausreichende Anzahl an Kräften und Reibparametern an Schleifscheibe und Auflageschiene bekannt, so lassen sich mit Hilfe der Kräfte- und Momentengleichgewichte die Normal- und Tangentialkraft an der Regelscheibe sowie der theoretische Reibkoeffizient $\mu_{r,th}$ zwischen Regelscheibe und Werkstück zu einem bestimmten Zeitpunkt t_i berechnen (siehe **Formel 12**) [HANN07].

$$\mu_{r,th}(t_i) = \frac{F_{tr,th}(t_i)}{F_{nr,th}(t_i)}$$ **Formel 12**

Dreht das Werkstück mit konstanter Drehzahl, kann **Formel 1** vereinfacht dargestellt werden, so dass sich die theoretische Regelscheibentangentialkraft $F_{tr,th}$ aus den Tangentialkräften an der Schleifscheibe und Auflageschiene ergibt (**Formel 13**). Aufgrund der immer zu erfüllenden Gleichgewichtsbedingungen kann die Tangentialkraft an der Regelscheibe theoretisch sehr große Werte annehmen. In der Realität würde sie durch einen maximalen Reibkoeffizienten $\mu_{r,max}$ und damit einer maximalen Tangentialkraft $F_{tr,max}$ begrenzt werden, ab welcher Gleiten („Durchrutschen") zwischen Werkstück und Regelscheibe auftritt (siehe **Formel 14**). Das Werkstück beschleunigt in diesem Fall maximal bis auf Schleifscheibenumfangsgeschwindigkeit.

$$\sum F_t = 0 = F_{ts} + F_{tr,th} + F_{ta}$$ **Formel 13**

$$F_{tr,th} > F_{tr,max}$$ **Formel 14**

Der Reibkoeffizient μ_r setzt sich aus Roll- und Gleitreibungsanteilen zusammen. Nach STRIBECK liegt der größte Gleitreibungsanteil für die Haftreibung (v_{rel} = 0 m/s) vor [STRI02]. Tritt zwischen Werkstück und Regelscheibe ein Abrollen ohne Relativgeschwindigkeit v_w auf, herrscht der maximale Reibkoeffizient $\mu_{r,max}$. Kommt es zu einer Relativgeschwindigkeit Δv_w zwischen Werkstück und Regelscheibe (siehe **Formel 15**), tritt keine Haftreibung auf, sondern Festkörper-, Misch- oder Flüssigkeitsreibung. Da die Festkörper-, Misch- und Flüssigkeitsreibungsanteile kleiner als die Haftreibung sind, ist bei einer Relativgeschwindigkeit zwischen Werkstück und Regelscheibe der Reibkoeffizient μ_r zwischen den beiden Partnern stets kleiner als $\mu_{r,max}$.

$$\Delta v_{wr} = v_w - v_r$$ **Formel 15**

HASHIMOTO untersuchte erstmalig den maximalen Reibkoeffizienten $\mu_{r,max}$ für kleine Relativgeschwindigkeiten zwischen Werkstück und Regelscheibe [HASH98]. Hierzu entwarf er einen Reibkraftprüfstand, bei dem die Relativgeschwindigkeit zwischen Werkstück und Regelscheibe variiert werden konnte. Die Normal- und Tangentialkräfte wurden an der hydrostatischen Regelscheibenlagerung überwacht. Das rotatorisch angetriebene Werkstück wurde dabei pneumatisch an die rotierende Regelscheibe geführt. Das Werkstück drehte mit der konstanten Umfangsgeschwindigkeit von v_w = 0,6 m/s, wohingegen die Regelscheibenumfangsgeschwindigkeit im Bereich von v_r = 0,2 – 1 m/s variiert wurde. In Abhängigkeit von der Relativgeschwindigkeit Δv_{wr} wurde der Reibwert μ_r an der Regelscheibe berechnet.

Die Untersuchungen zeigten, dass maximale Reibkoeffiziente0n mit keramisch gebundenen und gummigebundenen Regelscheiben erreicht werden. HASHIMOTO merkte jedoch an, dass der Reibkoeffizient während seiner Messungen einer vergleichsweise hohen Streuung unterlag, die teilweise bis zu 30 % betrug [HASH98]. Aufgrund der hohen Streuung führte der Reibprüfstand nur zu einer ungenauen Bestimmung der Reibwerte, so dass der Aufbau und die Funktionsweise überarbeitet werden sollte. Untersuchungen für kleine Normalkräfte F_{nr}, wie sie während des Ausfunkens auftreten können, mit unterschiedlichen Werkstückdurchmessern d_w oder Werkstückgeschwindigkeiten v_w wurden bisher nicht durchgeführt. Des Weiteren ist anzumerken, dass bei HASHIMOTO die Kraftmessung an der Regelscheibe ohne Berücksichtigung von Massenträgheitskräften und -momenten erfolgte. Gerade die vergleichsweise großen Massen von Regelscheiben führen durch ihre Trägheit bei der gewählten Anordnung zu Messungenauigkeiten, wie HASHIMOTO bei seinen Untersuchungen selbst feststellte.

Auf Grundlage der bisherigen Untersuchungen lassen sich keine für eine Prozessregelung ausreichend genauen Aussagen über das Reibverhalten zwischen Werkstück und Regelscheibe treffen, was durch zukünftige Untersuchungen mit einem angepassten Versuchsstand analysiert werden muss.

2.6 DIE REGELSCHEIBENGEOMETRIE BEIM SPITZENLOSSCHLEIFEN
Regulating wheel profile in centreless grinding

Die Regelscheibe stützt das Werkstück im Schleifspalt ab und verhindert gerade bei biegeschlanken Bauteilen eine Verformung des Werkstücks. Eine gleichmäßige linienförmige Abstützung ist vor allem vom Profil der Regelscheibe abhängig. Geringe Profilabweichungen können zu Formfehlern am Werkstück und Prozessinstabilitäten führen, weshalb der Regelscheibenform eine besondere Bedeutung beim Spitzenlosschleifen zukommt.

2.6.1 Anforderungen an die Regelscheibenform
Regulating wheel profile requirements

Beim spitzenlosen Durchlaufschleifen wird die Regelscheibe um den Winkel α_r zur Werkstückachse geneigt, um neben einer rotatorischen Bewegung das Werkstück axial durch den Schleifspalt zu bewegen. Auch beim spitzenlosen Einstechschleifen wird die Regelscheibe um einen kleinen Winkel α_r zur Werkstückachse geneigt, um das Werkstück gegen einen Axialanschlag zu führen und im Schleifspalt zu fixieren. Sobald die Regelscheibenachse zur Werkstückachse geneigt wird, kann mit einer zylindrischen Regelscheibenform keine linienförmige Werkstückabstützung mehr realisiert werden. Für den Fall einer geneigten Regelscheibenachse muss die Regelscheibenform einem Hyperboloiden ähneln [KLOC05]. Neben dem Neigungswinkel ist die Regelscheibenform ebenfalls von der Werkstückhöhenlage abhängig [MEIS80]. In **Bild 2-13** sind exemplarisch die Regelscheibenformen für das Schleifen über Mitte, unter Mitte und bei der Höhenlage h = 0 mm dargestellt, wobei Scheiben- und Werkstückdurchmesser sowie weitere Prozessparameter vernachlässigt wurden.

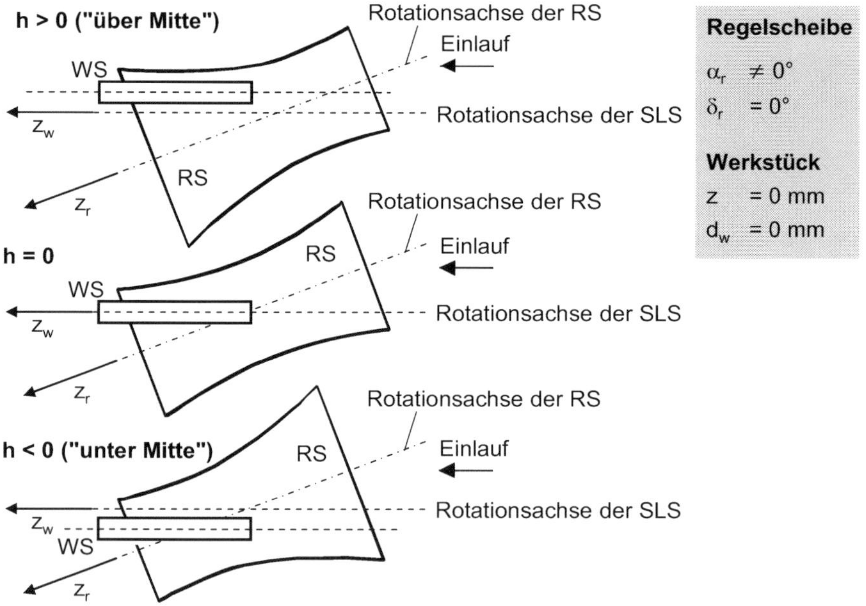

Bild 2-13: Einfluss der Werkstückhöhenlage auf die Regelscheibenform [MEIS80]
Influence of centre height displacement on regulating wheel profile [MEIS80]

Je nach Höhenlage wird die hyperbolische Form entlang der Regelscheibenachse verschoben, weshalb die Regelscheibe in diesen Fällen nicht symmetrisch ist, sondern eine konische Form aufweist [KLOC05]. Ein Verändern der Höhenlage erzwingt eine Profilanpassung der Regelscheibenform für den oben dargestellten Fall. MEIS entwickelte erstmals eine symmetrische Regelscheibenform für das Schleifen „über und unter Mitte", indem er die Regelscheibenachse nicht nur um einen Winkel α_r

neigte, sondern ebenfalls um einen Winkel δ_r schwenkte (siehe Kapitel 2.6.2) (**Bild 2-14**). Die so modifizierte Regelscheibenform erlaubt eine Werkstückhöhenlagenvariation mit stark minimiertem Abrichtaufwand [MEIS80]. Eine Anwendung der von MEIS entwickelten symmetrischen Regelscheibenform in Spitzenlosschleifmaschinen ist allerdings unbekannt.

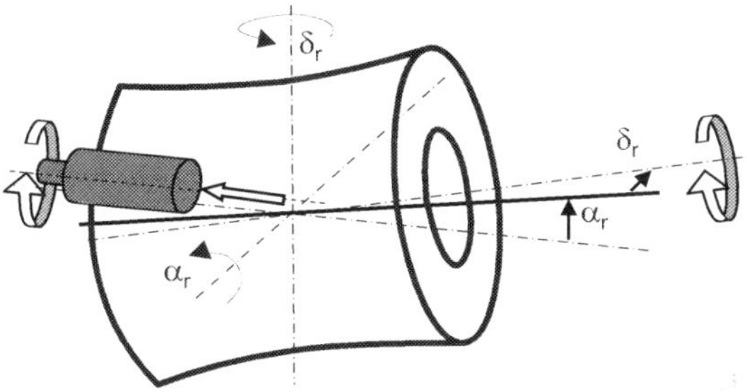

Bild 2-14: Symmetrische Form der Regelscheibe [MEIS80]
Symmetrical profile of regulating wheel [MEIS80]

Bild 2-15 zeigt die Kontaktbahn zwischen dem Werkstück und der Regelscheibe beim spitzenlosen Durchlaufschleifen. Werkstück und Regelscheibe stellen rotationssymmetrische Körper dar, deren Durchmesser entlang des Schleifspalts variieren. Wird eine Schnittebene senkrecht zur Werkstückachse durch den Schleifspalt betrachtet, ergeben sich für die Regelscheibe und das Werkstück näherungsweise Kreisflächen, deren Berührpunkte auf den Verbindungslinien beider Mittelpunkte liegen (**Bild 2-15** rechts). Aufgrund der Neigung zwischen Werkstück- und Regelscheibenachse verlagern sich die Mittelpunkte entlang des Schleifspalts relativ zueinander. Dementsprechend bewegt sich der Berührpunkt vom Schleifspalteinlauf hin zum Schleifspaltauslauf auf dem Werkstückumfang (**Bild 2-15** links). Je größer der Werkstückdurchmesser und die Regelscheibenneigung sind, umso weiter verlagert sich der Berührpunkt während der Bearbeitung. Die Kontaktlinie zwischen Werkstück und Regelscheibe stellt keine gerade Strecke dar, sondern eine dreidimensionale Kurve [ALTE08]. Hieraus resultiert, dass die Regelscheibe zur gleichmäßigen Abstützung des Werkstücks keine rein hyperbolische Form besitzen darf, sondern lediglich eine Form, die einem Hyperboloiden ähnelt. Beim spitzenlosen Durchlaufschleifen ist der Schleifspalt verjüngt, um das Werkstückaufmaß z zu zerspanen. Da der Werkstückdurchmesser eine Eingangsgröße der Regelscheibenform darstellt, muss die Zustellung z entlang des Schleifspalts ebenfalls zur Auslegung der Regelscheibenform berücksichtigt werden.

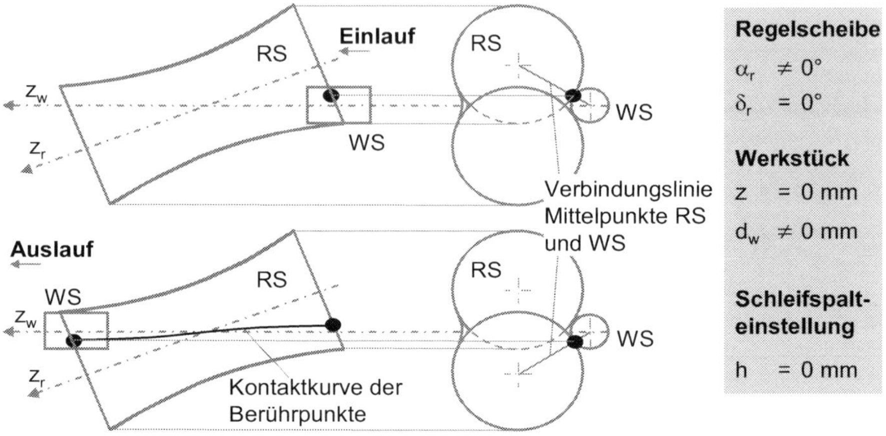

Bild 2-15: Kontaktkurve des Werkstücks beim spitzenlosen Durchlaufschleifen
Workpiece contact line in centreless throughfeed grinding

2.6.2 Abrichtstrategien zur Profilierung der Regelscheibe
Dressing strategies for profiling the regulating wheel

Seit der Einführung des Spitzenlosschleifens wurden verschiedene maschinenseitige Abrichtmethoden entwickelt, um das geforderte Regelscheibenprofil für eine gleichförmige Werkstückabstützung herzustellen. Dabei wurde häufig versucht, die Bahnkurve des Regelscheibenabrichters der Kontaktbahn zwischen Werkstück und Regelscheibe anzugleichen. Bei einer oft verwendeten Abrichttechnologie, im Folgenden als „konventionelles Abrichten" bezeichnet, ist es möglich, die Abrichthalterbahn zur Regelscheibenachse um den Winkel α_{dr} zu schwenken sowie um eine Strecke h_{dr} tangential zum Regelscheibenumfang zu verschieben (**Bild 2-16**).

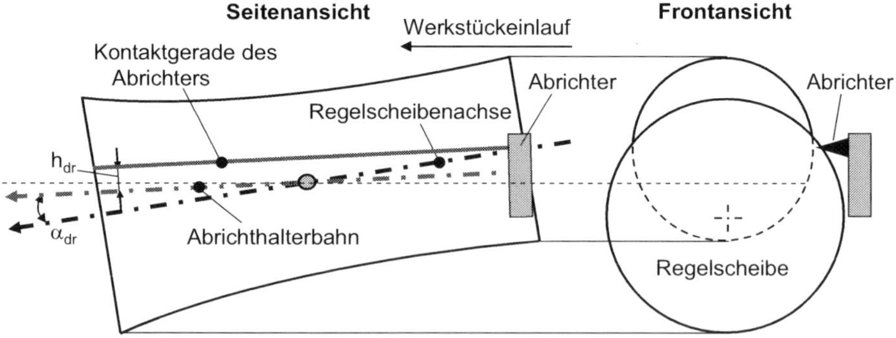

Bild 2-16: Anordnung der Abrichthalterbahn beim „konventionellen Abrichten"
Arrangement of dressing tool path in "conventional dressing"

Hierdurch sollen die geometrischen Zusammenhänge im Schleifspalt, wie sie durch die Höhenlage h des Werkstücks und der Regelscheibenneigung α_r abgebildet werden, auf den Abrichtvorgang übertragen werden [SLON56]. Als Regelscheibenabrichter wird üblicherweise ein Einkorndiamant mit einem Profilrundungsradius von $r_p < 1$ mm eingesetzt. Der Werkstückdurchmesser ist in der Regel größer als der Profilrundungsradius des Einkorndiamanten, so dass der oben beschriebene Einfluss des Werkstückdurchmessers auf die Regelscheibenform zunächst bei der „konventionellen Abrichtmethode" nicht berücksichtigt wird. Aus diesem Grund weichen der Abrichtwinkel α_{dr} sowie die Abrichthöhenlage h_{dr} vom Regelscheibenneigungswinkel α_r und von der Werkstückhöhenlage h ab. SLONIMSKI berechnete erste Korrekturfaktoren für den Abrichterwinkel α_{dr} und für die Abrichterhöhenlage h_{dr}, die von MEIS noch einmal verbessert wurden, um der optimalen Regelscheibenkontur möglichst nahe zu kommen (siehe **Bild 2-17** links) [MEIS80]. Zum Generieren des symmetrischen Regelscheibenhyperboloiden nach MEIS wird die Abrichthalterbahn ebenfalls um den Winkel α_{dr} geneigt, die Abrichthöhenlage beträgt $h_{dr} = 0$ mm. Nach dem Abrichten wird die Regelscheibe um den Winkel α_r geneigt und um den Winkel δ_r geschwenkt (siehe **Bild 2-17** rechts).

Aufgrund der beschränkten Einstellmöglichkeiten lassen sich beim „konventionellen Abrichten" nur hyperbolische Regelscheibenformen herstellen, die nicht alle Anforderungen an die Regelscheibenform widerspiegeln können. Daher wird diese Methode des Regelscheibenabrichtens in neueren Maschinen häufig nicht mehr verwendet.

Konische Regelscheibenform

$$\alpha_{dr} = \alpha_r \cdot \left(1 - \frac{1}{\sqrt{1 + \frac{d_w}{d_r}}}\right)$$

$$h_{dr} = \frac{h}{\sin(\alpha_r)} \cdot \sin\left(\frac{\alpha_r}{\sqrt{1 + \frac{d_w}{d_r}}}\right)$$

$$\delta_r = 0°$$

Symmetrische Regelscheibenform

$$\alpha_{dr} = \alpha_r \cdot \left(1 - \frac{1}{\sqrt{1 + \frac{d_w}{d_r}}}\right)$$

$$h_{dr} = h$$

$$\alpha_r = \arctan\left(\sqrt{1 - \frac{h^2}{r_k^2}} \cdot \tan\alpha_{rd}\right)$$

$$\delta_r = \arcsin\left(\frac{h}{r_k \cdot \cos\alpha_r} \cdot \sin\alpha_{rd}\right)$$

Bild 2-17: Korrekturfaktoren für das „konventionelle Abrichten"

Correction factors for "conventional dressing"

SHIH setzte als Regelscheibenabrichter eine rotierende Abrichtrolle ein, die den äquivalenten Durchmesser des zu bearbeitenden Werkstücks besitzt [SHIH01]. Die Bahn des rotierenden Abrichters ist parallel zur Werkstück- und Schleifscheibenachse und befindet sich auf der gleichen Höhenlage wie das Werkstück (**Bild 2-18**). Diese so modifizierte Methode des „konventionellen Abrichtens" berücksichtigt nun neben der Regelscheibenneigung und der Werkstückhöhenlage auch den Werkstückdurchmesser, so dass hier keine Korrekturwerte nach **Bild 2-17** erforderlich sind. Allerdings ist der Einfluss der Werkstückdurchmesserabnahme entlang des Schleifspalts auf die Regelscheibenform zunächst noch nicht berücksichtigt. Des Weiteren muss für jeden verwendeten Werkstückdurchmesser eine Regelscheibenabrichtrolle mit dementsprechendem Durchmesser eingesetzt werden, welches die Anschaffungs- und Lagerkosten stark erhöht sowie die Rüstzeiten der Maschine verlängert. Als zusätzlicher Nachteil ist der notwenige rotierende Abrichtrollenantrieb zu nennen, der den Anschaffungspreis der Maschine erhöht.

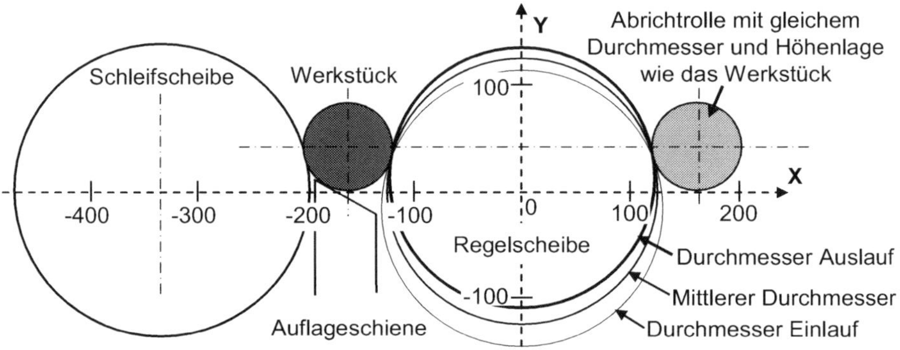

Bild 2-18: Rotierende Abrichtrolle zur Profilierung der Regelscheibe [SHIH01]

Rotating dressing tool for profiling the regulating wheel [SHIH01]

Eine weitere verbreitete Abrichtmethode der Regelscheibe erfolgt unter Verwendung von Kopierlinealen (**Bild 2-19**). In diesem Fall ist die Regelscheibenabrichterbahn parallel zur Regelscheibenachse angeordnet.

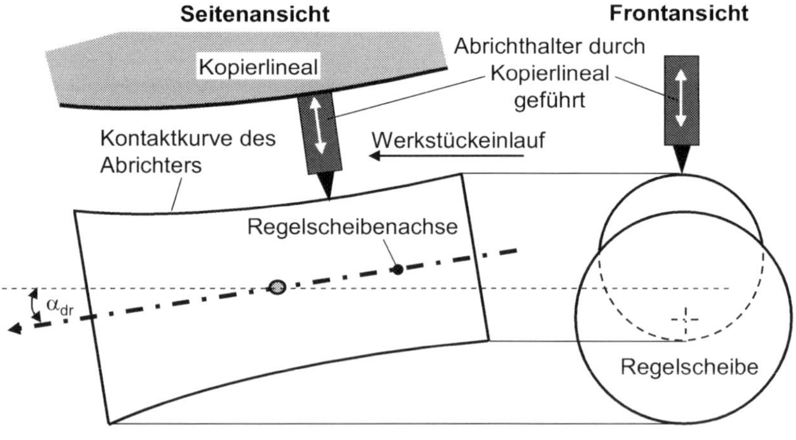

Bild 2-19: Abrichten der Regelscheibe mit Hilfe von Kopierlinealen

Regulating wheel dressing by the use of templates

Die Zustellung des Abrichters wird über ein Kopierlineal gesteuert, welches das Negativprofil der erwünschten Regelscheibenform besitzt. Bei diesem vergleichsweise einfachen Aufbau wird für jede Schleifspaltanordnung ein dementsprechendes Kopierlineal benötigt, wodurch dieses Verfahren als unflexibel eingestuft werden kann und in heutigen Maschinenkonstruktionen kaum noch Anwendung findet.

Bei Maschinen der neueren Generation sind die Abrichtprozesse in der Regel numerisch gesteuert. Das Abrichtwerkzeug kann dabei über zwei Antriebsachsen parallel und senkrecht zur Regelscheibenachse verfahren werden (siehe **Bild 2-20**). Die Achspositionen und Verfahrgeschwindigkeiten können flexibel ausgelegt werden, so dass sich nahezu alle gewünschten rotationssymmetrischen Regelscheibenprofile erzeugen lassen. Die Herausforderung bei den numerisch gestützten Systemen liegt darin, die gewünschte Regelscheibenform analytisch zu beschreiben, so dass ein NC-Code generiert werden kann, der die verschiedenen Bahnkurven des Abrichtwerkzeugs enthält. Soll die erzeugte Regelscheibenform modifiziert werden, wie beispielsweise durch das Abrichten von Ein- und Auslaufschrägen, so muss der komplexe Quellcode verändert werden oder mit weiteren Funktionen überlagert werden.

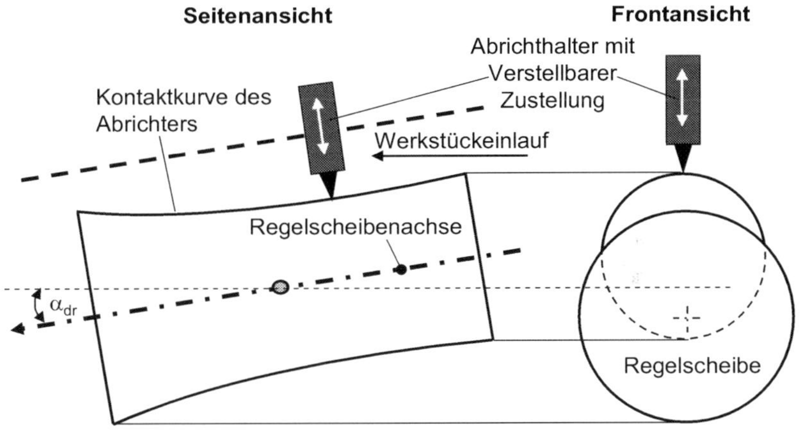

Bild 2-20: Numerisch gesteuertes Abrichtsystem der Regelscheibe
Numeric controlled regulating wheel dressing system

Der verwendete formelmäßige Zusammenhang zum Berechnen der Abrichterbahnkurve, der abhängig vom Maschinenhersteller ist, kann in der Regel nicht vom Maschinenbediener eingesehen und nachvollzogen werden. Durch eine Variation der geometrischen Eingangsgrößen unter gleichzeitiger Beobachtung der Abrichterbahnkurve kann allerdings festgestellt werden, welche Parameter für die Regelscheibenform berücksichtigt werden und welche nicht. Aktuell angebotene Maschinenlösungen beziehen beispielsweise in ihren Berechnungen häufig nicht das Werkstückaufmaß z mit ein, welches pro Schleifdurchlauf zerspant wird. Das zusätzliche Erzeugen von Ein- und Auslaufschrägen mit Hilfe der Maschinensoftware ist ebenfalls nur bei wenigen Maschinenherstellern möglich, was allerdings in der Regel beim spitzenlosen Durchlaufschleifen erforderlich ist. In diesen Fällen kann, wie beim „konventionellen Abrichten“, der Regelscheibenneigungswinkel für die Berechnung der Abrichtkonturbahn mit einem kleineren Wert als dem Tatsächlichen verwendet werden. Hierdurch wird eine konvexe Form der Regelscheibe erzeugt, welches einer Ein- und Auslaufschräge am nächsten kommt (**Bild 2-21**). Die hierdurch erzeugte konvexe Regelscheibe kann um den Winkel δ_r geschwenkt werden, so dass im Einlaufbereich ein größerer Öffnungswinkel entsteht als im Auslaufbereich. Dies ermöglicht dem Maschinenbediener die Möglichkeit, den Schleifspaltaufbau so zu gestalten, dass eine regelscheibenseitige Zustellung erfolgt (siehe Kapitel 2.3.2).

Die hier beschriebenen Vorgänge und Möglichkeiten sollen noch einmal verdeutlichen, dass bei den bisherigen numerisch gesteuerten und „konventionellen“ Abrichtsystemen das Wissen des Maschinenbedieners zwingend erforderlich ist, um für den jeweiligen Anwendungsfall eine geeignete Regelscheibenform zu erzeugen.

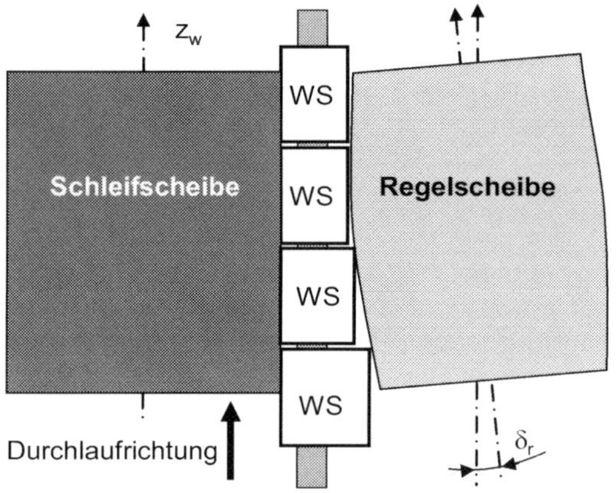

Bild 2-21: Geschwenkte Regelscheibe mit konvexer Form
Swivelled regulating wheel with convex profile

2.7 Zwischenfazit zum Stand der Erkenntnisse
Interim results of the state of the art

Beim spitzenlosen Einstechschleifen profilierter Werkstücke kommt es zu Relativgeschwindigkeiten zwischen Werkstück und Regelscheibe, welche die Bauteilqualität verschlechtern und zu einem instationären Prozess führen. Takasu ermittelte bei seinen Untersuchungen erste Zusammenhänge bei der Bearbeitung von Motorwellen mit mehreren Absätzen, ließ aber viele Einflussfaktoren unberücksichtigt, so dass ein grundlegendes Modell zur Beschreibung der Werkstückgeschwindigkeit beim spitzenlosen Einstechschleifen nicht existiert [TAKA88]. Hannig erweiterte das Kraftmodell von Schreitmüller für das spitzenlose Einstechschleifen von zylindrischen Werkstücken und nutzte dieses für seine dynamische Betrachtung des Spitzenlosprozesses [HANN07, SCHR71]. Kraftmodelle beim spitzenlosen Einstechschleifen von nichtzylindrischen Werkstücken oder beim spitzenlosen Durchlaufschleifen existieren bisher nicht, spiegeln allerdings einen Großteil der industriellen Spitzenlosanwendungen wider. Der Reibkoeffizient zwischen Werkstück und Regelscheibe stellt eine wesentliche Eingangsgröße für die Kraftmodelle dar. HASHIMOTO führte erste Untersuchungen zu den Reibwerten zwischen Werkstück und Regelscheibe in Abhängigkeit von der Relativgeschwindigkeit durch [HASH98]. Bei seiner Versuchsdurchführung ließ er aber eine Vielzahl von Einflussfaktoren unberücksichtigt und sein Prüfstand führte zu Messschwankungen von bis zu 30 %. Die Reibwerte zwischen Werkstück und Regelscheibe, die als Eingangsgrößen für Kraftmodelle dienen, sind daher bislang unzureichend bekannt. Die beim spitzenlosen Durchlaufschleifen verwendete Regelscheibengeometrie ist für eine gleichmäßige Werkstückführung und die Ausbildung der Werkstückgeschwindigkeit verantwortlich. Bisher verwendete konventionelle Regelscheibenformen sind größtenteils durch ihre Abrichtstrategien begrenzt und führen zu einer Verlagerung des Werkstückmittelpunkts, wodurch Massenträgheitskräfte und Prozessinstabilitäten entstehen können. Weiterhin ist die Regelscheibengeometrie verantwortlich für die Ausbildung der Werkstückgeschwindigkeit entlang des Schleifspalts. Die Regelscheibengeometrie lässt sich allerdings bisher nicht gezielt beeinflussen, um die Werkstückgeschwindigkeit entlang des Schleifspalts beim spitzenlosen Durchlaufschleifen zu steuern.

Hieraus folgt der Schluss, dass es mit den bislang zur Verfügung stehenden Modellen und deren Eingangsgrößen nicht möglich ist, die Prozesskräfte und die Relativgeschwindigkeit zwischen Werkstück und Regelscheibe beim spitzenlosen Einstech- und Durchlaufschleifen mit der benötigten Genauigkeit zu beschreiben und zu steuern. Da die Ausbildung der Prozesskräfte und Werkstückgeschwindigkeiten wesentliche Eingangsgrößen für weitere Modelle sind, wie beispielsweise Modelle zur Beschreibung des dynamischen Verhaltens beim Spitzenlosschleifen, ist hier ein Wissensdefizit vorhanden, auf das auch HANNIG in seiner Dissertation hinweist [HANN07].

3. Aufgabenstellung und Zielsetzung

Tasks and objective

Kennzeichnend für das Fertigungsverfahren Spitzenlosschleifen ist die gleichzeitige Bearbeitung und Führung des Werkstücks an seiner Mantelfläche. Bei der simultanen Einstechschleifbearbeitung von unterschiedlichen Werkstückdurchmessern mit gestuften Schleif- und Regelscheibensätzen treten unterschiedliche Relativgeschwindigkeiten zwischen den rotierenden Körpern auf. Im spitzenlosen Durchlaufschleifprozess ergeben sich ebenfalls aufgrund der Werkstückdurchmesserabnahme entlang des Schleifspalts und der hyperbolischen Form der Regelscheibe Relativgeschwindigkeiten zwischen Werkstück und Regelscheibe. Eine kontrollierte und konstante Abrollbewegung, wie sie zwischen Regelscheibe und Werkstück gewünscht ist, kann somit prinzipbedingt nicht an allen Kontaktstellen gleichzeitig auftreten. Eine Relativgeschwindigkeit zwischen Werkstück und Regelscheibe verringert in beiden Prozessvarianten die Reproduzierbarkeit sowie Stabilität des Prozesses und wirkt sich negativ auf die Qualität der Bauteile aus.

Die Werkstückgeschwindigkeit resultiert aus den Beschleunigungskräften, die im Kräftegleichgewicht auf das Werkstück wirken [HANN07]. Auf der Grundlage bisheriger Untersuchungen lassen sich allerdings die Prozesskräfte sowie die Geschwindigkeitsausbildung der Werkstücke während der Bearbeitung ohne ausreichende Genauigkeit und nur für zylindrische Werkstücke bestimmen. Die wesentlichen Erkenntnisdefizite sind darauf zurückzuführen, dass die Reibkoeffizienten zwischen Werkstück und Regelscheibe sowie das Kräftegleichgewicht bei der Bearbeitung von profilierten Werkstücken bislang nur unzureichend erforscht sind. Bestehende Stabilitäts- und Schwingungsuntersuchungen basieren auf Eingangsgrößen, die aufgrund der bisher unpräzisen Kraftmodelle und fehlenden Koeffizienten nur ungenügend bestimmt werden können. Des Weiteren besteht bei der bisher eingesetzten Regelscheibenform keine Möglichkeit, die Werkstückgeschwindigkeit beim spitzenlosen Durchlaufschleifen zu steuern. Durch eine Profiloptimierung kann allerdings die Geschwindigkeitsausbildung der Werkstücke gezielt beeinflusst und der Profilierungsaufwand der Regelscheibe minimiert werden.

Aufgrund der großen wirtschaftlichen Bedeutung des Spitzenlosschleifens besteht ein dringender Handlungsbedarf, die Ausbildung der Prozesskräfte und Werkstückgeschwindigkeiten beim spitzenlosen Einstech- und Durchlaufschleifen grundlegend zu erforschen sowie die möglichen Einflussfaktoren zu gewichten, um daraus Regeln zur Einstellung des Spitzenlosschleifprozesses abzuleiten. Darüber hinaus sollte die Regelscheibenform in Hinblick auf den Profilierungsaufwand sowie die sich ausbildende Werkstückgeschwindigkeit optimiert und flexibilisiert werden. Hieraus wird folgende Forschungshypothese abgeleitet:

Forschungshypothese: Das Verständnis der Interaktion zwischen dem Werkstück und der Regelscheibe ermöglicht eine Regelung der Kräfte und Werkstückgeschwindigkeiten beim spitzenlosen Einstech- und Durchlaufschleifen zur Steigerung der Prozessstabilität und -produktivität.

Ziel: Das Ziel der Arbeit ist die Entwicklung eines Prozessmodells, welches die Kräfte und Werkstückgeschwindigkeiten beim spitzenlosen Einstech- und Durchlaufschleifen beschreibt. Dazu ist es notwendig, die wesentlichen Mechanismen der Interaktion zwischen Werkstück und Regelscheibe wissenschaftlich zu untersuchen und die signifikanten Einflussparameter zu identifizieren. Hierdurch wird es möglich, die Werkstückgeschwindigkeit bei der Bearbeitung und die Prozessstabilität zu steuern.

Zur Erreichung des Ziels und zum Beweis der Forschungshypothese werden in einem ersten Schritt Randbedingungen und Berechnungsgrundlagen erstellt, die in Form eines Prozessmodells die Beschreibung der Prozesskräfte und Werkstückgeschwindigkeiten beim spitzenlosen Einstech- und Durchlaufschleifen ermöglichen (Kapitel 4 „Erstellen eines Prozessmodells zur Kraft- und Geschwindigkeitsanalyse beim Spitzenlosschleifen"). Die Reibbedingungen zwischen Werkstück und Regelscheibe stellen eine wesentliche Eingangsgröße des Prozessmodells dar, die bislang unzureichend erforscht sind. Im Kapitel 5 „Ausbildung des Reibkoeffizienten zwischen Werkstück und Regelscheibe" wird ein neuartiger Versuchsstand entwickelt und verwendet, mit dem das Reibverhalten zwischen Werkstück und Regelscheibe bei unterschiedlichen Prozessbedingungen experimentell ermittelt und als Eingangsgröße für das Prozessmodell zur Verfügung gestellt wird. Anschließend wird der Einfluss der Regelscheibengeometrie auf die Werkstückgeschwindigkeit diskutiert und das Profil der Regelscheibe für das spitzenlose Durchlaufschleifen optimiert, um ein Steuern der Werkstückgeschwindigkeit zu ermöglichen und die Lebensdauer der Regelscheibe zu erhöhen (Kapitel 6 „Optimierung der Regelscheibengeometrie beim spitzenlosen Durchlaufschleifen"). Abschließend wird das Prozessmodell für profilierte Werkstücke im Einstechschleifverfahren sowie zylindrische Werkstücke im Durchlaufschleifverfahren angewendet, um eine Validierung der Forschungshypothese durchzuführen (Kapitel 7 „Validieren des Prozessmodells beim spitzenlosen Einstech- und Durchlaufschleifen").

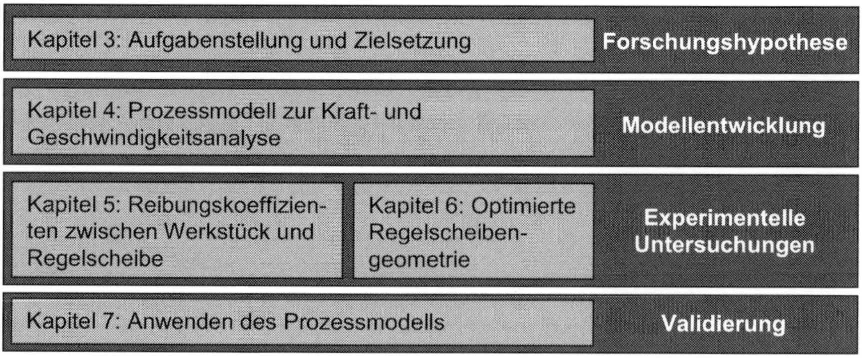

Bild 3-1: Vorgehensweise zum Entwickeln und Anwenden des Prozessmodells
Procedure for development and utilization of the process model

4. Erstellen eines Prozessmodells zur Kraft- und Geschwindigkeitsanalyse beim Spitzenlosschleifen

Development of a process model for force and velocity analysis in centreless grinding

Für ein zylindrisches Werkstück mit nur einem Durchmesser wird das Kräftegleichgewicht durch **Formel 4** bis **6** beschrieben, wodurch sich die theoretische Tangentialkraft an der Regelscheibe $F_{tr,th}$ berechnen lässt. Die Haft- und Gleitbedingungen an der Regelscheibe sind durch **Formel 12** bis **14** vorgegeben, so dass sich auf Grundlage der Reibgrenzkriterien zwischen Werkstück und Regelscheibe aus Kapitel 5 bestimmen lässt, ob das Werkstück abrollt oder durchrutscht. Diese grundsätzlichen Zusammenhänge für zylindrische Werkstücke, Schleif- und Regelscheibe mit jeweils nur einem Durchmesser wurden bereits von BECKER, SCHREITMÜLLER, FRIEDRICH und HANNIG aufgestellt und können weiterhin als Grundlagen verwendet werden [BECK65, SCHR71, FRIE04, HANN07].

Beim Spitzenlosschleifen werden allerdings überwiegend Werkstücke bearbeitet, die nicht nur einen Werkstückdurchmesser besitzen. Beim spitzenlosen Einstechschleifen gilt dies für alle profilierten Werkstücke. Beim spitzenlosen Durchlaufschleifen ist das Werkstück aufgrund der Schleifspaltverjüngung in der Schleifzone stets konisch, so dass hier ebenfalls von nicht zylindrischen Werkstücken ausgegangen werden muss. Darüber hinaus ist im Allgemeinen beim spitzenlosen Einstech- und Durchlaufschleifen die Regelscheibe zur Werkstückachse geneigt, damit eine Axialkraft auf das Werkstück erzeugt wird. Um eine gleichförmige Werkstückführung durch die Regelscheibe zu garantieren, darf die Regelscheibenform daher nicht zylindrisch sein (siehe Kapitel 2.6). Diese nicht zylindrische Form führt zu Relativgeschwindigkeiten zwischen Werkstück und Regelscheibe. Darüber hinaus verändern sich die Schleifkräfte sowie die Reibkoeffizienten an der Regelscheibe und Auflageschiene bei sich ändernden Werkstückdurchmessern. Die bisher als konstant angenommenen Kräfte und Geschwindigkeiten im Spitzenlosschleifprozess müssen folglich als variable Größen betrachtet werden. Daher gilt es, die bisherigen Grundlagen auf profilierte Werkstücke, Schleif- und Regelscheiben für das spitzenlose Einstech- und Durchlaufschleifen zu erweitern.

Das Werkstück befindet sich weiterhin im Kräfte- und Momentengleichgewicht, allerdings muss die Werkstückgeschwindigkeit in Abhängigkeit von den wirkenden Beschleunigungskräften bestimmt werden. Hierzu müssen erweiterte Kriterien, Randbedingungen und Berechnungsgrundlagen für die Gleichgewichtsbedingungen der Kräfte und Momente erstellt werden, die zu einem Prozessmodell des Spitzenlosschleifens führen, mit dem nicht nur zylindrische Werkstückformen abgebildet werden können. Mit Hilfe des Prozessmodells können die Beschleunigungskräfte auf das Werkstück beschrieben werden, mit denen die sich voraussichtlich einstellende Werkstückgeschwindigkeit berechnet werden kann. Die zur Berechnung notwendigen Eingangsgrößen müssen im Prozess oder in Analogieversuchen bestimmt werden.

4.1 GRUNDLAGEN FÜR DIE KRÄFTE- UND MOMENTENGLEICHGEWICHTE BEIM SPITZENLOSSCHLEIFEN

Fundamentals on balances of forces and moments in centreless grinding

Als Ausgangspunkt dient das Kraftmodell von HANNIG, welches das Kräftegleichgewicht im Schleifspalt für zylindrische Werkstücke, Schleif- und Regelscheiben beschreibt [HANN07]. Im Folgenden soll zunächst diskutiert werden, in welcher Art und Weise sich eine Durchmesserveränderung von d_1 auf d_2 mit $d_1 > d_2$ auf die Schleifkräfte bzw. Reibkoeffizienten an der Regelscheibe und Auflageschiene auswirkt. Hierdurch soll das Verständnis für die Auswirkungen der verschiedenen Einflüsse auf den Prozess verbessert werden. Dabei sollen die Charakteristika des Spitzenlosschleifens berücksichtigt werden. So kann beispielsweise davon ausgegangen werden, dass beim spitzenlosen Einstechschleifen von Werkstücken mit zylindrischen Absätzen zwischen der Schleifscheibe und dem dazu parallelen Werkstück stets eine gleichmäßige Zustellung a_e entlang der Werkstückbreite und den unterschiedlichen Absatzdurchmessern erfolgt. Ebenfalls soll beim spitzenlosen Durchlaufschleifen eine gleichförmige Zustellung und Werkstückabstützung durch die Regelscheibe sowie die Auflageschiene vorausgesetzt werden.

Variation der Schleifkräfte

Wie bereits in Kapitel 2.5 beschrieben, lässt sich die Vielzahl von Modellen zur Bestimmung der Schleifkräfte auf ein Grundmodell zurückführen, bei dem die bezogene Schleifnormalkraft F'_{ns} in Abhängigkeit vom Geschwindigkeitsverhältnis q, der Zustellung a_e sowie dem äquivalenten Scheibendurchmesser d_{eq} und weiteren Konstanten angenähert wird (siehe **Formel 8**) [TOEN92]. Prinzipiell spiegeln sich diese Variablen auch im bezogenen Zeitspanungsvolumen Q'_w wider, welches häufig zur Beschreibung und Erörterung von Kraftschwankungen durch Prozessgrößen verwendet wird. Zur Vereinfachung kann davon ausgegangen werden, dass die Schleifkräfte entlang der Eingriffsbreite für gleiche Eingriffsgrößen konstant sind, so dass ebenfalls die jeweils bezogenen Schleifkräfte verwendet werden können.

Für eine Durchmesserverkleinerung von d_1 auf d_2 verringern sich das bezogene Zeitspanungsvolumen Q'_w und der äquivalente Schleifscheibendurchmesser d_{eq}. Für kleinere Werkstückdurchmesser werden daher geringere Schleifkräfte erwartet als bei größeren Werkstückdurchmessern. Weiterhin wird das Werkstück als torsionsfrei angenommen. Bei einer Durchmesserveränderung ist fraglich, ob die Werkstückdrehzahl konstant bleibt oder sich diese ebenfalls ändert (siehe Kapitel 2.2.3 und 2.3.3). Nimmt die Werkstückdrehzahl aufgrund der Durchmesserveränderung zu, verkleinert sich bei konstanter radialer Vorschubgeschwindigkeit v_{fr} die Zustellung pro Werkstückumdrehung a_e und die Schleifkräfte nehmen im Allgemeinen ab.

Neben den hier aufgeführten theoretischen Betrachtungen können die Schleifkräfte ebenfalls in Schleifversuchen gemessen werden. In diesem Fall bietet sich der Analogieprozess Schleifen zwischen Spitzen an, bei dem im Vergleich zum Spitzenlosschleifen eine einfache Kraftmessung an der Werkstückaufnahme erfolgen kann. Die Schleifkraftmessung beim Schleifen zwischen Spitzen stellt ein etabliertes Verfahren dar. Eine Erläuterung der Übertragbarkeit ist in Kapitel 2.5 aufgeführt.

Variation des Regelscheibenreibkoeffizienten

Die Reibeigenschaften zwischen Werkstück und Regelscheibe werden in Kapitel 5 ausgiebig untersucht und dienen als Eingangsgröße für das Prozessmodell. Im Folgenden sollen aber die wesentlichen Einflüsse kurz diskutiert werden. Das Werkstück und die Regelscheibe können beide vereinfacht als ideal zylindrische Körper angenommen werden, die aufeinander abrollen. Für den Fall des schlupffreien Abrollens tritt lediglich Rollreibung zwischen beiden Körpern auf, die verglichen mit den dementsprechenden Werten für Gleitreibung erheblich kleiner ist. Tritt Schlupf zwischen beiden Partnern auf, spricht man vom Gleitschlupf und es wirken zusätzlich zur Rollreibung Gleitreibungsanteile. Je nach Relativgeschwindigkeit zwischen beiden Partnern liegt Haftreibung ($v_{rel} = 0$), Grenzreibung, Mischreibung und Flüssigkeitsreibung (hydrodynamische Reibung) vor. Die Gleitreibung ist bei gleicher Normalkraft immer geringer als die Haftreibung [STRI02]. Die Kontaktnormalspannung zwischen Werkstück und Regelscheibe ist im Vergleich zur Fließspannung gering, so dass in diesem Fall das Coulomb´sche Reibgesetz und nicht das Reibfaktorgesetz angewendet wird.

Der Rollwiderstandskoeffizient hängt neben der Materialpaarung auch von der Geometrie (Radius des Rollkörpers) und der Normalkraft F_n ab (siehe **Formel 4**). Dies steht im Gegensatz zur Coulomb´schen Reibung (Haft- oder Gleitreibung), bei der der Widerstandskoeffizient fast ausschließlich von der Materialpaarung bestimmt ist.

Für den Regelscheibenreibkoeffizienten μ_r ist neben der Materialpaarung (einschließlich Kühlschmierstoff) die Normalkraft F_n, der Durchmesser des Werkstücks d_w, der Durchmesser der Regelscheibe d_r, die Kontaktbreite b_k sowie die Relativgeschwindigkeit v_{rel} zwischen beiden Partnern entscheidend (siehe Kapitel 5). Bei kleinerem Durchmesser von Werkstück und Regelscheibe vergrößert sich der Rollwiderstandskoeffizient. Ebenfalls steigen die Verformung und damit der Rollwiderstand zwischen beiden Körpern, wenn die spezifische Normalkraft F'_n resultierend aus der Kraft F_n und der Kontaktbreite b_k größer wird.

Variation des Auflageschienenreibkoeffizienten

Die Auflageschiene kann vereinfacht als ortsfeste ebene Fläche angenommen werden, die mit dem runden Werkstück einen Linienkontakt bildet. Da das Werkstück während des Schleifprozesses rotiert, herrscht während der Schleifbearbeitung zwischen bewegtem Werkstück und ortsfester Auflageschiene stets eine Relativgeschwindigkeit. Zwischen den beiden Partnern liegt Gleitreibung vor. Da das Werkstück mit Kühlschmierstoff benetzt ist, bilden Werkstück, Auflageschiene und KSS ein Tribosystem. Je nach Relativgeschwindigkeit kann für ein solches System Mischreibung oder Flüssigkeitsreibung vorliegen, so dass mit steigender Relativgeschwindigkeit die Reibkräfte zwischen beiden Partnern nicht ansteigen müssen. Aufgrund der vorliegenden Gleitreibung ist der Reibkoeffizient maßgeblich von der Werkstoffpaarung und dem Schmiermedium abhängig. In der Regel kann der Reibkoeffizient zwischen Werkstück und Auflageschiene für eine Anwendung als konstant angesehen und aus der Literatur entnommen werden [HANN07].

4.2 Kräfte- und Momentengleichgewichte beim spitzenlosen Einstechschleifen eines vereinfachten Werkstücks mit zwei zylindrischen Absatzflächen

Balances of forces and moments in plunge-cut centreless grinding of a simplified workpiece with two cylindrical sections

Beim spitzenlosen Einstechschleifen können unterschiedlichste rotationssymmetrische Werkstückgeometrien bearbeitet werden. Die Werkstückkontur kann aus einfachen Geraden, Schrägen, Radien und komplexen Bogenformen bestehen, die eine dementsprechende Profilierung der Schleifscheibe erfordern. Die Werkstückabstützung kann an den bearbeiteten Mantelflächen erfolgen oder an unbearbeiteten Teilflächen. Aufgrund der Vielzahl der möglichen Anwendungsfälle soll im Folgenden zunächst ein profiliertes Werkstück betrachtet werden, welches zwei statt nur einem zylindrischen Absatz besitzt. Das bisherige Kraftmodell nach Hannig für zylindrische Werkstücke mit nur einem Absatz wird auf diese Werkstückgeometrie erweitert. Beim Spitzenlosschleifen können die Prozesskräfte vergleichsweise aufwändig gemessen werden. In dieser Arbeit werden daher Randbedingungen aufgestellt, um die fehlenden Kraftkomponenten durch möglichst wenige messbare Kraftgrößen aus dem Schleifprozess berechnen zu können. Im Anschluss wird diskutiert, wie sich das Kraftmodell auf Werkstücke mit mehr als zwei zylindrischen Absätzen sowie komplexeren Werkstückgeometrien erweitern lässt.

Das betrachtete Werkstück hat am Absatz 1 den Durchmesser d_{w1} und am Absatz 2 den Durchmesser d_{w2} (siehe **Bild 4-1**). Werden nun beide Absätze einzeln analysiert, so treten an jedem der beiden Absätze Kräfte zwischen dem Werkstück und der Auflageschiene, der Schleifscheibe und der Regelscheibe auf. Zusätzlich wird das Werkstück axial durch einen Anschlag fixiert, so dass ebenfalls Kräfte zwischen dem Werkstück und dem Axialanschlag wirken. An jeder der Berührflächen können prinzipiell Kraftkomponenten in den jeweiligen Achsrichtungen x, y und z übertragen werden. Bei den hier gewählten zylindrischen Absätzen soll vereinfachend davon ausgegangen werden, dass die jeweiligen Kräfte entlang der Absatzbreite b_i konstant sind. Die einzelnen Flächenkräfte können daher jeweils in einem Kraftangriffspunkt dargestellt werden, der in der Mitte des dementsprechenden Absatzes angenommen werden kann. Jeder Absatz besitzt eine Gewichtskraft G_{wi}, die ebenfalls in der Mitte des Absatzes angreift und in die vertikale y-Richtung wirkt. Die Gewichtskraft soll als konstant angenommen werden und ist für die beiden Absätze bekannt. Neben den Kräften erfährt das bewegte Werkstück in jeder seiner Achsrichtungen x, y und z Massenträgheitskräfte M_m, die im Schwerpunkt des Werkstücks angreifen.

Für den hier dargestellten Fall ergeben sich drei unbekannte Massenträgheitskräfte und insgesamt 21 unbekannte Kraftkomponenten, die sich aus jeweils 3 Kraftrichtungen an 7 Kraftangriffspunkten zusammensetzen. Im Folgenden werden zunächst die Rahmenbedingungen für den spitzenlosen Einstechschleifprozess des betrachteten Werkstücks aufgestellt, so dass die 24 unbekannten Kraftgrößen sinnvoll reduziert werden.

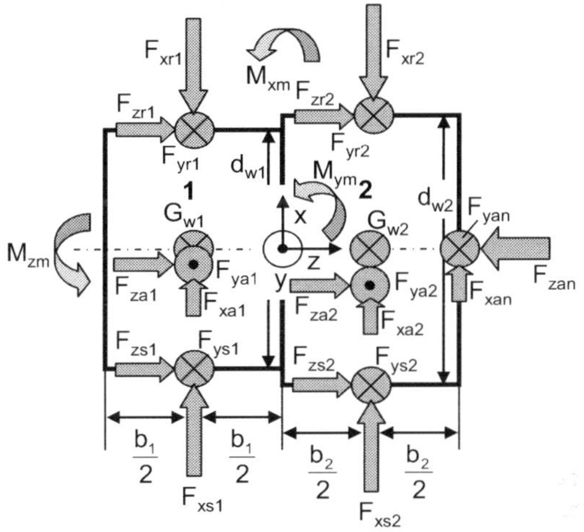

Bild 4-1: Kraftkomponenten an einem Werkstück mit zwei zylindrischen Absätzen
Force components at workpiece with two cylindrical sections

Randbedingung 1: $F_{zs1} = F_{zs2} = F_{za1} = F_{za2} = 0$

Zunächst wird für das spitzenlose Einstechschleifen davon ausgegangen, dass sich das Werkstück nicht axial verlagert, sondern gleichmäßig am Axialanschlag fixiert ist. Die Schleifscheibenachse soll parallel zur Werkstückachse verlaufen und beide Körper sollen an den jeweiligen Absätzen als ideal zylindrisch angenommen werden. Für diese Einschränkung tritt keine Schleifkraftkomponente F_{zsi} in z-Richtung auf, so dass diese an beiden Absätzen eliminiert werden kann. Davon ausgehend, dass die Auflageschienenflächen ebenfalls parallel zur Werkstückachse verlaufen, können ebenfalls die Kraftkomponenten F_{zai} in z-Richtung an den Auflageschienenflächen gleich null gesetzt werden.

Randbedingung 2: $F_{zr1} = F_{zr2} = F_{zan} = 0$

Der Regelscheibenneigungswinkel wird mit $\alpha_r \approx 0°$ gewählt, so dass die Axialkraftkomponenten F_{zri} der Regelscheibe auf das Werkstück vernachlässigbar gering sind. Zusammen mit der Randbedingung 1 resultieren dementsprechend keine Axialkräfte in z-Richtung auf das Werkstück. Aus den genannten Gründen muss ebenfalls die Kraftkomponente F_{zan} zwischen Werkstück und Axialanschlag gleich null sein. Kraftmessungen beim spitzenlosen Einstechschleifen in Kapitel 7.2 bestätigen diese Annahme für kleine Winkel α_r (siehe **Bild 10-2**).

Randbedingung 3: $F_{xan} = F_{yan} = 0$

Der als ideal spitz angenommene Axialanschlag soll das Werkstück punktförmig im Mittelpunkt der Werkstückstirnfläche berühren, durch den gleichzeitig die Rotationsachse des Werkstücks verläuft. Zwischen Axialanschlag und Werkstückstirnfläche tritt in diesem Fall keine Relativgeschwindigkeit auf, die zu einer Reibkraft zwischen beiden Partnern führen könnte. Auf den Axialanschlag wird daher keine Kraftkomponente F_{xan} oder F_{yan} tangential zur Werkstückstirnfläche erzeugt.

Randbedingung 4: $M_{xm} = M_{ym} = M_{zm} = 0$

Während der Bearbeitung wird das Werkstück durch die Regelscheibe und Auflageschiene positioniert. Es soll angenommen werden, dass sich die Werkstückachse während des Schleifprozesses nicht verlagert und das ideal runde Werkstück nur um seine Achse mit konstanter Drehzahl rotiert. Für den dargestellten stationären Schleifprozess erfährt das Werkstück keine Veränderung der Geschwindigkeit oder der Position des Schwerpunkts, so dass keine Massenträgheitskräfte M_{jm} resultieren. Aufgrund der für den vorliegenden spitzenlosen Einstechschleifprozess getroffenen Randbedingungen 1 bis 4 konnte die Anzahl der unbekannten Kraftkomponenten auf die in **Bild 4-2** dargestellten Größen sinnvoll reduziert werden. Es verbleiben 12 unbekannte Kraftgrößen.

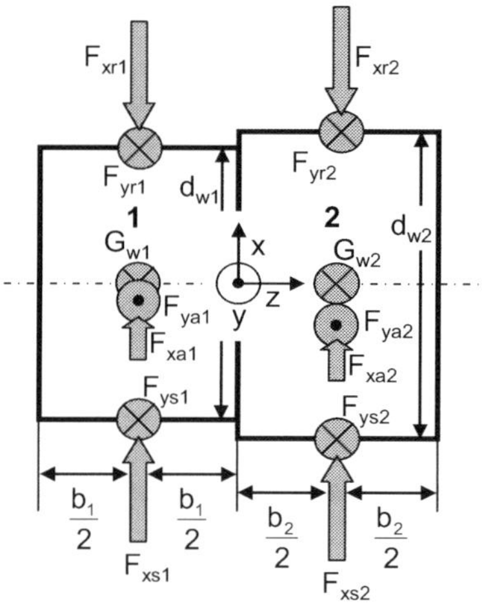

Bild 4-2: Reduzierte Anzahl an Kraftkomponenten
Reduced number of force components

Die hier gewählte Aufteilung der Kräfte in Horizontalrichtung (x-Koordinate) und Vertikalrichtung (y-Koordinate) lässt sich ebenfalls nach **Formeln 45** bis **50** (siehe Formelanhang Kapitel 10.1) in Normal- und Tangentialkräfte umrechnen, da die geometrische Anordnung der Komponenten im Schleifspalt bekannt ist. Es wird daher nachstehend vereinfacht davon ausgegangen, dass pro Kraftangriffspunkt maximal 2 unbekannte Kraftkomponenten existieren, ohne auf ihre Ausrichtung in Normal- und Tangentialrichtung oder Horizontal- und Vertikalrichtung einzugehen.

Nach dem Ansatz der allgemeinen Mechanik von d'Alembert lässt sich das bisherige Kräftegleichgewicht auf den neuen vereinfachten Fall erweitern (siehe **Formel 16** bis **18**).

$$\sum F_x : F_{xs1} + F_{xs2} - F_{xr1} - F_{xr2} + F_{xa1} + F_{xa2} = 0$$ **Formel 16**

$$\sum F_y : F_{ys1} + F_{ys2} + F_{yr1} + F_{yr2} - F_{ya1} - F_{ya2} + G_{w1} + G_{w2} = 0$$ **Formel 17**

$$\sum M_{zw} : (F_{ts1} - F_{tr1} - F_{ta1}) \cdot \frac{d_{w1}}{2} + (F_{ts2} - F_{tr2} - F_{ta2}) \cdot \frac{d_{w2}}{2} = 0$$ **Formel 18**

Eine Verdopplung der Anzahl der zu analysierenden Absätze von eins auf zwei verdoppelt ebenfalls die Anzahl der variablen Kraftgrößen von sechs auf zwölf. Das angepasste Kräftegleichgewicht liefert allerdings weiterhin nur drei formelmäßige Zusammenhänge, so dass weitere Randbedingungen zum Ermitteln der unbekannten Größen gefunden werden müssen.

Randbedingung 5: $\mu_{ai} = \frac{F_{tai}}{F_{nai}}$ mit μ_{ai} (i = 1, 2) bekannt

Zwischen dem rotierenden Werkstück und der Auflageschiene tritt an jedem der beiden Absätze Reibung mit dem Reibkoeffizienten μ_{ai} auf (i = 1, 2). Nach HANNIG ist der dementsprechende Reibkoeffizient konstant und kann für häufige Werkstoffpaarungen aus der Literatur entnommen werden [HANN07]. Bei den Schleifuntersuchungen in Kapitel 7.2 konnte ein nahezu konstanter Reibwert an der Auflageschiene μ_a für niedrige Regelscheibendrehzahlen von unter $n_r = 60\ min^{-1}$ für die Auflagematerialien Hartmetall, PKD und Siliziumnitridkeramik bestätigt werden (siehe **Bild 10-3**). Daher soll das Verhältnis zwischen Tangential- und Normalkraftkomponenten an den jeweiligen Auflageschienenabsätzen als bekannt vorausgesetzt werden.

Randbedingung 6: $\sum F_{xk1} = \sum F_{xk2} = \sum F_{yk1} = \sum F_{yk2} = 0$ mit k = s, r, a

Für einen stabilen Schleifprozess soll gelten, dass sich das Werkstück während der Bearbeitung nicht horizontal oder vertikal verlagert bzw. verkippt. Hieraus resultiert, dass sich die Momente in x- bzw. y-Richtung bezogen auf den Übergang zwischen beiden Absätzen aufheben müssen. **Formel 19** gibt die Summe der Momente um die x-Achse, **Formel 20** die Summe der Momente um die y-Achse an.

$$\sum M_{xw} : (F_{ys1} + F_{yr1} + G_{w1} - F_{ya1}) \cdot \frac{b_1}{2} - (F_{ys2} + F_{yr2} + G_{w2} - F_{ya2}) \cdot \frac{b_2}{2} = 0$$ **Formel 19**

$$\sum M_{yw} : -(F_{xs1} - F_{xr1} + F_{xa1}) \cdot \frac{b_1}{2} + (F_{xs2} - F_{xr2} + F_{xa2}) \cdot \frac{b_2}{2} = 0$$ **Formel 20**

Die Summe der Momente in x bzw. y-Richtung kann ebenfalls im Mittelpunkt der jeweiligen Absätze gebildet werden, die beispielsweise durch **Formel 21** und **22** für den Mittelpunkt in Absatz 1 beschrieben sind. Demnach ist die Summe der Kräfte in Horizontal- bzw. Vertikalrichtung am Absatz 2 gleich null. Gleiches gilt für die Kräfte an Absatz 1, wenn die Summe der Momente um den Mittelpunkt an Absatz 2 gebildet wird. Dies entspricht den bisherigen Ergebnissen von zylindrischen Werkstücken mit nur einem Absatz, an denen ein Kräftegleichgewicht vorliegt [HANN07].

$$\sum M_{xw}: -(F_{ys2} + F_{yr2} + G_{w2} - F_{ya2}) \cdot (\frac{b_1}{2} + \frac{b_2}{2}) = 0 \qquad \textbf{Formel 21}$$

$$\sum M_{yw}: (F_{xs2} - F_{xr2} + F_{xa2}) \cdot (\frac{b_1}{2} + \frac{b_2}{2}) = 0 \qquad \textbf{Formel 22}$$

In **Bild 4-3** sind die Kräfte und Schnittkräfte in x-Richtung sowie die Schnittmomente in y-Richtung dargestellt. Mit Hilfe von **Formel 21** und **22** konnte nachgewiesen werden, dass sich für den genannten Fall die Kräfte pro Absatz aufheben. Wird ein Absatz mit den dazugehörigen Schnittkräften und Momenten betrachtet, tritt keine Schnittkraft $F_{xschnitt}$ am Übergang der beiden Absätze auf. Wird nun die Summe der Momente in y-Richtung in den beiden Absatzmittelpunkten gebildet, beträgt das Schnittmoment in y-Richtung $M_{yschnitt}$ den Wert null. Gleiche Werte ergeben sich für die Schnittkraft in y-Richtung und das Schnittmoment in x-Richtung, wenn die y-/z-Ebene betrachtet wird. Lediglich ein Moment in Achsrichtung $M_{zschnitt}$ kann zum Antrieb bzw. Abbremsen des Werkstücks übertragen werden.

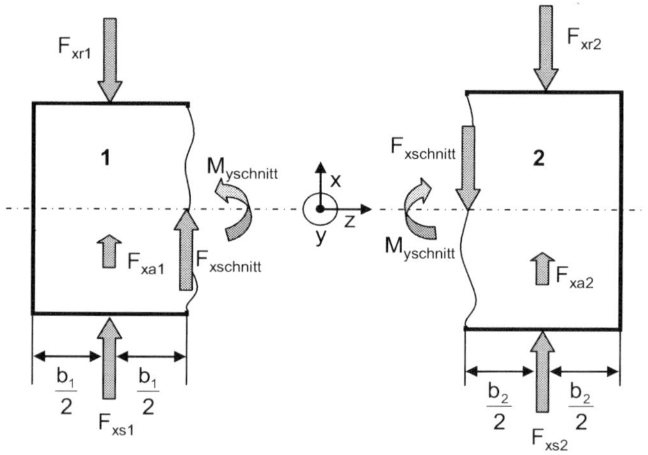

Bild 4-3: Kräfte und Momente in der x-/z-Schnittebene am Absatzübergang
Internal forces and moments in x-/z-sectional plane

Das Kräftegleichgewicht pro Absatz erweitert **Formel 16** und **17** insofern, als dass die Summe der Kräfte in einer Achsrichtung nicht nur für das gesamte Werkstück gleich null sind, sondern pro Werkstückabsatz. Dieses Phänomen der sich ausgleichenden Kräfte pro Absatz lässt sich im Schleifprozess beobachten. Ist der Durchmesser an Absatz 1 vor der Bearbeitung größer als das Aufmaß z_1, beginnt der Schleifprozess an Absatz 1 vor der Schleifbearbeitung an Absatz 2. Es treten somit nur Bearbeitungskräfte an Absatz 1 auf, jedoch nicht an Absatz 2. Wenn zur Ausrichtung und Führung des Werkstücks Kraftkomponenten von Absatz 2 als ausgleichende Kräfte benötigt würden, wäre eine Verlagerung oder eine Verdrehung des Werkstücks die Folge. In der Regel tritt allerdings eine prozessstabile Schleifbearbeitung auch an nur einem der beiden Absätze auf, so dass keine ausgleichenden Kraftkomponenten des anderen Absatzes notwendig sind (siehe Kapitel 7.2.3). Eine Analyse von Schleifprozessen mit profilierten Werkstücken verstärkt daher die Hypothese, dass ein Kräftegleichgewicht pro Absatz vorliegt.

Randbedingung 7: $v_{r1} = v_{w1} \Rightarrow \mu_{r2}$ oder $v_{r2} = v_{w2} \Rightarrow \mu_{r1}$

Das Werkstück kann als torsionsfrei angesehen werden und rotiert deshalb mit nur einer Drehzahl. Laut TAKASU tritt in der Regel an einem der beiden Absätze eine reine Abrollbewegung auf ($v_{r1} = v_{w1}$ bzw. $v_{r2} = v_{w2}$), so dass sich die beiden möglichen Werkstückdrehzahlen in diesem Fall berechnen lassen [TAKA88]. Da die Drehzahlen und Durchmesser von Werkstück und Regelscheibe an den beiden Absätzen bekannt sind, kann die Relativgeschwindigkeit für die jeweiligen Fälle am „durchrutschenden" Absatz ($v_{r1} \neq v_{w1}$ bzw. $v_{r2} \neq v_{w2}$) berechnet werden. Durch Kenntnis der Reibbedingungen aus Kapitel 4 kann der Reibkraftkoeffizient μ_{ri} am durchrutschenden Absatz bestimmt werden. Je nachdem, ob der kleinere oder der größere Werkstückabsatz am dementsprechenden Regelscheibenabsatz abrollt, wirkt die resultierende Reibkraft am anderen Absatz bremsend oder beschleunigend auf das Werkstück. Da im Vorfeld unklar ist, an welchem Absatz eine Relativgeschwindigkeit auftritt, müssen prinzipiell für beide Fälle die resultierenden Beschleunigungskräfte berechnet und bewertet werden.

Mit Hilfe der **Randbedingungen 5** bis **7** konnten neben den drei Gleichgewichtsbedingungen fünf weitere Zusammenhänge abgeleitet werden. Ein Verifizieren der Randbedingungen erfolgt in Kapitel 7. Zum Berechnen der zwölf unbekannten Kräfte verbleiben mit den acht erstellten Zusammenhänge somit noch vier unbekannte Kraftkomponenten. Für das Prozessverständnis kann vereinfacht abgeleitet werden, dass pro Absatz zwei Kraftgrößen bekannt sein müssen, so dass sich die anderen Größen daraus bestimmen lassen. Dies entspricht dem Fall von zylindrischen Werkstücken mit nur einem Absatz, bei dem ebenfalls zwei Kraftkomponenten zum Lösen der Gleichungssysteme erforderlich sind. Die zwei erforderlichen Kraftkomponenten können beispielsweise die Schleifnormal- und Schleiftangentialkraft sein, die als beschleunigende Komponenten auf das Werkstück wirken. Ebenfalls können mit Hilfe der Spindelleistungen des Schleif- und Regelscheibenantriebs die Tangentialkräfte an Schleif- und Regelscheibe bestimmt werden. Die übrigen bremsend wirkenden Komponenten lassen sich anschließend mit Hilfe der Gleichgewichtsbedingungen und Randbedingungen berechnen.

4.3 EINFLÜSSE AUF DAS KRÄFTEGLEICHGEWICHT BEI KOMPLEXEN WERKSTÜCKGEOMETRIEN

Influences of complex workpiece geometries on the balance of forces

Im vorherigen Kapitel 4.2 ist das Kräftegleichgewicht für ein vereinfachtes Bauteil mit zwei zylindrischen Absätzen analysiert worden. Im Folgenden soll diskutiert werden, in welcher Form sich das Kräftegleichgewicht am Werkstück verändert, wenn die Absatzbreite (Kapitel 4.3.1), die Absatzverteilung (Kapitel 4.3.2) und die Anzahl der Absätze (Kapitel 4.3.3) variieren sowie den Fall, dass nicht zylindrische Werkstückformen (Kapitel 4.3.4) Anwendung finden. Im Anschluss wird der Einfluss des Werkstückprofils auf die Abstützung von Auflageschiene und Regelscheibe erörtert (Kapitel 4.3.5). **Bild 4-4** gibt zu den vier genannten Einflüssen mögliche Bauteilgeometrien. Als Ausgangslage dienen die Erkenntnisse und Randbedingungen des vereinfachten Werkstücks mit zwei zylindrischen Absätzen. Zusätzlich fließen in die Überlegungen die Grundlagen für die Kräfte- und Momentengleichgewichte beim Spitzenlosschleifen aus Kapitel 4.1 mit ein.

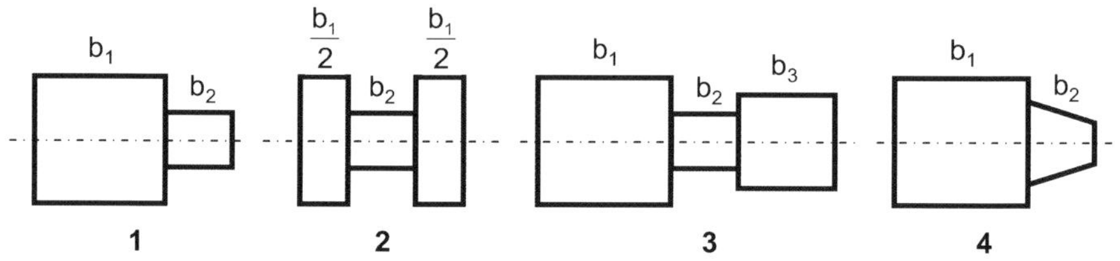

Bild 4-4: Mögliche Anordnungen von Werkstückabsätzen und Werkstückformen
Arrangements of cylindrical sections and types of workpiece profiles

4.3.1 Einfluss der Breite von zylindrischen Absätzen
Influence of the width of cylindrical sections

Die bezogenen Schleifkräfte F'_{ns} und F'_{ts} können entlang der zylindrischen Absätze als konstant angenommen werden, so dass die resultierenden Schleifkräfte F_{ns} und F_{ts} proportional zur Breite der jeweiligen Absätze sind (siehe Kapitel 2.5). Je breiter ein Absatz gewählt wird, umso größer werden die Schleifkräfte bei sonst äquivalenten Prozesseinstellungen. Nach **Randbedingung 6** sollen zwischen den Absätzen keine Schnittkräfte übertragen werden, so dass ein Kräftegleichgewicht pro Werkstückabsatz resultiert. Steigen die Schleifkräfte aufgrund einer höheren Absatzbreite an, müssen sich dementsprechend die Auflageschienen- und Regelscheibenkräfte erhöhen. In Summe kann angenommen werden, dass die bezogenen Kräfte an den einzelnen Schleifspaltkomponenten konstant bleiben.

4.3.2 Einfluss der Verteilung von zylindrischen Absätzen
Influence of the arrangement of cylindrical sections

Für das Kräftegleichgewicht am Werkstück sind die Summen der jeweiligen Kräfte pro Absatzdurchmesser entscheidend, jedoch nicht ihre Verteilung entlang der Werkstückachse. Da nach **Randbedingung 6** ein Kräftegleichgewicht pro Absatz gilt und keine Schnittkräfte zwischen den Absätzen vorliegen, entstehen aufgrund einer Umverteilung der Absätze keine neuen resultierenden Kräfte. Aus rein mathematischer Sicht ist es daher unerheblich, ob sich ein Absatzdurchmesser auf mehrere Einzelabsätze aufteilt oder die gesamte Breite an einem Stück aufweist. Aus praktischer Sicht erschwert sich der Zugang von Auflageschiene, Schleif- und Regelscheibe, je mehr Absätze am Werkstück bei gleicher Gesamtwerkstückbreite vorhanden sind. Befinden sich zwischen den Absatzübergängen keine Freistiche bzw. Teilflächen, die nicht bearbeitet werden sollen, so werden in der Regel bei der Werkstückabstützung die jeweiligen Absätze an der Auflageschiene und der Regelscheibe etwas kleiner als die Absatzbreiten des Werkstücks gewählt. Diese Maßnahme hilft dabei, ein Reiben und Verklemmen an den angrenzenden Stirnflächen zu vermeiden.

Gerade bei vergleichsweise kleinen Absatzbreiten von wenigen Millimetern ist eine Abstützung auf der jeweiligen gesamten Absatzbreite praktisch kaum umsetzbar. Abgesehen von diesen Sonderfällen gilt das aufgestellte Kräftegleichgewicht pro Absatz unabhängig von der Verteilung der Absätze, so lange eine Abstützung mit der Eingriffsbreite der Schleifscheibe realisiert werden kann.

4.3.3 Einfluss der Anzahl der zylindrischen Absätze
Influence of the number of cylindrical sections

In **Randbedingung 6** wurde für ein Werkstück mit zwei zylindrischen Absätzen aufgezeigt, dass keine Schnittkräfte am Absatzübergang wirken und pro Absatz ein Kräftegleichgewicht vorliegt. HANNIG bestätigte das Kräftegleichgewicht bereits für zylindrische Werkstücke [HANN07]. Wird ein Werkstück mit zwei zylindrischen Absätzen um einen weiteren Absatz erweitert, lassen sich ebenfalls an dem neuen Absatzübergang die Schnittkräfte und Schnittmomente berechnen. **Bild 4-5** zeigt ein Werkstück mit drei zylindrischen Absätzen sowie die Kräfte und Schnittkräfte in x-Richtung und die Schnittmomente in y-Richtung.

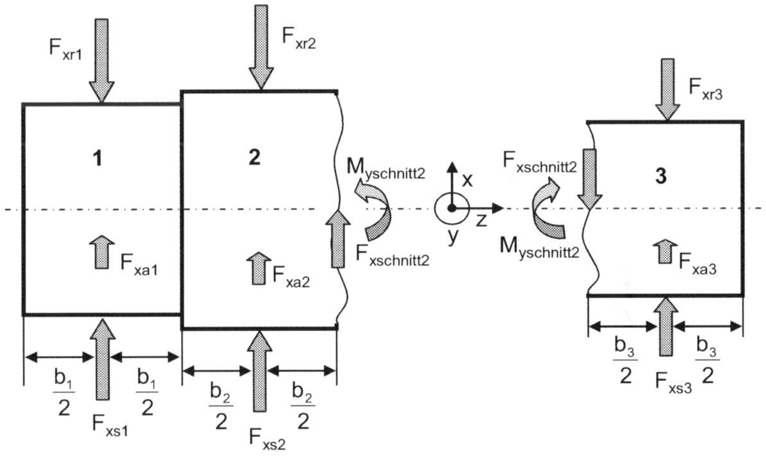

Bild 4-5: Kräfte und Momente in der x-/z-Schnittebene an Werkstücken mit 3 zylindrischen Absätzen

Internal forces and moments in x-/z-sectional plane at workpieces with 3 cylindrical sections

Es wurde nachgewiesen, dass für zylindrische Werkstücke mit einem oder zwei Absätzen ein Kräftegleichgewicht pro Absatz vorliegt. Für diesen Fall resultieren ebenfalls keine Schnittkräfte zwischen Absatz 2 und Absatz 3. Es ergeben sich ebenfalls keine Schnittmomente. Es konnte daher aufgezeigt werden, dass an Werkstücken mit zylindrischen Absätzen ein Kräftegleichgewicht pro Absatz gilt, so lange jeder Absatz von der Auflageschiene und Regelscheibe gleichförmig abgestützt wird.

Wird ein Werkstück um weitere zylindrische Absätze erweitert, ergeben sich pro Absatz sechs neue unbekannte Kraftkomponenten zwischen dem Werkstück und der Auflageschiene, Schleif- und Regelscheibe. Da sich die Summe der Kräfte pro Absatz aufhebt, lassen sich für die zwei Achsrichtungen insgesamt zwei formelmäßige Zusammenhänge für jeden neuen Absatz herleiten. Ebenfalls soll **Randbedingung 5** gelten, nach der das Reibverhältnis an der Auflageschiene bekannt ist. Zusätzlich gilt weiterhin **Randbedingung 7**, nach der das Reibverhältnis an der Regelscheibe bestimmt werden kann. Durch die beiden Randbedingungen werden zwei weitere Gleichgewichtsbedingungen definiert. Die sechs unbekannten Kraftkomponenten pro neuem Absatz können entsprechend der vorherigen Betrachtungen wieder auf zwei unbekannte Größen reduziert werden.

Hierdurch wurde gezeigt, dass das Erweitern der Werkstückkontur um zylindrische Absätze ausreichend neue Zusammenhänge liefert, so dass die unbekannten Kraftkomponenten bestimmt werden können. Für die Berechnung müssen lediglich zwei Kraftkomponenten pro Absatz bekannt sein, wie beispielsweise die Schleifnormal- und Schleiftangentialkraft.

4.3.4 Einfluss von nichtzylindrischen Werkstückformen
Influence of non-cylindrical workpiece profiles

Randbedingung 1 und **2** gelten nur für zylindrische Werkstückformen. Werden an einem Werkstück nichtzylindrische Werkstückformen bearbeitet, treten ebenfalls seitliche Belastungen auf die Schleifkörner der Schleifscheibe auf, die zusätzlich zur Schleifkraft in Normal- und Tangentialrichtung eine Kraftkomponente in Axialrichtung F_{zi} erzeugen. Mit wachsender Neigung zwischen der zu bearbeitenden Teilfläche und der Werkstückachse steigt diese Axialkraftkomponente an. Darüber hinaus ist die Axialkraft wie die Schleifnormal- und Schleiftangentialkraft von der Breite der Teilfläche sowie von den sonstigen Prozessparametern abhängig. Die Schleifkräfte und deren Aufteilung in Normal-, Tangential- und Axialrichtung können empirisch bestimmt werden. Hierzu bietet sich das Analogieverfahren Schleifen zwischen Spitzen an, wie bereits in Kapitel 2.5 erläutert.

Für konische Werkstückbereiche, deren Neigung zur Werkstückachse α_w vergleichsweise gering ist, können die Schleifkräfte in Axialrichtung nach **Bild 4-6** angenähert werden. Aufgrund der konischen Werkstückform ändern sich der Werkstückdurchmesser, was zu veränderten Schleifkräften führen kann. Für kleine Neigungswinkel α_w und damit vergleichsweise kleine Änderungen des Werkstückdurchmessers sollen die Schleifkräfte entlang des Konus als konstant angenommen werden. Für diesen vereinfachten Fall lässt sich die bezogene Axialkraftkomponente F'_{zs2}, die auf das Werkstück wirkt, abschätzen (siehe **Bild 4-6** rechts).

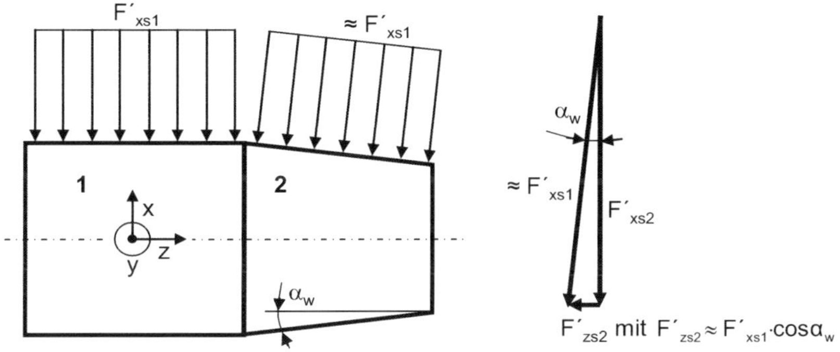

Bild 4-6: Abschätzung der Schleifkräfte bei konischen Werkstückformen
Estimation of grinding forces at conical workpiece profiles

Wirkt eine Axialkraft auf das Werkstück, sind die zuvor aufgestellten **Randbedingungen 1** bis **7** nur noch eingeschränkt gültig. Die Axialkomponente der Schleifkraft bewirkt ein zusätzliches Moment in y-Richtung. Ergeben sich im Schleifprozess zu große Axialkräfte, kann sich das Bauteil verdrehen und es kommt zu Prozessinstabilitäten. Darüber hinaus wirkt eine Axialkraft F_{zan} auf den Axialanschlag. Die Axialkraft auf das Werkstück wird ebenfalls bei Absatzübergängen durch die Schnittebenen übertragen.

In der Regel sind die Werkstückbereiche, die nicht zylindrisch sind und eine Axialkraftkomponente erzeugen, im Vergleich zu den sonst zylindrischen Flächen des Werkstücks klein, da ansonsten die Axialkräfte auf den Anschlag zu groß werden und eine Spitzenlosschleifbearbeitung ohne Modifikationen kaum möglich ist. Dieser Zusammenhang soll im anschließenden Kapitel 4.3.5 vertiefend diskutiert werden. Im Folgenden soll vereinfachend davon ausgegangen werden, dass Axialkraftkomponenten in Relation zu den sonst auftretenden Schleifkräften vernachlässigbar gering sind und vom Axialanschlag aufgenommen werden. Die **Randbedingungen 1** bis **7** werden in diesem Fall nicht beeinträchtigt. Es wird aber an dieser Stelle empfohlen, den Einfluss von Axialkräften auf die Bauteilqualität beim Spitzenlosschleifen wissenschaftlich zu untersuchen.

4.3.5 Einfluss des Werkstückprofils auf die Abstützung durch Auflageschiene und Regelscheibe

Influence of workpiece profile on the regulating wheel and workrest blade guidance

Bei der bisherigen Betrachtung von zylindrischen Werkstückbereichen konnte davon ausgegangen werden, dass die Abstützung des Werkstücks durch die Regelscheibe und Auflageschiene an den zylindrischen Bereichen erfolgt. Eine gleichförmige Abstützung entlang der Absatzbreite ermöglicht es, die resultierende Kraft im Absatzmittelpunkt anzunehmen. Wirkt die Schleifkraft als Eingangskraft und die Kräfte zur Abstützung der Regelscheibe und Auflageschiene im gleichen Angriffspunkt, folgt ein Kräftegleichgewicht pro Absatz (siehe **Randbedingung 7**). Je nach Werkstückgeometrie ist allerdings eine Abstützung durch die Auflageschiene und die Regelscheibe nicht an allen bearbeiteten Werkstückflächen möglich oder sinnvoll, wie bereits in Kapitel 2.2.2 erläutert.

Für einen gleichmäßigen Schleifprozess ist zu berücksichtigen, dass entweder alle oder keine der Stützflächen am Werkstück bearbeitet werden. Bietet ein Werkstück beispielsweise zylindrische vorbearbeitete Flächen zur Abstützung an, deren Breite im Schleifprozess eine ausreichende Stabilität gewährleisten, kann das Werkstück an diesen unbearbeiteten Stellen abgestützt werden (siehe **Bild 4-7** Fall 1). Diese Art der Abstützung ist ebenfalls empfehlenswert, wenn die zu bearbeitenden Flächen zu den nicht bearbeiteten Stützflächen ausgerichtet werden sollen. In diesem Fall verlagert sich die Werkstückachse bei der Schleifbearbeitung nicht in Richtung Regelscheibenachse, so dass die Zustellung der Schleifscheibe zum Werkstück radiusbezogen erfolgt.

Das Abstützen eines profilierten Werkstücks durch eine profilierte Auflageschiene und profilierte Regelscheibe führt zu Doppelpassungen, die eine exakte Einstellung und Ausrichtung erfordern. Das Profil der Auflageschiene und Regelscheibe wird in der Regel so ausgelegt, dass es dem Profil des Werkstücks nach seiner Bearbeitung entspricht. Weicht der Rohling des Werkstücks vor der Bearbeitung von der fertigen Kontur stark ab (siehe **Bild 4-7** Fall 2), kann das Bauteil zu Beginn des Schleifprozesses stark verkippt im Schleifspalt ausgerichtet sein. In einem solchen Fall ist eine Abstützung an diesen stark abweichenden Geometrieelementen nicht empfehlenswert. Gerade bei komplexen Werkstückkonturzügen, wie beispielsweise Rundungen oder starken Schrägen, sollte eine Werkstückabstützung an zylindrischen Absätzen und nicht an den Profilzügen erfolgen (siehe **Bild 4-7** Fall 3). Darüber hinaus ist es ratsam, ein Werkstück nicht auf all seinen zylindrischen Flächen abzustützen (siehe **Bild 4-7** Fall 4). Gerade bei vergleichsweise kleinen Absatzbreiten sollte das Werkstück nicht auf diesen gelagert werden, so lange die Schleifkräfte an der Stelle nicht zu einem Durchbiegen des Absatzes führen (siehe Kapitel 4.3.2).

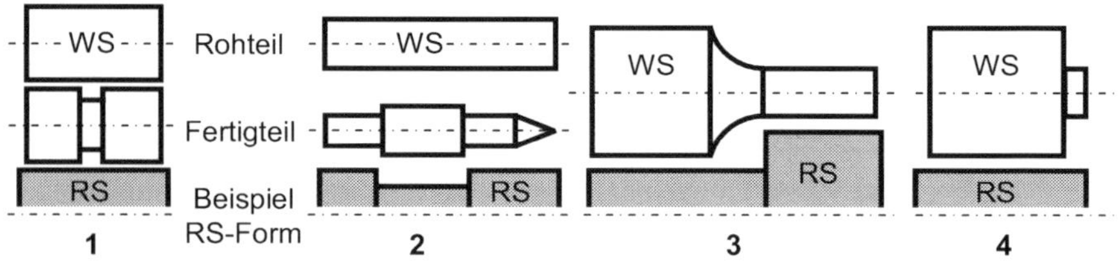

Bild 4-7: Beispiele für Werkstückkonturzüge und Regelscheibenformen
Examples for profiled workpieces and regulating wheel profiles

Die Art der Abstützung durch die Regelscheibe und die Auflageschiene sind für das Bilden der Kraftgleichungen von Bedeutung. Wird eine bearbeitete Teilfläche nicht durch die Regelscheibe und Auflageschiene abgestützt, werden die Schleifkräfte in die benachbarten Werkstückbereiche übertragen. In diesem Fall liegt kein Kräftegleichgewicht pro Absatz vor und es sind Schnittkräfte und Schnittmomente an den Absatzübergängen vorhanden.

Bild 4-8 gibt ein Beispiel eines Werkstücks, welches von der Auflageschiene und der Regelscheibe nur an zweien der drei Absätzen abgestützt wird. An allen drei Absätzen liegen Schleifkraftkomponenten vor, allerdings wirken nur an zwei Absätzen Kraftkomponenten von Auflageschiene und Regelscheibe. Es resultieren sechs unbekannte Schleifkraftkomponenten und acht unbekannte Stützkraftkomponenten der Auflageschiene und Regelscheibe. Die Systemerweiterung von zwei auf drei Absätze führt in diesem Falle zu nur zwei weiteren unbekannten Kraftgrößen.

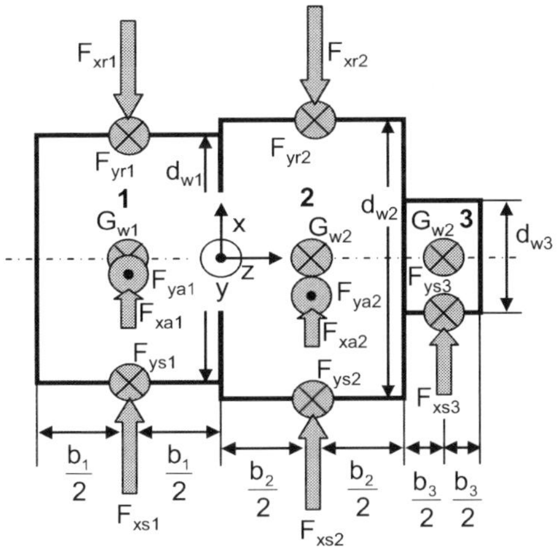

Bild 4-8: Beispiel eines nicht abgestützten Werkstückabsatzes (Fall 4)
Example of a non-guided workpiece section (case 4)

Analog zur Kraftbestimmung bei einem Werkstück mit zwei zylindrischen Absätzen lässt sich die Summe der Kräfte F_{xi} und F_{yi} sowie der Momente M_{zw} bilden. Weiterhin gelten **Randbedingungen 1** bis **4**. Nach **Randbedingung 5** sollen auch für den vorliegenden Fall die Reibwerte an der Auflageschiene μ_{ai} bekannt sein. Ebenfalls gilt **Randbedingung 7**, nach der der Reibkoeffizient an der Regelscheibe μ_{ri} für einen der beiden Absätze bekannt ist. Nach **Randbedingung 6** darf sich das Werkstück während des Schleifprozesses nicht verdrehen, so dass die Summe der Momente M_{xw} und M_{yw} jeweils null ergeben muss. Für Werkstücke, die pro zylindrischem Absatz gelagert und bearbeitet werden, konnte nachgewiesen werden, dass ein Kräftegleichgewicht pro Absatz vorliegt. Dieser Sonderfall trifft bei der genannten Abstützart nicht mehr zu. Es lassen sich allerdings weiterhin mit Hilfe der Summe der Momente M_{xw} und M_{yw} zwei formelmäßige Zusammenhänge definieren, um die unbekannten Kräfte zu bestimmen. Die hier beschriebenen Verknüpfungen liefern acht Gleichungssysteme, die 14 unbekannte Kraftkomponenten beinhalten. Wie bei den vorherigen Berechnungen resultieren pro Schleifbereich zwei unbekannte Kraftkomponenten. Sind beispielsweise die Schleifkraftkomponenten an allen drei Schleifbereichen bekannt, kann das Gleichungssystem gelöst werden. Hierdurch konnte nachgewiesen werden, dass sich die unbekannten Kraftkomponenten im Schleifprozess auch unabhängig von der Lagerungsart an der Auflageschiene und Regelscheibe bestimmen lassen.

4.4 Berechnung der resultierenden Werkstückdrehzahl beim spitzenlosen Einstechschleifen

Calculation of resulting workpiece velocity in centreless plunge-cut grinding

Die Werkstückumfangsgeschwindigkeit lässt sich in drei theoretische Bereiche unterteilen (siehe **Tabelle 4.1**). Im **Geschwindigkeitsbereich 1** ruht das Werkstück. Dieser Fall tritt in der Regel vor und nach dem Schleifprozess auf und sollte niemals während des Prozesses auftreten. Laut Definition des Spitzenlosschleifens soll das Werkstück während des Schleifprozesses ungefähr mit Regelscheibenumfangsgeschwindigkeit rotieren, was **Geschwindigkeitsbereich 2** entspricht. Wird das Werkstück durch die Regelscheibe und Auflageschiene nicht ausreichend abgebremst, kann das Werkstück auf Schleifscheibenumfangsgeschwindigkeit beschleunigt werden (**Geschwindigkeitsbereich 3**). In diesem Fall tritt zwischen Werkstück und Schleifscheibe keine Relativgeschwindigkeit auf, so dass keine Schleifbearbeitung stattfinden kann. Darüber hinaus kann die hohe Werkstückgeschwindigkeit zu Schäden führen. Zu Beginn eines Spitzenlosschleifprozesses soll daher die Werkstückgeschwindigkeit von **Geschwindigkeitsbereich 1** in **Geschwindigkeitsbereich 2** beschleunigt werden. Im Anschluss soll sich die Werkstückgeschwindigkeit so lange in **Geschwindigkeitsbereich 2** befinden, bis der Kontakt zwischen Werkstück und Schleifscheibe aufgehoben wird. Der **Geschwindigkeitsbereich 3** der Werkstückgeschwindigkeit soll generell vermieden werden.

Tabelle 4.1: Theoretische Bereiche der Umfangsgeschwindigkeit des Werkstücks
Theoretical ranges of workpiece velocity

Geschwindigkeitsbereich 1	**Geschwindigkeitsbereich 2**	**Geschwindigkeitsbereich 3**
$v_w \approx 0$ m/s	$v_w \approx v_r$	$v_w \approx v_s$

Die Werkstückgeschwindigkeit resultiert aus den Beschleunigungskräften, die auf das Werkstück wirken. In den vorherigen Kapiteln wurden die Kräftegleichgewichte für verschiedene Werkstückformen beim spitzenlosen Einstechschleifen hergeleitet. Sind pro Bearbeitungsfläche zwei Kraftkomponenten bekannt, lassen sich die anderen unbekannten Kraftkomponenten im Schleifspalt berechnen. Da die geometrische Anordnung der Komponenten im Schleifspalt bekannt ist, kann eine Umrechnung der Kräfte in Horizontalrichtung (x-Koordinate) und Vertikalrichtung (y-Koordinate) sowie in Normal- und Tangentialanteile nach **Formeln 45** bis **50** erfolgen (siehe Formelanhang in Kapitel 10.1).

Der Schleifprozess beginnt, wenn die Schleifscheibe mit dem Werkstück in Eingriff gelangt. Die Schleifscheibe erzeugt Normal- und Tangentialkräfte auf das Werkstück, die wiederum die Kräfte zwischen dem Werkstück und der Auflageschiene sowie der Regelscheibe verändern. Nach einer kurzen Einlaufphase stellt sich in der Regel ein Kräftegleichgewicht ein und es resultiert eine konstante Drehzahl am Werkstück. Die

Prozesskräfte sind abhängig von der Werkstückgeschwindigkeit. Ist im Vorfeld unklar, welche Werkstückgeschwindigkeit resultiert, müssen die Kraftkomponenten für alle möglichen Geschwindigkeitsbereiche berechnet werden. Das Vorgehen und das Ermitteln der auftretenden Kraftkomponenten soll im Folgenden vorgestellt werden und dient als Ausgangslage für das Prozessmodell, mit dem die Ausbildung der Kräfte und Werkstückgeschwindigkeiten beim Spitzenlosschleifen beschrieben werden soll.

Werkstückgeschwindigkeit vor Prozessbeginn $F_{nsi} = F_{tsi} = 0\,N$

Die Tangentialkräfte der Komponenten sind abhängig von ihren dazugehörigen Normalkräften und den Reibzuständen. Vor und nach dem Schleifprozess ist die Schleifscheibe nicht mit dem Werkstück in Kontakt und erzeugt keine Kräfte auf das Werkstück. Lediglich die Gewichtskraft des Werkstücks erzeugt Kraftkomponenten zwischen dem Werkstück und der Regelscheibe bzw. Auflageschiene. Die Kraftkomponenten lassen sich mit Hilfe der bisher aufgeführten Kräftegleichgewichte berechnen. Die Summe der Momente in z-Richtung auf ein Bauteil mit zylindrischen Absätzen wird durch **Formel 23** beschrieben. Die Regelscheibe wirkt in diesem Fall beschleunigend auf das Werkstück, die Auflageschiene bremsend.

$$\sum M_{zw} : (F_{tr1,th} - F_{ta1}) \cdot \frac{d_{w1}}{2} + \ldots + (F_{tri,th} - F_{tai}) \cdot \frac{d_{wi}}{2} = 0 \qquad \textbf{Formel 23}$$

Ist die Tangentialkraft an der Regelscheibe kleiner als die Tangentialkraft an der Auflageschiene, befindet sich das Werkstück in **Geschwindigkeitsbereich 1**. Für die Reibwerte an der Auflageschiene und der Regelscheibe gelten die Einschränkungen, die nachfolgend für **Geschwindigkeitsbereich 1** aufgestellt werden. Je nach Spezifikation und Anordnung der Komponenten kann die Gewichtskraft eine Tangentialkraft an der Regelscheibe erzeugen, die größer als die Tangentialkraft an der Auflageschiene ist. Die Regelscheibe beschleunigt in diesem Fall das Werkstück bis in den **Geschwindigkeitsbereich 2**. Das Werkstück kann sich somit schon vor dem Kontakt mit der Schleifscheibe in **Geschwindigkeitsbereich 2** befinden, weshalb eine Berechnung der Werkstückgeschwindigkeit vor Prozessbeginn sinnvoll ist. In diesem Fall gelten die Reibbedingungen zwischen Werkstück und Auflageschiene bzw. Regelscheibe, die unter **Geschwindigkeitsbereich 2** näher erläutert sind.

Geschwindigkeitsbereich 1 im Schleifprozess $v_w \approx 0\,m/s$

Befindet sich das Werkstück in **Geschwindigkeitsbereich 1**, beschleunigen die Tangentialkräfte der Schleif- und Regelscheibe das Werkstück. Für ein Werkstück mit zylindrischen Absätzen beschreibt **Formel 24** die Summe der Momente um die Werkstückachse.

$$\sum M_{zw} : (F_{ts1} + F_{tr1,max} - F_{ta1,th}) \cdot \frac{d_{w1}}{2} + \ldots + (F_{tsi} + F_{tri,max} - F_{tai,th}) \cdot \frac{d_{wi}}{2} = 0 \qquad \textbf{Formel 24}$$

Zwischen Werkstück und Regelscheibe liegt für alle Werkstückbereiche eine Relativgeschwindigkeit vor, deren Reibkoeffizienten in Analogieversuchen nach Kapitel 4 bestimmt werden können und als bekannt vorausgesetzt werden sollen. Die Regelscheibe beschleunigt das Werkstück an allen Absätzen mit $F_{tri,max}$. Die Schleifkräfte gelten als bekannte Eingangsgrößen. Zwischen Werkstück und Auflageschiene tritt in **Geschwindigkeitsbereich 1** keine Relativgeschwindigkeit auf, so dass Haftreibung mit dem Reibkoeffizient $\mu_{ai,max}$ vorliegt. Mit Hilfe der Kräftegleichgewichte lassen sich die Normal- und Tangentialkraftkomponenten an der Auflageschiene berechnen, aus denen ein theoretischer Reibwert $\mu_{ai,th}$ resultiert. So lange der theoretisch vorliegende Reibwert $\mu_{ai,th}$ kleiner ist als der maximal mögliche $\mu_{ai,max}$, kann die Auflageschiene das Werkstück abbremsen und es verbleibt in **Geschwindigkeitsbereich 1**. Andernfalls verlässt das Werkstück den **Geschwindigkeitsbereich 1**, so dass geprüft werden muss, ob das Werkstück bis in den **Geschwindigkeitsbereich 2** oder **3** beschleunigt wird.

Geschwindigkeitsbereich 2 im Schleifprozess $v_w \approx v_r$

Während des Spitzenlosschleifprozesses soll sich das Werkstück in **Geschwindigkeitsbereich 2** befinden. **Formel 25** gibt die Summe der Momente M_{zw} für ein Werkstück mit zylindrischen Absätzen wieder. Die Tangentialkräfte der Schleifscheibe F_{tsi} beschleunigen das Werkstück und besitzen deshalb ein positives Vorzeichen. Die Tangentialkräfte der Regelscheibe F_{tri} und der Auflageschiene F_{tai} bremsen das Werkstück ab und sind daher vom Vorzeichen negativ.

$$\sum M_{zw} : (F_{ts1} - F_{tr1} - F_{ta1}) \cdot \frac{d_{w1}}{2} + \ldots + (F_{tsi} - F_{tri} - F_{tai}) \cdot \frac{d_{wi}}{2} = 0 \qquad \textbf{Formel 25}$$

Profilierte Werkstücke erfordern zur Abstützung in der Regel eine profilierte Regelscheibe. Für diesen Fall können die Umfangsgeschwindigkeit von Regelscheibe und Werkstück nicht in allen Profilbereichen gleich groß sein, so dass der Geschwindigkeitsbereich 2 noch einmal unterteilt werden muss. Nach TAKASU besitzt das Werkstück im Schleifprozess eine Umfangsgeschwindigkeit, bei der zwischen Werkstück und Regelscheibe in einem Profilbereich keine Relativgeschwindigkeit auftritt [TAKA88]. Da dies prinzipiell an jeder Durchmesserpaarung zwischen Werkstück und Regelscheibe vorliegen kann, müssen alle möglichen Werkstückdrehzahlen einzeln berücksichtigt werden.

Nachfolgend wird ein Werkstück mit der Anzahl i zylindrischer Absätze mit unterschiedlichen Absatzdurchmessern betrachtet. Es wird nacheinander bei jedem Absatz angenommen, dass an diesem eine Abrollbewegung vorliegt und er für die Drehzahl des Werkstücks maßgebend ist. An den übrigen Absätzen tritt eine Relativgeschwindigkeit zwischen Werkstück und Regelscheibe mit den jeweiligen Reibkoeffizienten $\mu_{ri,rel}$ auf, die für die jeweils vorliegende Prozesseinstellung mit dem Vorgehen nach Kapitel 4 bestimmt werden können (siehe Randbedingung 7). Mit Hilfe der Kräftegleichgewichte lassen sich die unbekannten Kraftkomponenten berechnen, so dass sich am abrollenden Absatz i die Regelscheibentangentialkraft $F_{tri,th}$ ergibt. Die Regelscheibentangentialkraft $F_{tri,th}$ führt mit der Regelscheibennormalkraft F_{nri} zu einem theoretisch vorliegenden Reibkoeffizienten an der Regelscheibe $\mu_{ri,th}$ (siehe Kapitel 2.5). Ist der maximale Reibkoeffizient der Regelscheibe $\mu_{ri,max}$ größer als der theoretisch vorliegende Reibkoeffizient an der Regelscheibe $\mu_{ri,th}$, kann die Regelscheibe das Werkstück abbremsen und die Bedingungen für ein Abrollen an diesem Absatz sind erfüllt.

Im Anschluss müssen die Berechnungen iterativ für alle Absätze bzw. möglichen Durchmesserpaarungen von Werkstück und Regelscheibe durchgeführt werden. Der Absatz, an dem die Reibbedingungen zum Abrollen erfüllt sind, bestimmt die Werkstückumfangsgeschwindigkeit, so dass sich die Werkstückdrehzahl berechnen lässt. Treffen die Bedingungen zum Abrollen an keiner Durchmesserpaarung zu, kann die Regelscheibe das Werkstück nicht abbremsen und es kann den **Geschwindigkeitsbereich 2** verlassen und in den **Geschwindigkeitsbereich 3** übergehen.

Aus den bisherigen Kräftegleichgewichten und den Grenzkriterien für Drehzahlübergänge geht hervor, dass für homogene Werkstücke, Schleif- und Regelscheiben sowie Werkstückformen mit nur zylindrischen Absätzen in der Regel eine Abrollbewegung an dem Absatz vorliegt, an dem die dominanten Bearbeitungskräfte auftreten. Die höchsten Prozesskräfte liegen normalerweise an dem Absatz mit dem größten Zeitspanungsvolumen vor, was in der Regel dem Absatz mit der größten Absatzbreite und Absatzdurchmesser entspricht. Aus diesem Grund sollte eine Überprüfung der Reibbedingungen zum Abrollen an dem Absatz mit der größten Breite und Durchmesser beginnen.

Geschwindigkeitsbereich 3 im Schleifprozess $v_w \approx v_s$

Ist die Bremskraft von Auflageschiene und Regelscheibe nicht ausreichend, kann die Schleifscheibe das Werkstück aus dem **Geschwindigkeitsbereich 2** in den **Geschwindigkeitsbereich 3** beschleunigen. In diesem Fall tritt zwischen Werkstück und Regelscheibe an allen Profilzügen eine Relativgeschwindigkeit mit dem maximalen Reibkoeffizienten $\mu_{ri,max}$ auf. **Formel 26** gibt die Summe der Momente um die Werkstückachse wieder.

$$\sum M_{zw} : (F_{ts1} - F_{tr1,th} - F_{ta1}) \cdot \frac{d_{w1}}{2} + \ldots + (F_{tsi} - F_{tri,th} - F_{tai}) \cdot \frac{d_{wi}}{2} = 0 \qquad \textbf{Formel 26}$$

Mit Hilfe der Kräftegleichgewichte lassen sich die theoretisch vorliegenden Tangentialkräfte zwischen Werkstück und Regelscheibe berechnen. Da die maximal möglichen Reibkoeffizienten an der Regelscheibe $\mu_{ri,max}$ überschritten werden, resultiert eine Tangentialkraft ΔF_{tr}, die das Werkstück bis auf Schleifscheibenumfangsgeschwindigkeit v_s beschleunigt (siehe **Formel 27**). Die Gesamtbeschleunigungskraft setzt sich aus den einzelnen Beschleunigungskräften pro Absatz zusammen. Da der **Geschwindigkeitsbereich 3** bei der Spitzenlosbearbeitung generell vermieden werden soll, wird an dieser Stelle noch einmal darauf hingewiesen, dass die Auswahl von Spezifikation und Anordnung der Komponenten einen Schleifprozess in **Geschwindigkeitsbereich 2** ermöglichen muss.

$$\Delta F_{tr} = \sum (\mu_{ri,max} \cdot F_{tni} - F_{tri,th}) \qquad \textbf{Formel 27}$$

Werkstückgeschwindigkeit nach Prozessende $F_{nsi} = F_{tsi} = 0\,N$

Nach dem Schleifprozess ist die Schleifscheibe nicht mehr mit dem Werkstück in Kontakt, so dass nur die Gewichtskraft im Schleifspalt wirkt. Prinzipiell lässt sich die Werkstückgeschwindigkeit analog zum Vorgehen vor Prozessbeginn bestimmen. Nach Prozessende soll allerdings von einem rotierenden Werkstück ausgegangen werden, so dass zwischen Werkstück und Auflageschiene Gleitreibung vorliegt und zwischen Werkstück und Regelscheibe Bereiche ohne Relativgeschwindigkeit auftreten. An dieser Stelle soll darauf hingewiesen werden, dass die veränderten Reibbedingungen dazu führen können, dass ein Werkstück nach Prozessende in **Geschwindigkeitsbereich 2** verweilen kann, obwohl es sich vor Prozessbeginn in **Geschwindigkeitsbereich 1** befand.

4.5 Kräfte- und Momentengleichgewichte beim spitzenlosen Durchlaufschleifen

Balances of forces and moments in centreless throughfeed grinding

Im Vergleich zum spitzenlosen Einstechschleifen kann beim spitzenlosen Durchlaufschleifen nur ein Werkstückdurchmesser bearbeitet werden. Entlang des Schleifspalts durchläuft das Werkstück eine konischen Schrupp- und Schlichtzone sowie eine parallele Ausfunkzone. Während der Zerspanung des Aufmaßes z soll vereinfacht angenommen werden, dass das Werkstück eine konische Form in der Schrupp- und Schlichtzone sowie eine zylindrische Form in der Ausfunkzone besitzt. Die Prozesskräfte verändern sich ebenfalls in den verschiedenen Zonen, so dass die Angabe von Kraftkomponenten stets in Abhängigkeit von der Position entlang des Schleifspalts erfolgen muss. Unterteilt man das konische Werkstück in mehrere Inkremente mit der Breite b_i, so verändert sich der Werkstückdurchmesser pro Inkrement um Δd (siehe **Bild 4-9** links). Die größte Steigung befindet sich in der konischen Schruppzone, die wiederum zur größten Steigung auf der konischen Werkstückform führt. Bei einem Werkstückaufmaß von $z_{schrupp} = 0{,}3$ mm, welches in der Schruppzonenbreite von $b_{schrupp} = 100$ mm zerspant wird, ergibt sich eine Steigung des Werkstückkonus von $\alpha_{schrupp} < 0{,}1°$ und kann als vergleichsweise gering angenommen werden. Für ein inkrementelles Werkstückelement wird daher nachfolgend vereinfacht von einer zylindrischen Fläche ausgegangen, die den mittleren Durchmesser des Konus besitzt. Der so betrachtete Fall ähnelt einer spitzenlosen Einstechschleifoperation, bei der das Werkstück mehrere zylindrische Absätze besitzt. Es wird ein Ausschnitt des Werkstücks betrachtet, welcher am Absatz 1 den Durchmesser d_{w1} besitzt und am darauffolgenden Absatz 2 den Durchmesser $d_{w2} = d_{w1} + \Delta d$ (siehe **Bild 4-9** rechts).

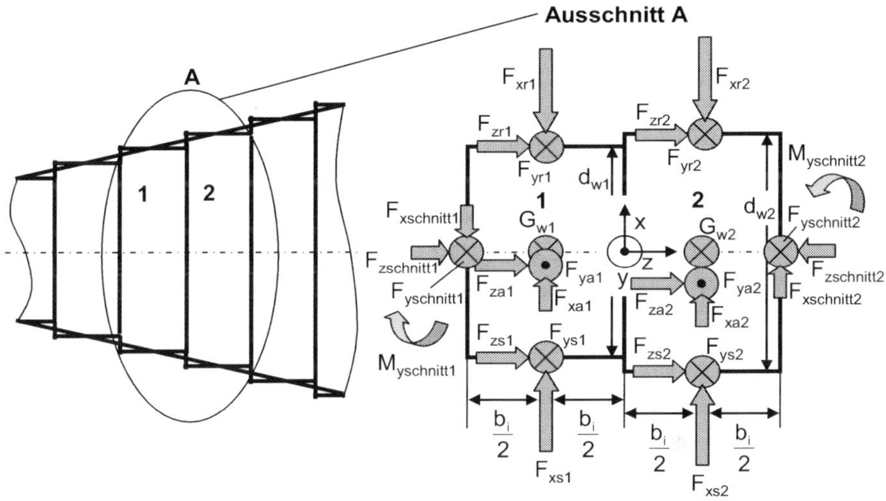

Bild 4-9: Vereinfachung eines konischen Werkstücks auf zylindrische Teilstücke in der x-/z-Schnittebene

Simplification of conical workpiece profile to cylindrical elements in x-/z-sectional plane

Randbedingung 8: $F_{zs} \approx F_{zr} \approx F_{za} \approx 0$

Beim spitzenlosen Durchlaufschleifen ist die Regelscheibe zur Werkstückachse geneigt und die Werkstücke bewegen sich axial durch den Schleifspalt. Neben einer Regelscheibenkraft in Normal- und Tangentialrichtung wirkt ebenfalls eine Kraftkomponente $F_{zr}(z)$ an der Position z entlang des Schleifspalts in axialer Werkstückrichtung. Die Werkstückgeschwindigkeit teilt sich relativ zur Auflageschiene in einen rotatorischen und einen translatorischen Anteil auf. Die Reibkraft zwischen Werkstück und Auflageschiene teilt sich in gleichem Maße in einen Anteil in rotatorischer und in translatorischer Richtung auf (siehe **Formel 28**).

$$F_{zr}(z) = F_{tr}(z) \cdot \tan\alpha_r$$ **Formel 28**

Das spitzenlose Durchlaufschleifen findet typischerweise bei Regelscheibenneigungswinkeln von $\alpha_r \leq 3°$ statt, so dass der axiale Anteil der Auflageschienenkraft kleiner als 5 % der Tangentialkraft ist. Für gängige Schleifspaltanordnungen und Spezifikationen der Schleifspaltkomponenten beträgt die Axialkraft der Auflageschiene weniger als 2 % der Schleifkräfte, wie Kraftmessungen an der Auflageschiene beim spitzenlosen Durchlaufschleifen bestätigten (siehe Kapitel 7.3.7 **Bild 7-18**).

Im konischen Bereich des Schleifspalts teilt sich die Schleifscheibennormalkraft relativ zum Werkstückkoordinatensystem nach **Formel 29** in einen axialen und einen radialen Anteil auf (siehe Kapitel 4.3.4). Die Schleifspaltverjüngung in der Schruppzone besitzt im Allgemeinen einen Schleifscheibenöffnungswinkel von $\alpha_s(z) \leq 0{,}2°$. Hieraus resultiert ein axialer Anteil an der Schleifnormalkraft von weniger als 0,3 %.

$$F_{zs}(z) = F_{ns}(z) \cdot \tan\alpha_s(z)$$ **Formel 29**

Die Regelscheibe überträgt eine Axialkraft $F_{zr}(z)$ auf das Werkstück. Da die Relativgeschwindigkeiten und damit die Reibbedingungen zwischen Werkstück und Regelscheibe unklar sind, kann die Axialkraftkomponente der Regelscheibe nicht mit ausreichender Genauigkeit mit Hilfe der Normal- und Tangentialkräfte der Regelscheibe hergeleitet werden. Die Axialkraft der Regelscheibe auf das Werkstück an der Position z entlang des Schleifspalts $F_{zr}(z)$ wird aus diesem Grund mittels dem Kräftegleichgewicht am Werkstück in Axialrichtung berechnet (siehe **Formel 30**). Die Schleifkräfte besitzen innerhalb der Schruppzone den größten Wert und führen daher ebenfalls an der Regelscheibe und Auflageschiene zu den größten Reaktionskräften. Aus diesem Grund treten die höchsten Axialkraftkomponenten am Werkstück innerhalb der Schruppzone auf.

$$\sum F_z : F_{zr}(z) - F_{zs}(z) - F_{za}(z) = 0$$ **Formel 30**

Aufgrund der oben beschriebenen Kraftentwicklung an der Regelscheibe und der Auflageschiene liegen die Axialkraftkomponenten auf das Werkstück insgesamt in einem Bereich von weniger als 3 % der Schleifkräfte. Für nachfolgende Betrachtungen sollen daher die Axialkräfte auf das Werkstück beim spitzenlosen Durchlaufschleifen vernachlässigt werden.

Für das spitzenlose Durchlaufschleifen wurde damit eine weitere **Randbedingung 8** definiert, nach der die Axialkräfte auf das Werkstück als gering betrachtet und für die Geschwindigkeitsberechnung zunächst vernachlässigt werden können. Darüber hinaus können weitere Randbedingungen des spitzenlosen Einstechschleifens auf das spitzenlose Durchlaufschleifen übertragen werden. Die Werkstückgeschwindigkeit beim spitzenlosen Durchlaufschleifen kann als nahezu konstant vorausgesetzt werden, so dass **Randbedingung 4** angewendet werden kann. **Randbedingung 5** ist ebenfalls an der Auflageschiene gültig. Für die Vereinfachung nach **Bild 4-9** und **Randbedingung 8** liegt ebenfalls beim spitzenlosen Durchlaufschleifen pro inkrementellem Absatz ein Kräftegleichgewicht nach **Randbedingung 6** vor. Weiterhin stellen sich die Relativgeschwindigkeiten der inkrementellen Absatzbereiche mit der Regelscheibe wie beim spitzenlosen Einstechschleifen nach **Randbedingung 7** ein.

Randbedingung 9: An der Stelle $d_{w,max}$ gilt : $F_{ns} = max; F_{nr} = max; F_{na} = max$

Die Schleifscheibe soll als homogen und der Schleifprozess als gleichförmig angesehen werden. Während des Schleifprozesses wird der Durchmesser des Werkstücks verringert. Wie bereits in Kapitel 4.1 erläutert, verringern sich beim Spitzenlosschleifen die Schleifkräfte bei kleiner werdendem Werkstückdurchmesser und ansonsten konstanten Prozessparametern. Für den Schleifprozess beim spitzenlosen Durchlaufschleifen kann daher angenommen werden, dass die größten Schleifkräfte am größten Durchmesserbereich des Werkstücks vorliegen, der gerade im Eingriff mit der Schleifscheibe ist. Nach **Randbedingung 6** treten an diesem Werkstückbereich ebenfalls die höchsten Reaktionskräfte von Regelscheibe und Auflageschiene auf.

Mit Hilfe der Randbedingungen konnte das Kräfte- und Momentengleichgewicht auf das Werkstück beim spitzenlosen Durchlaufschleifen insofern eingeschränkt werden, dass die Berechnungsgrundlagen für das spitzenlose Einstechschleifen mit dem jeweiligen mittleren Werkstückdurchmesser Anwendung finden. Die Berechnung der Prozesskräfte und verschiedenen Geschwindigkeitsbereiche des Werkstücks beim spitzenlosen Einstechschleifen können ebenfalls beim spitzenlosen Durchlaufschleifen angewendet werden. Die Geometrie der Regelscheibe stellt dabei eine wesentliche Einflussgröße auf die Geschwindigkeitsentwicklung der Werkstücke dar. Aus diesem Grund wird in Kapitel 6 die Regelscheibengeometrie optimiert, um ein Steuern der Werkstückgeschwindigkeit zu ermöglichen.

Beim spitzenlosen Durchlaufschleifen wird das Werkstück in n-Absätze unterteilt. Die Regelscheibe kann aufgrund ihrer profilierten Form und der großen Anzahl an Absätzen beschleunigend und bremsend auf das Werkstück wirken. Es liegt zwischen den Beschleunigungskräften auf das Werkstück nach **Randbedingung 7** ein Momentengleichgewicht vor, so dass sich die beschleunigend und bremsend wirkenden Kräfte ausgleichen. Für einen Schleifspaltaufbau bestehend aus einer Schrupp- und einer Ausfunkzone sind die Prozesskräfte in der Schruppzone größer als in der Ausfunkzone. Vor und hinter dem Schleifspalt sollen keine Beschleunigungskräfte auf das Werkstück wirken. In **Bild 4-10** sind exemplarisch die resultierenden Beschleunigungskräfte auf das Werkstück in den **Werkstückpositionen 1 bis 4** dargestellt, wie sie sich mit Hilfe der Randbedingungen berechnen lassen. Die Beschleunigungskräfte und deren Änderungen wurden vereinfachend konstant innerhalb der Schleifzonen angenommen.

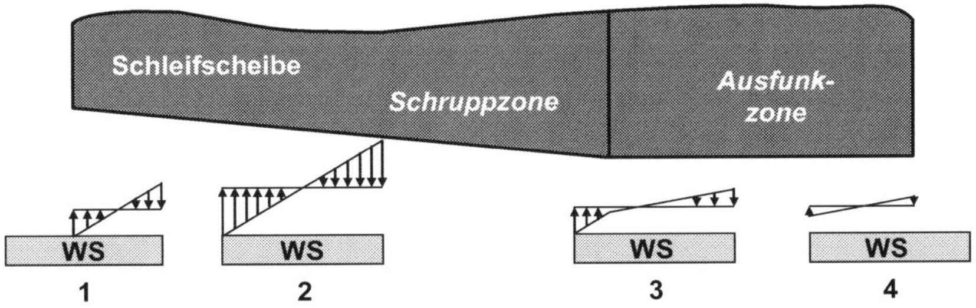

Bild 4-10: Resultierende Beschleunigungskräfte auf das Werkstück entlang des Schleifspalts

Resulting acceleration forces on the workpiece along the grinding gap

Auf den Teil des Werkstücks, der bereits in den Schleifspalt eingelaufen ist, wirken sowohl bremsende und beschleunigende Kräfte (**1**). Befindet sich das gesamte Werkstück innerhalb der Schruppzone (**2**), wirken die beschleunigenden und bremsenden Kräfte gleichmäßig auf das Werkstück. Verlässt das Werkstück die Schruppzone und läuft in die Ausfunkzone (**3**), wirken auf den einen Teil des Werkstücks die erhöhten Kräfte der Schruppzone, auf den anderen Teil die reduzierten Kräfte der Ausfunkzone. Verlässt das Werkstück den Schleifspalt (**4**), wirken nur noch auf den Teil des Werkstücks die Ausfunkzonenkräfte, der sich noch im Schleifspaltkontakt befindet. Je länger das Werkstück ist, umso größer ist der Einfluss der beschleunigenden und bremsenden Kräfte. Nach **Randbedingung 9** verringert sich der Kraftverlauf im Schleifspalt. Aufgrund von Verschleiß können sich in praktischen Anwendungen ebenfalls die Kraftgrößen verändern, weshalb es im Schleifprozess zu Abweichungen kommen kann.

4.6 ABBILDEN DES PROZESSMODELLS IN EINEM SOFTWARETOOL
Implementation of process model into a software tool

Die beschriebenen Kräfte und Reibbedingungen zwischen den einzelnen Partnern sind vom **Prozesszeitpunkt** (vor, während und nach dem Schleifprozess), vom **Geschwindigkeitsbereich 1 bis 3** sowie von der **Werkstückform** und **Abstützungsart** (siehe Kapitel 4.3) abhängig. Die in den vorherigen Teilkapiteln aufgezeigten Zusammenhänge stellen ein Prozessmodell für das spitzenlose Einstech- und Durchlaufschleifen dar, mit dessen Hilfe die Prozesskräfte und Werkstückgeschwindigkeiten bei der Bearbeitung bestimmt werden können. Damit eine möglichst genaue Berechnung der Werkstückgeschwindigkeit erfolgen kann, müssen alle erreichbaren Prozess- und Geschwindigkeitsbereiche überprüft werden. Zur Vereinfachung ist es empfehlenswert, die verschiedenen Berechnungen auf Grundlage des Prozessmodells parallel mit Hilfe eines Softwaretools durchzuführen, welches ebenfalls nacheinander die Randbedingungen der möglichen Werkstückgeschwindigkeitsbereiche kontrolliert. Eine automatische Berechnung durch ein Softwaretool ermöglicht zusätzlich das Ableiten von Parametergrenzen, ab denen die Werkstückgeschwindigkeit variiert oder Prozessinstabilitäten auftreten. Hieraus lassen sich Empfehlungen für die Auswahl der Prozessparameter und Werkzeuge beim Spitzenlosschleifen ableiten, um stabile Schleifprozesse zu erzielen. Hierzu zählen beispielsweise die Auswahl einer Auflageschiene mit abweichendem Auflageschienenneigungswinkel β oder Auflageschienenmaterial sowie der Einsatz abweichender Regelscheibenspezifikationen, um den Reibkoeffizienten zwischen Werkstück und Regelscheibe zu verändern.

Das Softwaretool benötigt zur eindeutigen Berechnung der Werkstückdrehzahl zwei bekannte Kraftkomponenten pro Werkstückabsatz bzw. Werkstückdurchmesser, wie in Kapitel 4.2 und 4.3 hergeleitet wurde. Im Analogieprozess Schleifen zwischen Spitzen können beispielsweise die Schleifkräfte oder das Schnittkraftverhältnis μ_s als Eingangsgrößen bestimmt werden. Ferner kann ein Kraftmesssystem in die Auflageschiene integriert werden, so dass die Kräfte auf die Auflageschiene pro Werkstückabsatz im Spitzenlosschleifprozess gemessen werden und als Eingangsgrößen für das Softwaretool dienen können. Neben den zwei Kraftkomponenten ist zur Umrechnung der Kräfte in die verschiedenen Koordinatenrichtungen die geometrische Anordnung der Komponenten entscheidend, so dass diese ebenfalls im Softwaretool hinterlegt sein müssen. Darüber hinaus sind für die Geschwindigkeitsberechnung die Reibbedingungen zwischen Werkstück und Regelscheibe sowie zwischen Werkstück und Auflageschiene maßgeblich verantwortlich. Die Reibbedingungen können in Analogieprozessen bestimmt (siehe Kapitel 4) und in Form einer Datenbank im Softwaretool hinterlegt werden. Ein erster Prototyp eines solchen Softwaretools wurde im Rahmen dieser Arbeit erstellt. **Bild 4-11** zeigt beispielhaft die Ein- und Ausgabewerte für ein Werkstück mit zwei zylindrischen Absätzen für die beiden Fälle, dass eine Relativgeschwindigkeit an Absatz 1 (links) und Absatz 2 (rechts) auftritt. Das Softwaretool erlaubt das Berechnen der unbekannten Kraftgrößen und Reibkoeffizienten μ_{th} im Schleifspalt, so dass sich die resultierende Werkstückdrehzahl ableiten lässt. Es wurde beispielhaft in Kapitel 7 angewendet.

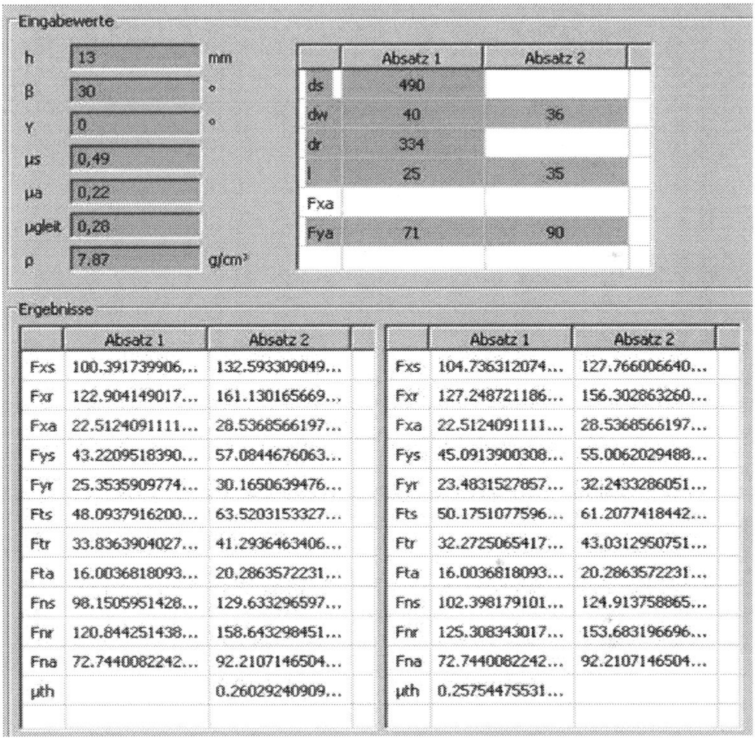

Bild 4-11: Beispiel einer Kraftberechnung mit dem Softwareprototyp

Example of force calculation with the software prototype

5. Ausbildung des Reibkoeffizienten zwischen Werkstück und Regelscheibe

Investigation on friction coefficient between workpiece and regulating wheel

Der Reibkoeffizient μ_r zwischen Werkstück und Regelscheibe setzt sich maßgeblich aus Roll- und Gleitreibungsanteilen zusammen und wird hauptsächlich von der Regelscheibenspezifikation, den Kontaktverhältnissen, dem Kühlschmierstoff und den Prozessparametern bestimmt. Um die Ausbildung des Reibkoeffizienten und die signifikanten Einflussfaktoren zu analysieren, wurde ein Prüfstand entwickelt und konstruiert, mit dem die Relativgeschwindigkeit zwischen Werkstück und Regelscheibe variiert und die resultierenden Prozesskräfte und -momente überwacht werden konnten. Aufbauend auf den Erkenntnissen von HASHIMOTO wurden durch ein Verändern der Reibkörper und Reibparameter die Reibkoeffizienten für ein breites Einsatzspektrum ermittelt und die Einflussfaktoren gewichtet [HASH98].

5.1 AUFBAU UND FUNKTIONSWEISE DES REIBPRÜFSTANDES

Set-up and performance of friction test rig

Beim Spitzenlosschleifen wird die Werkstückgeschwindigkeit durch die Regelscheibe kontrolliert. Prinzipiell kann eine reine Abrollbewegung zwischen beiden Partnern erfolgen, so dass lediglich ein kleiner Schlupf vorliegt, der in der Regel weniger als 1 % beträgt und nachfolgend vernachlässigt wird [BECK65]. Erfolgt eine größere Differenzgeschwindigkeit zwischen beiden Partnern, spricht man vom „Durchrutschen" mit einer spezifischen Relativgeschwindigkeit. Um diesen Sachverhalt in einem Analogieprozess vereinfacht abzubilden, wurde ein Reibprüfstand entwickelt und konstruiert, der eine rotierende Regelscheibe mit definierter Kraft F_n gegen ein rotierendes Werkstück führt. **Bild 5-1** zeigt den prinzipiellen Aufbau des Reibprüfstands.

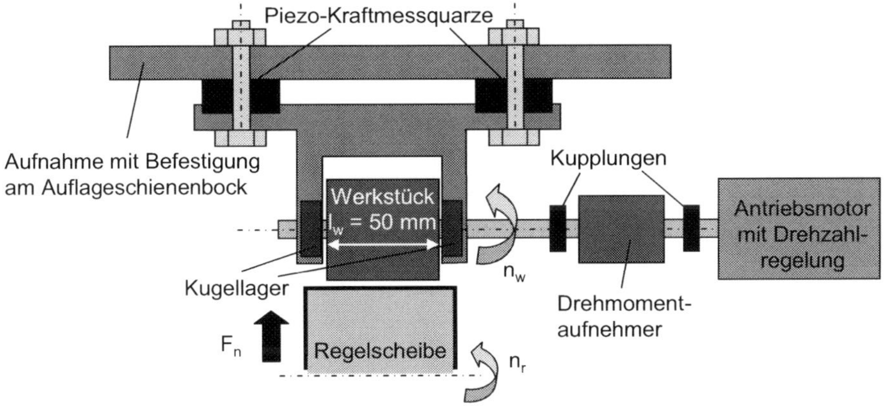

Bild 5-1: Prinzipskizze des Reibprüfstands in der Draufsicht

Schematic diagram of the friction test rig in top view

Die Regelscheibe befand sich dabei innerhalb einer industrieüblichen Spitzenlosschleifmaschine auf ihrer Antriebsachse und konnte über die dort vorhandene Abrichteinrichtung konditioniert werden. Das zylindrische Werkstück war auf einem Werkstückantrieb befestigt, der über piezoelektrische Kraftmessquarze mit einem Grundkörper verbunden war. Diese gesamte Einheit war mit dem Auflageschienenbock der Spitzenlosschleifmaschine verschraubt. Über die Maschinenachsen war eine Zustellbewegung der Regelscheibe möglich, deren Anpresskraft F_n auf das Werkstück über die zwei integrierten Piezo-Kraftmessquarze gemessen wurde.

Das Werkstück befand sich auf einer Welle, die mit vier Kugellagern in Form einer angestellten Loslagerung in einem Werkstückhalter gelagert wurde (siehe **Bild 5-2**). Die Vorspannung der Lager erfolgte über zwei Deckel. Damit das Werkstück auf der Welle gewechselt werden konnte, war der Werkstückhalter zweiteilig aufgebaut. Die linke Hälfte konnte über eine Verschraubung gelöst und entnommen werden, so dass das Werkstück von der Welle geschoben werden konnte. Zwischen dem Werkstückantrieb und dem Werkstück wurde über Kupplungen ein Drehmomentsensor integriert, mit dem das Messen des Relativmoments zwischen beiden Partnern erfolgte. Zusätzlich war im Drehmomentsensor ein Drehgeber integriert, mit dem die vorliegende Werkstückdrehzahl n_w überwacht wurde. Der Werkstückantriebsmotor besaß eine eigene Steuereinheit, mit der die Drehzahl und das Beschleunigungsmoment stufenlos und automatisiert geregelt werden konnten. Die Regelscheibendrehzahl n_r wurde aus der Maschinensteuerung ausgelesen. Aufgrund der vergleichsweise hohen Antriebsleistung ergab sich eine gleichförmige Drehbewegung der Regelscheibe, die als konstant angenommen werden konnte.

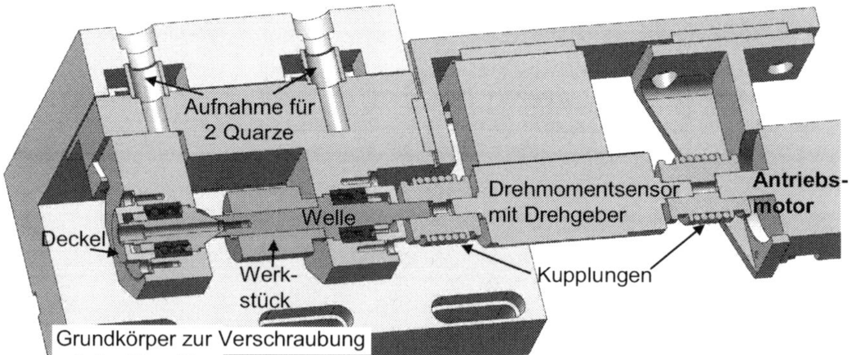

Bild 5-2: Prüfstand zur Reibungsmessung in der Schnittdarstellung
Test rig for the measurement of friction in sectional view

Das Antreiben des Werkstücks mit Regelscheibenumfangsgeschwindigkeit führte zu einer reinen Abrollbewegung zwischen beiden Partnern, so dass am Drehmomentsensor kein Relativmoment entstand. Mit Hilfe der Motorsteuereinheit konnte eine von der Regelscheibengeschwindigkeit abweichende Werkstückgeschwindigkeit und die dafür maximal zur Verfügung stehende Motorleistung vorgegeben werden, die stetig erhöht wurde. So lange das maximale Reibmoment M_{max} mit der daraus resultierenden maximalen Tangentialkraft F_{tmax} nicht überschritten wurde, ab dem eine Relativgeschwindigkeit zwischen Werkstück und Regelscheibe auftrat, rollten Werkstück und Regelscheibe aufeinander ab. Detektierte die Drehzahlüberwachung im Drehmomentsensor einen Anstieg der Drehzahl und somit eine Relativgeschwindigkeit zwischen Werkstück und Regelscheibe, war das kritische Antriebsmoment überschritten worden und es trat Gleitreibung auf. Um die Stabilität der Untersuchungen zu garantieren, wurden alle Versuche drei Mal wiederholt.

Auf einem zentralen Messrechner wurde dazu eine Messsteuerungssoftware programmiert, die eine Regelung des Werkstückantriebs in Abhängigkeit von der gemessenen Werkstückdrehzahl, dem Drehmoment sowie der Normalkraft ermöglichte. Durch das stetige Variieren der Werkstück- und Regelscheibendrehzahl konnten für unterschiedliche Relativgeschwindigkeiten die Differenzmomente und Gleitreibungskoeffizienten im Prüfstand aufgezeichnet werden. Hierdurch wurde eine Messung der Haft- und Gleitreibungskoeffizienten in einem dynamischen, sich verändernden System möglich, was eine Analogie zum Spitzenlosschleifen darstellt.

Versuchsmaschine

Der Reibprüfstand wurde in eine Spitzenlosschleifmaschine der Firma SCHAUDT MIKROSA GMBH vom Typ „Kronos M“ integriert. Die Werkstückachse befand sich bei dem Aufbau parallel und auf gleicher Höhe zur Regelscheibenachse. Die Regelscheibenspindel verfügt über eine maximale Antriebsleistung von $P_{r,max}$ = 8,5 kW und eine maximalen Regelscheibendrehzahl von $n_{r,max}$ = 300 min^{-1}. Als Kühlschmierstoff wurde eine 4%ige Schleifemulsion der Firma Fuchs mit der Spezifikation „Ecocool 2215 BF-E“ eingesetzt und über eine Nadeldüse auf die Regelscheibe zugeführt.

Regelscheiben und Abrichtwerkzeug

Bei den Reibuntersuchungen kamen Regelscheiben mit einem Außendurchmesser von d_{ra} = 300 mm und einer Breite von b_r = 50 mm der Firma SCHLEIFMITTELWERK BURKA-KOSMOS GMBH zum Einsatz. Es wurde eine Gummi gebundene Regelscheibe mit der Spezifikation „NK 80 R 1320“ und eine keramisch gebundene Regelscheibe der Spezifikation „NK 80 T 6V704“ verwendet. Das Abrichten erfolgte mit einem Einkornabrichter.

Versuchswerkstücke

Die eingesetzten Versuchswerkstücke bestanden aus 100Cr6 in vergütetem Zustand mit einer Härte von 61HRC. Die Breite der Werkstücke betrug b_w = 50 mm bei Außendurchmessern von d_w = 30, 50 und 90 mm. Zur Montage im Reibprüfstand besaßen die Werkstücke einen Innendurchmesser von d_{wi} = 18 mm. Um ein Verdrehen der Werkstücke auf der Antriebswelle zu verhindern, bestand zwischen beiden Partnern an der Werkstückstirnfläche eine formschlüssige Verbindung durch zwei Stifte.

5.2 Einfluss des Regelscheibenverschleißes und Ableiten von Messstrategien

Influence of regulating wheel wear and identification of measurement strategies

In **Bild 5-3** ist für eine erste Messung der Reibwert μ_r in Abhängigkeit von der Anzahl der Regelscheibenumdrehungen dargestellt. Die Regelscheibe wurde vor der Messung abgerichtet, wodurch ein reproduzierbarer Regelscheibenzustand hergestellt wurde. Zudem wurde die Regelscheibe so positioniert, dass zwischen dem rotierenden Werkstück und der Regelscheibe eine Normalkraft von F_n = 300 N vorlag. Vor Beginn der Messung besaß das Werkstück die Drehzahl n_{w0} = 360 min^{-1} und damit die gleiche Umfangsgeschwindigkeit wie die Regelscheibe. Zu Messbeginn wurde die Werkstückdrehzahl um 20 % auf n_w = 450 min^{-1} vergrößert, so dass eine Relativgeschwindigkeit zwischen beiden Partnern vorlag. Die zur Beschleunigung des Werkstücks notwendige Tangentialkraft F_t stieg bis auf einen Maximalwert F_{tmax} an, so dass ein Reibwert an der Regelscheibe von μ_r = 0,332 resultierte. Nach einer Umdrehung der Regelscheibe sank der Reibwert auf einen Wert μ_r = 0,312 ab, welches einer Reduktion um 6 % entsprach. Im weiteren Verlauf verringerte sich der gemessene Reibwert weiterhin pro Regelscheibenumdrehung in kleineren Schritten.

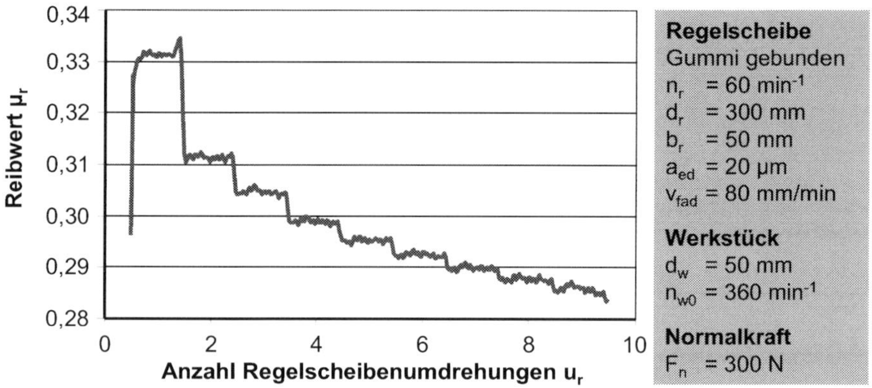

Bild 5-3: Einfluss der Anzahl der Regelscheibenumdrehungen
Influence of number of regulating wheel rotation

Tritt eine Relativgeschwindigkeit zwischen dem Werkstück und der Regelscheibe auf, wirkt die Regelscheibe aufgrund ihrer Körnung wie eine Schleifscheibe. Die Regelscheibe verschleißt und es werden kleine Späne erzeugt, die zu einem Zusetzen der Regelscheibe führen. Während der Reibmessungen mit Relativgeschwindigkeit zwischen Werkstück und Regelscheibe wurde bereits nach wenigen Regelscheibenumdrehungen ein Schmierfilm auf der Regelscheibe beobachtet. Bei jeder Umdrehung der Regelscheibe stiegen der Verschleiß und die Zusetzungsmenge an, so dass sich in der durchgeführten Messung der Reibwert pro Regelscheibenumdrehung stufenweise verringerte. Der Einfluss des Verschleißzustandes und der Einsatzdauer der Regelscheibe war so groß, dass sich innerhalb von 9 Regelscheibenumdrehungen der Reibwert um fast 15 % verringerte.

Zum Minimieren des Regelscheibenverschleißes und der Zusetzungen wurde in einer weiteren Messung die Beschleunigung des Werkstücks nur so kurz durchgeführt, dass die Relativgeschwindigkeit lediglich auf einer Umfangshälfte der Regelscheibe auftrat und nicht über den gesamten Regelscheibenumfang (siehe **Bild 5-4**). Erst ab der fünften Messung wurde die Relativgeschwindigkeit zwischen Werkstück und Regelscheibe konstant beibehalten. Innerhalb der ersten fünf Regelscheibenumdrehungen wurde für die verschlissene Regelscheibenhälfte ein Abfall des Reibwerts detektiert. Als im Anschluss die bislang unverschlissene Regelscheibenhälfte eine Relativgeschwindigkeit mit dem Werkstück erfuhr, konnte bei Regelscheibenumdrehung $u_r = 5$ der gleiche Reibwert gemessen werden wie zuvor an der anderen Regelscheibenhälfte. Mit zunehmender Anzahl der Regelscheibenumdrehungen reduzierte sich der unterschiedliche Verschleißzustand und der gemessene Reibwert an den beiden Regelscheibenhälften.

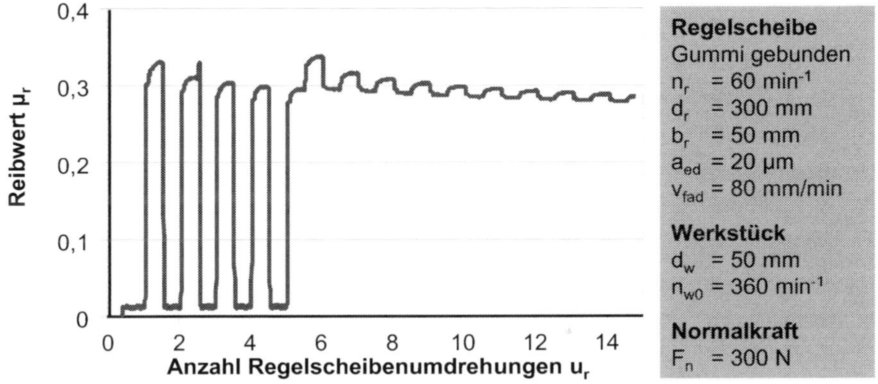

Bild 5-4: Einfluss des ungleichförmigen Verschleißes an der Regelscheibe
Influence of asymmetric regulating wheel wear

Neben dem Verschleiß und der Zusetzung, die sich aufgrund einer Relativgeschwindigkeit zwischen Werkstück und Regelscheibe ausbilden, kann ebenfalls die Einsatzdauer der Regelscheibe zu einer Veränderung der Mikrotopographie und damit des Reibverhaltens führen. Durch die Normalkräfte zwischen Werkstück und Regelscheibe werden Kornspitzen abgebrochen und in die Bindung eingedrückt, der Traganteil der Regelscheibe erhöht sich und Partikel können die Scheibe zusetzen. Aus diesem Grund wurde der Reibwert einer eingelaufenen Regelscheibe nach einer Einsatzdauer von einer Stunde untersucht. Nach dem Abrichtprozess der Regelscheibe führte diese eine Abrollbewegung mit einem Werkstück unter der Normalkraft $F_n = 300$ N durch, bei der eine Tangentialkraft von $F_t = 50$ N übertragen wurde, was 50 % der maximal möglichen Tangentialkraft F_{tmax} entsprach.

In **Bild 5-5** ist der Verlauf des Reibwerts μ_r für die Regelscheibe mit und ohne Verschleiß in Abhängigkeit von der Anzahl der Regelscheibenumdrehungen u_r dargestellt. Der maximale Regelscheibenreibwert μ_{rmax}, der bei der ersten Relativgeschwindigkeit zwischen Werkstück und Regelscheibe gemessen werden konnte, war bei der eingelaufenen Regelscheibe nur um etwa 4 % kleiner als bei der frisch abgerichteten Regelscheibe. Mit zunehmender Anzahl von Regelscheibenumdrehungen sank die Differenz des Reibwertes auf unter 1,5 % ab. Während der durchgeführten 55 Umdrehungen der Regelscheibe mit Relativgeschwindigkeit verringerte sich der jeweilige Reibwert um 20 %. Hierdurch konnte nachgewiesen werden, dass ebenfalls eine reine Abrollbewegung die Mikrotopographie der Regelscheibe beeinflusst, so dass sich der Reibwert an der Regelscheibe geringfügig ändert. Die Veränderung des Reibwerts in Abhängigkeit von der Einsatzdauer ist allerdings im Vergleich zum Einfluss der auftretenden Relativgeschwindigkeit zwischen beiden Partnern eher gering.

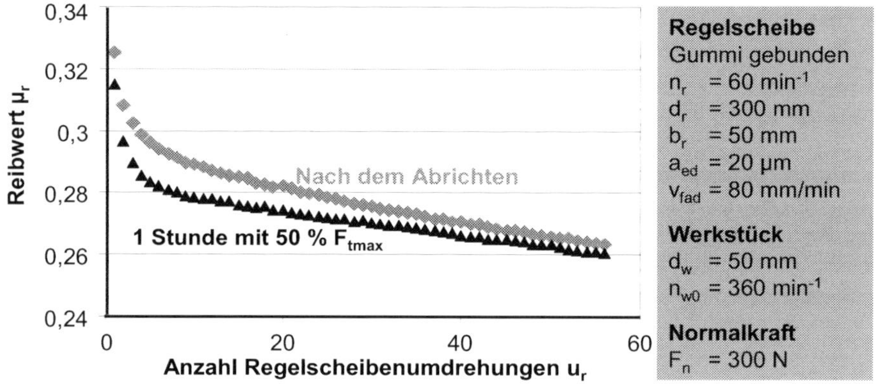

Bild 5-5: Einfluss des Einlaufverhaltens der Regelscheibe
Influence of running-in behaviour of regulating wheel

Aufgrund des großen Einflusses des Regelscheibenverschleiß- und Zusetzungszustandes auf den Regelscheibenreibwert wurde eine weitere Messmethode für den Reibprüfstand abgeleitet, bei der das Auftreten der Relativgeschwindigkeit zwischen Werkstück und Regelscheibe minimiert wurde (siehe **Bild 5-6**). Hierzu wurde die beschleunigende Tangentialkraft F_t, die vom Werkstück auf die Regelscheibe wirkt, stetig vergrößert. Mit zunehmender Beschleunigungskraft des Werkstücks konnte ein leichter Anstieg der Werkstückdrehzahl detektiert werden. Bis zu einem Bereich von 1 bis 2 % Anstieg der Werkstückdrehzahl konnte von Schlupf zwischen beiden Partnern ausgegangen werden. Wurde dieser Schwellwert überschritten, traten kurzzeitige Anstiege der Werkstückdrehzahl auf, wie sie von einem Stick-Slip-Effekt bekannt sind. Bei einem Anstieg von ca. 5 % der Werkstückdrehzahl wurde der größte Reibwert an der Regelscheibe gemessen. Für einen weiteren Anstieg der Relativgeschwindigkeiten resultierten kleinere Reibwerte, so dass die Messung bei einem Anstieg der Werkstückdrehzahl von 10 % abgebrochen und die beschleunigende Tangentialkraft reduziert wurde. Im Anschluss wurde die Messung durch einen Anstieg der Tangentialkraft erneut durchgeführt. Der maximal gemessene Reibwert verringerte sich ebenfalls mit zunehmender Anzahl der Reibwertmessungen. Das Auftreten von Relativgeschwindigkeiten zwischen Werkstück und Regelscheibe konnte aber stark reduziert werden, so dass der Verschleiß und die Zusetzungsmenge der Regelscheibe ebenfalls wesentlich geringer ausfiel und der Abfall des Reibwerts mit zunehmender Anzahl von Messungen geringer war. Neben den Reibwertmessungen mit konstanter Relativgeschwindigkeit zwischen Werkstück und Regelscheibe wurde daher diese vorgestellte Messstrategie bei den Reibversuchen angewendet, bei denen ein geringer Verschleiß und eine niedrige Zusetzungsmenge der Regelscheibe vorausgesetzt werden sollte.

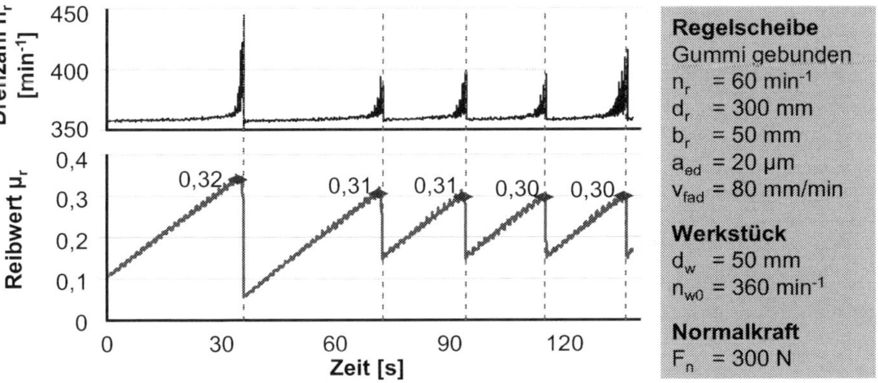

Bild 5-6: Messstrategie mit minimiertem Regelscheibenverschleiß
Measurement strategy with reduced regulating wheel wear

5.3 Einfluss der Kühlschmierstoffzufuhr und der Eingriffsbreite
Influence of coolant supply and contact width

Bereits in den ersten Reibmessungen stellte sich der Einfluss des Regelscheibenverschleißzustandes und der Zusetzung als dominante Einflussgröße auf den Reibwert der Regelscheibe heraus. Da der Verschleiß und die Zusetzung stark von der schmierenden und reinigenden Wirkung des Kühlschmierstoffs abhängen, wurde die Auswirkung der Kühlschmierstoffmenge auf den Reibwert zwischen Werkstück und Regelscheibe untersucht. Die Kühlschmierstoffzufuhr wurde dazu so eingestellt, dass sich eine Zufuhrmenge von V_{KSS} = 1,2; 14 und 30 l/min durch die Nadeldüsen auf die Regelscheibe einstellte. Der gemessene Regelscheibenreibwert variierte dabei um weniger als 0,3 % und lag im Bereich der Messungenauigkeit (siehe **Bild 10-1** im Bilderanhang). Bei Vergleichsmessungen ohne Kühlschmierstoff veränderte sich der gemessene Regelscheibenreibwert hingegen um mehr als 40 %. Da die Regelscheibe bei den Untersuchungen allerdings stets eine undefinierbare Restfeuchtigkeit besaß, die zu variierenden Reibwerten führte, konnte in diesem Fall kein eindeutiger Zusammenhang hergestellt werden. Bei den weiteren Reibwertmessungen wurde eine ausreichende Kühlschmierstoffversorgung der Regelscheibe sichergestellt.

Der Unterschied des Reibwerts zwischen einem Einsatz mit und ohne Kühlschmierstoff ist zunächst als groß einzustufen. Ab einer geringen Mindestmenge des Kühlschmierstoffs von V_{KSS} = 1 l/min konnte allerdings nahezu keine Veränderung des Regelscheibenreibwerts nachgewiesen werden. Für Spitzenlosschleifanwendungen muss aus diesem Grund sichergestellt werden, dass eine geringe Menge Kühlschmierstoff zwischen Werkstück und Regelscheibe zugeführt wird.

Ein Reibwert ist definitionsgemäß unabhängig von der Breite der eingesetzten Kontaktfläche, so lange entlang der Kontaktbreite homogene Kontaktbedingungen vorliegen. In der Praxis können gerade bei größeren Kontaktbreiten Formabweichungen zu Kraftabweichungen führen, die einen Unterschied im Reibwert hervorrufen können. Aus diesem Grund wurden Referenzmessungen mit einer profilierten Regelscheibe durchgeführt, so dass nur eine Regelscheibenbreite von b_r = 25 mm zum Einsatz kam (siehe **Bild 5-7**). Für die Referenzmessungen wurde ebenfalls die Normalkraft auf F_n = 150 N halbiert, so dass eine gleiche Flächenpressung vorlag. Für beide Messungen konnte ein Abfall des Reibwerts detektiert werden, der stufenweise pro Regelscheibenumdrehung erfolgte. Im Vergleich zur Messung mit einer Regelscheibenbreite von b_r = 50 mm lag der Reibwert bei der Regelscheibenbreite von b_r = 25 mm um lediglich 1,3 % höher. Für den gewählten Versuchsaufbau kann daher die Kraftverteilung entlang der Kontaktbreite als nahezu konstant und der Einfluss der Regelscheibenbreite als vernachlässigbar gering angenommen werden.

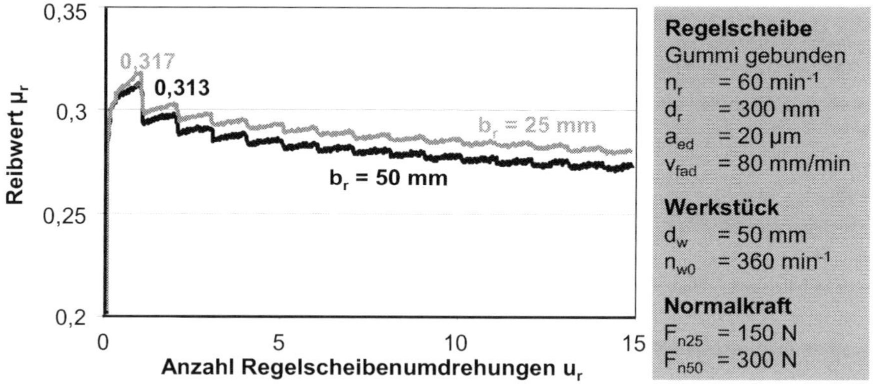

Bild 5-7: Einfluss der Regelscheibenbreite
Influence of regulating wheel width

Beim Spitzenlosschleifen können je nach Werkstück- und Regelscheibengeometrie unterschiedliche Kontaktbreiten zwischen Werkstück und Regelscheibenform vorliegen. Aufgrund der hier hergeleiteten Zusammenhänge konnte aufgezeigt werden, dass die Reibbedingungen zwischen Werkstück und Regelscheibe entlang der Eingriffsbreite als nahezu konstant angenommen werden können.

5.4 EINFLUSS DER REGELSCHEIBENKONDITIONIERUNG
Influence of regulating wheel dressing

Das Einlauf- und Verschleißverhalten einer Schleifscheibe wird maßgeblich durch ihre Konditionierung beeinflusst. Da eine Regelscheibe aufgrund ihrer Zusammensetzung ebenfalls ähnliche Eigenschaften wie eine Schleifscheibe aufweist, wurde der Reibwert in Abhängigkeit von unterschiedlichen Abrichtbedingungen untersucht. **Bild 5-8** zeigt den gemessenen Reibwert pro Regelscheibenumdrehung in Abhängigkeit von unterschiedlichen Abrichtvorschubgeschwindigkeiten v_{fad} und Abrichtzustellungen a_{ed}. Die Abrichterwirkbreite b_d konnte aufgrund der verschlissenen Abrichterspitze des Einkornabrichters als konstant mit b_d = 0,8 mm angenommen werden. Für die Abrichtvorschubgeschwindigkeit von v_{fad} = 20 mm/min ergab sich bei einer Regelscheibendrehzahl von n_r = 300 min^{-1} ein Abrichtüberdeckungsgrad von U_d = 12, bei v_{fad} = 80 mm/min folgte ein Abrichtüberdeckungsgrad von U_d = 3.

Eine Abrichtvorschubgeschwindigkeit von v_{fad} = 20 mm/min und eine Zustellung von a_{ed} = 5 µm führte zu der kleinsten Wirkrautiefe der Regelscheibe und zu den niedrigsten Reibwerten. Das Erhöhen der Vorschubgeschwindigkeit und der Abrichtzustellung erzeugt prinzipiell eine höhere Wirkrautiefe der Regelscheibe. Ein Anstieg der Abrichtvorschubgeschwindigkeit auf v_{fad} = 80 mm/min vergrößerte den Reibwert allerdings nur marginal. Ein Anstieg der Abrichtzustellung a_{ed} führte zu deutlich größeren Reibwerten. Maximale Reibwerte wurden bei einer Abrichtzustellung von a_{ed} = 50 µm erzielt. Da eine solch große Abrichtzustellung allerdings nicht industrieüblich ist, wurden die weiteren Reibuntersuchungen mit einer Zustellung von a_{ed} = 20 µm durchgeführt.

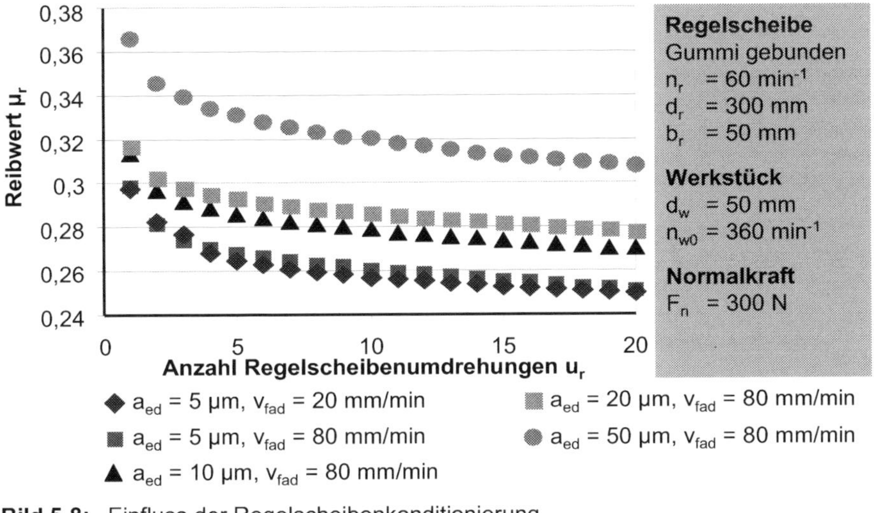

Bild 5-8: Einfluss der Regelscheibenkonditionierung
Influence of regulating wheel dressing

Für die Regelscheibenkonditionierung beim Spitzenlosschleifen lässt sich ableiten, dass eine kleine Wirkrautiefe den Reibkoeffizienten zwischen Werkstück und Regelscheibe verkleinert, eine hohe Wirkrautiefe den Reibkoeffizienten vergrößert. Sind bei der Bearbeitung eines profilierten Werkstücks die Bereiche an der Regelscheibe bekannt, an denen eine Relativgeschwindigkeit stattfindet, können an diesen Bereichen kleine Wirkrautiefen erzeugt werden, um die Reibkräfte zwischen beiden Partnern zu verkleinern. Ebenfalls können an den Bereichen, an denen keine Relativgeschwindigkeiten auftreten, die Reibwerte erhöht und dadurch die maximal übertragbaren Reibkräfte vergrößert werden, um die Prozessstabilität zu erhöhen.

5.5 Einfluss der Normalkraft zwischen Werkstück und Regelscheibe
Influence of normal force between workpiece and regulating wheel

Der Einstechschleifprozess wird üblicherweise als mehrstufiger Prozess mit einer Schrupp-, Schlicht- und Ausfunkbearbeitung ausgelegt. Daher variieren die Zerspankräfte und damit die Kräfte zwischen dem Werkstück und der Regelscheibe während der Bearbeitung und können innerhalb des Ausfunkprozesses gegen den Wert Null gehen. Aus diesem Grund wurde der Einfluss der Normalkraft F_n zwischen Werkstück und Regelscheibe in einem Bereich von F_n = 50 bis 500 N untersucht. Die Normalkraft wurde durch eine radiale Zustellbewegung der Regelscheibe zum Werkstück hin verändert. In **Bild 5-9** ist der Zusammenhang zwischen der Zustellbewegung und der gemessenen Normalkraft für die Werkstückdurchmesser d_w = 50 und 90 mm sowie die beiden unterschiedlichen Regelscheibenspezifikationen mit Keramik- und Gummibindung dargestellt. Ab einer resultierenden Normalkraft von F_n = 100 N stellte sich für alle drei Messungen ein linearer Zusammenhang zwischen Zustellung und Normalkraft ein. Für die keramisch gebundene Regelscheibe ergab sich ab diesem Grenzwert ein Verhältnis von 17,9 N/µm und für die Gummi gebundene Regelscheibe ein Verhältnis von 14,4 N/µm. Ein Verkleinern des Werkstückdurchmessers von d_w = 90 mm auf d_w = 50 mm veränderte das Kraft/Weg-Verhältnis nicht, führte aber aufgrund der größeren Flächenpressung bereits bei geringerer Zustellung zu einem Kraftanstieg.

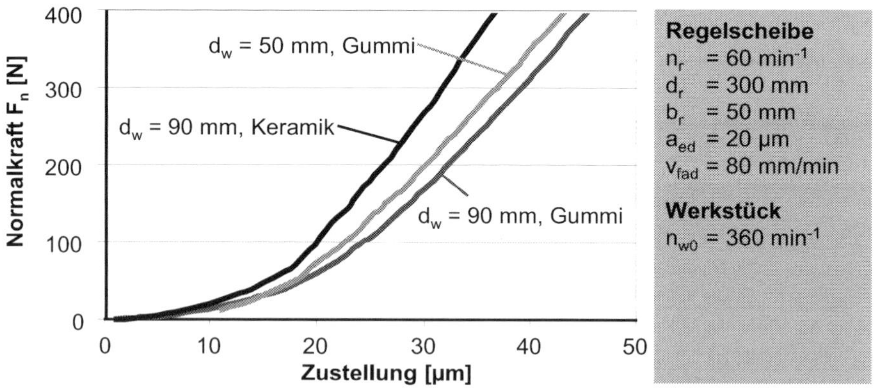

Bild 5-9: Einfluss der Zustellung
Influence of in-feed

Der hier hergeleitete Zusammenhang zwischen Zustellung und Ausbildung der Normalkraft ist besonders beim Spitzenlosschleifen von profilierten Werkstücken bedeutsam. Werden mehrere Profilflächen eines Werkstücks gleichzeitig von der profilierten Regelscheibe abgestützt, kann sich durch ein Vergrößern oder Verkleinern einzelner Profildurchmesser die dort wirkende Normalkraft verändern. Hierdurch wird es möglich, die Reibkräfte zwischen Werkstück und Regelscheibe an Konturbereichen gezielt zu beeinflussen, wie es beispielsweise für das in Kapitel 4 erzeugte Prozessmodell genutzt werden kann.

Das **Bild 5-10** zeigt den Zusammenhang zwischen dem gemessenen Reibwert und der Normalkraft, die von F_n = 100 auf 400 N erhöht wurde. Mit steigender Normalkraft stieg der Reibwert an. Ein Anstieg der Normalkraft von F_n = 100 N auf F_n = 200 N führte zu einem Kraftanstieg von 5 %, ein weiterer Anstieg von F_n = 200 N auf F_n = 400 N resultierte nur noch in einem Anstieg des Reibwerts von weniger als 2 %. Je größer die Normalkraft zwischen beiden Partnern ist, desto größer ist die Flächenpressung und die daraus resultierende Verformung. Körner der Regelscheibe werden in die Bindung eingedrückt, so dass mehr Körner- und Bindungsanteile mit dem Werkstück in Berührung kommen können. Diese Effekte sind wahrscheinlich die Ursache und können zu einem Anstieg des Reibwerts führen, wie bei den Messungen detektiert wurde. Die weiteren Reibmessungen wurden mit einer Normalkraft von F_n = 300 N durchgeführt, da bei diesem Wert leichte Kraftschwankungen den Reibwert nur geringfügig beeinflussen.

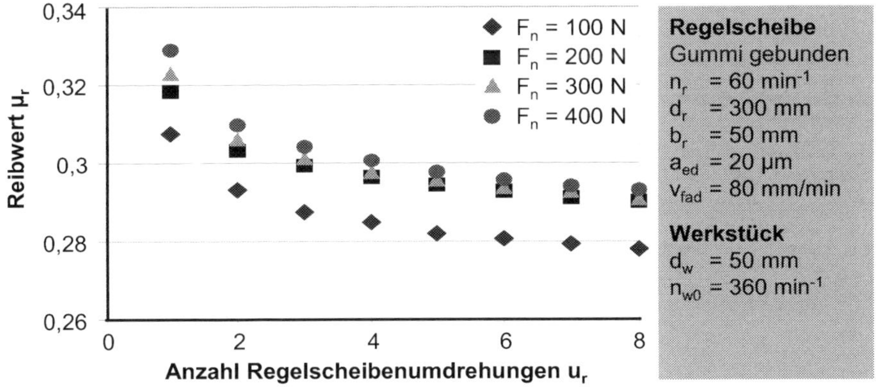

Bild 5-10: Einfluss der Normalkraft F_n

Influence of normal force F_n

Im Spitzenlosschleifprozess können aufgrund von Profilabweichungen des Rohteils lokale Kraftüberhöhungen zwischen Werkstück- und Regelscheibenbereichen auftreten. Aufgrund der nahezu konstanten Reibwerte mit ansteigender Normalkraft zwischen Werkstück und Regelscheibe kann ebenfalls beim Auftreten lokaler Kraftüberhöhungen von konstanten Reibbedingungen und damit Prozessbedingungen ausgegangen werden.

5.6 Einfluss des Werkstückdurchmessers
Influence of workpiece diameter

Bei Spitzenlosschleifanwendungen kann eine Vielzahl von Werkstück- und Regelscheibendurchmessern zum Einsatz gelangen. Theoretisch liegt zwischen dem zylindrischen Werkstück und der zylindrischen Regelscheibe ein Linienkontakt vor. Praktisch entsteht aufgrund der Normalkraft zwischen beiden Körpern und dem elastischen Verhalten von Werkstück und Regelscheibe eine elastische Verformung, die zu einer Kontaktlänge führt. Durch unterschiedliche Durchmesserpaarungen verändert sich die elastische Verformung der beiden Körper, so dass die Kontaktlänge variiert. Mit steigender Kontaktlänge vergrößert sich bei konstanter Kontaktbreite die Kontaktfläche. In diesem Fall sinkt die resultierende Flächenpressung zwischen Werkstück und Regelscheibe, was sich ebenfalls auf den Reibwert zwischen beiden Partnern auswirken kann.

In **Bild 5-11** ist der Einfluss von drei verschiedenen Werkstückdurchmessern auf den maximalen Reibwert μ_{rmax} abgebildet. Mit steigendem Werkstückdurchmesser fiel der gemessene maximale Reibwert der ersten Regelscheibenumdrehung ab. Während der Durchmessersprung des Werkstücks von d_w = 30 mm auf d_w = 50 mm nur einen Abfall des Reibwerts um weniger als 1 % zur Folge hatte, reduzierte sich der Reibwert beim darauffolgenden Werkstückdurchmesser mit d_w = 90 mm um mehr als 5 %. Wie bereits bei den Untersuchungen zum Zusammenhang zwischen der Zustellung und der sich ausbildenden Normalkraft festgestellt werden konnte, führte ein kleinerer Werkstückdurchmesser zu einer größeren Flächenpressung und einem früheren Kraftanstieg. Die höhere Flächenpressung bei reduzierter Kontaktfläche führte zu veränderten Kontaktbedingungen, so dass mehr Körner- und Bindungsanteile mit dem Werkstück in Berührung kamen und zu unterschiedlichen Reibwerten führten. Neben der Gleitreibung änderte sich die Rollreibung zwischen beiden Partnern, die neben der Werkstoffpaarung von den Eingriffsgeometrien abhängig ist und zu unterschiedlichen Reibwerten führen kann.

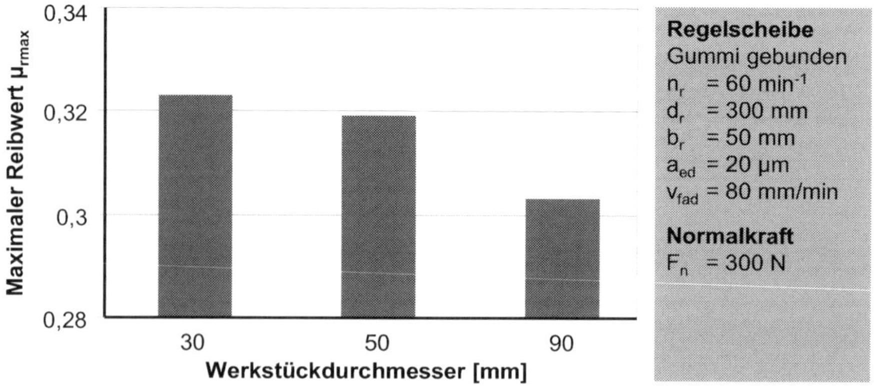

Bild 5-11: Einfluss des Werkstückdurchmessers
Influence of workpiece diameter

Aufgrund des Einflusses des Werkstückdurchmessers auf den Reibwert muss bei der Spitzenlosbearbeitung eines profilierten Werkstücks mit unterschiedlichen Werkstückdurchmessern berücksichtigt werden, dass an jedem einzelnen Werkstückdurchmesser ein unterschiedlicher Reibwert vorliegt. Dies gilt voraussichtlich ebenfalls für variierende Regelscheibendurchmesser, wie in zukünftigen Untersuchungen analysiert werden sollte.

5.7 EINFLUSS DER REGELSCHEIBENSPEZIFIKATION
Influence of regulating wheel specification

Es existiert eine Vielzahl von Regelscheibenspezifikationen, die sich unter anderem durch ihre Korngröße, die Bindung und deren Anteile unterscheiden und je nach Anwendungsfall zum Einsatz kommen. Mit dem Reibprüfstand wurde beispielhaft der Einfluss von zwei verschiedenen Regelscheibenspezifikationen untersucht. **Bild 5-12** zeigt den Vergleich zwischen den Reibwerten einer keramisch gebundenen und einer Gummi gebundenen Regelscheibe.

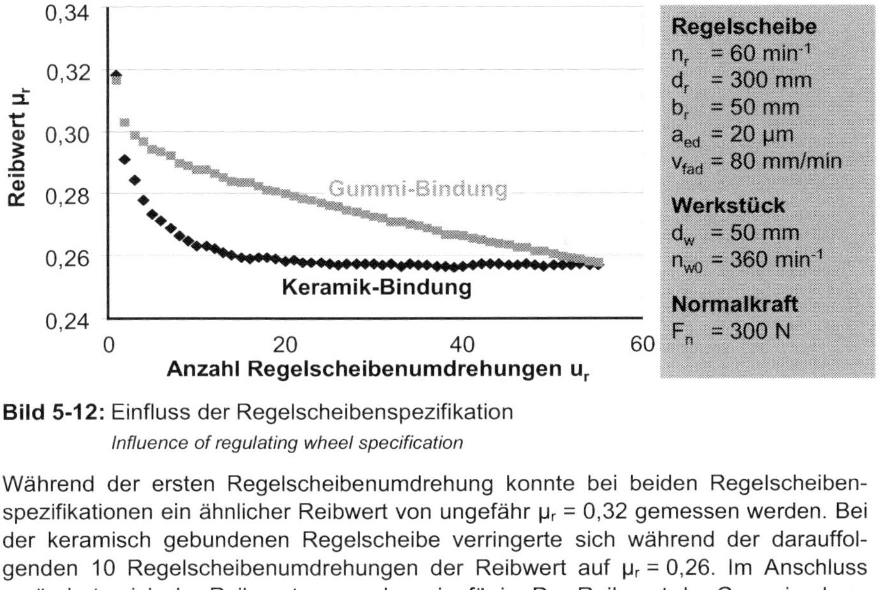

Bild 5-12: Einfluss der Regelscheibenspezifikation
Influence of regulating wheel specification

Während der ersten Regelscheibenumdrehung konnte bei beiden Regelscheibenspezifikationen ein ähnlicher Reibwert von ungefähr $\mu_r = 0,32$ gemessen werden. Bei der keramisch gebundenen Regelscheibe verringerte sich während der darauffolgenden 10 Regelscheibenumdrehungen der Reibwert auf $\mu_r = 0,26$. Im Anschluss veränderte sich der Reibwert nur noch geringfügig. Der Reibwert der Gummi gebundenen Regelscheibe verringerte sich langsamer, so dass erst nach 55 Umdrehungen ein Reibwert von $\mu_r = 0,26$ erreicht wurde. Anders als bei der keramischen Bindung verschliss die Gummi gebundene Regelscheibe auch nach den 55 Regelscheibenumdrehungen. So konnte in weiteren Reibversuchen gezeigt werden, dass erst nach ein bis zwei Stunden ein quasistationärer Zustand mit einem Reibwert von $\mu_r = 0,19$ erreicht wurde. Der Einfluss der Relativgeschwindigkeit auf den Reibwert ist demnach für beide Regelscheibenspezifikationen groß. Die keramisch gebundene Regelscheibe führte allerdings schneller zu einem unteren Grenzreibwert. Der Reibwert der Gummi gebundenen Regelscheibe war für die ersten 55 Regelscheibenumdrehungen größer als bei der keramisch gebundenen, allerdings fiel der untere Grenzwert danach niedriger aus. Die stark abweichenden Spezifikationen führten bei den beiden Regelscheibentypen zu einem unterschiedlichen Verschleiß- und Zusetzungsverhalten, welches zu dem variierenden Reibwertverlauf führte.

Bei der Auslegung eines Spitzenlosschleifprozesses sollte bei der Auswahl der Regelscheibenspezifikation das aufgezeigte abweichende Reibverhalten berücksichtigt werden. Das Erstellen eines Regelscheibenverbundes, welches sich aus Regelscheiben mit unterschiedlichen Spezifikationen zusammensetzt, ermöglicht das Steuern von Reibwerten an den Kontaktbereichen. Hierdurch kann das Reibsystem zwischen Werkstück und Regelscheibe gezielt ausgelegt werden.

5.8 Einfluss der Regelscheibenumfangsgeschwindigkeit

Influence of regulating wheel circumferential speed

Bei den bisher durchgeführten Reibuntersuchungen besaß die Regelscheibe eine konstante Drehzahl von $n_r = 60\ min^{-1}$. Bei einer Schleifscheibenumfangsgeschwindigkeit von $v_s = 63$ m/s folgte für den Regelscheibendurchmesser von $d_r = 300$ mm eine Schleifbearbeitung mit einem Geschwindigkeitsverhältnis von $q \approx 60$, welches sich für eine Vielzahl von Stahlwerkstoffen als geeigneter Wert herausgestellt hat. Je nach Werkstoff und Schleifscheibenumfangsgeschwindigkeit ergeben sich abweichende optimale Regelscheibenumfangsgeschwindigkeiten. **Bild 5-13** zeigt den Einfluss der Regelscheibendrehzahl auf den resultierenden Reibwert.

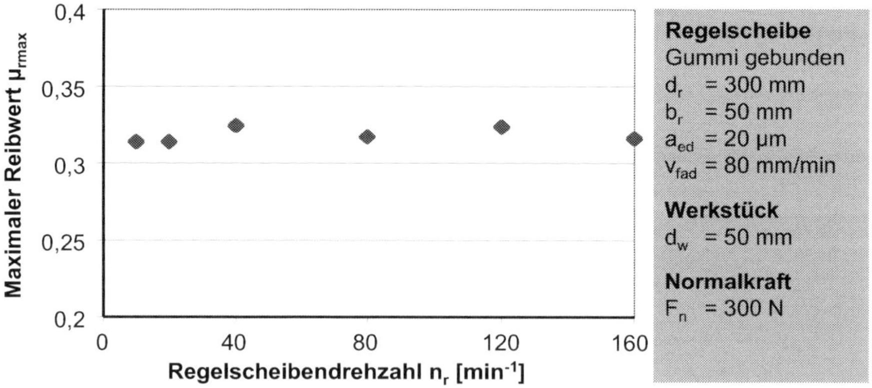

Bild 5-13: Einfluss der Regelscheibendrehzahl

Influence of regulating wheel rpm

Mit sich ändernder Regelscheibendrehzahl wurde die Werkstückdrehzahl so angepasst, dass zu Beginn der Reibmessung eine Abrollbewegung ohne Relativgeschwindigkeit zwischen beiden Partnern vorlag. Im Anschluss wurde die Werkstückdrehzahl um 20 % erhöht, so dass es zu einer Relativgeschwindigkeit zwischen Werkstück und Regelscheibe kam. Die veränderten Umfangsgeschwindigkeiten führten zu einer Schwankung des maximalen Reibwerts μ_{rmax} von weniger als 3,5 %. Der Einfluss der Regelscheibendrehzahl auf den Reibwert konnte daher für den untersuchten Fall als vernachlässigbar gering eingestuft werden.

Für den Spitzenlosschleifprozess lässt sich aus der Variation der Regelscheibendrehzahl folgern, dass ein Verändern der Regelscheibenumfangsgeschwindigkeit den Reibwert zwischen Werkstück und Regelscheibe nur bedingt beeinflusst. Beim spitzenlosen Einstechschleifen kann beispielsweise die Regelscheibendrehzahl im Prozess verändert werden, so dass sich dynamische Prozessinstabilitäten verringern. In diesem Fall kann dennoch von konstanten Reibbedingungen zwischen Werkstück und Regelscheibe ausgegangen werden.

5.9 Zwischenfazit zu den Reibuntersuchungen zwischen Werkstück und Regelscheibe und Ausblick

Interim results of friction analysis between workpiece and regulating wheel and outline

Mit Hilfe des erstellten Reibprüfstandes konnten erfolgreich Reibmessungen innerhalb einer Spitzenlosschleifmaschine durchgeführt werden. Das Vernetzen der einzelnen Antriebe und Messsysteme in eine zentrale Messsoftware ermöglichte das Automatisieren der Reibmessungen, was die Reproduzierbarkeit stark erhöhte und den zeitlichen Aufwand einer Messung verringerte. Als wesentlicher Einflussfaktor auf den Reibwert konnte der Regelscheibenverschleiß- und -zusetzungszustand identifiziert werden, welcher bereits nach einer Regelscheibenumdrehung zu einer Reduzierung des Reibwerts um 6 % führte. Als Schlussfolgerung wurde eine zusätzliche Messstrategie abgeleitet, bei der sich ein minimierter Regelscheibenverschleiß während der Reibmessung einstellte, so dass der Einfluss des Regelscheibenverschleißes und der -zusetzung reduziert wurde. Bei den bisher in der Literatur erwähnten Reibwerten zwischen Werkstück und Regelscheibe ist der Verschleißzustand nicht berücksichtigt, welches aufgrund der hier resultierenden Ergebnisse zukünftig erfolgen muss. Hierdurch können beispielsweise die stark differierenden Reibwerte bei den Reibuntersuchungen von Hashimoto erklärt werden, bei den keramisch gebundenen Regelscheiben auftraten [HASH98].

Steigende Abrichtzustellungen a_{ed} und kleinere Abrichtüberdeckungsgrade U_d führten zu einer vergleichsweise höheren Wirkrautiefe der Regelscheibe, die ebenfalls den Regelscheibenreibwert vergrößerte. Der Einsatz von Kühlschmierstoff innerhalb einer Reibwertbestimmung stellte sich als wesentlicher Faktor heraus, die Menge des zugeführten Kühlschmierstoffs hatte allerdings ab einem Wert von V_{KSS} = 1,4 l/min keinen nachweisbaren Einfluss auf den Reibwert. Steigende Normalkräfte zwischen Werkstück und Regelscheibe sowie kleinere Werkstückdurchmesser vergrößerten die Flächenpressung im Kontaktbereich und führten zu größeren Reibwerten. Der Einfluss der Regelscheibenspezifikation wurde beispielhaft für eine Gummi und eine keramisch gebundene Regelscheibe untersucht. Beide Spezifikationen besaßen während der ersten Regelscheibenumdrehungen einen ähnlichen Reibwert. Der Reibwert der ausgewählten keramisch gebundenen Regelscheibe fiel innerhalb von wenigen Regelscheibenumdrehungen auf einen konstanten Wert ab. Der Reibwert der Gummi gebundenen Regelscheibe sank mit zunehmender Anzahl von Regelscheibenumdrehungen langsamer ab, erreichte aber erst nach einigen Stunden einen wesentlich niedrigeren Reibwert im Vergleich zur keramisch gebundenen Regelscheibe.

Mit den durchgeführten Messungen konnten die Potentiale des entwickelten Reibprüfstands und zukünftige Forschungsschwerpunkte aufgezeigt werden, die sich für Reibmessungen für das Spitzenlosschleifen ergeben. Der Reibprüfstand ermöglicht das Bestimmen der Reibwerte zwischen Werkstück und Regelscheibe, die als Eingangsgröße für das Prozessmodells notwendig sind. Die in dieser Arbeit erzielten Messergebnisse spiegelten allerdings nur einen Teil der wesentlichen Einflussfaktoren auf den Reibwert wider. Das Analysieren des Reibwerts in Abhängigkeit von weiteren Regelscheibenspezifikationen, Werkstoffen, Kühlschmiermedien oder unter Einsatz von Reinigungsdüsen sind einige Aspekte, die in weiterführenden Arbeiten untersucht werden sollten.

6. Optimierung der Regelscheibengeometrie beim spitzenlosen Durchlaufschleifen

Optimization of regulating wheel profile for centreless throughfeed grinding

In diesem Kapitel wird die Regelscheibengeometrie für das spitzenlose Durchlaufschleifen beschrieben und es werden Optimierungspotentiale identifiziert. In einem weiteren Schritt wird eine optimierte Regelscheibengeometrie hergeleitet und ihre Vorteile zu bisher verwendeten Geometrien aufgezeigt. Hierzu zählen insbesondere eine steuerbare Werkstückgeschwindigkeit während des spitzenlosen Durchlaufschleifprozesses, das Minimieren des Profilierungsaufwands sowie das Verlängern der Regelscheibenstandzeit.

6.1 Anforderungen an die Regelscheibengeometrie

Requirements on regulating wheel profile

Die Regelscheibe muss beim Spitzenlosschleifen das Werkstück abstützen, antreiben bzw. abbremsen. Beim spitzenlosen Durchlaufschleifen beträgt das zu zerspanende Werkstückaufmaß in der Regel weniger als z = 0,3 mm bei einer Länge des Schleifspalts von bis zu l_s = 700 mm. Um beim spitzenlosen Durchlaufschleifen entlang des gesamten Schleifspalts eine gleichmäßige Abstützung und Führung der Werkstücke garantieren zu können, müssen die Profile der Auflageschiene, Schleif- und Regelscheibe im µm-Bereich aufeinander abgestimmt sein. Andernfalls kann es zu Kontaktverlusten zwischen dem Werkstück und seinen Berührungspartnern oder zu ungleichförmigen Schleifprozessen kommen. Für den Fall eines unsachgemäß eingestellten Schleifspalts wird die Schleifscheibe nicht auf ihrer vorgesehenen Breite genutzt, was den Schleifprozess uneffizienter gestaltet. Zusätzlich kann es zu Temperaturanstiegen der Werkstücke aufgrund von lokal überhöhten Zustellungen kommen, die zu einer thermischen Randzonenschädigung der Bauteile führen können.

Neben der exakten Abstimmung der einzelnen Scheiben- und Auflageschienenprofile führt eine ungleichförmige Verlagerung der Werkstücke zu Massenträgheitskräften, die wiederum zu einer dynamischen Anregung im Schleifsystem führen können und daher unerwünscht sind. Um werkstückseitige Massenträgheitskräfte vermeiden zu können, muss sich der Schwerpunkt des Werkstücks gleichförmig bewegen und darf nicht beschleunigt werden. Für homogene rotationssymmetrische Werkstücke bedeutet dies beim spitzenlosen Durchlaufschleifen, dass die Werkstückrotationsachse entlang des Schleifspalts eine Gerade darstellen muss und sich die axiale Werkstückgeschwindigkeit nicht verändert. Da sich der Werkstückdurchmesser entlang des Schleifspalts um das Aufmaß z verringert, muss die Zustellung so realisiert werden, dass sich die Werkstückrotationsachse nicht verlagert. Auf die Werkstückachse bezogen folgt hieraus ein symmetrischer Schleifspalt. In **Bild 6-1** ist exemplarisch ein Schleifspaltaufbau dargestellt, der eine symmetrische Anordnung zur Werkstückachse besitzt. Die Schruppbearbeitung erfolgt dabei in Zone 1, die Schlichtbearbeitung in Zone 2 und der Ausfunkprozess findet in Zone 3 statt.

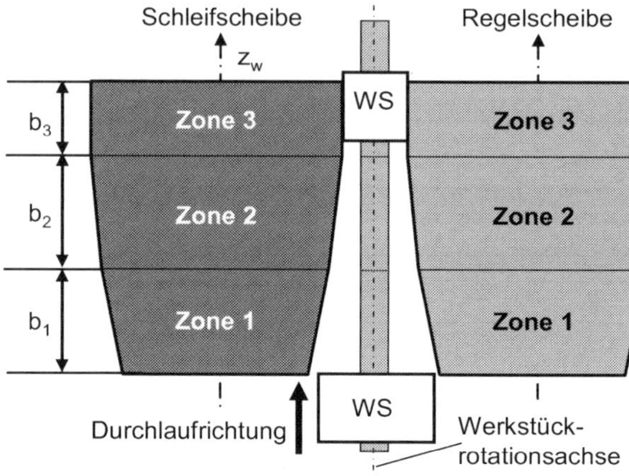

Bild 6-1: Symmetrischer Schleifspalt in der Draufsicht
Symmetrical grinding gap in top view

Der hier dargestellte Fall von diskreten Schleifzonen, die jeweils einen eckigen Übergang besitzen, sollte beim spitzenlosen Durchlaufschleifen keine Anwendung finden. Eckige Übergänge können Vorschubwendel auf den Werkstücken hervorrufen, die deren Qualität verringern. Bogenförmige Übergänge, wie sie beispielsweise mit Radien möglich sind, sollten daher bevorzugt werden. Aus diesem Grund wird im Folgenden die Funktion eines Werkstückdurchmessers abgeleitet, der zu einem Profil der Schleif- und Regelscheibe führt, das gleichförmige Übergänge zwischen den Schleifzonen aufweist und eckige Übergänge vermeidet. In **Bild 6-2** ist der Werkstückdurchmesserverlauf entlang des Schleifspalts dargestellt, bei dem sich der Koordinatenursprung in der Mitte des Schleifspalts befindet.

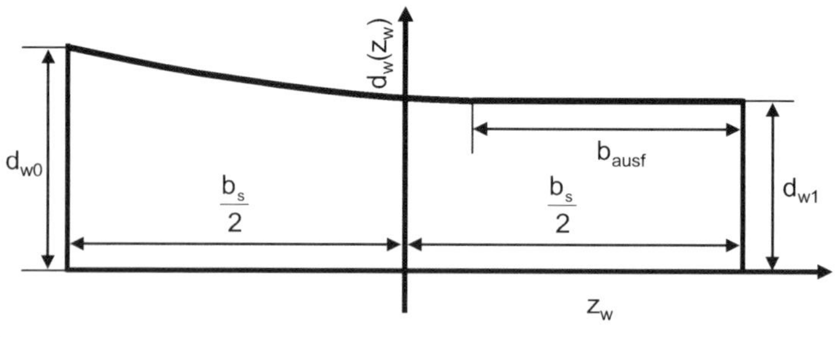

Bild 6-2: Werkstückdurchmesser entlang des Schleifspalts
Workpiece diameter along the grinding gap

Die Länge des Schleifspalts ist gleich der Breite der Schleifscheibe b_s. Der Werkstückdurchmesser $d_w(z_w)$ beträgt vor der Bearbeitung d_{w0}, nach der Bearbeitung d_{w1} und seine Reduktion wird durch zwei unterschiedliche Funktionen beschrieben. In der Schleifzone (b_s - b_{ausf}), in der das Aufmaß z zerspant wird, basiert die Funktion auf einem einfachen Polynom dritten Grades, dessen Ursprung in die Mitte der

Schleifscheibenbreite b_s verschoben wurde (**Formel 31**). Durch die Polynomfunktion kann sichergestellt werden, dass die radiale Zustellung pro Werkstückumdrehung a_e in der Schleifzone abnimmt, so dass eine Schruppbearbeitung fließend in eine Schlichtbearbeitung übergeht. Ferner verringert sich die radiale Zustellung pro Werkstückumdrehung zum Ende der Schleifzone hin auf $a_e = 0$ mm, so dass ein vergleichsweise sanfter Werkstückeinlauf in die Ausfunkzone erfolgt. Innerhalb der Ausfunkzone b_{ausf} ist der Werkstückdurchmesser mit $d_w = d_{w1}$ konstant (**Formel 32**).

$$d_w(z_w) = d_{w1} + (d_{w0} - d_{w1}) \frac{(z_w - \frac{b_s}{2} + b_{ausf})^2 \cdot (z_w + \frac{5b_s}{2} - 2b_{ausf})}{2(b_s - b_{ausf})^3} \quad \textbf{Formel 31}$$

$$\text{für } \frac{b_s}{2} \leq z_w \leq \frac{b_s}{2} - b_{ausf}$$

$$d_w(z_w) = d_{w1} \text{ für } z_w > \frac{b_s}{2} - b_{ausf} \quad \textbf{Formel 32}$$

Die Auflageschienenfläche ist um den Winkel β zur Horizontalen geneigt. Neben der Schleif- und der Regelscheibe muss diese Auflageschienenfläche ebenfalls das dementsprechende symmetrische Profil entlang des Schleifspalts aufweisen, so dass sich die Werkstückrotationsachse entlang des Schleifspalts nicht verlagert. Prinzipiell ist eine Profilierung der Auflageschiene möglich, erfordert allerdings, im Vergleich zum Profilieren der Schleif- und Regelscheibe, einen stark erhöhten Aufwand, da die Auflageschiene hierzu außerhalb der Spitzenlosschleifmaschine bearbeitet werden muss. Die Auflageschiene ist in der Regel mit einer verschleißfesten Schicht aus Hartmetall oder PKD belegt, was eine Nachbearbeitung der Schiene erschwert. Ein Überschleifen der Auflageschiene wird daher eher vom Auflageschienenhersteller und nur selten vom Spitzenlosschleifanwender durchgeführt. Darüber hinaus ist der Verschleiß von Schleif- und Regelscheibe im Vergleich zur Auflageschiene um ein Vielfaches größer. Während des Schleifprozesses resultiert daher eine ungleichförmige Verlagerung der einzelnen Schleifzonen zueinander. In Referenz zur nur gering verschleißenden Auflageschiene kann daher ein symmetrischer Schleifspalt nur bedingt im Schleifprozess vorliegen. Ein Profilieren der Auflageschiene ist für einen symmetrischen Schleifspalt erforderlich, scheint aber aus den genannten Gründen und wegen des großen Profilierungsaufwands für die derzeitigen Spitzenlosschleifanwendungen nicht sinnvoll. Für die nachfolgenden Berechnungen wird daher von einer geraden Auflageschienenform ausgegangen. Der Einfluss der Auflageschienenform und der daraus resultierenden vertikalen Werkstückverlagerung erscheint allerdings interessant und sollte zukünftig untersucht werden.

Für den Schleifspaltaufbau ergeben sich folgende Anforderungen:

- Die Schleif- und Regelscheibe sollen bei einer geraden Auflageschiene mit dem Auflagewinkel β so profiliert werden, dass die Werkstückachse entlang des Schleifspalts nicht horizontal (x_w), sondern nur vertikal (y_w) verlagert wird.

- Das Werkstück hat entlang des gesamten Schleifspalts Kontakt zur Auflageschiene, Schleif- und Regelscheibe.
- Die Regelscheibe kann um den Winkel α_r zur Schleifscheibenachse geneigt und um den Winkel δ_r geschwenkt werden.

In **Bild 6-3** ist die Anordnung des Werkstücks zur Auflageschiene, Schleif- und Regelscheibe für $\delta_r = 0°$ dargestellt. Am Schleifspalteinlauf beträgt der Schleifscheibendurchmesser d_{s0}, der Regelscheibendurchmesser d_{r0} und der Werkstückdurchmesser d_{w0}. Am Schleifspaltauslauf liegen der Schleifscheibendurchmesser d_{s1}, der Regelscheibendurchmesser d_{r1} und der Werkstückdurchmesser d_{w1} vor. Die Auflageschienenfläche ist um den Winkel β zur Horizontalen geneigt. Der horizontale Abstand zwischen Werkstück- und Schleifscheibenachse beträgt aufgrund der Anforderungen an den Schleifspaltaufbau konstant x_s, zwischen Werkstück- und Regelscheibenachse x_r.

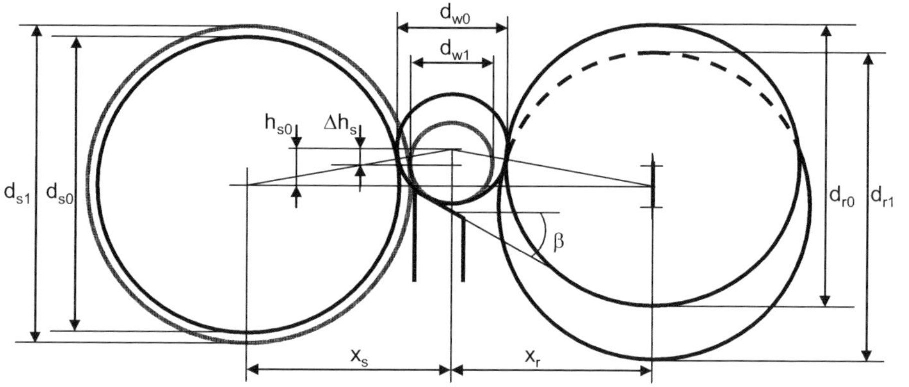

Bild 6-3: Anordnung der Schleifspaltkomponenten
Set-up of grinding gap components

Der Werkstückmittelpunkt besitzt in Bezug auf den Schleifscheibenmittelpunkt am Schleifspalteinlauf die Höhenlage h_{s0}, die der Maschinenbediener als Höhenlage im Schleifspalt einstellt. Am Schleifspaltauslauf besitzt das Werkstück die Höhenlage h_{s1}, woraus sich eine Differenzhöhenlage Δh_s entlang des Schleifspalts ergibt, die sich nach **Formel 33** berechnen lässt. Die Differenzhöhenlage Δh_s gibt die vertikale Verlagerung des Werkstücks während der Bearbeitung an, die aufgrund der oben beschriebenen ebenen Auflageschienenfläche und der Durchmesserreduktion des Werkstücks resultiert.

$$\Delta h_s = \frac{d_{w0} - d_{w1}}{2 \cdot \cos\beta}$$ **Formel 33**

Die vertikale Verlagerung des Werkstückmittelpunkts in Abhängigkeit von der Position im Schleifspalt $y_w(z_w)$ lässt sich mit Hilfe der **Formel 34** berechnen.

$$y_w(z_w) = \frac{d_{w0} - d_w(z_w)}{2 \cdot \cos\beta}$$ **Formel 34**

Die Werkstückhöhenlage h, die zur Bestimmung der geometrischen Stabilität des Schleifspalts notwendig ist, bezieht sich allerdings nicht nur, wie bei dem hier dargestellten Fall, auf den Schleifscheibenmittelpunkt, sondern auf die Verbindungsgerade zwischen Schleif- und Regelscheibenmittelpunkt. Da die Regelscheibe beim Durchlaufschleifen um den Winkel α_r geneigt ist und sich der Regelscheibenmittelpunkt entlang des Schleifspalts verlagert, stellt ebenfalls die Werkstückhöhenlage h keine konstante Größe entlang des Schleifspalts dar. Aus diesem Grund wird für nachfolgende Berechnungen die Schnittebene durch den Schleifspalt im Neigungspunkt der Regelscheibe betrachtet, da in dieser Ebene die geometrischen Bezugsgrößen vom Regelscheibenneigungswinkel α_r unabhängig sind. Bei Spitzenlosschleifmaschinen wird die Regelscheibe meistens in ihrem Mittelpunkt geneigt, so dass für nachfolgende Berechnungen das Koordinatensystem in den Schleifspaltmittelpunkt gelegt wird, wie es im **Bild 6-4** dargestellt ist. Die Schleifscheibenbreite b_s ist in der Regel gleich der Regelscheibenbreite b_r und der Länge des Schleifspalts l_s.

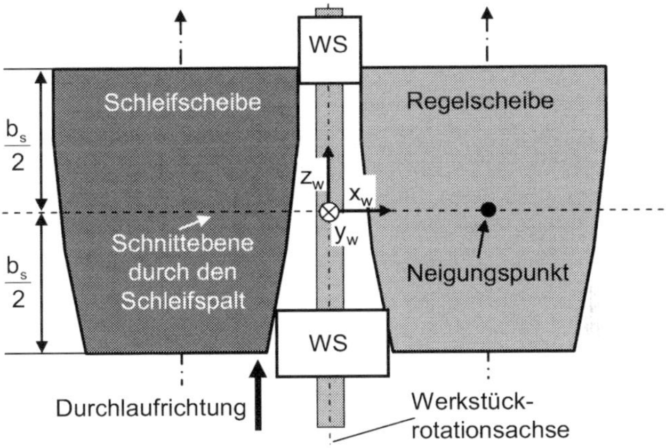

Bild 6-4: Positionierung des Koordinatensystems in der Schleifspaltmitte
Positioning of coordinate system into the grinding gap centre

Laut der Anforderungen an den Schleifspaltaufbau soll sich das Werkstück nicht horizontal verlagern, so dass x_s und x_r entlang des Schleifspalts konstant sind. Für den hier festgelegten Koordinatenursprung sind x_s und x_r vom Neigungswinkel α_r der Regelscheibe unabhängig. Allerdings ist der Werkstückdurchmesser $d_w(z_w = 0)$ unbekannt bzw. muss nach **Formel 31** und **Formel 32** berechnet werden. Aus diesem Grund wird der horizontale Werkstückabstand zur Schleifscheibe x_s in Abhängigkeit von der Werkstückhöhenlage h_{s0} angegeben und berechnet sich nach **Formel 35**.

$$x_s = \sqrt{\left(\frac{d_{s0} + d_{w0}}{2}\right)^2 - h_{s0}^{\;2}}$$ **Formel 35**

Da die Regelscheibenachse zur Werkstückachse um den Winkel α_r geneigt ist, kann der horizontale Werkstückabstand zur Regelscheibe x_r nur im Regelscheibenneigungspunkt unabhängig von seinem Neigungswinkel angegeben werden. Die Werkstück- und Regelscheibendurchmesser sind allerdings zunächst nur am Ein- und Auslauf des Schleifspalts bekannt, so dass der horizontale Werkstückabstand zur Regelscheibe x_r in Abhängigkeit von der Regelscheibenneigung angegeben wird. **Bild 6-5** gibt die geometrischen Zusammenhänge am Schleifspalteinlauf ($z_w = -b_s/2$) zwischen dem Werkstückmittelpunkt M_w und dem Regelscheibenmittelpunkt M_r in Abhängigkeit vom Regelscheibenneigungswinkel α_r an. Nach **Formel 36** lässt sich der horizontale Werkstückabstand zur Regelscheibe x_r berechnen.

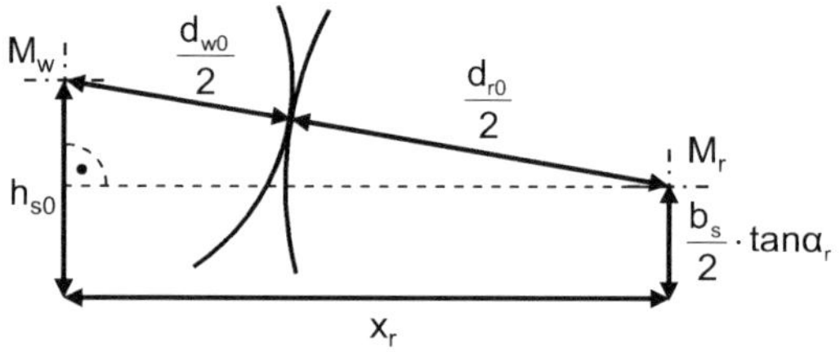

Bild 6-5: Geometrische Zusammenhänge zwischen dem Werkstück und der Regelscheibe am Schleifspalteinlauf

Geometric set-up between workpiece and regulating wheel at grinding gap entrance

$$x_r = \sqrt{\left(\frac{d_{w0} + d_{r0}}{2}\right)^2 - \left(h_{s0} - \frac{b_s}{2} \cdot \tan\alpha_r\right)^2}$$ **Formel 36**

6.2 Ableiten einer optimierten Regelscheibengeometrie durch das Schwenken der Regelscheibenachse zur Werkstückachse

Transformation of an optimised regulating wheel profile by swivelling of the regulating wheel axis to the workpiece axis

Im vorherigen Unterkapitel sind die Anforderungen an die Regelscheibengeometrie erläutert worden, die zu einer gleichförmigen Werkstückabstützung führen. Hierbei standen die Ausbildung der Werkstückkontur und der Werkstückmittelpunktsbahn im Vordergrund. Aufbauend auf diesen Grundlagen werden im Folgenden die Möglichkeiten diskutiert, auf die Regelscheibenform Einfluss zu nehmen.

Aus den bisherigen Anforderungen an den Schleifspaltaufbau ergibt sich eine Hüllkurve des Werkstücks, mit der sich eine Kontaktlinie zwischen Werkstück und Regelscheibe entlang des Schleifspalts ableiten lässt (siehe **Bild 6-6** links). Diese Kontaktlinie stellt eine dreidimensionale Kurve im Raum dar. Wird die komplexe Kontaktlinie um die Regelscheibenachse rotiert, bildet sich ein eindeutig beschreibbarer Rotationskörper, der die gewünschte Regelscheibenform darstellt. Prinzipiell ist die Lage der Regelscheibenachse zur Kontaktlinie nicht vorgegeben. Die Lage der Regelscheibenachse zur Werkstückachse wirkt sich aber unmittelbar auf die Werkstückgeschwindigkeit aus. Das Neigen der Regelscheibenachse zur Werkstückachse um den Winkel α_r führt dazu, dass das Werkstück neben einer rotatorischen auch eine translatorische Bewegung ausführt (siehe Kapitel 2.3.1). Ein Schwenken der Regelscheibenachse zur Werkstückachse um den Winkel δ_r ermöglicht das Anpassen der Regelscheibenform an gewünschte Ein- und Auslaufdurchmesser bzw. Durchmesserverläufe der Regelscheibe. In **Bild 6-6** sind in der rechten Hälfte zwei unterschiedliche Regelscheibenformen dargestellt. Bei der linken Aufsicht ist die Regelscheibenachse so zu der Kontaktlinie zwischen Regelscheibe und Werkstück angeordnet, dass der Regelscheibenradius am Einlauf gleich dem Regelscheibenradius am Auslauf ist. Bei der rechten Regelscheibenform ist die Regelscheibenachse zur Kontaktlinie mit dem Werkstück um den Winkel δ_r geschwenkt, so dass der Regelscheibenradius am Einlauf größer ist als am Auslauf.

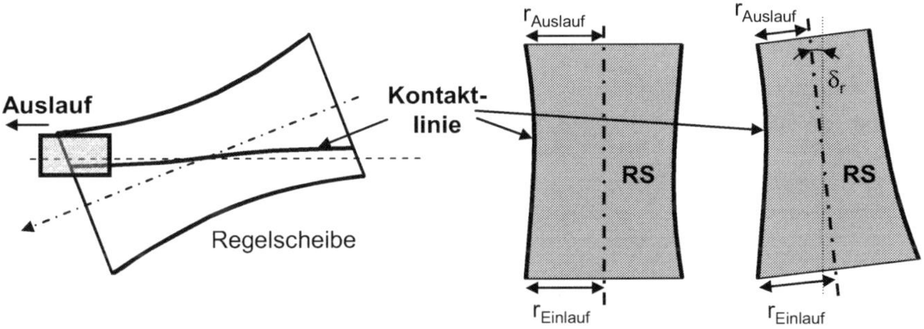

Bild 6-6: Regelscheibenform und Kontaktlinie zwischen Werkstück und Regelscheibe

Regulating wheel profile and contact line between workpiece and regulating wheel

Um bei festgelegter Kontaktlinie die translatorische und rotatorische Werkstückgeschwindigkeit mit Hilfe der Regelscheibenform zu steuern, muss die Regelscheibenachse um den Winkel α_r geneigt und um den Winkel δ_r geschwenkt werden können. Die maschinenseitigen Anforderungen werden in Kapitel 6.3.2 diskutiert. Der Schwenkpunkt der Regelscheibe wird in den folgenden Diskussionen wie der Neigungspunkt in der Regelscheibenmitte angenommen. Damit die geometrischen Bezugsgrößen vom Regelscheibenneigungswinkel α_r und Regelscheibenschwenkwinkel δ_r möglichst unabhängig sind, verbleibt der Koordinatenursprung auch bei den nachfolgenden Berechnungen in der Schleifspaltmitte. Die hier beschriebene Vorgehensweise wurde bereits gemeinsam mit KRAJNIK und DRAZUMERIK veröffentlicht [KRAJ07, KRAJ08, KRAJ08a, DRAZ09].

Regelscheibenabrichtsysteme sind im Allgemeinen an der Regelscheibeneinheit befestigt, so dass diese stets im Bezug zur Regelscheibenachse stehen und gegebenenfalls mit der Regelscheibe geschwenkt oder geneigt werden. Aus diesem Grund sollte der Regelscheibenradius in Regelscheibenachsrichtung angegeben werden, so dass dieser direkt für die Regelscheibenabrichtsysteme genutzt werden kann. Daher wird im Regelscheibenmittelpunkt ein neues Koordinatensystem angenommen, bei dem die Achse z_r entlang der Regelscheibenrotationsachse verläuft und das gesamte Regelscheibenkoordinatensystem zum Werkstückkoordinatensystem um α_r geneigt und um δ_r geschwenkt ist. Der Zusammenhang zwischen den beiden z-Achsrichtungen lässt sich durch **Formel 37** beschreiben und kann nachfolgend zur Umrechnung genutzt werden.

$$z_w = z_r \cdot \cos\alpha_r \cdot \cos\delta_r$$ **Formel 37**

Aufgrund der nun um den Winkel δ_r geschwenkten Regelscheibe müssen die bisherigen Hilfsgrößen angepasst werden. Im Bereich zwischen Werkstück und Schleifscheibe bzw. bezogen auf den horizontalen Abstand x_s zwischen Werkstück- und Schleifscheibenachse hat die geschwenkte Regelscheibe keinen Einfluss. Der horizontale Abstand zwischen Werkstück- und Regelscheibenachse x_r ist jedoch für eine geschwenkte Regelscheibe nicht mehr konstant. Dieser Abstand soll in der Ebene senkrecht zur Werkstückachse liegen. Für diese Annahme lässt sich der horizontale Abstand zwischen Werkstück- und Regelscheibenachse $x_r(z_w)$ unter Kenntnis des horizontalen Abstands im Regelscheibenmittelpunkt x_{rm} nach **Formel 38** berechnen. Da der horizontale Abstand im Regelscheibenmittelpunkt x_{rm} in der Regel nicht bekannt ist, gibt **Formel 39** den horizontalen Abstand $x_r(z_w)$ entlang des Schleifspalts an.

$$x_r(z_w) = x_{rm} - z_w \cdot \tan\delta_r$$ **Formel 38**

$$x_r(z_w) = \sqrt{\left(\frac{d_w(z_w) + d_r(z_w)}{2}\right)^2 - \left(h_{s0} - \frac{d_{w0} - d_w(z_w)}{2 \cdot \cos\beta} + z_w \cdot \tan\alpha_r\right)^2} - z_w \cdot \tan\delta_r$$

Formel 39

Der Regelscheibenradius ist definiert als der jeweilige Abstand zwischen der Regelscheibenachse und der Berührlinie zwischen Werkstück und Regelscheibe. Werden die Radien als Vektoren betrachtet, stehen diese stets senkrecht zur jeweiligen Rotationsachse. Da die Regelscheibenachse und die Werkstückachse für den betrachteten Fall zwei windschiefe Geraden darstellen, liegen die beiden Vektoren des Werkstück- und Regelscheibenradius nicht in einer Ebene. Nachfolgend wird der Berührpunkt zwischen Werkstück und Regelscheibe in Abhängigkeit von der Achsposition bestimmt, so dass sich der Regelscheibenradius ableiten lässt.

Nach **Formel 31** und **Formel 32** ist der Betrag des Werkstückdurchmessers entlang des Schleifspalts bekannt. Der Vektor des Werkstückradius besteht aus einer Komponente A_x in x-Richtung sowie A_y in y-Richtung, bezogen auf die Werkstückachse. In **Bild 6-7** sind inkrementelle Elemente des Werkstücks und der Regelscheibe sowie deren Achspositionen dargestellt. Die Werkstückachse kann sich während der Bearbeitung horizontal um den Wert x_w und vertikal um den Wert y_w verlagern. Laut Definition verlagert sich das Werkstück nicht horizontal, so dass $x_w = 0$ ist.

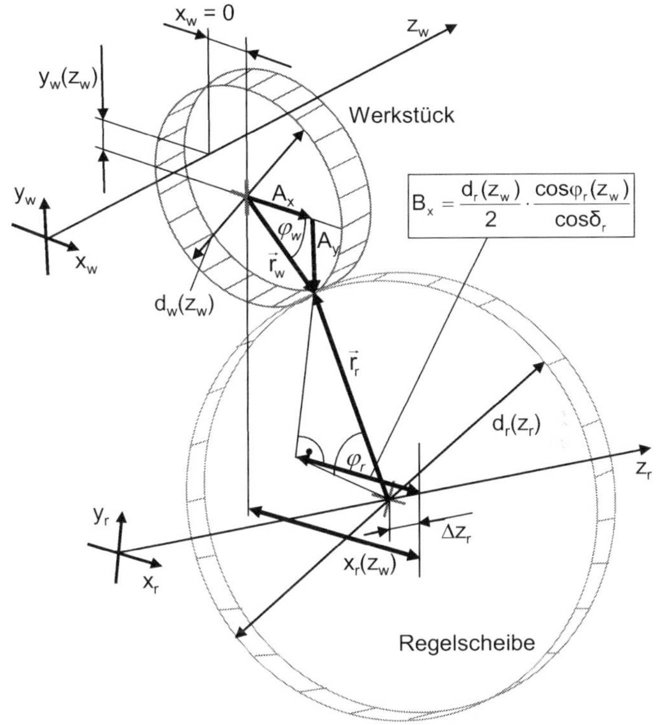

Bild 6-7: Horizontale Komponenten der Vektoren
Horizontal factors of vectors

Betrachtet wird die Schnittebene durch den Schleifspalt, die senkrecht zur Werkstückachse liegt. Das Werkstück und die Regelscheibe besitzen Radienvektoren, die sich in dieser Schnittebene berühren. Der Vektor des Regelscheibenradius beginnt an der Regelscheibenachse z_r nicht in dieser Schnittebene, sondern ist auf der Regelscheibenachse um Δz_r verschoben. Der horizontale Verschiebungsanteil zwischen der Regelscheibenachse und dem Berührpunkt befindet sich in der Schnittebene und besitzt die Länge B_x. Da sich diese Komponente in der senkrechten Schnittebene zur Werkstückachse befindet, wird sie in Abhängigkeit vom Werkstückkoordinatensystem bzw. z_W angegeben. Werden die horizontalen Verlagerungen addiert, ergibt sich nach **Formel 40** die horizontale Komponente des Werkstückradiusvektors $A_x(z_W)$.

$$A_x(z_W) = \frac{d_r(z_W)}{2}\frac{\cos\varphi_r(z_W)}{\cos\delta_r} - x_r(z_w) \qquad \textbf{Formel 40}$$

Bild 6-8 zeigt die vertikalen Komponenten der gesuchten Vektoren von Werkstück- und Regelscheibenradius. Die dargestellten Größen sind, wie im vorherigen Beispiel, in der Schnittebene senkrecht zur Werkstückachse abgebildet und beziehen sich ebenfalls auf das Werkstückkoordinatensystem. Im linken Bildteil ist der vertikale Versatz zwischen der Werkstück- und Regelscheibenachse y_{rw}, im rechten Bildteil zwischen der Regelscheibenachse und dem Berührpunkt B_y aufgezeigt. Diese Komponenten beinhaltet die Umrechnung in das Werkstückkoordinatensystem sowie die Kompensation aufgrund der Verlagerung Δz_r entlang der Regelscheibenachse.

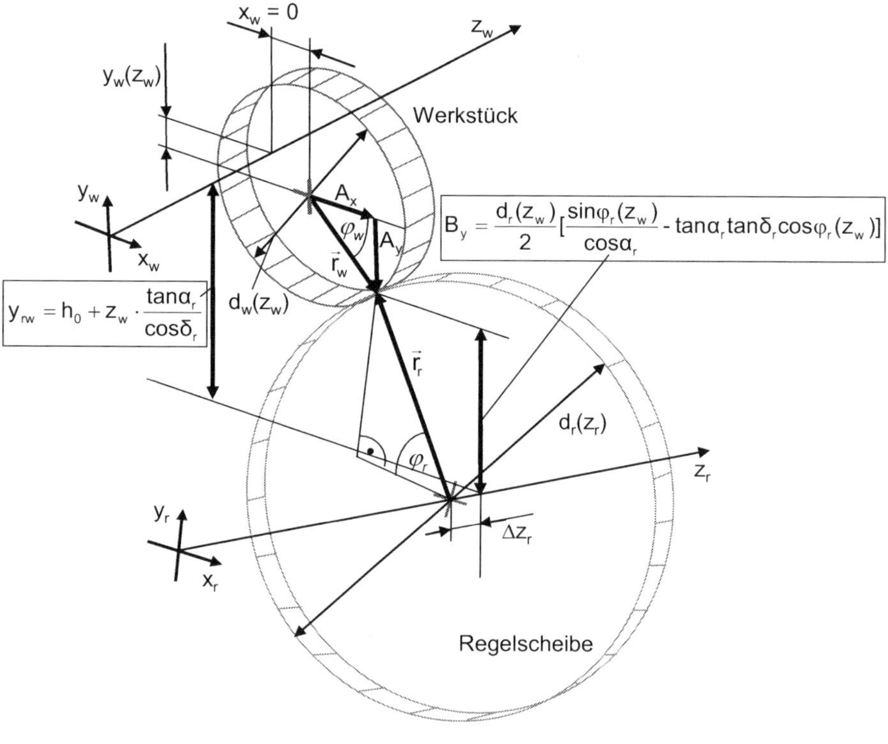

Bild 6-8: Vertikale Komponenten der Vektoren
Vertical factors of vectors

Während der Schleifbearbeitung verlagert sich das Werkstück laut Definition der optimierten Schleifspaltauslegung nicht in horizontaler Richtung x_w. Aufgrund der Durchmesserreduktion des Werkstücks sowie der unprofilierten Auflageschienenfläche verlagert sich das Werkstück aber während der Bearbeitung in vertikaler Richtung y_w (siehe **Formel 34**). Werden die vertikalen Verlagerungen addiert, ergibt sich die vertikale Komponente des Werkstückradiusvektors $A_y(z_w)$ nach **Formel 41**.

$$A_y(z_W) = \frac{d_r(z_W)}{2} \cdot \left[\frac{\sin\varphi_r(z_W)}{\cos\alpha_r} - \tan\alpha_r \tan\delta_r \cos\varphi_r(z_W) \right] + h_0 - y_W(z_W) + z_W \cdot \frac{\tan\alpha_r}{\cos\delta_r}$$

Formel 41

Die horizontale und vertikale Komponente des Werkstückradius lassen sich nach **Formel 42** mit dem Satz des Pythagoras in den Werkstückradius umrechnen. Als variable Größen liegen nun noch der Winkel φ_r des Kontaktpunktes zwischen Werkstück und Regelscheibe sowie die Position z_w vor.

$$A_x^2 + A_y^2 = \left(\frac{d_W(z_W)}{2} \right)^2$$ **Formel 42**

Zwischen dem Werkstück und der Regelscheibe soll entlang des gesamten Schleifspalts ein Kontakt vorhanden sein, so dass das Werkstück im gesamten Schleifspalt geführt wird. Dies bedeutet, dass sich beide Partner jeweils in einem Punkt tangential berühren, welches sich mit **Formel 43** beschreiben lässt.

$$\frac{\partial d_r(z_W)}{\partial \varphi_r(z_W)} = 0$$ **Formel 43**

Für den vorliegenden Fall lässt sich die Kettenregel anwenden und der Term vereinfachen (siehe **Formel 44**). Das hier dargestellte Gleichungssystem lässt sich numerisch lösen, wie es beispielsweise in Kapitel 6.6 innerhalb eines Berechnungstools umgesetzt wird. Dies ermöglicht das Ableiten des Kontaktpunkts zwischen Werkstück und Regelscheibe, mit dessen Hilfe der Regelscheibenradius im Regelscheibenkoordinatensystem bestimmt werden kann. Dies liefert den gewünschten idealen Radius entlang der Regelscheibenachse $r_r(z_r)$, der zum Profilieren der Regelscheibe erforderlich ist.

$$A_x(z_W) \cdot \cos\alpha_r \sin\varphi_r(z_W) + A_y(z_W) \cdot [\cos\delta_r \cos\varphi_r(z_W) + \sin\alpha_r \sin\delta_r \sin\varphi_r(z_W)] = 0$$ **Formel 44**

6.3 Voraussetzungen an Spitzenlosschleifmaschinen zum Einsatz der optimierten Regelscheibengeometrie

Centreless grinding machine requirements for an application with the optimised regulating wheel profile

Um die zuvor beschriebene optimierte Regelscheibengeometrie zu erzeugen und anzuwenden, muss die Spitzenlosschleifmaschine verschiedene Voraussetzungen erfüllen. Hierzu zählen ein geeignetes Regelscheibenabrichtsystem und der maschinenseitige Aufbau, der eine Positionierung der Regelscheibe zur Schleifscheibe und Auflageschiene ermöglicht.

6.3.1 Auswahl eines geeigneten Abrichtsystems

Selection of a suitable dressing system

In Kapitel 2.6.2 wurden verschiedene Abrichtstrategien für das Profilieren der Regelscheibe innerhalb von Spitzenlosschleifmaschinen vorgestellt. Der Einsatz von „konventionellen Abrichtsystemen", bei denen die Abrichterbahn zur Regelscheibenachse geschwenkt und der Abrichter parallel zur Abrichterbahn verschoben werden kann, ermöglicht lediglich das Erzeugen von hyperbolischen Regelscheibenprofilen. Mit Hilfe der Korrekturfaktoren nach SLONIMSKI und MEIS ist es zwar möglich, die angestrebte Regelscheibenform anzunähern, allerdings ist die Profilabweichung zur geforderten Kontur in der Regel zu groß, so dass Kontaktverlust zwischen Werkstück und Regelscheibe auftreten kann [SLON56, MEIS80]. Darüber hinaus ist es mit dem „konventionellen Abrichten“ nicht möglich, definierte Ein- und Auslaufschrägen zu erzeugen oder den in **Formel 31** und **Formel 32** gewünschten Werkstückdurchmesserverlauf in der Regelscheibenform abzubilden. Aus diesem Grund erfüllt das „konventionelle Abrichten“ nicht die notwendigen Anforderungen, um die optimierte Regelscheibengeometrie beim Spitzenlosschleifen zu erzeugen.

Prinzipiell können Kopierlineale erzeugt werden, mit denen die nach Kapitel 6.2 gewünschte Regelscheibenform in der Spitzenlosschleifmaschine abgebildet werden kann. Die erforderliche Kontur des Kopierlineals entspricht dabei einer komplexen Linie, deren mathematische Beschreibung durch den Radiusverlauf der Regelscheibenform vorgegeben wird. Zur Herstellung eines Kopierlineals mit der angegebenen komplexen Geometrie bedarf es einer numerisch gesteuerten Fräs- oder Schleifbearbeitung und damit ebenfalls der hier hergeleiteten mathematischen Beschreibung der optimierten Regelscheibenform. Diese numerisch gesteuerte Bearbeitung kann als numerisch gesteuertes Abrichtsystem in die Spitzenlosschleifmaschine integriert werden, wodurch zusätzliche Profilierungsfehler aufgrund weiterer Schnittstellen entfallen.

Mit Hilfe von numerisch gesteuerten Abrichtsystemen lassen sich prinzipiell jegliche rotationssymmetrische Regelscheibenformen profilieren. Die Genauigkeit der Regelscheibenkontur ist dabei abhängig von der Formgenauigkeit des Abrichterprofils sowie von der Güte der formelmäßigen Zusammenhänge zum Berechnen der Abrichterbahnkurve. Ein Überlagern unterschiedlicher Formberechnungen ermöglicht es, Ein- und Auslaufschrägen im Regelscheibenprofil zu erzeugen sowie einen definierten Werkstückdurchmesserverlauf abzubilden. Somit erfüllen numerisch gesteuerte Abrichtsysteme alle Anforderungen, um die gewünschte optimierte Regelscheibengeometrie auf einer Spitzenlosschleifmaschine herstellen zu können.

6.3.2 Anforderungen an den maschinenseitigen Aufbau
Machine construction requirements

Neben der Profilierung der optimierten Regelscheibengeometrie muss maschinenseitig ebenfalls sichergestellt werden, dass eine Positionierung der Regelscheibenachse zur Schleifscheibenachse und Auflageschiene gemäß den Anforderungen möglich ist. Zunächst muss die Regelscheibenachse vertikal um den Winkel α_r geneigt werden können, damit die Werkstücke translatorisch angetrieben werden. Ein Neigen der Regelscheibenachse ist in der Regel bei allen Spitzenlosschleifmaschinen vorgesehen und kann daher als Standard vorausgesetzt werden.

Um eine gerade Werkstückmittelpunktsbahn zu erreichen, muss die Regelscheibenachse zur Werkstückachse horizontal um den Winkel δ_r schwenkbar sein. Die Werkstückachse verläuft nahezu parallel zur Auflageschiene. Es resultiert die maschinenseitige Anforderung, dass die Regelscheibe zur Auflageschiene mit Hilfe von geeigneten Achsen definiert schwenkbar ist. In Kapitel 2.1.1 sind die gängigen Bauformen von Spitzenlosschleifmaschinen aufgeführt. Bei Spitzenlosschleifmaschinen mit einem „beweglichen Schleifspalt" sind die Auflageschiene sowie die Regelscheibe auf Schlitten befestigt, die zueinander bewegt werden können. Soll die Regelscheibe zur Auflageschiene um den Winkel δ_r geschwenkt werden, muss der Schlitten der Regelscheibe zu dem Schlitten schwenkbar sein, auf dem die Auflageschiene befestigt ist (siehe **Bild 6-9** oben rechts).

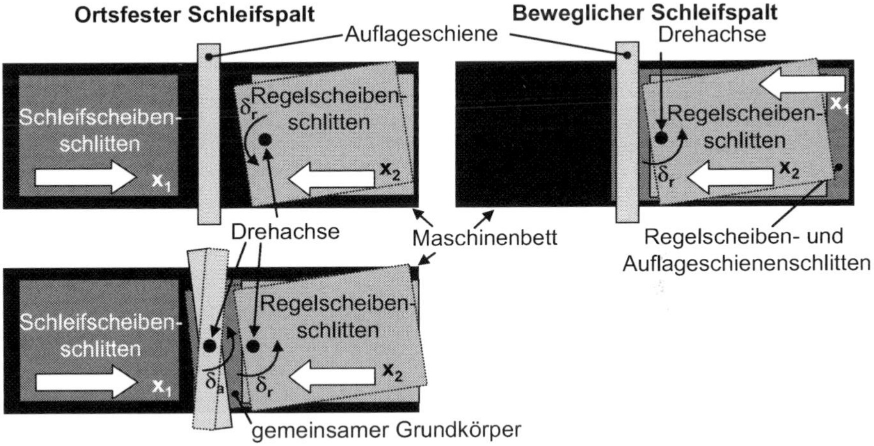

Bild 6-9: Anordnung der Drehachsen zum Schwenken der Regelscheibe
Set-up of rotation axis for swivelling the regulating wheel

Für den Fall des „ortsfesten Schleifspalts" kann die Auflageschiene fest mit dem Maschinenbett verbunden sein, so dass der gesamte Regelscheibenschlitten zur Auflageschiene geschwenkt werden kann (siehe **Bild 6-9** oben links). Bei einigen Maschinenanordnungen ist allerdings auch beim „ortsfesten Schleifspalt" die Regelscheibeneinheit und die Auflageschiene auf einem gemeinsamen Grundkörper, der zur Schleifscheibenachse geschwenkt werden kann [MIKR08]. In diesem Fall kann zwar die Regelscheibenachse zur Schleifscheibenachse geschwenkt werden, allerdings nicht zur Werkstückachse. Aus diesem Grund muss die Auflageschiene für den genannten Fall ebenfalls schwenkbar auf dem gemeinsamen Grundkörper sein, so dass ein relativer Winkel in der horizontalen Ebene zwischen der Auflageschiene und der Regelscheibenachse eingestellt werden kann (siehe **Bild 6-9** unten links).

6.4 Steuerung der Werkstückgeschwindigkeit durch die optimierte Regelscheibenform

Control of workpiece speed by the enhanced regulating wheel profile

Bei konstanter Regelscheibendrehzahl resultiert die Regelscheibenumfangsgeschwindigkeit entlang ihrer Breite aus den jeweiligen Regelscheibendurchmessern. Die Regelscheibenumfangsgeschwindigkeit stellt somit entlang des Schleifspalts eine variable Größe dar, die sich unter Annahme eines schlupffreien Kontakts zwischen Werkstück und Regelscheibe direkt in der Werkstückgeschwindigkeit widerspiegelt. Hierdurch lässt sich die Werkstückgeschwindigkeit vom Schleifspalteinlauf zum Schleifspaltauslauf gezielt steuern, welches besonders für die axiale Werkstückgeschwindigkeit Potentiale bietet.

Bedeutung und Steuerung der axialen Werkstückgeschwindigkeit

Bei der bislang verwendeten konventionellen Regelscheibenform liegt ein Schwenkwinkel von $\delta_r = 0°$ vor. Aufgrund der geometrisch stabileren Bereiche bei der Schleifspaltanordnung „über Mitte" liegt in den meisten Spitzenlosanwendungen der Werkstückmittelpunkt oberhalb des Schleif- und Regelscheibenmittelpunkts (siehe Kapitel 2.1.2). In diesem Fall ist bei der konventionellen Regelscheibenform der Durchmesser am Regelscheibenauslauf größer als am Regelscheibeneinlauf. Vergrößert sich die axiale Werkstückgeschwindigkeit aufgrund eines zunehmenden Regelscheibendurchmessers entlang des Schleifspalts, nimmt die Vorschubgeschwindigkeit der Werkstücke zu und es kann ein Spalt zwischen den Werkstücken entstehen. Bei kurzen Werkstücken besteht die Gefahr, dass diese im Schleifspalt umkippen können (siehe **Bild 6-10** links). Bei der Schleifspaltanordnung „über Mitte" ergibt sich ein positiver Öffnungswinkel γ des Schleifspalts, so dass der Schleifspalt in Richtung der Auflageschiene enger wird (siehe **Bild 6-10** rechts).

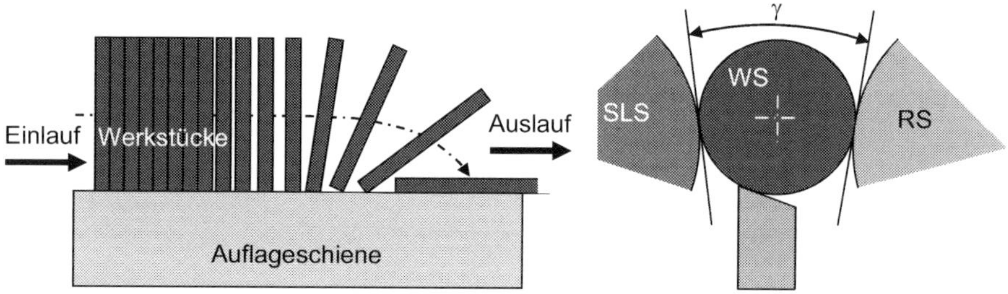

Bild 6-10: Verkippen von Werkstücken aufgrund fehlenden axialen Haltekräften

Tipping of workpieces due to missing axial positioning force

Kippt ein Werkstück im Schleifspalt um, verlagert sich der Werkstückmittelpunkt in Richtung Auflageschiene und die Schleifzustellung steigt sprunghaft an. Hieraus resultieren erhöhte Schleifkräfte, die nicht nur das Werkstück, sondern auch die Auflageschiene sowie Schleif- und Regelscheibe zerstören können. Die Werkstücke können allerdings durch einen stetigen Kontakt zum vorangegangenen und nachfolgenden Werkstück fixiert werden, so dass sie gegen ein Verkippen gesichert sind. Aus diesem Grund ist gerade bei kurzen Werkstücken darauf zu achten, dass während der Bearbeitung kein Spalt zwischen den Werkstücken auftritt.

Verringert sich der Regelscheibendurchmesser entlang des Schleifspalts, nimmt die erzeugte axiale Werkstückgeschwindigkeit im Schleifspalt ab. Dies entspricht einem Aufstauen der Werkstücke im Schleifspalt, so dass ein stetiger Kontakt zwischen den Werkstücken garantiert werden kann. Das Aufstauen der Werkstücke erzeugt aber auch eine axiale Relativgeschwindigkeit zwischen Werkstück und Regelscheibe, die zu einer Beeinträchtigung der Werkstückoberflächenqualität führen kann. Des Weiteren können sich, aufgrund der hohen axialen Kräfte, Werkstücke mit kleinen Durchmessern im Schleifspalt übereinander stapeln, welches die Prozesssicherheit verringert. Aus den hier genannten Gründen sollten Werkstücke, die nicht zu einem Verkippen im Schleifspalt neigen, eher mit steigenden axialen Vorschubgeschwindigkeiten bearbeitet werden.

Bedeutung und Steuerung der rotatorischen Werkstückgeschwindigkeit

Aufgrund des Regelscheibenprofils verändert sich auch die rotatorische Werkstückgeschwindigkeit im Schleifspalt. Ein inkrementell kurzes Werkstück kann theoretisch seine rotatorische Geschwindigkeit der jeweiligen Regelscheibenumfangsgeschwindigkeit anpassen. Da ein Werkstück allerdings stets eine Länge l_w besitzt und als torsionsfrei angesehen werden muss, tritt zwischen Werkstück und Regelscheibe ebenfalls eine Relativgeschwindigkeit in Werkstückumfangsrichtung auf. Diese Relativgeschwindigkeit vergrößert sich mit zunehmender Werkstücklänge. Je größer der Regelscheibenneigungswinkel α_r ist, umso stärker verändert sich der Regelscheibendurchmesser entlang des Schleifspalts. Durch eine geeignete Wahl des Regelscheibenschwenkwinkels δ_r kann die Regelscheibenform so ausgelegt werden, dass der Regelscheibendurchmesser am Einlauf gleich dem am Auslauf ist. Dies entspricht der symmetrischen Regelscheibenform nach MEIS, bei der die geringsten Veränderungen am Regelscheibendurchmesser und damit die niedrigsten Relativgeschwindigkeit zwischen Werkstück und Regelscheibe auftreten [MEIS80].

6.5 Minimierung des Profilierungsaufwandes der Regelscheibe
Minimizing dressing allowance of regulating wheel

Damit das Werkstück entlang des gesamten Schleifspalts einen kontinuierlichen Kontakt zur Auflageschiene, Schleif- und Regelscheibe besitzt, müssen diese Komponenten dementsprechend profiliert werden. Da die Schleifscheibe und Auflageschiene parallel zur Werkstückachse verlaufen, sind für deren Profilierung lediglich das Werkstückaufmaß bzw. der Werkstückdurchmesserverlauf ausschlaggebend. Die Regelscheibe kann allerdings zur Werkstückachse geneigt und geschwenkt sein, so dass die Regelscheibenform unter anderem durch ihre Neigungs- und Schwenkwinkel, den Werkstückdurchmesser sowie die Werkstückhöhenlage beschrieben wird. Hieraus resultiert, dass bei einem Verändern der genannten Parameter ebenfalls die Regelscheibenform angepasst werden muss. Im Allgemeinen wird ein Umprofilieren der Regelscheibe notwendig, wenn die Spitzenlosschleifmaschine für ein neues Bauteil gerüstet wird, welches einen abweichenden Durchmesser aufweist oder mit einem anderen Regelscheibenneigungswinkel bzw. einer anderen Werkstückhöhenlage geschliffen werden soll.

Regelscheibenantriebe liefern in der Regel maximale Drehzahlen von $n_r = 600\ \text{min}^{-1}$, die beim Abrichten zur Verfügung stehen [MIKR08]. Um beim Abrichtvorgang einen geeigneten Überdeckungsgrad zu realisieren, ist bei üblichen Regelscheibendurchmessern von $d_r = 200$ bis 400 mm die axiale Vorschubgeschwindigkeit des Abrichters häufig kleiner als $v_{fad} = 170$ mm/min. Aufgrund der großen Regelscheibenbreiten beim spitzenlosen Durchlaufschleifen von teilweise bis zu $b_r = 700$ mm ergeben sich Zeiten pro Abrichtüberlauf von $t_{dr} > 4$ min bei einer radialen Zustellung von bis zu

a_{ed} = 50 µm. Mit den genannten Parametern benötigt der Abrichtvorgang pro Millimeter Abrichtaufmaß eine Dauer von mehr als 80 min. Hierdurch wird deutlich, dass ein Umprofilieren der Regelscheibe mit großem zeitlichem Aufwand verbunden ist und im Bereich mehrerer Stunden liegen kann. Dies ist umso kritischer, je größer das abweichende Regelscheibenprofil ist. Neben den zeitlichen Aspekten stechen ebenfalls die wirtschaftlichen Verluste hervor, die durch die kürzere Regelscheibenstandzeit sowie die Ausfallzeiten der Spitzenlosschleifmaschine während des Umprofilierens entstehen. Aus den genannten Gründen ist es daher wünschenswert, den Profilierungsaufwand der Regelscheibe zu verringern und die Abrichtzeiten zu minimieren.

Mit Hilfe der optimierten Regelscheibengeometrie ist es möglich, die Regelscheibe zur Werkstückachse so zu schwenken, dass die Werkstückgeschwindigkeitsentwicklung entlang des Schleifspalts gesteuert werden kann. Es ist aber ebenfalls möglich, den Schwenkwinkel δ_r der Regelscheibe zu berechnen, bei dem die Profilabweichung der Regelscheibenform aufgrund neuer Prozesseinstellungen minimal ist. In dieser Arbeit wurden die formelmäßigen Zusammenhänge der Regelscheibengeometrie hergeleitet, so dass beispielsweise der Regelscheibenein- und -auslaufdurchmesser als Eingangsgröße der späteren Regelscheibenform dienen. Durch das Verhältnis des Einlauf- zum Auslaufdurchmesser kann die Werkstückgeschwindigkeitsentwicklung während des Durchlaufschleifvorgangs gesteuert werden. Muss die Regelscheibenform aufgrund veränderter Prozessparameter oder Werkstückgeometrien angepasst werden, können gleiche oder ähnliche Regelscheibenein- und Auslaufdurchmesser verwendet werden. Daraus resultiert eine neue Regelscheibenform, die im Bezug zur alten Regelscheibenform einen vergleichsweise geringen Unterschied im Profil aufweist.

In **Bild 6-11** ist beispielhaft der Regelscheibenradius in Abhängigkeit von der Position entlang des Schleifspalts für zwei unterschiedliche Prozesseinstellungen dargestellt. Im oberen Teil des Bildes sind die Regelscheibenprofile für einen Regelscheibenschwenkwinkel von $\delta_r = 0°$ abgebildet. Wird der Regelscheibenneigungswinkel von $\alpha_r = 2°$ auf $\alpha_r = 4°$ erhöht und gleichzeitig die Werkstückhöhenlage von h = 3 mm auf h = 18 mm gesteigert, resultiert ein maximales radiales Abrichtaufmaß an der Regelscheibe von $\Delta r_{r\,max}$ = 2 mm. Im unteren Teil des Bildes sind die Regelscheibenprofile für die beiden gleichen Prozesseinstellungen dargestellt, allerdings mit abweichendem Schwenkwinkel δ_r. Der Regelscheibenradius ist am Schleifspalteinlauf bei allen vier Konturformen gleich groß. Der Regelscheibenradius der beiden unteren Konturformen besitzt ebenfalls am Schleifspaltauslauf den gleichen Wert. Durch die Wahl der gleichen Regelscheibenein- und Regelscheibenauslaufradien kann das maximale radiale Abrichtaufmaß, welches für das Umprofilieren der beiden Prozesseinstellungen zerspant werden muss, auf $\Delta r_{r\,max}$ = 0,5 mm reduziert werden. Dies entspricht einer Verringerung auf 25 % des Wertes ohne optimierte Regelscheibengeometrie bei nicht geschwenkter Regelscheibenachse. Bei einem notwendigen Umprofilieren entfallen hierdurch 75 % der Abrichtzeit bei 75 % eingespartem Regelscheibenvolumen. Dieses einfache Beispiel verdeutlicht die enormen Einsparpotentiale, die sich durch den Einsatz der optimierten Regelscheibengeometrie ergeben.

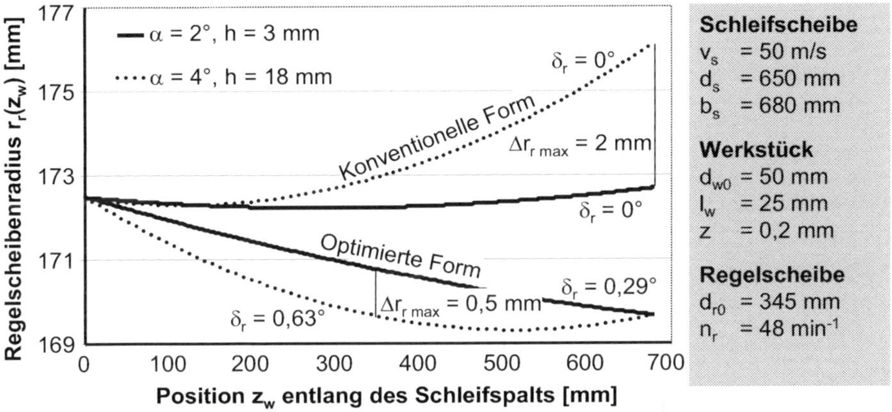

Bild 6-11: Profilierungsaufwand bei veränderten Prozesseinstellungen
Dressing allowance at changed process set-up

Darüber hinaus ist bei dem Beispiel der optimierten Regelscheibenform der Regelscheibenradius am Schleifspaltauslauf um ca. 2 mm kleiner gewählt als am Schleifspalteinlauf, so dass sich der Regelscheibenradius für beide Prozesseinstellungen vom Schleifspalteinlauf zum Schleifspaltauslauf fast nur verkleinert. Hierdurch soll sichergestellt werden, dass sich die axiale Werkstückgeschwindigkeit der Bauteile entlang des Schleifspalts nicht vergrößert, so dass zwischen den Werkstücken kein Spalt entsteht. Neben der Reduzierung des Abrichtaufwandes kann auch die Werkstückgeschwindigkeit im Schleifspalt sinnvoll mit Hilfe der optimierten Regelscheibengeometrie gesteuert werden. Der Einsatz der vier Regelscheibenprofile und die Ausbildung auf die Werkstückgeschwindigkeit wird in Kapitel 7.3 experimentell validiert.

6.6 Berechnungstool für die optimierte Regelscheibengeometrie
Software tool for enhanced regulating wheel profile

Die optimierte Regelscheibengeometrie stellt eine komplexe Funktion dar, deren Koordinatenberechnung nur numerisch erfolgen kann. Aus diesem Grund ist es sinnvoll, die mathematischen Zusammenhänge der optimierten Regelscheibengeometrie in einem Berechnungstool abzubilden, mit dessen Hilfe die Regelscheibenradien entlang der Regelscheibenachse berechnet werden können. Hierzu wurde in dieser Arbeit ein Berechnungstool erstellt, in dem die Zusammenhänge so umgestellt wurden, dass die Wahl der Ein- und Ausgangsgrößen für den geforderten Anwendungsfall angepasst werden kann. So ist es beispielsweise möglich, feste Regelscheibenein- und -auslaufdurchmesser vorzugeben, so dass der hierzu notwendige Regelscheibenschwenkwinkel δ_r berechnet wird. Durch Vorgabe der Schleif- und Regelscheibendrehzahlen kann mit dem Berechnungstool ebenfalls die sich theoretisch ausbildende Geschwindigkeitsentwicklung der Werkstücke entlang des Schleifspalts bestimmt werden.

Wird der geometrische Schleifspaltaufbau aufgrund wechselnder Prozesseinstellungen verändert, muss die Regelscheibenform angepasst werden. Mit Hilfe des Berechnungstools lässt sich eine neue Regelscheibenkontur mit dem dazugehörigen Schwenkwinkel δ_r ableiten, die zur vorherigen Kontur eine minimale radiale Abweichung besitzt. Hierüber lässt sich das notwendige Abrichtaufmaß für den Umprofilierungsvorgang der Regelscheibe minimieren, um Abrichtzeiten zu verringern und die Regelscheibenstandzeit zu erhöhen. Darüber hinaus lässt sich als Randbedingung definieren, dass der Regelscheibendurchmesser vom Schleifspaltein- zum Schleifspaltauslauf in keinem Bereich zunimmt. Hierdurch kann sichergestellt werden, dass sich die axiale Werkstückgeschwindigkeit im Schleifspalt während der Bearbeitung nicht erhöht und kein Spalt zwischen den Werkstücken auftritt. Hierdurch kann ein Verkippen der Werkstücke vermieden werden, was gerade bei kurzen Werkstücken zu Prozessinstabilitäten und Beschädigungen der Maschine führen kann.

Um beim spitzenlosen Durchlaufschleifen Aufmaßschwankungen der Werkstücke vor der Bearbeitung zu kompensieren, sind am Schleifspalteinlauf Einlaufschrägen in die Schleif- und Regelscheibe eingebracht. Aus diesem Grund muss es bei der Profilierung der Regelscheibe nicht nur möglich sein, eine gleichförmige Abstützung der Werkstücke zu realisieren, sondern ebenfalls eine Einlaufschräge zu erzeugen. Am Schleifspaltauslauf können die schleif- und regelscheibenseitigen Kanten Vorschubwendel auf dem Werkstück erzeugen. Daher werden ebenfalls am Schleifspaltauslauf die Schleif- und Regelscheibe so profiliert, dass leichte Auslaufschrägen bzw. Auslaufkurven erzeugt werden.

Zur Umsetzung der ein- und auslaufseitigen Profilanpassung muss die Regelscheibenform durch die gewünschten Schrägen und Kurven überlagert werden. Dies kann im Berechnungstool durch das Überlagern des Werkstückdurchmesserverlaufs mit den gewünschten Schrägen und Kurven erfolgen, da die Ausbildung des Werkstückradius in der optimierten Regelscheibengeometrie berücksichtigt wird. In **Bild 6-12** ist der Werkstückdurchmesserverlauf nach **Bild 6-2** dargestellt, der um eine Einlaufzone mit der Breite b_e und der Tiefe z_e sowie einer Auslaufzone mit der Breite b_a und dem Radius r_a erweitert wurde.

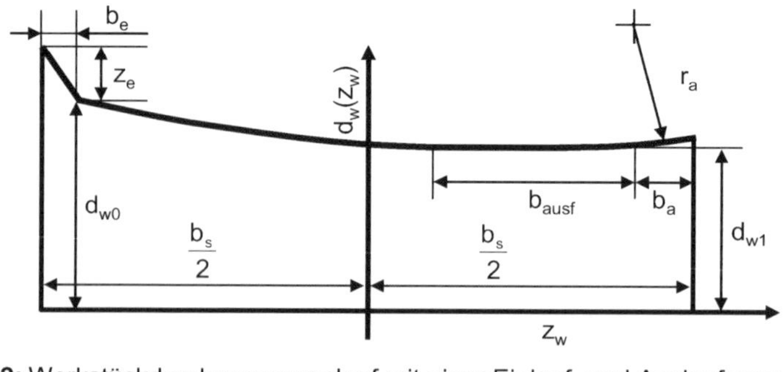

Bild 6-12: Werkstückdurchmesserverlauf mit einer Einlauf- und Auslaufzone

Superposition of workpiece diameter development with in-feed and out-feed zone

6.7 Zwischenfazit und Ausblick zur optimierten Regelscheibengeometrie

Interim results and outline of enhanced regulating wheel profile

Es wurde eine optimierte Regelscheibengeometrie hergeleitet, die erstmalig alle Anforderungen für eine gerade Werkstückmittelpunktsbahn erfüllt. Dabei wird die Regelscheibe nicht nur um einen Winkel α_r zur Werkstückachse geneigt, sondern ebenfalls um den Winkel δ_r geschwenkt. Dies ermöglicht die gezielte Entwicklung des Regelscheibendurchmessers entlang des Schleifspalts, so dass mit der optimierten Regelscheibengeometrie die Geschwindigkeitsentwicklung der Werkstücke beeinflusst werden kann. Zusätzlich lässt sich bei wechselnden Prozessparametern durch die Wahl geeigneter Schwenkwinkel δ_r das notwendige radiale Abrichtaufmaß der Regelscheibe minimieren und die Regelscheibenlebensdauer erhöhen. Das Profilieren der Regelscheibe mit Ein- und Auslaufzonen ist ebenfalls möglich.

Die vorgestellte optimierte Regelscheibengeometrie erfüllt somit alle notwendigen Anforderungen und ermöglicht dem Maschinenbediener durch erweiterte Einstellmöglichkeiten das Erzielen eines gleichförmigen Schleifprozesses entlang des Schleifspalts. Neben der optimierten Regelscheibengeometrie bedarf es bei den meisten Spitzenlosschleifmaschinen allerdings noch weiterer Verbesserungen, um Abrichtzeiten zu minimieren und dadurch die Maschinenverfügbarkeit zu erhöhen. Das Abrichten der Regelscheibe mit einem Einkorndiamanten ähnelt einem Drehprozess, für den es in den vergangenen Jahren Weiterentwicklungen und Verbesserungen gab. Einige der hier erzielten Technologien sollten daher auf das Abrichten beim Spitzenlosschleifen übertragen werden, wie im Folgenden beschrieben.

Muss eine Regelscheibe durch Abrichten umprofiliert werden, sind derzeit kaum Spitzenlosmaschinensysteme bekannt, die das Ausgangsprofil der Regelscheibe berücksichtigen. Hieraus folgt, dass gerade während der ersten Abrichtüberläufe der Abrichter in nur wenigen Bereichen im Eingriff ist und größtenteils Leerfahrten mit geringen Vorschubgeschwindigkeiten durchgeführt werden. Hier können bekannte Systemlösungen aus Drehprozessen integriert werden, bei denen die Schnittkräfte über Kraftmessungen oder eine Überwachung der Achsantriebe erfolgt und die Vorschubgeschwindigkeiten und Zustellungen den vorherrschenden Zerspanbedingungen angepasst werden. Das Entwickeln eines intelligenten Regelscheibenabrichtsystems könnte Abrichtzyklen ohne Kontakt zwischen Abrichter und Regelscheibe vermeiden und die Abrichtvorschubgeschwindigkeiten maximal auslegen, so dass eine minimale Abrichtdauer erzielt wird.

7. Validieren des Prozessmodells beim spitzenlosen Einstech- und Durchlaufschleifen

Validation of the process model in centreless plunge-cut and throughfeed grinding

In den vorherigen Kapiteln ist ein Prozessmodell sowie dessen Eingangsgrößen hergeleitet worden, welches in diesem Kapitel für das spitzenlose Einstech- und Durchlaufschleifen angewendet wird. Hierzu sind Einstech- und Durchlaufschleifexperimente durchgeführt worden, bei denen die Auflageschienenkräfte und Werkstückgeschwindigkeiten gemessen und mit den Ergebnissen des Prozessmodells verglichen wurden. Dieses Vorgehen ermöglichte eine Validierung des Prozessmodells und der getroffenen Randbedingungen.

7.1 Prozessaufbau zur Kraft- und Geschwindigkeitsmessung

Process set-up for force and velocity measurement

Mit dem Prozessmodell ist es für das spitzenlose Einstech- und Durchlaufschleifen möglich, auf Grundlage der Prozesseinstellungen und Prozesskräfte die Ausbildung der Werkstückgeschwindigkeit zu prognostizieren. Nachfolgend wird der Prozessaufbau zur Kraft- und Geschwindigkeitsmessung für das spitzenlose Einstech- und Durchlaufschleifen beschrieben. Die besonderen Kraftmessaufbauten beim spitzenlosen Einstech- und Durchlaufschleifen werden in Kapitel 7.2.1 und 7.3.1 beschrieben.

Versuchsmaschine

Die Untersuchungen wurden auf einer Spitzenlosschleifmaschine der Firma Schaudt Mikrosa GmbH vom Typ „Kronos L“ durchgeführt. Die Schleifspindel verfügt über eine maximale Antriebsleistung von $P_{s,max}$ = 60 kW und eine maximale Schnittgeschwindigkeit von $v_{c,max}$ = 63 m/s. Die Werkstücke können einzeln sowie im Strang mit einem Zufuhrband zum Schleifspalt geführt werden. Als Kühlschmierstoff wurde eine 4%ige Schleifemulsion der Firma Fuchs mit der Spezifikation „Ecocool 2215 BF-E“ eingesetzt und über eine Nadeldüse mit einem Druck von p_{KSS} = 8 bar in den Schleifspalt zugeführt. Die verwendeten Auflageschienenwinkel betrugen β = 30°.

Schleif- und Abrichtwerkzeuge

Bei den Schleifuntersuchungen zum spitzenlosen Einstechschleifen kam eine keramisch gebundene Edelkorund-Schleifscheibe der Spezifikation „40A 54 L 3 V 13“ der Firma Krebs & Riedel Schleifscheibenfabrik GmbH & Co. KG zum Einsatz. Der Durchmesser betrug d_s = 500 mm bei einer Breite von b_s = 250 mm. Die Schleifuntersuchungen zum spitzenlosen Durchlaufschleifen erfolgten mit einer kunstharzgebundenen Korund-Schleifscheibe der Spezifikation „A80-05B-50“ und einer Abmessung von d_s = 660 mm und b_s = 660 mm der Firma Tyrolit Schleifmittelwerke Swarovski KG. Zum Konditionieren der Schleifscheiben wurde eine Diamantabrichtformrolle der Spezifikation „1SG 71P-150-1“ von der Firma Saint-Gobain Diamant-

WERKZEUGE GMBH & CO. KG verwendet. Der mittlere Diamantkorndurchmesser betrug dabei d_{km} = 1 mm.

Die eingesetzte Regelscheibe der Firma SCHLEIFMITTELWERK BURKA-KOSMOS GMBH hatte die Spezifikation „NK 120 R 1320“ (Korund in Gummibindung) mit einem Außendurchmesser von d_{ra} = 400 mm und einer Breite von b_r = 660 mm. Sie wurde mit einem Einkornabrichter abgerichtet.

Messtechnik

Das Messen der Schleif- und Regelscheibenkräfte ist beim Spitzenlosschleifen nur eingeschränkt möglich, so dass die Prozesskräfte an der Auflageschiene gemessen wurden (siehe Kapitel 2.5). Hierzu wurden triaxiale piezoelektrische Kraftmessquarze für das spitzenlose Einstech- und Durchlaufschleifen in die Auflageschiene integriert, die die Kräfte auf die Auflageschiene in den drei Koordinatenrichtungen erfassten. Auf Grundlage der Schleifspaltanordnung ließen sich die Kraftkomponenten in Normal- und Tangentialanteile umrechnen und über die Kräftegleichgewichte und Randbedingungen die unbekannten Kraftgrößen im Schleifspalt bestimmen. Da bei den Schleifuntersuchungen die geometrische Anordnung der Komponenten nicht verändert wurde, waren die Schleifkräfte stets im gleichen Maße proportional zu den Auflageschienenkräften. Zusätzlich wurden beim spitzenlosen Einstechschleifen mit einem triaxialen piezoelektrischen Kraftmessquarz die Kraftkomponenten am Axialanschlag gemessen.

Ferner wurde die Werkstückdrehzahl im Schleifprozess überwacht. Der Einsatz von Drehgebern führt bei der Drehzahlmessung zu externen Kraftgrößen auf das Werkstück, so dass eine berührungslose Messung unter Einsatz von Wirbelstromsensoren erfolgte. Hierzu wurde eine Fehlstelle in Form einer Nut mit der Breite $b_n < 50\ \mu m$ längs zur Achse auf die Umfangsfläche des Werkstücks mittels Drahterosion eingebracht. Das Sensorsignal der Wirbelstrommessung reduzierte sich bei jeder Werkstückumdrehung an der Fehlstelle, so dass in Abhängigkeit von der Umlaufzeit die Werkstückdrehzahl berechnet werden konnte. Die Untersuchungen zeigten, dass sich das Signalminimum beim Detektieren der Nut nicht als eindeutiger Referenzzeitpunkt eignete, sondern dass die abfallende Flanke des Messsignals vor Erreichen des Minimums besser geeignet war. Es wurde ein Schwellwert bei der Hälfte des Signalminimums definiert, bei der sich die steilste Flanke einstellte (siehe **Bild 7-1**). Zur Berechnung der Werkstückdrehzahl wurde als Umfangszeit die Zeitspanne verwendet, die zwischen zwei abfallenden Flanken und dem Schwellwert entstand, welches den Messfehler auf unter 0,2 % verkleinerte.

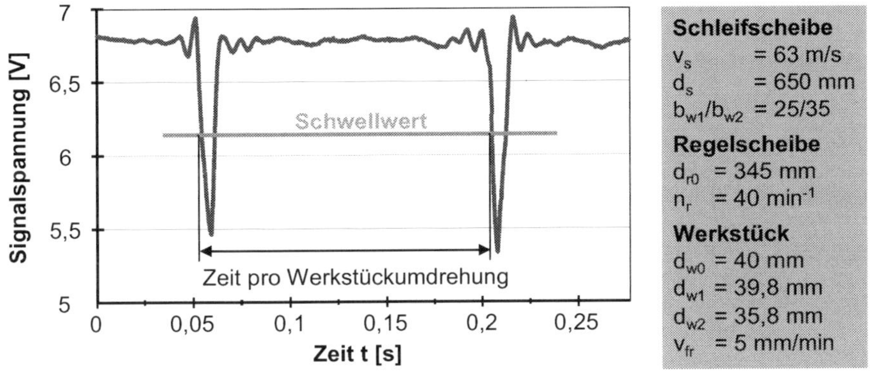

Bild 7-1: Bestimmung der Zeit pro Werkstückumdrehung
Identification of time for one workpiece revolution

Versuchswerkstücke

Die Schleifuntersuchungen wurden an Versuchswerkstücken aus durchgängig vergütetem 100Cr6 mit einer Härte von 61 HRC durchgeführt. Alle Werkstücke besaßen eine Nut für die Geschwindigkeitsmessung mit Wirbelstromsensoren. Für das spitzenlose Einstechschleifen wurden zylindrische Werkstücke verwendet, die vor der Bearbeitung einen Ausgangsdurchmesser von d_{w0} = 40 mm und eine Breite von b_w = 60 mm besaßen (siehe **Bild 7-2** links). Die Einstechschleifoperation erfolgte mit profilierten Schleif- und Regelscheiben, so dass an den Werkstücken nach der Bearbeitung ein Profil mit zylindrischen Absätzen der Breite b_{w1} und b_{w2} vorlag.

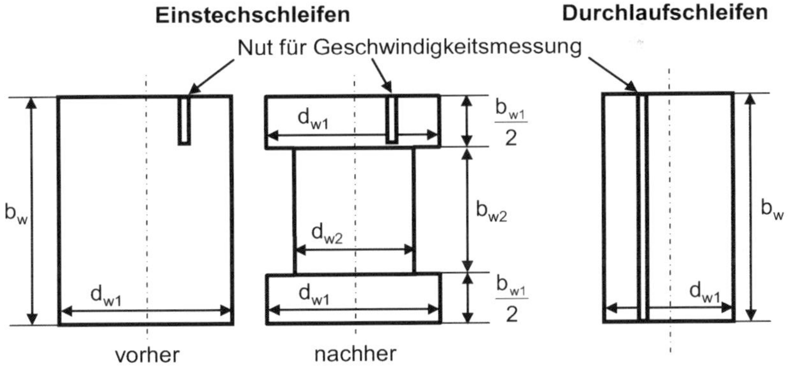

Bild 7-2: Versuchswerkstücke für das Einstech- und Durchlaufschleifen
Test workpieces for centreless plunge-cut and throughfeed grinding

Beim spitzenlosen Durchlaufschleifen kamen zylindrische Bauteile mit einem Werkstückdurchmesser von d_w = 50 mm zum Einsatz (siehe **Bild 7-2** rechts). Die Werkstückbreite wurde im Bereich von b_w = 25 bis 400 mm variiert. Für die genannten

Werkstück-, Schleifscheiben- und Regelscheibendurchmesser wurde eine Werkstückhöhenlage von h = 13 mm gewählt, die nach FRIEDRICH zu einem geometrisch stabilen Schleifergebnis führt [FRIE04].

7.2 AUSBILDUNG DER WERKSTÜCKGESCHWINDIGKEIT UND PROZESSKRÄFTE BEIM SPITZENLOSEN EINSTECHSCHLEIFEN

Workpiece velocity and process forces in centreless plunge-cut grinding

Die Zusammenhänge und Randbedingungen des erstellten Prozessmodells sind in einem Softwaretool abgebildet (siehe Kapitel 4) und mit Schleifuntersuchungen beim spitzenlosen Einstechschleifen verglichen worden. Als Werkstückgeometrie diente das in **Bild 7-2** links dargestellte Bauteil mit einem bzw. zwei zylindrischen Absätzen.

7.2.1 Messanordnung beim spitzenlosen Einstechschleifen

Measurement set-up for centreless plunge-cut grinding

Die relevanten Messgrößen während der Schleifuntersuchungen waren die Kräfte auf das Werkstück und die Werkstückdrehzahl. Die Kraftmessung an der Auflageschiene erfolgte im Kraftfluss, so dass die Auflageschiene aus zwei Teilen gefertigt wurde (siehe **Bild 7-3** unten rechts). Der untere Teil der Schiene war mit dem Auflageschienenbock in der Maschine verschraubt. Der obere Teil der Schiene war über zwei triaxiale piezoelektronische Kraftmessquarze mit dem Schienenunterteil verbunden und vorgespannt. Die Form des oberen Auflageschienenelements wurde als plane Fläche ausgewählt, damit Doppelpassungen zwischen Werkstückprofil und Auflageschienenform die Kraftmessung nicht verfälschten. Auf dem oberen Teil der Schiene, an dem das Werkstück die Auflageschiene berührt, waren Auflageplättchen aus dem verschleißfesten Hartmetall der Sorte H20 aufgeklebt. Die Werkstücke besaßen an den Stirnflächen keine Zentrierbohrungen, so dass ein spitzer Axialanschlag verwendet werden konnte. Zwischen dem Axialanschlag und seiner Halterung am Auflageschienenunterteil war ebenfalls ein triaxialer piezoelektrischer Kraftmessquarz angeordnet, mit dem die Kraftkomponenten in den drei Achsrichtungen auf den Axialanschlag überwacht wurden (siehe **Bild 7-3** oben).

Die Überwachung der Werkstückdrehzahl erfolgte wie zuvor beschrieben mit einem Wirbelstromsensor. Der Wirbelstromsensor wurde an der Nadeldüse befestigt, so dass stets ein konstanter Abstand zwischen Sensor und Schleifscheibenoberfläche und damit nahezu im Prozess ein gleichbleibender Abstand zwischen Sensor und Werkstückoberfläche resultierte. In Voruntersuchungen wurde nachgewiesen, dass auch eine Sensoraufnahme in der Auflageschiene möglich ist. Die Auflageschiene stellt ein Verschleißteil dar, welches zudem in der Regel das schwächste Glied im Schleifspalt ist. Eine zusätzliche Bearbeitung für eine Sensoraufnahme führt zu einer weiteren Schwächung der Schiene und erhöht die Kosten der Auflageschiene, so dass auch für spätere industrielle Anwendungen eine Montage an den Nadeldüsen empfehlenswert ist.

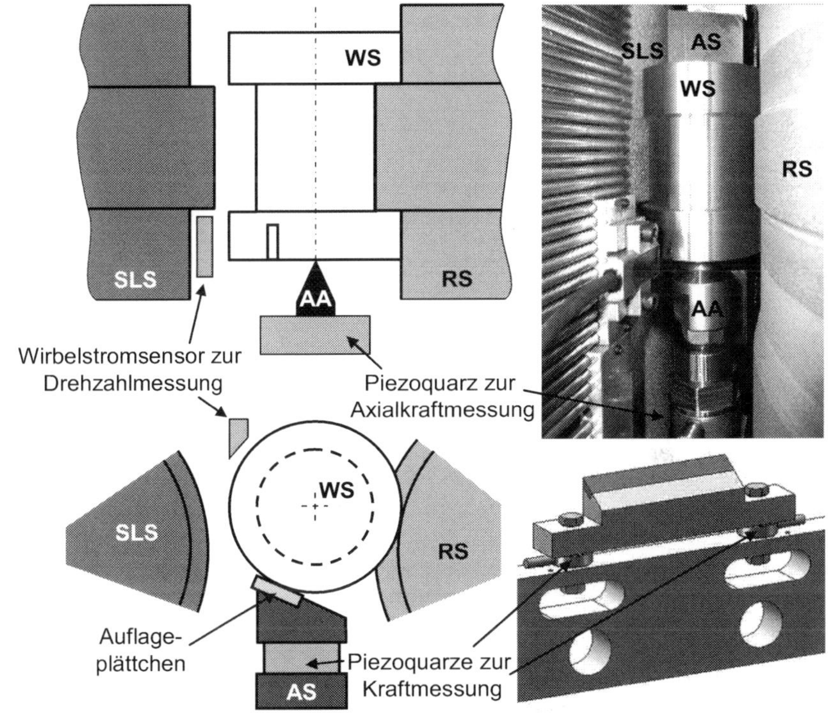

Bild 7-3: Messaufbau im Schleifspalt beim spitzenlosen Einstechschleifen

Measurement set-up into the grinding gap in centreless plunge-cut grinding

7.2.2 Versuchsprogramm und Vorgehen

Test set-up and procedure

Mit Schleifuntersuchungen wurde experimentell die Ausbildung der Werkstückgeschwindigkeit in Abhängigkeit von der Entwicklung der Prozesskräfte analysiert. Die Auswahl des Versuchsprogramms und des Vorgehens bei den Untersuchungen erfolgte mit dem Ziel, möglichst viele Einflussgrößen auf die Prozesskräfte und Werkstückgeschwindigkeiten beim spitzenlosen Einstechschleifen abzudecken. Die Schleifkräfte hängen im Wesentlichen vom bezogenen Zeitspanungsvolumen Q'_w ab, was durch eine Variation der radialen Vorschubgeschwindigkeit v_{fr} verändert wurde. Während eines Schleifprozesses änderte sich der Werkstückdurchmesser und damit das bezogene Zeitspanungsvolumen Q'_w. Die Zustellbewegung mit der Vorschubgeschwindigkeit ($v_{fr} = v_{frs} + v_{frr}$) erfolgte stets gleichmäßig von der Schleifscheibe mit v_{frs} und der Regelscheibe mit v_{frr}, so dass sich die Werkstückposition nicht verlagerte. Um Relativgeschwindigkeiten zwischen Werkstück und Regelscheibe zu erzwingen, wiesen die Schleif- und Regelscheibe ein Profil auf, so dass die Werkstücke nach der Bearbeitung zwei zylindrische Absatzdurchmesser mit einer Differenz von $\Delta(d_{w1} - d_{w2}) = 4$ mm besaßen (siehe **Bild 7-2**). Die Ausbildung des Schlupfes zwischen

Werkstück und Regelscheibe wurde durch eine Veränderung der Regelscheibendrehzahl n_r sowie des Verhältnisses der beiden Absatzbreiten b_{w1}/b_{w2} beeinflusst. Insbesondere der kritische Übergangsbereich, in dem die Abrollbewegung zwischen Werkstück und Regelscheibe von einem Absatzdurchmesser auf den anderen wechselte, wurde untersucht, um das Übergangsverhalten mit den Berechnungen nach dem Prozessmodell zu vergleichen. Da im Vorfeld die Prozesseinstellungen und die Toleranzgrenzen des Übergangsbereichs nicht bekannt waren, wurde sich den kritischen Prozessparametern iterativ angenähert und eine Vielzahl der Parameter systematisch verändert. Folgende Parameterbereiche wurden zur Analyse der Prozesskräfte, der Werkstückdrehzahl und dem kritischen Übergangsbereich der Werkstückdrehzahl abgedeckt:

- Radiale Vorschubgeschwindigkeit: v_{fr} = 1,25; 2,5; 5 mm/min
- Regelscheibendrehzahl: n_r = 10; 20; 30; 40; 60; 80; 100; 120 min^{-1}
- Werkstückdurchmesser: d_w = 35 bis 40 mm (stufenlos)
- Verhältnis der Absatzbreiten b_{w1}/b_{w2} = 20/40; 25/35; 27/33; 28/32; 29/31; 30/30; 31/29; 32/28; 33/27

Die Schnittgeschwindigkeit ($v_c = v_s - v_w$) wurde bei v_c = 63 m/s ebenso wie die Regelscheibenneigung bei α_r = 0,05° konstant gehalten. Bei allen Versuchen erfolgte am Ende des Schleifprozesses ein Ausfunken mit t_{sa} = 1,5 s, um eine Entspannung der Prozesskräfte zu erzeugen. Das rotierende Abrichten der Schleifscheibe erfolgte mit einer Abrichtzustellung von a_{ed} = 10 µm, einem Abrichtgeschwindigkeitsquotienten von q_d = 0,8 und einem Abrichtüberdeckungsgrad von U_d = 4. Die Regelscheibe wurde mit einem stehenden Abrichter bei einer Abrichtzustellung von a_{ed} = 10 µm und einem Abrichtüberdeckungsgrad von U_d = 8 konditioniert.

Das Schnittkraftverhältnis μ_s wurde in Vorversuchen beim Schleifen zwischen Spitzen für analoge Prozessparameter ermittelt. Im Bereich der verwendeten Prozesseinstellungen beim spitzenlosen Einstechschleifen konnte das Schnittkraftverhältnis als annähernd konstant mit μ_s = 0,54 angenommen werden.

7.2.3 Einfluss der Werkstückdurchmesserreduktion beim spitzenlosen Einstechschleifen

Influence of workpiece diameter reduction in centreless plunge-cut grinding

Es wurde zunächst die Schleifbearbeitung betrachtet, bei der die Änderung der zylindrischen Werkstückform in die Geometrie mit zwei Absatzdurchmessern erfolgte. Zu Beginn des Schleifprozesses wurde bei den ersten 2 mm der Zustellbewegung nur der innere Absatz mit der Breite b_{w2} von der ausgewählten Werkstückgeometrie bearbeitet. Im Anschluss war das gesamte Schleifscheibenprofil mit dem Werkstück im Eingriff, so dass erst ab diesem Zeitpunkt der äußere und größere Absatzdurchmesser d_{w1} geschliffen wurde. Die Regelscheibe besaß das Negativprofil des Werkstücks mit den zwei Absatzdurchmessern. Zu Prozessbeginn, bei dem eine Bearbeitung des Werkstücks nur auf der inneren Absatzbreite b_{w2} erfolgte, wurde das Werkstück ebenfalls nur dort von der Regelscheibe abgestützt. Nachdem die Schleifscheibe das Werkstück auf der gesamten Breite berührte, stützte auch die Regelscheibe das Werkstück auf seiner gesamten Breite ab. Die Auflageschiene besaß eine ebene Fläche, so dass das Werkstück stets nur mit seinem größten Durchmesser d_{w1} auf der Auflageschiene auflag.

Bild 7-4 zeigt den Verlauf der gemessenen Kräfte an der Auflageschiene (linke y-Achse) sowie die gemessene Werkstückdrehzahl (rechte y-Achse) während des Schleifprozesses. Bei der ersten Berührung zwischen der Schleifscheibe und dem Werkstück begann der Schleifprozess und die Kräfte an der Auflageschiene stiegen an bzw. das Werkstück begann zu rotieren. Zunächst wurde nur der innere Werkstückabsatz von $d_{w0} = 40$ mm auf $d_w = 36$ mm geschliffen. Die radiale Zustellgeschwindigkeit war mit $v_{fr} = 5$ mm/min konstant, so dass sich mit kleinerem Werkstückdurchmesser das bezogene Zeitspanungsvolumen von $Q'_w = 5{,}2$ mm³/mms auf $Q'_w = 4{,}6$ mm³/mms verringerte. Die gemessenen Vertikalkräfte auf die Auflageschiene verringerten sich ebenfalls von $F_{ya}(t = 2\ s) \approx 100$ N auf $F_{ya}(t = 50\ s) \approx 90$ N. Dies entsprach einer Änderung der bezogenen Vertikalkraft auf die Auflageschiene von $F'_{ya}(t = 2\ s) \approx 2{,}86$ N/mm auf $F'_{ya}(t = 50\ s) \approx 2{,}57$ N/mm. Der nichtlineare Abfall der Schleifkräfte kann aus dem Verschleiß der Schleifscheibe resultieren. Vor dem Schleifversuch wurde die Schleifscheibe abgerichtet. Mit zunehmender Schleifzeit verschlissen die Kornspitzen und die Schleifkräfte nahmen zu. Die Werkstückdrehzahl erhöhte sich innerhalb des Schleifprozesses von $n_w(t = 2\ s) = 337\ min^{-1}$ auf $n_w(t = 50\ s) = 376\ min^{-1}$. Diese beiden Grenzdrehzahlen liegen bei konstanter Umfangsgeschwindigkeit der Regelscheibe genau beim Anfangs- bzw. Enddurchmesser des Werkstücks vor, so dass die gemessene Drehzahl mit der berechneten übereinstimmte und Schlupf zwischen Werkstück und Regelscheibe während des Prozesses ausgeschlossen werden kann.

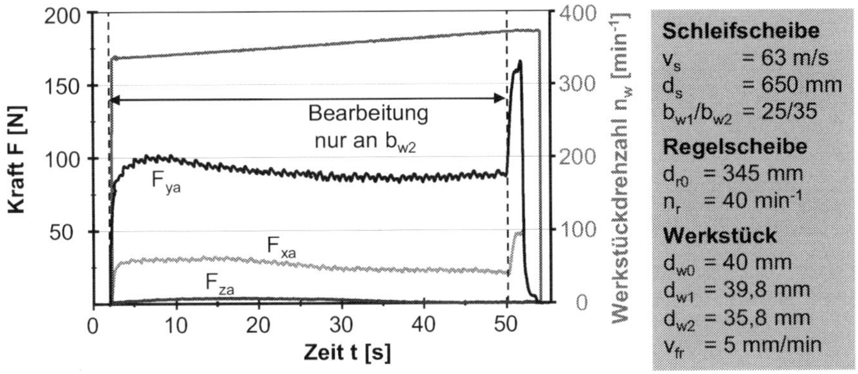

Bild 7-4: Einfluss des Werkstückdurchmessers auf die Auflageschienenkräfte und die Werkstückdrehzahl
Influence of workpiece diameter on process forces and workpiece rpm

Nachdem der innere Werkstückabsatz so weit zerspant wurde, dass ebenfalls der äußere Werkstückabsatz mit der Schleifscheibe im Eingriff kam, stiegen die Schleifkräfte an. Die Vertikalkraft an der Auflageschiene betrug $F_{ya}(t = 53\ s) \approx 165$ N und addierte sich aus einem Anteil von Absatzdurchmesser 1 und 2. Für die Zerspanung an beiden Absätzen betrug der Durchmesser an Absatz 1 d_{w1} = 40 mm und an Absatz 2 d_{w2} = 36 mm. Für diese beiden Durchmesser konnten die bezogenen Vertikalkräfte auf die Auflageschiene mit $F'_{ya}(t = 2\ s)$ und $F'_{ya}(t = 50\ s)$ bestimmt werden. Berücksichtigt man die beiden Breiten der Absätze, ergab sich eine theoretische vertikale Gesamtkraft auf die Auflageschiene von $F_{ya,ges}$ = 161 N, was nahezu der gemessenen Kraft $F_{ya}(t = 53\ s)$ entsprach. Die Horizontalkraft F_{xa} und die Vertikalkraft F_{ya} auf die Auflageschiene zeigten einen ähnlichen Verlauf. Bei einer Umrechnung in Normal- und Tangentialkraftanteile ergab sich während des Prozesses ein Reibwert an der Auflageschiene von $\mu_a \approx 0{,}22$. Eine Kraft in Achsrichtung an der Auflageschiene F_{za} konnte nicht detektiert werden. Dies bestätigt die Annahme von **Randbedingung 1**, so dass in den darauffolgenden Schleifuntersuchungen die Axialkraftkomponente F_{za} nicht mehr analysiert wurde.

Innerhalb der Kraftmessungen konnte eine wiederkehrende Frequenz mit f = 0,66 Hz bzw. der Wellenlänge von λ_w = 1,5 s detektiert werden. Diese Frequenz entsprach der eingestellten Drehzahl der Regelscheibe mit n_r = 40 min^{-1} und weist auf eine Formabweichung oder Unwucht der Regelscheibe hin. Ein Abrichtvorgang der Regelscheibe verringerte den Fehler nicht. Da die Kraftschwankung die Messungen nicht beeinflusste, wurden keine weiteren Maßnahmen zur Beseitigung der Unwucht unternommen. Es soll aber an dieser Stelle angemerkt werden, dass mit dem vorliegenden Kraftmesssystem die aufgetretenen Prozessinstabilitäten, die durch die Regelscheibe hervorgerufen wurden, detektiert werden konnten.

Die Werkstückdrehzahl stieg während der gesamten Bearbeitung linear an und veränderte sich nicht, als beide Absatzdurchmesser gleichzeitig zerspant wurden. Der innere Absatz besaß demnach über die gesamte Bearbeitungsdauer die gleiche Umfangsgeschwindigkeit wie der dazugehörige Absatz an der Regelscheibe. Als die äußeren Absatzflächen mit der Regelscheibe in Berührung kamen, trat demnach zwischen diesen Bereichen Schlupf auf. Am Ende des Zerspanprozesses erfolgte eine Ausfunkzeit von t_{sa} = 1,5 s, während der sich die Kräfte im Schleifspalt entspannten. Die Kraftkomponenten auf die Auflageschiene reduzierten sich auf den Wert null. Die Werkstückrotation stoppte ebenfalls, als die vorliegenden Kräfte zum Antreiben des Werkstücks zu klein wurden.

Die Ergebnisse des Schleifversuchs zeigten, dass die Zerspanung sowohl von einem als auch von beiden Absätzen prozesssicher durchgeführt werden konnte. Dies bestätigt die Aussage von **Randbedingung 6**, die in Kapitel 4.2 aufgestellt wurde.

Nachdem die Auflageschienenkräfte gemessen wurden, konnten unter Kenntnis der geometrischen Anordnung und der Prozessparameter die weiteren unbekannten Kraftkomponenten mit dem Softwaretool aus Kapitel 4.6 berechnet werden. Die Normalkraft der Schleifscheibe betrug mit insgesamt $F_{ns}(t = 53\ s) \approx 260$ N fast das Doppelte der Vertikalkraft der Auflageschiene. Dieses Verhältnis ist abhängig von der Schleifspalteinstellung. Da die Schleifspaltgeometrie nicht verändert wurde, konnte das Verhältnis zwischen der Schleifnormalkraft und der Auflageschienenvertikalkraft für die nachfolgenden Untersuchungen als nahezu konstant angenommen werden.

7.2.4 Ausbildung der Kraftkomponenten am Axialanschlag

Forces on axial workpiece fixation

Um die Kräfte auf den Axialanschlag zu analysieren, wurden bei dem zuvor durchgeführten Schleifversuch ebenfalls die Kraftkomponenten am Axialanschlag gemessen. In **Bild 7-5** ist der Axialkraftverlauf während des Schleifversuchs dargestellt. Bei einem Regelscheibenneigungswinkel von $\alpha_r = 0{,}05°$ betrug die maximale Axialkraftkomponente auf den Anschlag $F_{zan} = 6$ N. Die maximalen Kraftausschläge der tangentialen Kraftkomponenten F_{xan} und F_{yan} auf den Axialanschlag waren geringer als 2 N. Die gemessenen Axialkräfte betrugen somit weniger als 2 % der Schleifnormalkraft.

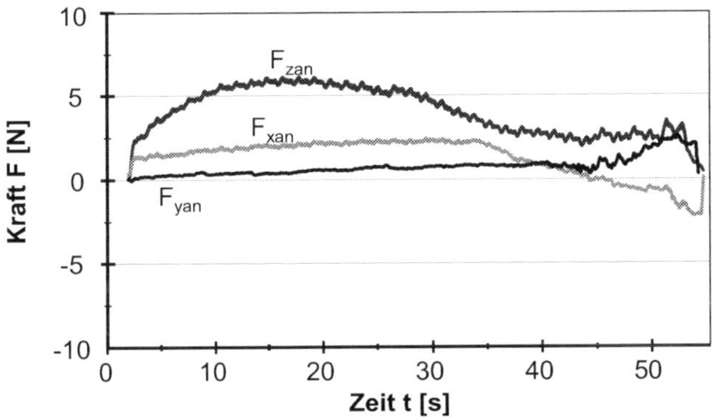

Schleifscheibe
v_s = 63 m/s
d_s = 650 mm
b_{w1}/b_{w2} = 25/35
Regelscheibe
d_{r0} = 345 mm
n_r = 40 min^{-1}
Werkstück
d_{w0} = 40 mm
d_{w1} = 39,8 mm
d_{w2} = 35,8 mm
v_{fr} = 5 mm/min

Bild 7-5: Kraftkomponenten auf den Axialanschlag im Einstechschleifprozess
Force components on axial guidance in centreless plunge-cut grinding

Die hier durchgeführten Messungen bestätigen **Randbedingung 2** und **3**, nach der die Kraftkomponenten auf den Axialanschlag beim spitzenlosen Einstechschleifen vernachlässigbar sind. In den weiteren Schleifuntersuchungen wurden daher die Axialkraftkomponenten nicht weiter berücksichtigt. Mit steigendem Regelscheibenneigungswinkel α_r nehmen allerdings die Axialkraftkomponenten der Regelscheibe auf das Werkstück, die zu einer Steigerung der Axialkraftkomponente am Anschlag führen, zu. Im Bilderanhang in Kapitel 10.2 ist in **Bild 10-2** beispielhaft der Anstieg der Axialkräfte am Anschlag für steigende Regelscheibenneigungswinkel und bezogene Zeitspanungsvolumina Q'_w dargestellt.

7.2.5 Einfluss der Absatzbreite auf den spitzenlosen Einstechschleifprozess

Influence of workpiece section width on plunge-cut grinding process

An einem zylindrischen Absatz können die bezogenen Schleifkräfte als konstant angenommen werden. Je breiter ein Absatz gewählt wird, umso größer sind die dort auftretenden Schleifkräfte. Die Aufteilung der Absatzbreiten auf die Absatzdurchmesser d_{w1} und d_{w2} spiegeln somit die Aufteilung der Schleifkräfte im Prozess wider. Bei größeren Schleifkräften resultieren an den jeweiligen Absätzen größere Reaktionskräfte an der Regelscheibe und Auflageschiene, die die Drehzahl des Werkstücks beeinflussen. Als erste Näherung wird daher angenommen, dass an der größten Absatzbreite, an der im Allgemeinen die höchsten Prozesskräfte auftreten, der Schlupf zwischen Regelscheibe und Werkstück am geringsten ist. **Bild 7-6** zeigt den Kraftverlauf an der Auflageschiene sowie die Werkstückdrehzahl bei einer Werkstückprobe, deren äußere Absatzbreite b_{w1} größer ist als die innere Absatzbreite b_{w2}. Zu Prozessbeginn wurde nur der innere, hier schmalere Absatz b_{w2} zerspant. Für den dargestellten Prozess waren die gemessenen Vertikalkraftkomponenten auf die Auflageschiene am Anfang des Prozesses mit $F_{ya}(t = 2\ s) \approx 80\ N$ geringer als bei der vorherigen größeren Absatzbreite, entsprachen aber der gleichen bezogenen Vertikalkraft von $F'_{ya}(t = 2\ s) = 2{,}86\ N/mm$. Die Vertikalkraftkomponente verringerte sich bis auf $F_{ya}(t = 50\ s) \approx 70\ N$, was einer bezogenen Kraft von $F'_{ya}(t = 50\ s) = 2{,}5\ N/mm$ entspricht und somit den Ergebnissen der vorherigen Versuche ähnelt. Im Anschluss erfolgte die Schleifbearbeitung an beiden Absatzdurchmessern und die Vertikalkraft stieg auf $F_{ya}(t = 53\ s) \approx 150\ N$ an. Werden die beiden vorliegenden bezogenen Schleifkraftkomponenten mit der jeweiligen Absatzbreite multipliziert, ergibt sich eine theoretische vertikale Gesamtkraftkomponente von $F_{ya,ges} = 160\ N$, die der gemessenen nahezu entsprach. Die Horizontalkraft F_{xa} und die Vertikalkraft F_{ya} zeigten ebenfalls wieder einen ähnlichen Verlauf, so dass auch hier an der Auflageschiene ein Reibwert von $\mu_a = 0{,}22$ resultierte. Da bei den weiteren Schleifuntersuchungen mit einer Regelscheibendrehzahl von $n_r = 40\ min^{-1}$ ebenfalls stets ein konstanter Reibwert an der Auflageschiene von $\mu_a \approx 0{,}22$ auftrat, wurde die Horizontalkraftkomponente an der Auflageschiene bei den weiteren Messungen nicht mehr berücksichtigt. Erst ab einer Regelscheibendrehzahl von $n_r = 60\ min^{-1}$ wurde ein Anstieg des Reibwerts detektiert, der sich bei einer Regelscheibendrehzahl von $n_r = 120\ min^{-1}$ auf $\mu_a = 0{,}26$ vergrößerte (siehe **Bild 10-3** für Hartmetall im Bildanhang).

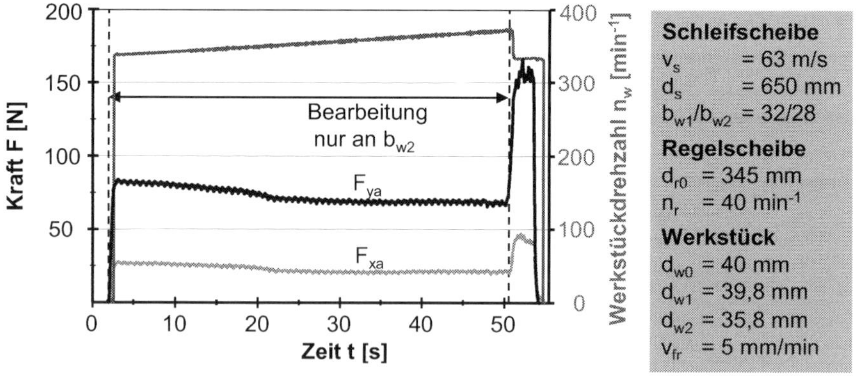

Bild 7-6: Einfluss einer veränderten Absatzbreite auf die Auflageschienenkräfte und Werkstückdrehzahl

Influence of workpiece section width on process forces and workpiece rpm

Die Werkstückdrehzahl erhöhte sich während der Schleifbearbeitung an Absatz 2 von $n_w(t = 2\ s) = 337\ min^{-1}$ auf $n_w(t = 50\ s) = 373\ min^{-1}$. Als die Bearbeitung am Absatzdurchmesser 1 begann, wechselte die Werkstückdrehzahl sprunghaft auf

$n_w(t = 51\ s) = 332\ min^{-1}$ und stieg anschließend bis auf $n_w(t = 56\ s) = 334\ min^{-1}$ an. Die sich dadurch einstellende Werkstückdrehzahl entspricht einer Abrollbewegung zwischen dem Absatzdurchmesser 1 und dem dazugehörigen Regelscheibenabsatzdurchmesser $d_{r1} = 334$ mm. Da der Absatzdurchmesser d_{r1} an der Regelscheibe um 4 mm kleiner war als der Absatzdurchmesser d_{r2}, stellte sich eine etwas kleinere Werkstückdrehzahl ein als zu Prozessbeginn am Absatzdurchmesser 2 vorlag.

Für den betrachteten Fall war die Breite des Absatzdurchmessers 1 größer als die Breite von Absatzdurchmesser 2 mit dem Verhältnis $b_{w1}/b_{w2} = 32/28$. Werden mit dem Softwaretool die unbekannten Prozesskräfte während des Schleifprozesses berechnet, sind die Kraftgrößen bei der Zerspanung an Absatzdurchmesser 1 größer als bei der Zerspanung an Absatzdurchmesser 2. Nachdem die Schleifbearbeitung an Absatzdurchmesser 1 begann, waren die dort wirkenden Zerspankräfte dominant und für die Ausbildung der Werkstückdrehzahl verantwortlich (siehe dominante Prozesskräfte in Kapitel 4.4).

Mit dem Softwaretool wurden Prozesseinstellungen berechnet, bei denen die Bearbeitungskräfte an Absatzdurchmesser 1 und 2 gleich groß waren. Für die bisherigen Prozessparameter und dem daraus resultierenden Verlauf der bezogenen Kräfte F'_{ya} ist dies der Fall bei einer Aufteilung von $b_{w1}/b_{w2} = 27/33$, bei der an beiden Absatzdurchmessern eine Kraft von ungefähr $F_{ay} \approx 75$ N resultieren sollte. Es wurden mehr als 20 Schleifversuche mit dieser Absatzbreite durchgeführt und dabei die Regelscheibendrehzahl sowie die Vorschubgeschwindigkeit v_{fr} variiert. Es konnte nur bei zwei ausgewählten Schleifprozessen ein Werkstückdrehzahlsprung während der sonst konstanten Schleifparameter festgestellt werden. Bereits kleine Zustellschwankungen, wie sie aufgrund von Schleif- und Regelscheibenverschleiß resultieren können, führen zu Kraftabweichungen an den einzelnen Absätzen. So wurde bereits in Kapitel 4 erläutert, dass ein Formfehler von nur 1 µm zu einer Kraftschwankung von 15 N führen kann. Das seltene Detektieren von Drehzahlschwankungen im Prozess zeigt, wie scharf die Übergangskriterien definiert sind. Im Folgenden werden die Ergebnisse einiger Schleifexperimente vorgestellt, bei denen Drehzahlsprünge detektiert wurden. Das Werkstück besaß bereits das Schleifscheibenprofil, so dass von Prozessbeginn an beide Absatzdurchmesser simultan bearbeitet wurden.

Bild 7-7 zeigt die gemessene Vertikalkraft an der Auflageschiene und die Werkstückdrehzahl während des Schleifprozesses. Die radiale Vorschubgeschwindigkeit betrug mit $v_{fr} = 5$ mm/min den gleichen Wert wie bei den vorherigen Versuchen. Die Vertikalkraftkomponenten an der Auflageschiene stiegen zu Prozessbeginn auf $F_{ya}(t = 1\ s) \approx 150$ N an und fielen nach Prozessende bei $t = 3$ s während der Ausfunkzeit wieder ab. Eine konstante Werkstückdrehzahl stellte sich für den genannten Prozess nicht ein, sondern schwankte von $n_w = 360$ bis $384\ min^{-1}$. Bei einer reinen Abrollbewegung an Absatzdurchmesser 1 hätte die Werkstückdrehzahl bei den vorliegenden Prozessparametern $n_w \approx 348\ min^{-1}$ und bei Abrollen an Absatzdurchmesser 2 $n_w \approx 392\ min^{-1}$ betragen müssen. Es konnte in diesem Fall also ein Schleifprozess eingestellt werden, bei dem zwischen Werkstück und Regelscheibe an beiden Absatzdurchmessern Schlupf vorlag, wobei das Werkstück eher zur höheren Werkstückdrehzahl neigte. Während des Schleifprozesses rotierte das Werkstück 23 mal, so dass 22 Werkstückdrehzahlen berechnet werden konnten. Die einzelnen Sprünge der Drehzahlen können dem Diagramm entnommen werden.

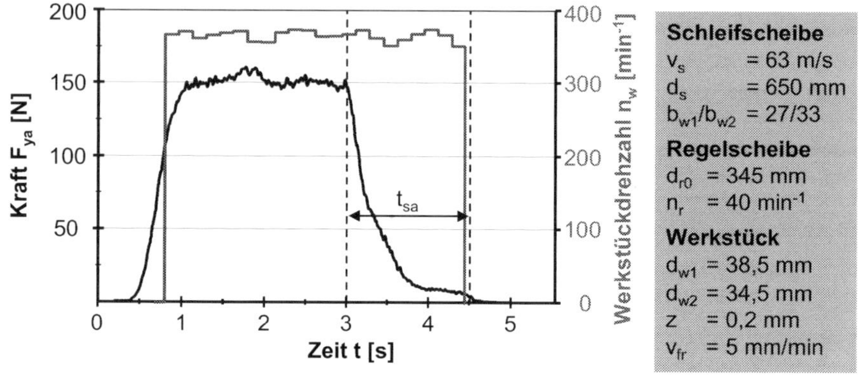

Bild 7-7: Einstechschleifprozess im kritischen Drehzahlübergangsbereich
Centreless plunge-cut grinding process in critical workpiece rpm

In einem weiteren Schleifprozess wurde die radiale Zustellgeschwindigkeit auf v_{fr} = 1,25 mm/min herabgesetzt, um das bezogene Zeitspanungsvolumen auf ungefähr Q'_w = 1,3 mm³/mms zu verringern und den kritischen Werkstückdrehzahlbereich auch bei niedrigeren Prozesskräften zu analysieren. Die vertikalen Auflageschienenkräfte lagen im Schleifprozess bei $F_{ya} \approx 55$ N und die Werkstückdrehzahl variierte zwischen n_w = 345 und 374 min^{-1} (siehe **Bild 7-8**).

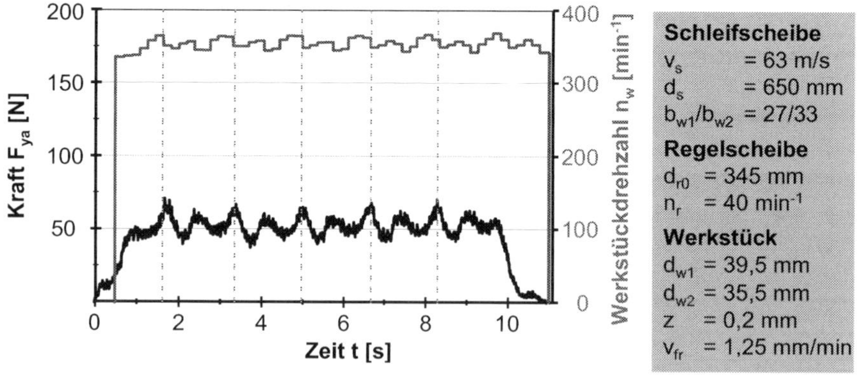

Bild 7-8: Einstechschleifprozess im kritischen Drehzahlbereich bei verringerter Vorschubgeschwindigkeit
Centreless plunge-cut grinding process during critical workpiece rpm at reduced in-feed speed

Wie bei den vorherigen Schleifuntersuchungen, trat hier ebenfalls periodisch eine Kraftvariation auf, die mit einer Wiederholung nach 1,5 s der Regelscheibendrehzahl entsprach. Bei einem Anstieg der gemessenen Kraftkomponente stieg die Werkstückdrehzahl leicht an, bei einem Abfall der Kraftkomponente fiel die Werkstückdrehzahl ab. Bei einer reinen Abrollbewegung an Absatzdurchmesser 1 hätte eine Werkstückdrehzahl von $n_w \approx 339\ min^{-1}$ vorliegen müssen, bei Abrollen an Absatzdurchmesser 2 $n_w \approx 381\ min^{-1}$. Die Kraftschwankung durch die Regelscheibe beschreibt die Position des Werkstücks auf der Regelscheibe. Wie bereits in Kapitel 4 erläutert, führt Verschleiß an der Regelscheibe zu einer starken Variation des Regelscheibenreibkoeffizienten μ_r. In dem einen Bereich der Regelscheibe, bei dem stets ein Anstieg der Werkstückdrehzahl detektiert werden konnte, scheint demnach ein niedrigerer Regelscheibenreibkoeffizient μ_r vorgelegen zu haben als in dem Bereich mit abfallender Werkstückdrehzahl. Nach einem Abrichtprozess der Regelscheibe trat im Schleifprozess wieder eine konstante Werkstückdrehzahl von $n_w \approx 339\ min^{-1}$ auf, so dass die Drehzahlsprünge eliminiert wurden. Hierdurch wird noch einmal verdeutlicht, wie eng die Parametergrenzen für das Auftreten von Werkstückdrehzahlsprüngen ist und wie groß der Einfluss des Regelscheibenzustandes auf den Regelscheibenreibkoeffizienten ist.

Zwischenfazit: Korrelation mit dem Prozessmodell

Es wurden spitzenlose Einstechschleifuntersuchungen durchgeführt, bei denen die Kräfte auf die Auflageschiene, den Axialanschlag sowie die Werkstückdrehzahl gemessen wurden. Der kleine Regelscheibenneigungswinkel von $\alpha_r = 0{,}01°$ führte zu vergleichsweise geringen Axialkräfte an der Auflageschiene sowie am Axialanschlag, so dass die Annahmen von **Randbedingungen 1** bis **3** nachgewiesen wurden. Im Prozess verdrehte sich das Werkstück nicht, so dass auch **Randbedingung 4** bestätigt wurde. Bei den Schleifversuchen konnte ein nahezu konstanter Auflageschienenreibwert μ_a detektiert werden, was ebenfalls die Annahmen von **Randbedingung 5** bestätigt. Es wurden Schleifversuche durchgeführt, bei denen zunächst nur eine zylindrische Werkstückform geschliffen wurde und im weiteren Prozessverlauf zwei zylindrische Absätze mit unterschiedlichen Durchmessern. Die Kraftmessung an der Auflageschiene zeigte, dass die Prozesskräfte bei der Schleifbearbeitung von einem und zwei Absatzdurchmessern an der Auflageschiene erfolgen kann. Die Kräfte konnten pro Absatz bestimmt werden und addierten sich zu einer Gesamtkraft, was zu einer Bestätigung der **Randbedingung 6** führte.

Je nach Ausbildung der Prozesskräfte an den beiden Absatzdurchmessern stellte sich eine Werkstückdrehzahl in den Schleifuntersuchungen ein, die einer Abrollbewegung zwischen Werkstück und Regelscheibe an Absatz 1 oder Absatz 2 entsprach. Eine Variation der Absatzbreiten führte zu einer unterschiedlichen Aufteilung der Prozesskräfte und zu einem Drehzahlübergang der beiden möglichen Werkstückdrehzahlen, welches die Berechnungen mit dem Prozessmodell sowie **Randbedingung 7** bestätigt. Mit dem Prozessmodell wurden Prozesseinstellungen berechnet, bei denen ein Drehzahlübergang zwischen den beiden möglichen Werkstückdrehzahlen nach **Randbedingung 7** erfolgt. Es wurde innerhalb von 20 Schleifuntersuchungen mit den genannten Prozesseinstellungen versucht, eine Werkstückdrehzahl zu erzielen, die zwischen den beiden Werkstückdrehzahlen mit Abrollen an Absatz 1 oder Absatz 2 lag. Lediglich bei zwei der zwanzig Versuche wurde der

Drehzahlsprung erzielt, wodurch die berechneten Ergebnisse des Prozessmodells bestätigt und die scharfen Übergangskriterien verdeutlicht wurden. Mit den erfolgten Schleifversuchen wurde daher eine Anwendbarkeit des Prozessmodells beim spitzenlosen Einstechschleifen nachgewiesen.

7.3 Ausbildung der Werkstückgeschwindigkeit beim spitzenlosen Durchlaufschleifen

Workpiece velocity in centreless throughfeed grinding

Die Werkstückgeschwindigkeit beim spitzenlosen Durchlaufschleifen ist abhängig von der Regelscheibenform sowie von dem Schlupfverhalten zwischen dem Werkstück und der Regelscheibe. In Kapitel 6 wurde eine optimierte Regelscheibengeometrie entwickelt, mit der die Werkstückgeschwindigkeit im Schleifprozess gesteuert werden kann. Im Folgenden wird durch Schleifuntersuchungen beim spitzenlosen Durchlaufschleifen die Ausbildung der Werkstückgeschwindigkeit entlang des Schleifspalts für die optimierte und konventionelle Regelscheibengeometrie analysiert und mit der theoretisch vorliegenden Drehzahl, die sich aus der Regelscheibenumfangsgeschwindigkeit ergibt, verglichen. In zusätzlichen Untersuchungen werden die Prozesskräfte auf die Auflageschiene gemessen. Hierdurch wird das Prozessmodell beim spitzenlosen Durchlaufschleifen sowie das Steuern der Werkstückgeschwindigkeit durch die optimierte Regelscheibengeometrie validiert.

7.3.1 Messanordnung beim spitzenlosen Durchlaufschleifen

Measurement set-up for centreless throughfeed grinding

Beim spitzenlosen Durchlaufschleifen werden die Werkstücke durch den Schleifspalt geführt. Um die Variation der Werkstückgeschwindigkeit entlang des Schleifspalts zu messen, wurden sechs Wirbelstromsensoren entlang des Schleifspalts positioniert (siehe **Bild 7-9**). Die Montage der Sensoren erfolgte wie beim spitzenlosen Einstechschleifen an den Nadeldüsen, da hierdurch die Zugänglichkeit zum Werkstück im Schleifspalt am besten gewährleistet wurde und die Auflageschiene nicht für eine Sensoraufnahme vorbereitet werden musste. Zum Berechnen der axialen Vorschubgeschwindigkeit der Werkstücke kann prinzipiell die Zeit verwendet werden, die das Werkstück zum Durchlaufen zwischen zwei Sensoren benötigt. Da der axiale Einlaufzeitpunkt eines Werkstücks in die Sensorfläche allerdings nicht mit ausreichender Genauigkeit bestimmt werden konnte, musste auf eine Messung der axialen Vorschubgeschwindigkeit verzichtet werden. Die axiale Vorschubgeschwindigkeit kann allerdings aus der Regelscheibenneigung und der gemessenen Werkstückdrehzahl berechnet werden, so dass dieser proportionale Zusammenhang für die Ausbildung der axialen Vorschubgeschwindigkeit der Werkstücke genutzt werden kann. Aus diesem Grund wurde nur die Ausbildung der Werkstückdrehzahl vertiefend untersucht.

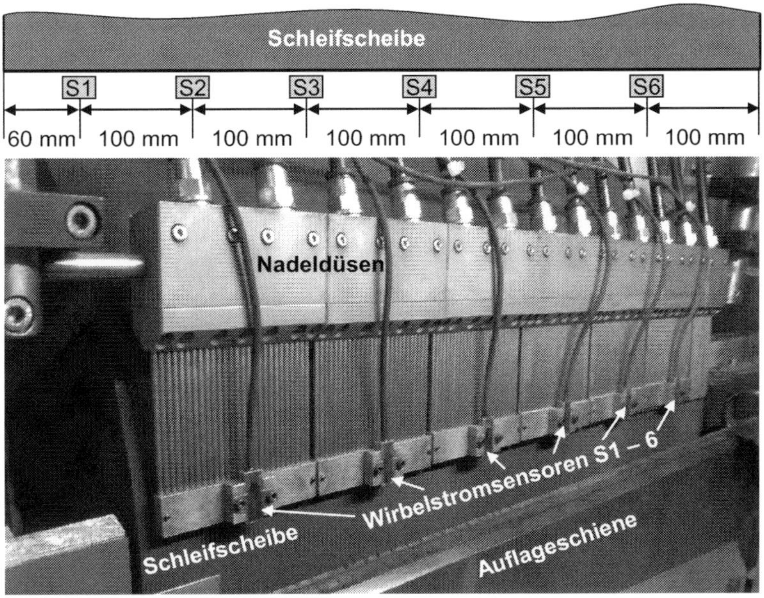

Bild 7-9: Messaufbau im Schleifspalt beim spitzenlosen Durchlaufschleifen
Measurement set-up into the grinding gap in centreless throughfeed grinding

In einer zusätzlichen Untersuchung wurden die Kräfte auf die Auflageschiene beim spitzenlosen Durchlaufschleifen gemessen. Die Auflageschiene bestand aus zwei Teilen, deren Länge im Gegensatz zum spitzenlosen Einstechschleifen größer als die Schleifspaltbreite war (siehe **Bild 7-10**). Der ursprünglich geplante Einsatz von vier Kraftmessquarzen, die linienförmig entlang der Schiene angeordnet waren, konnte nicht erfolgreich durchgeführt werden. Die vier Lagerungen an den Sensoren führten zu einem statisch überbestimmten System, welches zu Verbiegungen des oberen Schienensegments, zu Überlagerungen der Messsignale und technologisch nicht nachvollziehbaren Ergebnissen führte. Die beiden Schienensegmente waren daher über nur zwei triaxiale piezoelektronische Kraftmessquarze verbunden und vorgespannt. Die eingesetzten Piezoquarze besaßen einen Außendurchmesser von d = 20 mm, der kleiner als die Auflageschienenbreite von b = 24 mm sein musste. Da die größten Prozesskräfte in der Schruppzone zu erwarten waren, befand sich Sensor 1 in der Mitte der Schruppzone und Sensor 2 in der Mitte der Ausfunkzone. Als Auflageplättchen wurde Hartmetall H20 verwendet. Die Stabilität der Verbindung der beiden Schienensegmente mit Hilfe von nur zwei Verschraubungen an den Sensoren erwies sich als nicht ausreichend. Gerade bei größeren Prozesskräften kam es zu deutlich messbaren Kraftschwankungen und Prozessinstabilitäten, weshalb die Kraftmessung mit der modifizierten Auflageschiene in separaten Zusatzversuchen erfolgte. Die Auflageschienenbreite schränkte die Größe der Sensoren ein und ermöglichte nicht die Auswahl von größeren Sensoren mit höherer Steifigkeit. Die Geschwindigkeitsmessungen beim spitzenlosen Durchlaufschleifen wurden daher nicht mit der Kraftmessschiene, sondern mit einer einteiligen handelsüblichen Auflageschiene durchgeführt, um Prozessinstabilitäten zu vermeiden.

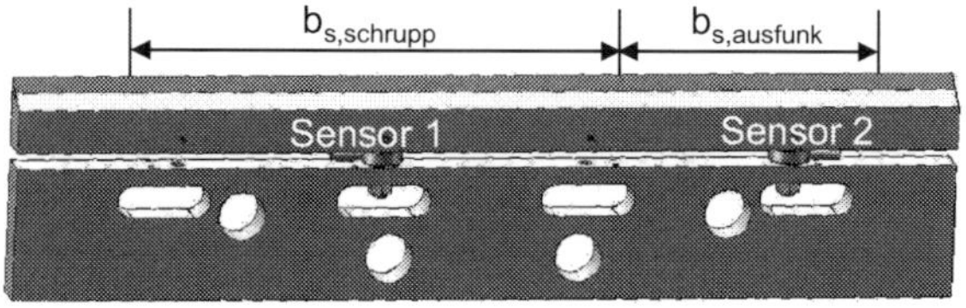

Bild 7-10: Anordnung der Kraftsensoren beim spitzenlosen Durchlaufschleifen
Set-up of force measurement sensors in centreless throughfeed grinding

7.3.2 Versuchsprogramm und Vorgehen
Test set-up and procedure

Bei den Durchlaufschleifuntersuchungen lag der Fokus auf der Ausbildung der Werkstückgeschwindigkeit sowie der Prozesskräfte entlang des Schleifspalts. Die Werkstückgeschwindigkeit ist maßgeblich vom Regelscheibenprofil P_r, der Regelscheibendrehzahl n_r und dem Regelscheibenneigungswinkel α_r abhängig. Das Regelscheibenprofil beeinflusst die Geschwindigkeitsentwicklung vom Schleifspalteinlauf bis zum -auslauf. Bei den Untersuchungen wurde aus diesem Grund eine konventionelle sowie die optimierte Regelscheibenform angewendet. Je länger das zylindrische Werkstück ist, desto größer sind die Bereiche mit Schlupf zwischen Werkstück und Regelscheibe, so dass die Werkstücklänge l_w ebenfalls variiert wurde. Folgende Prozesseinstellungen wurden für die Geschwindigkeitsmessungen ausgewählt:

- Regelscheibenprofil: P_r = konventionell und optimiert
- Regelscheibendrehzahl: n_r = 28; 56; 112 min^{-1}
- Regelscheibenneigungswinkel: α_r = 2; 4°
- Werkstücklänge l_w = 25; 200; 400 mm

Die Schnittgeschwindigkeit ($v_c = v_s - v_w$) wurde bei v_c = 50 m/s ebenso wie das Aufmaß pro Schleifdurchlauf bei z = 0,2 mm konstant gehalten. Das rotierende Abrichten der Schleifscheibe erfolgte mit einer Abrichtzustellung von a_{ed} = 10 µm, einem Abrichtgeschwindigkeitsquotienten von q_d = 0,8 und einem Abrichtüberdeckungsgrad von U_d = 4. Die Regelscheibe wurde mit einem stehenden Abrichter bei einer Abrichtzustellung von a_{ed} = 10 µm und einem Abrichtüberdeckungsgrad von U_d = 8 konditioniert.

Aufgrund der instabilen Auflageschiene bei der Kraftmessung erfolgten diese mit angepasstem Messaufbau, Prozessparametern und mit einer reduzierten Schleifspaltlänge von nur b_s = 250 mm, um die Prozesskräfte und die Durchbiegung des oberen Schienensegments gering zu halten. Die Schruppzone besaß eine Breite von $b_{schrupp}$ = 150 mm, die Ausfunkzone eine Breite von b_{ausf} = 100 mm und die verwendete Werkstücklänge betrug l_w = 50 und 100 mm. Darüber hinaus wurden kontinuierlich Werkstücke zugeführt, so dass ein Werkstückstrang entstand.

7.3.3 Einfluss der Regelscheibenform beim spitzenlosen Durchlaufschleifen
Influence of regulating wheel profile in centreless throughfeed grinding

Die Umfangsgeschwindigkeit an der Regelscheibe resultiert aus der als konstant angenommenen Regelscheibendrehzahl und dem variierenden Regelscheibenradius. Aufgrund der Regelscheibenneigung α_r teilt sich die Regelscheibenumfangsgeschwindigkeit in eine rotatorische und translatorische Geschwindigkeitskomponente am Werkstück auf. Die Werkstückdrehzahl resultiert aus der vorliegenden Werkstückumfangsgeschwindigkeit und dem Werkstückdurchmesser.

Bei den bisher gängigen Regelscheibenabrichtsystemen stellt der Regelscheibenschwenkwinkel keine variable Größe dar und wird mit $\delta_r = 0°$ angenommen. Dies bedeutet, dass es bislang zu jeder Prozesseinstellung nur eine passende Regelscheibenform mit den dazugehörigen Geschwindigkeitsverläufen der Werkstücke gab, die beim Verändern der Prozessparameter jeweils angepasst werden musste. Mit Hilfe der optimierten Regelscheibenform aus Kapitel 6 ist es nun möglich, den Schwenkwinkel δ_r zu variieren und darüber die Ausbildung der Werkstückgeschwindigkeit zu verändern. Bei den Geschwindigkeitsuntersuchungen beim spitzenlosen Durchlaufschleifen wurden die beiden konventionellen sowie die zwei optimierten Regelscheibenprofile betrachtet, die bereits in Kapitel 6.5 diskutiert wurden (siehe **Bild 6-11**). Bei der konventionellen Form war beim Schleifen über Mitte der Auslaufdurchmesser an der Regelscheibe größer als der Einlaufdurchmesser, woraus eine Zunahme der Werkstückgeschwindigkeit resultierte. Die optimierte Regelscheibenform wurde so ausgelegt, dass ihr Auslaufdurchmesser kleiner als ihr Einlaufdurchmesser war, so dass sich die Werkstückgeschwindigkeit verringerte. **Bild 7-11** zeigt für die ausgewählten vier Regelscheibenformen die theoretische Ausbildung der Werkstückdrehzahl $n_w(z_w)$ entlang des Schleifspalts.

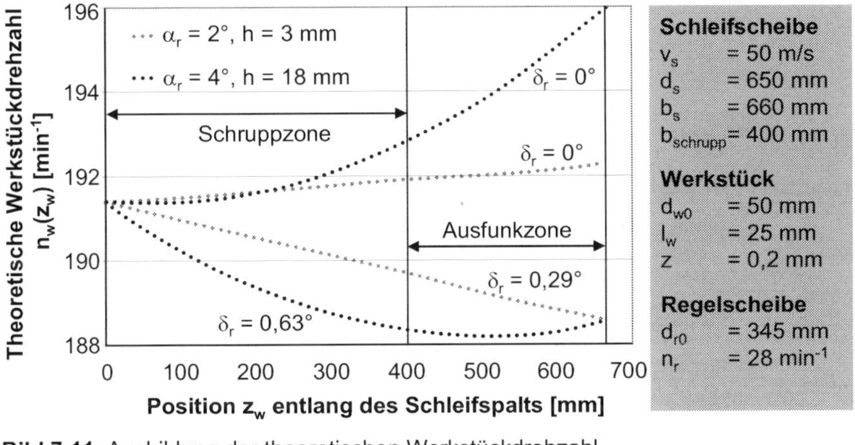

Bild 7-11: Ausbildung der theoretischen Werkstückdrehzahl
Theoretical workpiece rpm

Innerhalb der ersten 400 mm des Schleifspalts erhöht sich die Werkstückdrehzahl aufgrund des Regelscheibenprofils und der Werkstückdurchmesserabnahme. In der darauf folgenden Ausfunkzone ist die theoretische Werkstückdrehzahl proportional zum Regelscheibendurchmesser. In der Praxis kann sich die Werkstückdrehzahl nur wie dargestellt ausbilden, wenn zwischen Werkstück und Regelscheibe kein Schlupf auftritt und die Werkstücklänge als unendlich klein angenommen werden kann. Je länger das Werkstück ist, umso mehr Schlupf muss zwischen den Werkstückbereichen und der hyperbolischen Regelscheibe vorliegen. Erste Schleifuntersuchungen wurden daher mit einer Werkstücklänge von nur l_w = 25 mm durchgeführt.

In **Bild 7-12** ist die gemessene Werkstückdrehzahl an den Sensoren S1 bis S6 für die vier verschiedenen Regelscheibenformen abgebildet. Der axiale Werkstückvorschub von f_a = 11 mm bei einem Regelscheibenneigungswinkel von α_r = 4° betrug fast die Hälfte der Werkstücklänge von l_w = 25 mm. Beim Passieren des Werkstücks an einem Sensor konnten daher größtenteils nur zwei Nutumläufe detektiert werden, aus denen sich nur eine Werkstückdrehzahl berechnen ließ. Die Werkstückdrehzahl zwischen zwei Sensoren konnte mit dem vorliegenden Aufbau nicht bestimmt werden. Ein Vergleich zwischen der gemessenen und der theoretischen Werkstückdrehzahl ergab Abweichungen von unter 0,5 %. Da die optimierte Regelscheibenform eine gezielte Beeinflussung der Werkstückgeschwindigkeit ermöglicht, wurden bei den nachfolgenden Schleifuntersuchungen nur die beiden optimierten Regelscheibenformen $P_{r1}(\delta_r = 0{,}29°)$ und $P_{r2}(\delta_r = 0{,}63°)$ verwendet.

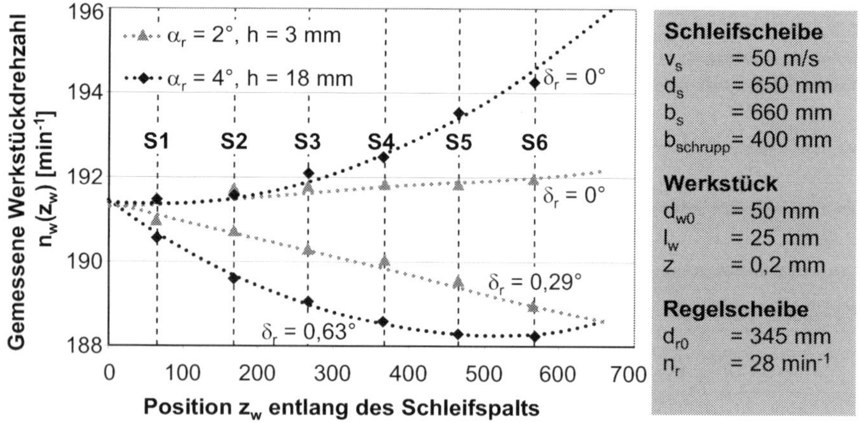

Bild 7-12: Gemessene Werkstückdrehzahl an den Sensoren S1 bis S6

Measured workpiece rpm at sensor S1 to S6

Zwischenfazit: Korrelation mit dem Prozessmodell und der optimierten Regelscheibengeometrie

Die Messungen der Werkstückgeschwindigkeit beim spitzenlosen Durchlaufschleifen zeigten eine gute Übereinstimmung mit den theoretisch berechneten Werten des Prozessmodells. Mit der optimierten Regelscheibenform war es möglich, die Werkstückgeschwindigkeit beim spitzenlosen Durchlaufschleifen so zu steuern, dass am Schleifspaltauslauf eine kleinere Werkstückgeschwindigkeit vorlag als am Schleifspalteinlauf. Durch die optimierte Regelscheibengeometrie wurde die Möglichkeit geschaffen, in spitzenlosen Durchlaufschleifoperationen die Werkstückgeschwindigkeit der Werkstückgeometrie anzupassen, so dass Prozessinstabilitäten vermieden werden (siehe Kapitel 6.4).

7.3.4 Einfluss der Werkstücklänge beim spitzenlosen Durchlaufschleifen

Influence of workpiece length in centreless throughfeed grinding

Bei den ersten Schleifuntersuchungen mit einer Werkstücklänge von l_w = 25 mm betrug der gemessene Schlupf zwischen Werkstück und Regelscheibe weniger als 0,5 %. Im Anschluss wurde die Werkstücklänge auf l_w = 200 und 400 mm vergrößert. Zum Einen wurde durch die Werkstückverlängerung ein größerer Schlupf zwischen Werkstück und Regelscheibe erzwungen, zum Anderen war die Werkstücklänge größer als der Abstand zwischen den Sensoren. Beim Verlassen eines Sensorbereichs zwischen den Sensoren S1 bis S6 war das Werkstück gleichzeitig im nachfolgenden Sensorbereich, so dass die Drehzahl stets an einem der Sensoren bestimmt werden konnte. Dies ermöglichte ein Aneinanderreihen der gemessenen Drehzahlen, so dass eine durchgängige Drehzahlüberwachung von der ersten Messung an Sensor 1 bis zur letzten Messung an Sensor 6 erfolgte.

Bild 7-13 zeigt den Verlauf der gemessenen und der theoretischen Werkstückdrehzahl im Schleifprozess für eine Werkstücklänge von l_w = 200 mm. Die vordere Werkstückkante gibt dabei die Position z_w entlang des Schleifspalts an.

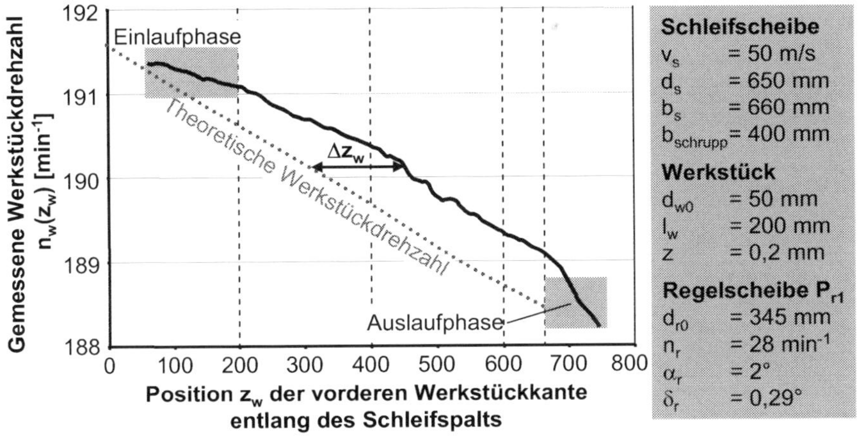

Bild 7-13: Werkstückdrehzahl im Schleifprozess bei l_w = 200 mm

Workpiece rpm during grinding process with l_w = 200 mm

Die erste Drehzahlmessung erfolgte, als die vordere Kante des Werkstücks 60 mm in den Schleifspalt eingelaufen war und den Sensorbereich 1 erreichte. Nachdem die vordere Werkstückkante die Position z_w = 200 mm passierte, war das Werkstück mit seiner gesamten Länge innerhalb der Schruppzone. Ab Position z_w = 400 mm verließ die vordere Werkstückkante die Schruppzone und lief in die Ausfunkzone ein, bis sich ab z_w = 600 mm das gesamte Werkstück in der Ausfunkzone befand. Die vordere Werkstückkante bewegte sich ab Position z_w = 660 mm aus dem Schleifspalt heraus und das Werkstück befand sich in der Auslaufphase. Nachdem die vordere Werkstückkante die Position z_w = 760 mm erreichte, verließ die hintere Werkstückkante den Sensorbereich 6, so dass keine Werkstückdrehzahl mehr bestimmt werden konnte.

Die theoretisch vorliegende Drehzahl, die sich aus dem Regelscheibenprofil und der -drehzahl ergab, war nahezu um 0,5 bis 0,8 mm^{-1} kleiner als die gemessenen Werkstückdrehzahl. Dies bedeutet, dass die tatsächliche Werkstückdrehzahl um Δz_w = 100 bis 200 mm hinter der vorderen Werkstückkante der theoretischen Drehzahl entsprach. Berücksichtigt man die erste exemplarische Näherung der Beschleunigungskräfte auf das Werkstück beim spitzenlosen Durchlaufschleifen aus Kapitel 4.5 (siehe **Bild 4-10**), so gab es auf dem Werkstück einen Bereich, in dem sich die bremsenden und beschleunigenden Kräfte auf das Werkstück aufhoben. Die Breite der beschleunigenden und bremsenden Zone entsprach der Breite des Werkstücks, die sich im Schleifspalt befand. In der Einlaufphase war nur ein Teil des Werkstücks im Schleifspalt, so dass die Differenz zwischen der gemessenen und theoretischen Werkstückdrehzahl noch geringer war als in den folgenden Bereichen. Als sich das Werkstück komplett in der Schruppzone befand, betrug der Abstand zwischen der theoretischen und gemessenen Drehzahl ungefähr Δz_w = 150 mm. Das bedeutet, dass sich die Beschleunigungskräfte 150 mm hinter der vorderen Werkstückkante aufgehoben haben. Dies entspricht mehr als der Hälfte der Werkstücklänge. Demnach waren, wie bereits in **Randbedingung 9** beschrieben, die Kräfte am hinteren Werkstückteil größer als am vorderen. Beim Übergang des Werkstücks von der Schruppzone in die Ausfunkzone (Position z_w = 400 bis 600 mm) traten leichte Drehzahlschwankungen auf, die voraussichtlich durch die ungleichen Kraftgrößen der beiden Zonen hervorgerufen wurden. Nachdem die vordere Werkstückkante den Schleifspalt verlassen hatte, verringerte sich die Breite der Kraftzone und die Drehzahldifferenz zwischen den beiden Kurven wurde wieder geringer.

Das Erhöhen der Werkstücklänge von l_w = 25 auf 200 mm führte zu einer Abweichung der tatsächlichen zu der theoretisch berechneten Werkstückdrehzahl. Es entstanden Bereiche entlang der Werkstücklänge, an denen zwischen Werkstück und Regelscheibe Relativgeschwindigkeiten vorlagen, die zu bremsenden und beschleunigenden Kräften führten. Mit zunehmender Werkstücklänge vergrößerten sich die Werkstückbereiche, an denen Relativgeschwindigkeiten auftraten. Der Vergleich der gemessenen Werkstückumfangsgeschwindigkeit mit der vorliegenden Umfangsgeschwindigkeit der Regelscheibe war nicht möglich, da es in diesem Fall zu einer Verschiebung der Geschwindigkeiten entlang des Schleifspalts kam. Die Werkstückdrehzahl konnte in diesem Fall nicht alleine aus der Regelscheibenumfangsgeschwindigkeit bestimmt werden, sondern erfordert das Anwenden des erzeugten Prozessmodells, welches die veränderten Beschleunigungsbedingungen entlang der Werkstückachse berücksichtigt.

Im **Bild 7-14** ist der Verlauf der theoretischen und gemessenen Werkstückdrehzahl für eine Werkstücklänge von l_w = 400 mm dargestellt. Da die Werkstücklänge gleich der Länge der Schruppzone war, befand sich das Werkstück stets in mehreren Schleifzonen bzw. außerhalb des Schleifspalts. In der Einlaufphase des Werkstücks vergrößerte sich die auf das Werkstück wirkende Kraftzone und die Entfernung zwischen theoretischer und gemessener Werkstückdrehzahl vergrößerte sich auf ungefähr Δz_w = 300 mm. Im Anschluss blieb der Abstand zwischen den beiden Kurven nahezu konstant mit Δz_w = 300 mm. Als die vordere Werkstückkante den Schleifspalt verließ, verringerte sich ebenfalls der Abstand zwischen beiden Kurven. Der Punkt am Werkstück, an dem sich die beschleunigenden und bremsenden Kräfte aufgehoben haben, war demnach 300 mm von der vorderen Werkstückkante entfernt. Wie bei der vorherigen Messung war dies mehr als die Hälfte der Werkstücklänge. Demnach traten auch bei dieser Einstellung die größten Prozesskräfte am hinteren Werkstückteil auf.

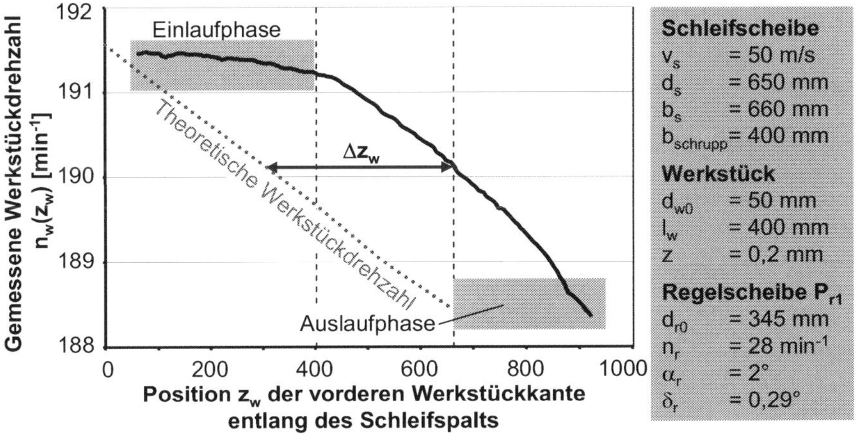

Bild 7-14: Werkstückdrehzahl im Schleifprozess bei l_w = 400 mm

Workpiece rpm during grinding process with l_w = 400 mm

Eine konstante Verteilung der Schleifkräfte entlang der Werkstücklänge in die einzelnen Schleifzonen ist nur bedingt möglich (siehe Kapitel 7.3.7). Kleine Positionierabweichungen der Schleifspaltkomponenten und Formfehler, wie sie beispielsweise aufgrund von Verschleiß entstehen, können dazu führen, dass die Zustellung des vergleichsweise geringen Aufmaßes entlang der Schruppzone ungleichförmig ist. Für die untersuchten Schleifprozesse liegt aufgrund der gemessenen Werkstückdrehzahl der Schluss nahe, dass die Zustellung a_e und die damit verbundenen Prozesskräfte vom Anfang der Schruppzone zum Ende hin kleiner wurden und dadurch der hintere Werkstückbereich für die Drehzahlausbildung des Werkstücks dominant war.

Zwischenfazit: Korrelation mit dem Prozessmodell und der optimierten Regelscheibengeometrie

Anhand der Werkstücklänge von l_w = 200 und 400 mm wurde nachgewiesen, dass längere Werkstücke zu größeren Bereichen entlang der Werkstückachse führen, an denen zwischen Werkstück und Regelscheibe Relativgeschwindigkeiten auftreten. Ein Vergleich der Werkstückumfangsgeschwindigkeit und der Regelscheibenumfangsgeschwindigkeit führte zu Abweichungen entlang der Werkstückachse. Der Bereich zwischen Werkstück und Regelscheibe, in dem keine Relativgeschwindigkeit vorlag, war allerdings nicht in der Mitte des Werkstücks. Die Verteilung der bremsenden und beschleunigenden Kräfte ist folglich nicht durch die Mitte des Werkstücks vorgegeben, sondern muss aus den Prozesskräften und dem Prozessmodell berechnet werden. Dies bestätigt **Randbedingung 9**, nach der die Kräfte entlang der Werkstückachse von ihrem Durchmesser abhängig sind. Beim spitzenlosen Durchlaufschleifen besitzt der hintere Werkstückbereich, der als letztes in den Schleifspalt einläuft, den größten Durchmesser, so dass dort die größten Kräfte vorliegen. Dies konnte in den Messungen nachgewiesen werden, da der Bereich mit übereinstimmender Werkstück- und Regelscheibenumfangsgeschwindigkeit innerhalb der hinteren Werkstückhälfte lag.

7.3.5 Einfluss des Regelscheibenneigungswinkels beim spitzenlosen Durchlaufschleifen

Influence of regulating wheel inclination angle in centreless throughfeed grinding

Bei einem Regelscheibenneigungswinkel von α_r = 4° war die hyperbolische Form der Regelscheibe stärker ausgeprägt als bei α_r = 2°. Die theoretische Werkstückdrehzahl sank daher in der vorderen Hälfte des Schleifspalts stark ab und stieg am Ende des Schleifspalts wieder leicht an (siehe **Bild 7-15**).

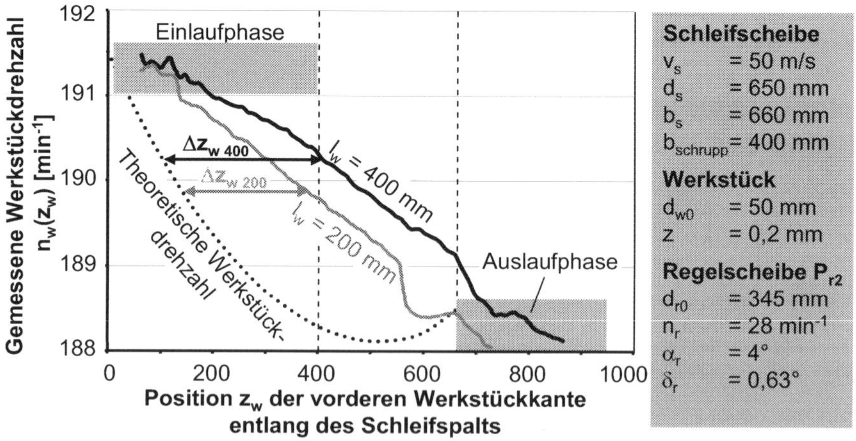

Bild 7-15: Werkstückdrehzahl im Schleifprozess bei α_r = 4°

Workpiece rpm during grinding process with α_r = 4°

Die beiden gemessenen Werkstückdrehzahlverläufe im Schleifprozess waren wie bei den vorherigen Messungen zur theoretischen Drehzahl um mehr als die Hälfte der Werkstücklänge zueinander verschoben. Nachdem das kürzere Werkstück die Schruppzone größtenteils verlassen hatte, sank die Werkstückdrehzahl gemäß der hyperbolischen Form und stieg anschließend wieder leicht an. Bei dem längeren Werkstück war diese Geschwindigkeitsvariation am Schleifspaltende wesentlich geringer ausgeprägt. Aufgrund der großen Werkstücklänge befand sich das Werkstück gleichzeitig im abfallenden und aufsteigenden Geschwindigkeitsbereich, so dass sich die Beschleunigungen überwiegend aufhoben. Es ist zusätzlich zu erwähnen, dass die Bearbeitungskräfte auf das Werkstück in der Ausfunkzone vergleichsweise gering sind. Kleine Schwankungen bei den Beschleunigungskräften konnten daher bei einem Werkstück der Länge l_w = 400 mm mit einem Gewicht von m_w = 2 kg nicht immer zu einer Änderung der Drehzahl führen.

Zwischenfazit: Korrelation mit dem Prozessmodell und der optimierten Regelscheibengeometrie

Das Vergrößern des Regelscheibenneigungswinkels führte zu einer größeren Variation des Regelscheibendurchmessers und damit zu größeren Relativgeschwindigkeiten zwischen Werkstück und Regelscheibe. Mit zunehmender Werkstücklänge vergrößerten sich die Bereiche mit Relativgeschwindigkeit, welche im Spitzenlosschleifprozess zu Prozessinstabilitäten und Schwingungen führen können und daher vermieden werden sollen. Mit der optimierten Regelscheibengeometrie kann die Variation des Regelscheibendurchmessers minimiert werden, welches ebenfalls die Bereiche der Relativgeschwindigkeit verringert. Das Prozessmodell und die optimierte Regelscheibenform ermöglichen hierdurch, Relativgeschwindigkeiten zu verringern und Prozessinstabilitäten zu vermeiden.

7.3.6 Einfluss der Werkstückdrehzahl beim spitzenlosen Durchlaufschleifen
Influence of workpiece rpm in centreless grinding

In **Bild 7-16** sind die gemessenen Drehzahlverläufe des Werkstücks bei einer erhöhten Regelscheibendrehzahl von n_r = 56 und 112 min^{-1} dargestellt. Da die theoretische Werkstückdrehzahl proportional zur Regelscheibendrehzahl ist, gilt der Kurvenverlauf für beide Drehzahlbereiche der y-Achsen. Die gemessene Werkstückdrehzahl bei n_r = 56 min^{-1} ähnelte dem Verlauf bei der Regelscheibendrehzahl von n_r = 28 min^{-1}. Der Drehzahlverlauf des Werkstücks besaß allerdings im Vergleich zur niedrigeren Regelscheibendrehzahl kleinere Schwankungen. Eine weitere Erhöhung der Regelscheibendrehzahl auf n_r = 112 min^{-1} führte gerade in der hinteren Hälfte des Schleifspalts zu einer stark schwankenden Werkstückdrehzahl. Der Abstand zwischen der gemessenen Werkstückdrehzahl und der theoretischen Werkstückdrehzahl Δz_w verringerte sich bei zunehmender Regelscheibendrehzahl. In den Schleifuntersuchungen beim spitzenlosen Einstechschleifen wurde festgestellt, dass die Reibkräfte an der Auflageschiene mit steigender Werkstückdrehzahl anstiegen (siehe **Bild 10-3**). Für eine Regelscheibendrehzahl von n_r = 112 min^{-1} wirken aus diesem Grund stärkere bremsende Kräfte der Auflageschiene auf das Werkstück als bei den niedrigeren Werkstückdrehzahlen. Das Gleichgewicht zwischen den beschleunigend und bremsend wirkenden Kräfte der Regelscheibe auf das Werkstück konnte hierdurch verschoben werden, so dass die Abweichung der gemessenen zur theoretischen Werkstückdrehzahl im Vergleich zur niedrigeren Regelscheibendrehzahl geringer ausfiel.

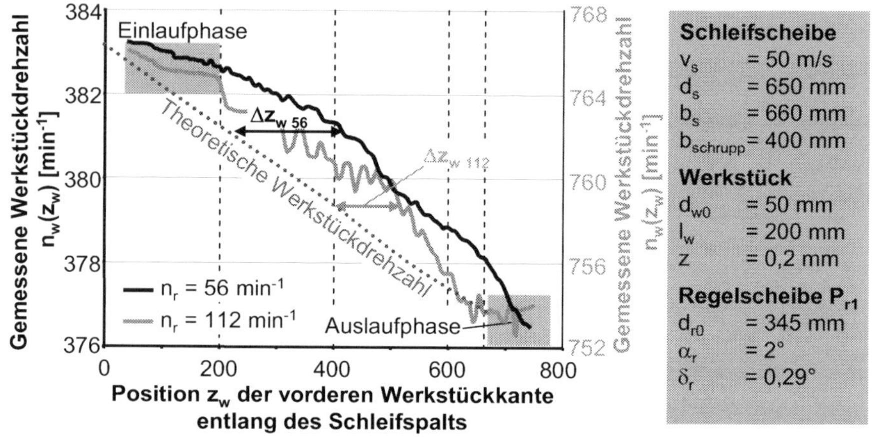

Bild 7-16: Werkstückdrehzahl im Schleifprozess bei erhöhter Regelscheibendrehzahl
Workpiece rpm during grinding process with increased regulating wheel rpm

7.3.7 Kraftentwicklung beim spitzenlosen Durchlaufschleifen
Process forces in centreless throughfeed grinding

Der Verlauf der gemessenen Vertikalkräfte an der Auflageschiene F_{ya} beim spitzenlosen Durchlaufschleifen einzelner Werkstücke ist in Abhängigkeit von der Regelscheibendrehzahl in **Bild 7-17** dargestellt. Innerhalb der ersten 50 mm lief das Werkstück in die Schruppzone ein, was zu einem Anstieg der Auflageschienenkräfte führte. Ab Position z_w = 150 mm verließ das Werkstück die Schruppzone, bis es sich ab Position z_w = 200 mm mit der gesamten Länge in der Ausfunkzone befand. Mit dem Auslaufen aus der Schruppzone reduzierten sich die Prozesskräfte. Zu dem Zeitpunkt, als sich das Werkstück komplett in der Schruppzone befand, traten die maximalen Kräfte an der Auflageschiene auf. Kleine geometrische Abweichungen im Schleifspalt führen zu einer ungleichförmigen Zustellung a_e, die Schwankungen im Kraftsignal erzeugen können. Dieser Zusammenhang wurde bereits bei den Drehzahlmessungen beim spitzenlosen Durchlaufschleifen dargestellt und konnte hier bei den durchgeführten Kraftmessungen nachgewiesen werden.

Um das bezogene Zeitspanungsvolumen Q'_w zu erhöhen, wurde die Regelscheibendrehzahl vergrößert. Mit höherer Regelscheibendrehzahl stiegen die Maximalkräfte in der Schruppzone an. Da eine Erhöhung des bezogenen Zeitspanungsvolumens Q'_w zu einer Variation der Zerspanbedingungen in Form von Reib- und Umformanteilen führt, stiegen die Kräfte nicht proportional zur Regelscheibendrehzahl an. Mit zunehmenden Prozesskräften erhöht sich die notwendige Entspannung in der Ausfunkzone. Mit steigender Regelscheibendrehzahl vergrößerten sich daher die Kräfte in der Ausfunkzone. Bei der größten Regelscheibendrehzahl mit n_r = 70 min^{-1} war kaum noch ein Anstieg der Kräfte im Vergleich zu $n_r = 54\ min^{-1}$ erkennbar. Das Kraftsignal war von einer leichten Schwingung überlagert, die während des Prozesses akustisch zu vernehmen war. In diesem Fall waren die Prozesskräfte so groß, dass sich die Kraftmessschiene zu sehr verbog und es zu Prozessinstabilitäten kam. Aus diesem Grund wurde die Regelscheibendrehzahl und damit das bezogene Zeitspanungsvolumen Q'_w nicht weiter erhöht.

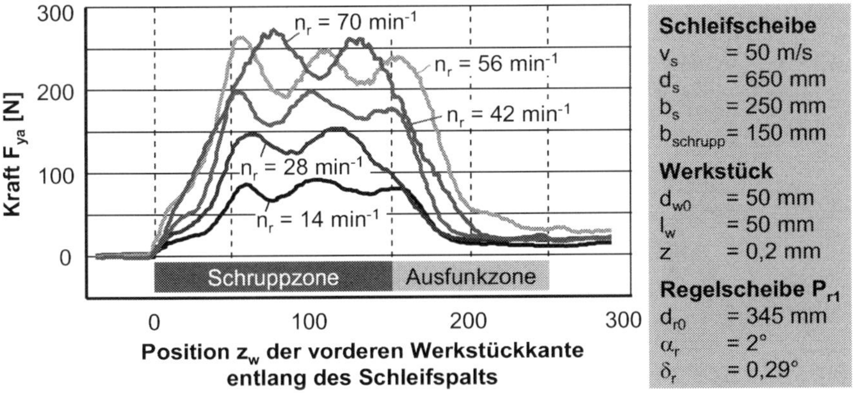

Bild 7-17: Auflageschienenkräfte F_{ya} entlang des Schleifspalts mit $l_w = 50$ mm

Forces on workrest blade F_{ya} along the grinding gap with $l_w = 50$ mm

Zwischenfazit: Korrelation mit dem Prozessmodell

Die Prozesskräfte stellen eine wichtige Eingangsgröße für das entwickelte Prozessmodell dar. Mit der Kraftmessung beim spitzenlosen Durchlaufschleifen konnte gezeigt werden, dass der Verlauf der Prozesskräfte innerhalb der Schrupp- und Ausfunkzone variieren kann. Die Kraftgrößen als Eingangsgrößen für das Prozessmodell stehen aus diesem Grund nur mit kleinen Abweichungen zur Verfügung.

Zusätzlich zur Vertikalkraft wurde an der Auflageschiene die Horizontalkraft gemessen. Ähnlich wie bei den Schleifuntersuchungen im spitzenlosen Einstechschleifen verlief die Horizontalkraft parallel zur Vertikalkraft. Aus den beiden Kraftkomponenten ergab sich wie in Kapitel 7.2.3 an der Auflageschiene ein konstanter Reibwert von $\mu_a \approx 0{,}22$, weshalb an dieser Stelle nicht näher auf die Horizontalkraftkomponenten eingegangen wird.

Neben den Horizontal- und Vertikalkraftkomponenten auf die Auflageschiene wurde mit den triaxialen Kraftmessquarzen ebenfalls die Kraft in Längsrichtung (z-Achse) gemessen (siehe **Bild 7-18**). Nach einem Kraftanstieg in der Einlaufphase folgte ein leichter Abfall der Kraftkomponente, die nach dem Auslaufen des Werkstücks aus der Schruppzone auf den Wert null in der Ausfunkzone abfiel. Der Verlauf der Längskraft ähnelt der Kraftentwicklung der Vertikalkraftkomponente. Die auftretenden Kraftwerte betrugen allerdings nur ungefähr 4 % der Vertikalkraft auf die Auflageschiene und für die gewählte Prozesseinstellung weniger als 3 % der Schleifkräfte.

Im Vergleich zu den anderen Prozesskräften ist die Längskraft an der Auflageschiene vergleichsweise gering, so dass sie für die Berechnungen im Prozessmodell als vernachlässigbar eingestuft wurde. Dies bestätigt die Annahmen von **Randbedingung 8**, nach der beim spitzenlosen Durchlaufschleifen die Axialkräfte als vernachlässigbar angenommen werden können.

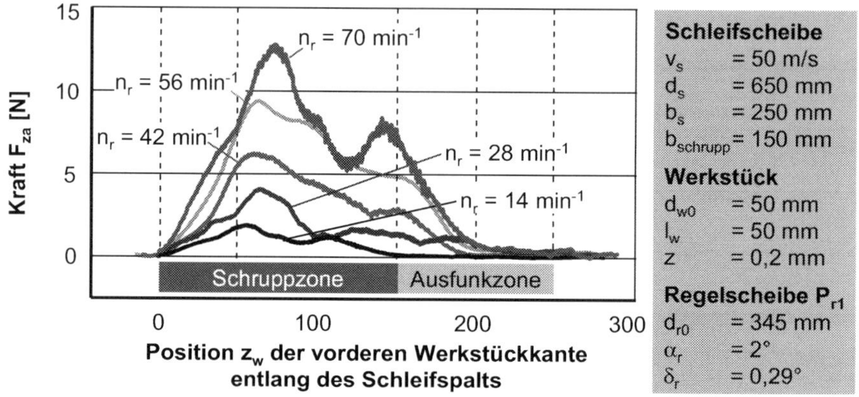

Bild 7-18: Auflageschienenkräfte F_{za} entlang des Schleifspalts mit l_w = 50 mm

Forces on workrest blade F_{za} along the grinding gap with l_w = 50 mm

Die Ausbildung der Vertikalkräfte an der Auflageschiene bei einer Werkstücklänge von l_w = 100 mm ergab einen ähnlichen Verlauf wie bei der untersuchten Werkstücklänge von l_w = 50 mm und wird daher an dieser Stelle nicht diskutiert. Der Kraftverlauf ist in **Bild 10-4** im Bildanhang abgebildet.

Bild 7-19 zeigt den Kraftverlauf der Vertikalkräfte bei einer kontinuierlichen Werkstückzuführung im Strang. Die Positionsangabe bezieht sich auf die Werkstückkante des vorderen Werkstücks. Die Werkstückzufuhr wurde unterbrochen, nachdem ungefähr 800 mm Werkstücklänge in den Schleifspalt zugeführt wurden. Ab der Position z_w = 250 mm hatte sich der gesamte Schleifspalt mit Werkstücken gefüllt. Bei einer Regelscheibendrehzahl von n_r = 14 und 28 min^{-1} stellte sich nach der Einlaufphase ein nahezu konstantes Kraftniveau ein. Die kleinen harmonischen Kraftschwankungen erreichten pro Regelscheibenumdrehung ihr Maximum. Wie beim spitzenlosen Einstechschleifen konnte daher ebenfalls beim spitzenlosen Durchlaufschleifen mit Hilfe der Kraftmessung eine Unwucht der Regelscheibe nachgewiesen werden. Die erhöhte Regelscheibendrehzahl von n_r = 42 min^{-1} führte aufgrund der resultierenden hohen Bearbeitungskräfte zu hochfrequenten Schwingungen im Schleifprozess und zu Prozessinstabilitäten, weshalb keine Untersuchungen mit größeren Regelscheibendrehzahlen durchgeführt wurden. Die Stabilität der Auflageschiene ist durch die Anzahl und Auswahl der Kraftmessquarze begrenzt. Bei der Auswahl von größeren Werkstückdurchmessern kann eine breitere Auflageschiene verwendet werden, die eine Aufnahme von größeren Kraftmessquarzen mit höherer Steifigkeit ermöglicht.

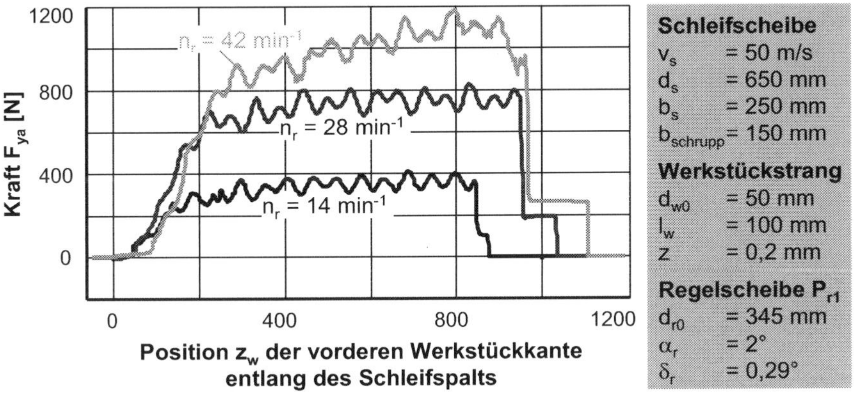

Bild 7-19: Auflageschienenkräfte F_{ya} beim kontinuierlichen Durchlaufschleifen
Forces on workrest blade F_{ya} during continuous throughfeed grinding

Zwischenfazit: Korrelation mit dem Prozessmodell

Das Messen der Prozesskräfte beim spitzenlosen Durchlaufschleifen konnte für einzelne sowie kontinuierlich zugeführte Werkstücke im Strang erfolgen. Beim kontinuierlichen Durchlaufschleifen stellte sich nach einer kurzen Einlaufzeit ein nahezu konstantes Kraftniveau ein. Für das kontinuierliche Durchlaufschleifen ergeben sich hieraus konstante Krafteingangsgrößen für das Prozessmodell. Dies ermöglicht das Anwenden des Prozessmodells beim spitzenlosen Durchlaufschleifen von einzelnen Werkstücken sowie kontinuierlicher Werkstückzufuhr im Strang.

7.4 Zwischenfazit zur Ausbildung der Werkstückgeschwindigkeit und Prozesskräfte beim spitzenlosen Einstech- und Durchlaufschleifen

Interim results of workpiece velocity and process forces in centreless plunge-cut and throughfeed grinding

Mit den ausgewählten Versuchsaufbauten wurden im spitzenlosen Einstechschleifprozess die Kräfte an Auflageschiene und Axialanschlag erfolgreich gemessen sowie die Werkstückdrehzahl überwacht. Die für das Prozessmodell aufgestellten **Randbedingungen** wurden mit Hilfe der Kraft- und Geschwindigkeitsmessung bestätigt. Je nach Absatzbreite und den daraus resultierenden Prozesskräften konnte die Werkstückdrehzahl im Prozess so gesteuert werden, dass an Absatzdurchmesser 1 oder 2 der gewählten Werkstückform eine Abrollbewegung zwischen Werkstück und Regelscheibe vorlag. In Abhängigkeit von der Reihenfolge der bearbeiteten Absätze wurde ein Sprung der Werkstückdrehzahl detektiert, wenn das Abrollen von einem Absatzdurchmesser auf den anderen wechselte. Anhand der Prozesskräfte und der gewählten Prozessparameter konnten die Drehzahlübergänge mit dem Prozessmodell berechnet werden, die mit den gemessenen Drehzahlen übereinstimmten.

Mit den Schleifuntersuchungen in den Drehzahlübergangsbereichen wurde nachgewiesen, dass es vereinzelt Prozessbedingungen geben kann, bei denen an allen

Berührflächen zwischen Werkstück und Regelscheibe Schlupf auftritt. Das Erzielen dieser Prozessbedingungen erwies sich allerdings als schwierig, da die Toleranzen der Parametereinstellungen sehr eng ausfielen. Für einen typischen Spitzenlosschleifprozess, bei dem nicht explizit ein Übergangsbereich getroffen werden soll, ist das Auftreten von unvorhersehbaren Drehzahlsprüngen des Werkstücks daher eher unwahrscheinlich. Kapitel 4 zeigte darüber hinaus, dass eine auftretende Relativgeschwindigkeit den Reibwert an der Regelscheibe aufgrund von Verschleiß und Zusetzung verringert. Mit steigender Prozessdauer werden daher die Voraussetzungen zum Übergang der Werkstückdrehzahl von einem in den anderen Bereich verkleinert. Durch das Abrichten der Regelscheibe wird der Verschleißzustand der Regelscheibe wieder zurückgesetzt und der größte Reibwert an allen Berührflächen erzeugt, so dass nach einem Abrichtprozess ein Drehzahlübergang auftreten kann.

Sollte mit Hilfe des Prozessmodells ein kritischer Bereich von Drehzahlübergängen berechnet werden, der im Schleifprozess vermieden werden muss, so empfiehlt sich eine geringfügige Umprofilierung des Regelscheibenprofils. Bereits das Zurücksetzen von wenigen µm des Regelscheibenprofils an den Absatzbereichen, an denen eine Relativgeschwindigkeit zwischen Werkstück und Regelscheibe auftreten soll, verringert die dort wirkenden Kräfte um mehr als 14 N (siehe Kapitel 5.5). Hierdurch kann auf die Kraftverteilung am Werkstückprofil Einfluss genommen werden, so dass kritische Drehzahlübergangsbereiche vermieden werden können.

Die Ausbildung der Werkstückgeschwindigkeit und der Prozesskräfte beim spitzenlosen Durchlaufschleifen wurde ebenfalls erfolgreich überwacht. Dabei ließ sich der Geschwindigkeitsverlauf der Werkstücke durch die Auswahl einer geeigneten optimierten Regelscheibenform aus Kapitel 6 beeinflussen. Mit zunehmender Werkstücklänge traten größere Differenzen bei den Beschleunigungskräften auf das Werkstück auf. Es konnte ein Bereich auf dem Werkstück nachgewiesen werden, bei dem sich die Beschleunigungskräfte in Werkstückumfangsrichtung aufhoben, so dass sich dort eine identische Umfangsgeschwindigkeit zwischen Werkstück und Regelscheibe ausbildete. Die Beschleunigungskräfte sind stark von der Profilierung des Schleifspalts abhängig. Eine gleichmäßige Kraftausbildung innerhalb der Schleifzonen ist verschleißbedingt und aufgrund der notwendigen Positioniergenauigkeit der Schleifspaltkomponenten zueinander nur schwer realisierbar, wie in zusätzlichen Kraftmessungen beim spitzenlosen Durchlaufschleifen ebenfalls nachgewiesen werden konnte. Daher ist den theoretischen Prozesskräften in der Praxis eine Schwankung überlagert, so dass die auftretenden Prozesskräfte nur mit kleinen Abweichungen für das Prozessmodell zur Verfügung stehen.

Im erstellten Prozessmodell wurde das Verständnis der Interaktion zwischen Werkstück und Regelscheibe zusammengefasst. Es wurden Reibparameter zwischen Werkstück und Regelscheibe bestimmt und eine optimierte Regelscheibenform entwickelt, die zusammen mit dem Prozessmodell ein Steuern der Kräfte und Werkstückgeschwindigkeiten beim spitzenlosen Einstech- und Durchlaufschleifen ermöglichten, so dass die ***Forschungshypothese*** verifiziert wurde.

8. Zusammenfassung

Summary

Die Zielsetzung der vorliegenden Arbeit war die Entwicklung eines Prozessmodells zur Beschreibung der Kräfte und Werkstückgeschwindigkeiten beim spitzenlosen Einstech- und Durchlaufschleifen. Dabei sollten die wesentlichen Reibmechanismen zwischen Werkstück und Regelscheibe als Eingangsgrößen für das Beschreibungsmodell untersucht sowie die Regelscheibenform hinsichtlich des Profilierungsaufwandes und der Ausbildung der Werkstückgeschwindigkeit optimiert werden. Nur so ist eine Vorhersage und Steuerung der Werkstückgeschwindigkeit im Spitzenlosschleifen möglich.

Die Werkstückgeschwindigkeit resultiert beim Spitzenlosschleifen aus den Beschleunigungskräften auf das Werkstück. Bisher verfügbare Modelle berücksichtigten lediglich zylindrische Werkstücke, wie sie nur bei wenigen Anwendungen im spitzenlosen Einstechschleifen vorkommen. Durch das Erweitern der vorhandenen Modellierungsansätze konnte erstmals die Ausbildung der Prozesskräfte für das spitzenlose Durchlaufschleifen sowie für profilierte Werkstücke beim spitzenlosen Einstechschleifen simuliert werden. Hierzu wurden zusätzliche Randbedingungen aufgestellt, die ein Berechnen der unbekannten Kraftkomponenten im Schleifspalt und der Beschleunigungskräfte auf das Werkstück ermöglichen. Das Kategorisieren von Geschwindigkeitsbereichen des Werkstücks führte zu Gleichgewichtsbedingungen, mit dessen Hilfe die Ausbildung der Werkstückgeschwindigkeit vor, während und nach dem Schleifprozess berechnet werden können. Auf Grundlage der erweiterten Kraftmodelle mit den zusätzlichen Randbedingungen für profilierte Werkstücke sowie der Gleichgewichtsbedingungen wurde ein Prozessmodell erstellt, das die Kraft- und Geschwindigkeitsausbildung im spitzenlosen Einstech- und Durchlaufschleifen beschreibt.

Um die bislang unbekannten Eingangsgrößen für das Prozessmodell zu bestimmen, wurde ein neuartiger Reibprüfstand für das Spitzenlosschleifen entwickelt und eingesetzt, der das Messen des Reibwerts zwischen Werkstück und Regelscheibe unter Fertigungsbedingungen innerhalb einer Spitzenlosschleifmaschine ermöglicht. Bei den Reibmessungen wies die Regelscheibe bereits während der ersten Umdrehungen ein Verschleiß- und Zusetzungsverhalten auf, was einen dominanten Einfluss auf den Reibwert besaß. Eine neu entwickelte Messstrategie verringerte den Regelscheibenverschleiß und ermöglichte die Analyse des Reibwerts in Abhängigkeit von unterschiedlichen Werkstückdurchmessern, Kühlschmierstoffmengen, Abrichtparametern sowie Spezifikationen, Breiten und Drehzahlen der Regelscheibe. Der Reibprüfstand führte erstmals zu einem erfolgreichen Messverfahren mit hoher Reproduzierbarkeit und Genauigkeit, mit dessen Hilfe auch zukünftig unbekannte Reibkoeffizienten zwischen Werkstück und Regelscheibe ermittelt werden können.

Der Einsatz von bisher verwendeten konventionellen Regelscheibenformen beim spitzenlosen Durchlaufschleifen führt bei einer Variation von Prozesseinstellungen zu hohen Abrichtaufmaßen und ermöglicht nicht das Beeinflussen der Geschwindigkeitsentwicklung der Werkstücke entlang des Schleifspalts. In dieser Arbeit wurde eine optimierte Regelscheibenform hergeleitet, mit der das Abrichtvolumen reduziert und die Ausbildung der Werkstückgeschwindigkeit gesteuert werden kann. Durch ein Schwenken und Neigen der Regelscheibe wurde es möglich, die Regelscheibenkontur an bestehende Ein- und Auslaufdurchmesser der Regelscheibe anzupassen. Anhand eines Beispiels wurde exemplarisch dargestellt, dass bei einem notwendigen Umprofilierungsvorgang das Abrichtvolumen um 75 % reduziert werden kann, was ein Minimieren der Abrichtzeit um 400 % und ein Erhöhen der Lebensdauer um 75 % ermöglichte. Darüber hinaus ermöglicht die optimierte Regelscheibengeometrie die Auswahl von geeigneten Ein- und Auslaufdurchmessern der Regelscheibe, um die Vorschubgeschwindigkeit der Werkstücke im Schleifspalt so zu steuern, dass ein Spalt zwischen aufeinanderfolgenden Werkstücken vermieden wird. Dies führt bei kurzen Werkstücken, die zu einem Verkippen im Schleifspalt neigen, zu einer prozessstabilen Bearbeitung. Zusätzlich verringert die optimierte Regelscheibenform im Vergleich zur konventionellen Form eine Verlagerung des Werkstückmittelpunkts entlang des Schleifspalts, wodurch die Entwicklung von Massenträgheitskräften auf das Werkstück reduziert und die dynamische Stabilität des Schleifprozesses erhöht wird.

Das erstellte Prozessmodell wurde beispielhaft für das spitzenlose Einstech- und Durchlaufschleifen angewendet und validiert. Im spitzenlosen Einstechschleifverfahren wurde die Kraft- und Geschwindigkeitsausbildung eines profilierten Werkstücks während des Schleifprozesses überwacht. Mit Hilfe des Prozessmodells konnten die Prozesseinstellungen berechnet werden, ab denen ein Werkstückdrehzahlsprung aufgrund der beiden Absatzdurchmesser stattfand. Dieser kritische Übergang der Werkstückdrehzahl wurde in Schleifversuchen für die berechneten Parameter nachgewiesen sowie Einstellempfehlungen abgeleitet, die zu einem Vermeiden von Drehzahlsprüngen führen. Beim spitzenlosen Durchlaufschleifen wurde mit dem Prozessmodell der Verlauf der Beschleunigungskräfte entlang des Werkstücks berechnet, was ein Ableiten der Geschwindigkeitsentwicklung der Werkstücke ermöglichte. Schleifuntersuchungen im spitzenlosen Durchlaufschleifen zeigten eine Übereinstimmung der Verteilung der Beschleunigungskräfte und Ausbildung der Werkstückdrehzahl entlang des Schleifspalts. Geringe Abweichungen des Schleifscheibenprofils, wie sie durch Verschleiß entstehen können, führten zu Schwankungen der Schleifkräfte im Schleifspalt, was durch Kraftmessungen beim spitzenlosen Durchlaufschleifen bestätigt wurde. Diese Kraftschwankungen führten zu einer Verschiebung der Beschleunigungskräfte auf das Werkstück, wie bei den Geschwindigkeitsmessungen ebenfalls festgestellt wurde.

Die in dieser Arbeit erzielten Ergebnisse zeigen zudem weitere Forschungspotentiale auf, die im Bereich der Reibwertmessung und der Erweiterung von Werkstückkonturzügen für das Prozessmodell liegen. Darüber hinaus kann der Einsatz eines Regelscheibenverbundes aus verschiedenen Regelscheibenspezifikationen dazu beitragen, Relativbewegungen zwischen Werkstück und Regelscheibe zu steuern und Verschleiß zu minimieren, was bereits Inhalt beantragter Forschungsprojekte ist.

Summary

Objective of the conducted work was the development of a process model describing the forces and workpiece velocities in centreless plunge-cut and throughfeed grinding. The friction mechanisms between regulating wheel and workpiece were main input parameters for this process model and were investigated during this thesis. Furthermore the profile of the regulating wheel was optimised in consideration of dressing amount and workpiece velocities. Only this knowledge allows forecasts and regulation of the workpiece velocity in centreless grinding.

During centreless grinding, the acceleration forces acting on the workpiece result into the workpiece velocity. Former process models consider cylindrical workpieces, but just a small amount of centreless ground workpieces are cylindrical. Widening those process models enabled to simulate the process forces on the workpiece in centreless throughfeed grinding or for profiled workpieces in centreless plunge-cut grinding. Necessary boundary conditions were made to determine the unknown forces in the grinding gap and the acceleration forces on the workpiece. The categorisation of velocity ranges led to equilibrium force conditions. Based on these equilibrium acceleration force conditions the workpiece velocities before, during and after the grinding process could be calculated. On the background of the widened force model combined with additional equilibrium force conditions for profiled workpieces a process model describing the forces and the workpiece velocities was developed for centreless plunge-cut and throughfeed grinding.

To determine the unknown input parameter for the process model, a friction test bench was newly developed and used. The newly developed test bench allowed measuring the friction between workpiece and regulating wheel under manufacturing conditions. As a result of wear and loading a changing friction was measured during the first rotation of the regulating wheel. Wear and loading of the regulating wheel where found to have the main influence on the friction coefficient between workpiece and regulating wheel. A newly developed sampling strategy minimised the wear and loading of the regulating wheel and enabled to evaluate the friction considering workpiece diameter, coolant flow rates, dressing parameter and regulating wheel circumferential speed, specification and width. The new test bench was the first to realise a combination of high reproducibility and accuracy. Also it ensures further determinations of the friction among regulating wheel and workpiece.

The employment of conventional regulating wheel profiles in centreless grinding leads to large dressing allowances during a variation of process parameters and affecting the workpiece velocity was impossible. During this thesis an optimised regulating wheel profile was developed which enables a reduced dressing amount and the control of workpiece velocity along the grinding gap. Swivelling and inclining the regulating wheel allowed to adjust the regulating wheel profile to different regulating wheel input and output diameters. The optimised profile of the regulating wheel, developed in this work, decreased the dressed volume of about 75 %. This reduction has positive effects such as decreasing dressing times about 400 % while extending the regulating wheel durability about 75 %. Another benefit of this profile is the ability to actuate the workpiece velocity in the grinding gap to avoid gaps between sequent workpieces. Given those circumstances the centreless throughfeed grinding process can be stabilised, especially grinding short workpieces, that tend to tilt in the grinding gap. Using an optimised regulation wheel profile, dislocations of the workpiece centre point can be minimised. This reduces the mass inertia forces and enhances the dynamic stability of the given grinding process.

The developed process model was exemplarily used and validated for centreless plunge-cut and throughfeed grinding. During the centreless plunge-cut grinding process of a profiled workpiece, forces and workpiece velocities were monitored. The process model permitted the calculation of process parameters necessary for shifting rotation speeds as consequence of different workpiece diameters. This critical changing point was validated through grinding experiments and adjustment references were deduced. For centreless throughfeed grinding processes acceleration forces on the workpieces were calculated and the workpiece velocities could be deduced. Centreless throughfeed grinding experiments evidenced the conformity between acceleration forces and workpiece velocities in the grinding gap. Marginal deviations of a grinding wheel profile, such as a result of wear, led to irregularities of the grinding forces and were validated by force measurements. Velocity measurements point out that those deviations induced displacements of the acceleration forces on the workpiece.

The results of this work indicate furthermore potential researches on friction measurements and on workpiece profiles in the developed process model. Beyond this, regulation wheels with different specifications can be combined in order to reduce wear through actuating the relative movements between regulation wheel an workpiece. This is content of submitted research projects.

9. Literaturverzeichnis

Literature

[ALTE08] Altermann, G.; Meyer, B.: CEGRIS II Publishable Executive Summary, CORDIS Database, 12/2008

[BECK65] Becker, E.-A.: Kräfte und Kreisformfehler beim spitzenlosen Einstechschleifen. Dissertation RWTH Aachen, 1965

[BREC05] Brecher, C.; Weck, M.: Werkzeugmaschinen – Konstruktion und Berechnung. Band 2, Springer-Verlag, Berlin, 2005

[BRIN06] Brinksmeier, E.; Aurich, J.C.; Weinert, K. et al.: Advances in Modeling and Simulation of Grinding Processes. Annals of the CIRP, Vol. 55/2, 2006

[CZIC10] Czichos, H.; Habig, K.-H.: Tribologie-Handbuch. 3. Auflage, Springer-Verlag, 2010

[DIN03] Norm DIN 8589 Teil 11: Schleifen mit rotierendem Werkzeug – Einordnung, Unterteilung und Begriffe. September 2003

[DRAZ09] Drazumeric, C.; Meyer, B; Krajnik, P.; Vrabic, R.; Butala, P.; Kosel, F.; Kopac, J.: Modelling of grinding gap macro geometry and workpiece kinematics in throughfeed centreless grinding. Journal of Materials Processing Technology, ISSN 0924-0136, 2009

[FLEC31] Fleck, K.: Ein Beitrag zur Klärung der Geschwindigkeits- und Kraftverhältnisse beim Spitzenlosschleifen. Dissertation Technische Hochschule Hannover, 1931

[FRIE04] Friedrich, D.: Prozessbegleitende Beeinflussung des geometrischen Rundungseffektes beim spitzenlosen Außenrundeinstechschleifen. Dissertation RWTH Aachen, 2004

[HANN06] Hannig, S.: Analysis and modelling of the dynamic behaviour of grinding processes. Fortschritt-Berichte VDI Nr. 660, Bremen, 2006

[HANN07] Hannig, S.: Analyse, Modellierung und Simulation des dynamischen Verhaltens beim spitzenlosen Einstechschleifen. Dissertation RWTH Aachen, 2007

[HASH98] Hashimoto, F.; Lahoti, G.; Miyashita, M.: Safe Operations and Friction Characteristics of Regulating Wheel in Centerless Grinding. Annals of the CIRP, Vol. 47/1/1998, S. 281 – 286

[HEIN02] Heinzler, M.; Kilgus, R.; Näher, F.; Oesterle, S.; Paetzold, H.; Röhrer, W.; Stephan, A.; Winkow, R.: Tabellenbuch Metall. 42. Auflage, Europa-Lehrmittel, 2002

[HENN84] Henn, K.: Qualität und Kosten beim spitzenlosen Durchlaufschleifen. Dissertation RWTH Aachen, 1984

[HOFM78] Hofmann, K.: Spitzenloses Rundschleifen von Werkstücken hydraulischer Steuerungen. Werkstatt und Betrieb, 111. Jg., H. 7, 1978, S. 433 – 436

[JACO09] Jacobs, G.: Maschinengestaltung Band I. Schumacher-Verlag, 2009

[KASS69] Kassen, G.: Beschreibung der elementaren Kinematik des Schleifvorganges. Dissertation RWTH Aachen, 1969

[KLEM76] Klemm, W.: Theoretische Untersuchungen zur Frage der sicheren Werkstückdrehbewegung beim spitzenlosen Schleifen. Maschinenbautechnik, 25. Jg., H.10, 1976, S. 467 – 470

[KLOC05] Klocke, F., König, W.: Fertigungsverfahren 2: Schleifen, Honen, Läppen. Springer Verlag Berlin, 2005

[KOEN79] König, W., Eversheim, W.: Infos – Informationszentrum für Schnittwerte. Zerspanseminar Aachen, 1979

[KRAJ07] Krajnik, P.; Drazumeric, C.; Meyer, B.; Kopac, J.; Klocke, F.: Advanced Regulating Wheel Dressing in Throughfeed Centreless Grinding. 40th CIRP International Seminar on Manufacturing Systems, Liverpool, 2007

[KRAJ08] Krajnik, P.; Drazumeric, C.; Vengust, I.; Vrabic, R.; Meyer, B.; Kopac, J.; Klocke, F.: Simulation of Workpiece Kinematics in Centreless Throughfeed Grinding. 41st CIRP Conference on Manufacturing Systems, Tokyo, 2008

[KRAJ08a] Krajnik, P.; Drazumeric, C.; Meyer, B.; Kopac, J.; Zeppenfeld, C.: Simulation of workpiece forming and centre displacement in plunge centreless grinding. International Journal of Machine Tools and Manufacture, 2008-15, Seiten 824 – 831

[KREH39] Kreher, R.: Untersuchung über die Genauigkeit und Schliffgüte beim spitzenlosen Schleifen. Dissertation Technische Hochschule Dresden, 1939

[LIND04] Lindenau, K.: Spitzenloses Schleifen im Durchlauf, ZWF Zeitschrift Fertigungsverfahren. Carl Hansen Verlag, München, Ausgabe 1999, 2004, S. 408 – 410

[LINK05] Linke, B.; Friedrich, D.; Klocke, F.: Beeinflussung des Rundheitsfehlers beim spitzenlosen Schleifen. Jahrbuch Schleifen, Honen, Läppen und Polieren, Vulkan Verlag, 62. Ausgabe, 2005

[MEIS80] Meis, F.U.: Geometrische und kinematische Grundlagen für das spitzenlose Durchlaufschleifen. Dissertation RWTH Aachen, 1980

[MEYE08] Meyer, B.; Zeppenfeld, C.; Krajnik, P.; Klocke, F.: Rundheitsfehler beim Spitzenlosschleifen. wt-online 6-2008, S. 446 – 451

[MIKR08] Studer Mikrosa GmbH: Produktdatenblatt Spitzenlosschleifmaschinen, 2008

[MOWR68] Mowry, W.: Spitzenlosschleifen: Grundausführungen über den Werkstückdurchgang. Schliff und Scheibe, 79. Jg., Nr. 4, 1968, S. 3 – 8

[OSTE94] Osterhaus, G.: Verfahrensübergreifende Simulation und Auslegung von Schleifprozessen. Dissertation RWTH Aachen, 1994

[PEKL57] Peklenik, J.: Ermittlung von geometrischen und physikalischen Kenngrößen für die Grundlagenforschung des Schleifens. Dissertation RWTH Aachen, 1957

[REEK67] Reeka, D.: Zusammenhang zwischen Schleifspaltgeometrie, Bearbeitungsbedingungen und Rundheitsfehlern beim spitzenlosen Schleifen. Dissertation, RWTH Aachen, 1967

[ROBI76] Robinson, R.: Abrichten mit angetriebenen Diamantrollen beim Spitzenlos- Rundschleifen. Werkstatt und Betrieb, 109. Jg., H. 5, 1976, S. 281 – 284

[ROWE64] Rowe, W. B.: Some Studies of the Centreless Grinding with Particular reference to the Roundness Accuracy. Dissertation University of Manchester, 1964

[ROWE89] Rowe, W. B.; Miyashita, M.; Koenig, W.: Centerless Grinding Research and its Application in Advanced Manufacturing Technology. Annals of the CIRP, Vol. 38/2, 1989, S. 617 – 624

[SCHM63] Schmidt, H. O.: Oberflächenbearbeitung durch spitzenloses Schleifen. Fachberichte für Oberflächentechnik, 1963, S. 129 – 136

[SCHR71] Schreitmüller, H.: Kinematische Grundlagen für die Anwendung des spitzenlosen Hochleistungsschleifens. Dissertation RWTH Aachen, 1971

[SHIH01] Shih, A. J.: A New Regulating Wheel Truing Method for Through-Feed Centerless Grinding. Journal of Manufacturing Science an Engineering, Vol. 123, 2001, S. 319 – 324

[SLON56] Slonimski, W. I.: Theorie und Praxis des spitzenlosen Schleifens. VEB Verlag Technik, 1956

[STEF83] Steffens, K.: Thermomechanik beim Schleifen. Dissertation RWTH Aachen, 1983

[STRI02] Stribeck, R.: Die wesentlichen Eigenschaften der Gleit- und Rollenlager. Z. Verein. Deut. Ing. Vol. 46, 1902, Seite 38 ff. 1341 – 1348

[TAKA88] Takasu, S.; Masuda, M.; Okamura, K.: Heavy-Duty Centerless Grinding for Multi-Diameter Shafts. Annals of the CIRP, Vol. 37/1, 1988

[TOEN92] Tönshoff, H.K.; Peters, J.; Inasaki, I. et al.: Modelling and Simulation of Grinding Processes. Annals of the CIRP Vol. 41/2, 1992, S, 677 – 688

[VITS85] Vits, R.: Technologische Aspekte der Kühlschmierung beim Schleifen. Dissertation RWTH Aachen, 1985

[WENN75] Wennerholm, S.: Spitzenlose Rundschleifmaschine zur Schruppbearbeitung. Werkstatt und Betrieb, 108. Jahrgang, 1975, S. 683 – 685

[WERN73] Werner, G.: Konzept und technologische Grundlagen zur adaptiven Prozessoptimierung des Außenrundschleifens. Habilitation RWTH Aachen, 1973

[WU04] Wu, J.; Fan, Y.; Kato, M.: Development of an ultrasonic elliptic-vibration shoe centerless grinding technique. Journal of Materials Processing Technology 155 – 156, 2004, S. 1780 – 1787

[ZHAN03] Zhang, H.; Lieh, J.: Geometry Analysis and Simulation in Shoe Centerless Grinding. Journal of Manufacturing Science and Engineering, Vol. 125, 2003, S. 304 – 309

10. Anhang

Appendix

10.1 FORMELANHANG

Equation appendix

Transformationsgleichungen (von kartesisch nach polar, bezogen auf das Werkstück und die Kraftrichtungen aus Kapitel 4)

Auflageschiene

$$F_{ta} = -F_{xa} \cdot \cos\beta + F_{ya} \cdot \sin\beta$$ **Formel 45**

$$F_{na} = F_{xa} \cdot \sin\beta + F_{ya} \cdot \cos\beta$$ **Formel 46**

Schleifscheibe (Drehung um $\gamma_s - \gamma$)

$$F_{ts} = F_{xs} \cdot \sin(\gamma_s - \gamma) + F_{ys} \cdot \cos(\gamma_s - \gamma)$$ **Formel 47**

$$F_{ns} = F_{xs} \cdot \cos(\gamma_s - \gamma) - F_{ys} \cdot \sin(\gamma_s - \gamma)$$ **Formel 48**

Regelscheibe (Drehung um $\gamma_r + \gamma$)

$$F_{tr} = F_{xr} \cdot \sin(\gamma_r + \gamma) + F_{yr} \cdot \cos(\gamma_r + \gamma)$$ **Formel 49**

$$F_{nr} = F_{xr} \cdot \cos(\gamma_r + \gamma) - F_{yr} \cdot \sin(\gamma_r + \gamma)$$ **Formel 50**

10.2 Bilderanhang

Figure appendix

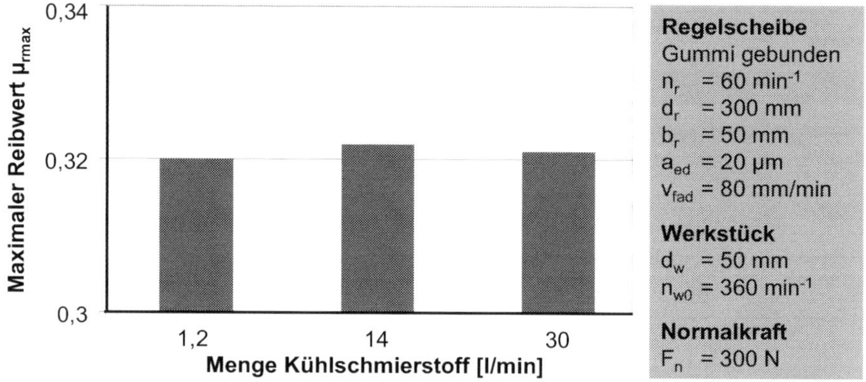

Bild 10-1: Einfluss der Kühlschmierstoffmenge auf den Regelscheibenreibwert μ_r

Influence of amount of coolant on regulating wheel friction coefficient μ_r

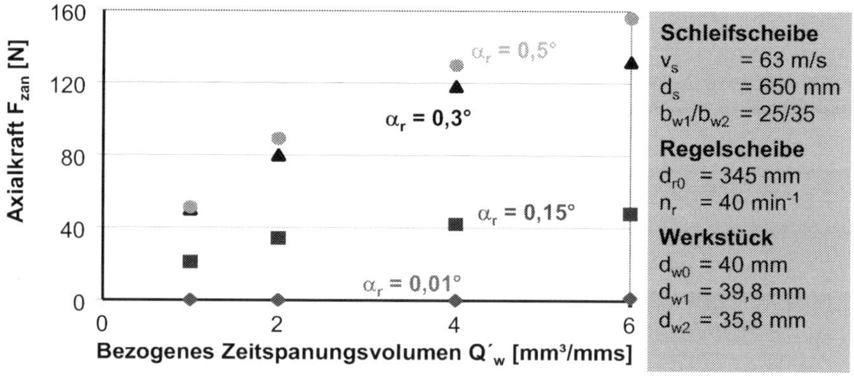

Bild 10-2: Kraftkomponenten auf den Axialanschlag F_{zan} im Einstechschleifprozess

Force components on axial guidance F_{zan} in centreless plunge-cut grinding

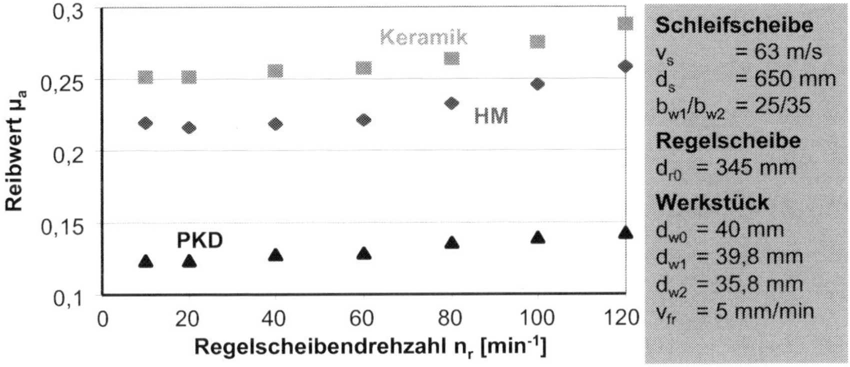

Bild 10-3: Einfluss der Werkstückdrehzahl auf den Auflageschienenreibwert μ_a am Beispiel einer Auflage aus PKD, Hartmetall und Keramik

Influence of workpiece rpm on friction coefficient at workrest blade μ_a as an example for pcd, tungsten carbide and ceramic blade material

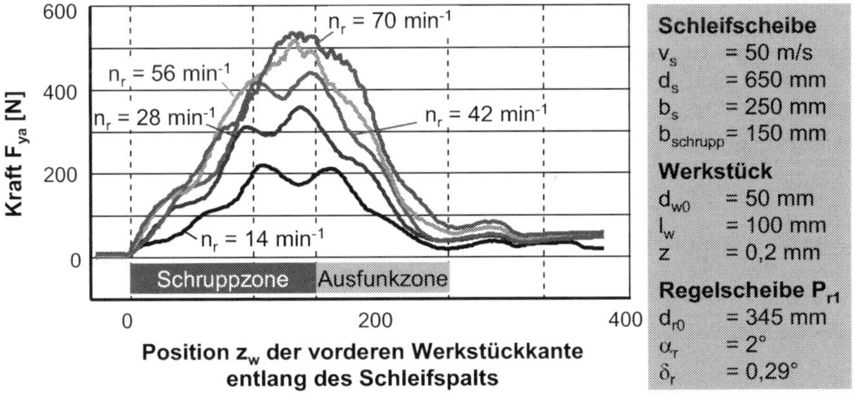

Bild 10-4: Auflageschienenkräfte F_{ya} entlang des Schleifspalts mit l_w = 100 mm

Forces on workrest blade F_{ya} along the grinding gap with l_w = 100 mm

Lebenslauf

Resume

Persönliches

Name:	Bernd Alexander Meyer
geboren:	13. März 1979 in Lüdenscheid
Staatsangehörigkeit:	deutsch
Familienstand:	ledig
Eltern:	Eltern: Klaus und Christl Meyer, geb. Oberndörfer

Schulbildung

1985 - 1989	Grundschule Schalksmühle
1989 - 1991	Realschule Schalksmühle
1991 - 1998	Anne Frank Gymnasium Halver Abschluss: Abitur

Wehrersatzdienst

1998 - 1999	Individuelle Schwerstbehindertenbetreuung bei der Johanniter-Unfall-Hilfe e. V.

Hochschulstudium

10/1999 – 08/2005	Maschinenbau an der RWTH Aachen Vertiefungsrichtung: Fertigungstechnik Abschluss: Diplom-Ingenieur

Berufstätigkeit

bis 08/2005	Insgesamt 26 Wochen Industriepraktikum im In- und Ausland während des Studiums
11/2002 – 08/2005	Studentische Hilfskraft am Werkzeugmaschinenlabor WZL, Lehrstuhl für Technologie der Fertigungsverfahren, Prof. Dr.-Ing. Dr.-Ing. E.h. Dr. h.c. Dr. h.c. Fritz Klocke, RWTH Aachen
seit 09/2005	Wissenschaftlicher Angestellter am selben Lehrstuhl
seit 04/2008	Gruppenleiter der Forschungsgruppe Schleiftechnik am selben Lehrstuhl

MIX
Papier | Fördert gute Waldnutzung
FSC® C083411

Kolibri 360 GmbH
Ferdinand-Jühlke-Straße 7
99095 Erfurt, Deutschland
produktsicherheit@kolibri360.de